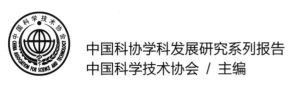

中国科协学科发展研究系列报告
中国科学技术协会 / 主编

2022—2023
植物保护学
学科发展报告

中国植物保护学会　编著

U0288364

中国科学技术出版社
·北 京·

图书在版编目（CIP）数据

2022—2023 植物保护学学科发展报告 / 中国科学技术协会主编；
中国植物保护学会编著 . —北京：中国科学技术出版社，2024.6
（中国科协学科发展研究系列报告）
ISBN 978-7-5236-0733-6

Ⅰ.① 2… Ⅱ.①中… ②中… Ⅲ.①植物保护—学科发展—
研究报告—中国— 2022-2023 Ⅳ.① S4-12

中国国家版本馆 CIP 数据核字（2024）第 089259 号

策　　划	刘兴平　秦德继	
责任编辑	余　君	
封面设计	北京潜龙	
正文设计	中文天地	
责任校对	邓雪梅	
责任印制	徐　飞	

出　　版	中国科学技术出版社
发　　行	中国科学技术出版社有限公司
地　　址	北京市海淀区中关村南大街 16 号
邮　　编	100081
发行电话	010-62173865
传　　真	010-62173081
网　　址	http://www.cspbooks.com.cn

开　　本	787mm×1092mm　1/16
字　　数	435 千字
印　　张	20.25
版　　次	2024 年 6 月第 1 版
印　　次	2024 年 6 月第 1 次印刷
印　　刷	河北鑫兆源印刷有限公司
书　　号	ISBN 978-7-5236-0733-6 / S·795
定　　价	120.00 元

2022—2023
植物保护学
学科发展报告

首席科学家	吴孔明	
主　　编	陈剑平	
副主编	宋宝安　康振生　柏连阳	
	陈万权　陆宴辉　郑传临	
编　　委	（按姓名音序排列）	
	陈捷胤　陈学新　封洪强　郭建洋　李向阳	
	刘万学　刘文德　刘　杨　潘　浪　王　勇	
	吴　剑　邹亚飞	

序

习近平总书记强调，科技创新能够催生新产业、新模式、新动能，是发展新质生产力的核心要素。要求广大科技工作者进一步增强科教兴国强国的抱负，担当起科技创新的重任，加强基础研究和应用基础研究，打好关键核心技术攻坚战，培育发展新质生产力的新动能。当前，新一轮科技革命和产业变革深入发展，全球进入一个创新密集时代。加强基础研究，推动学科发展，从源头和底层解决技术问题，率先在关键性、颠覆性技术方面取得突破，对于掌握未来发展新优势，赢得全球新一轮发展的战略主动权具有重大意义。

中国科协充分发挥全国学会的学术权威性和组织优势，于 2006 年创设学科发展研究项目，瞄准世界科技前沿和共同关切，汇聚高质量学术资源和高水平学科领域专家，深入开展学科研究，总结学科发展规律，明晰学科发展方向。截至 2022 年，累计出版学科发展报告 296 卷，有近千位中国科学院和中国工程院院士、2 万多名专家学者参与学科发展研讨，万余位专家执笔撰写学科发展报告。这些报告从重大成果、学术影响、国际合作、人才建设、发展趋势与存在问题等多方面，对学科发展进行总结分析，内容丰富、信息权威，受到国内外科技界的广泛关注，构建了具有重要学术价值、史料价值的成果资料库，为科研管理、教学科研和企业研发提供了重要参考，也得到政府决策部门的高度重视，为推进科技创新做出了积极贡献。

2022 年，中国科协组织中国电子学会、中国材料研究学会、中国城市科学研究会、中国航空学会、中国化学会、中国环境科学学会、中国生物工程学会、中国物理学会、中国粮油学会、中国农学会、中国作物学会、中国女医师协会、中国数学会、中国通信学会、中国宇航学会、中国植物保护学会、中国兵工学会、中国抗癌协会、中国有色金属学会、中国制冷学会等全国学会，围绕相关领域编纂了 20 卷学科发展报告和 1 卷综合报告。这些报告密切结合国家经济发展需求，聚焦基础学科、新兴学科以及交叉学科，紧盯原创性基础研究，系统、权威、前瞻地总结了相关学科的最新进展、重要成果、创新方法和技术发展。同时，深入分析了学科的发展现状和动态趋势，进行了国际比较，并对学科未来的发展前景进行了展望。

报告付梓之际，衷心感谢参与学科发展研究项目的全国学会以及有关科研、教学单位，感谢所有参与项目研究与编写出版的专家学者。真诚地希望有更多的科技工作者关注学科发展研究，为不断提升研究质量、推动成果充分利用建言献策。

前　言

　　"十四五"时期是深入实施创新驱动发展战略，全面实施乡村振兴战略，强化国家战略科技力量，加快推进农业农村现代化的关键时期。植物保护学学科坚持"四个面向"，聚焦保障国家粮食安全、生物安全、生态安全和农产品质量安全，不断深化科研机制改革、壮大人才团队、夯实创新平台、培育创新成果和加快成果转化。过去几年，本学科在基础研究领域，如植物与病虫互作及抗病性机理、害虫迁飞规律与机制、害虫与寄主植物的化学通信机制、病虫分子靶标及作用机制等国际前沿方向，均取得重大发现或阶段性成果，一批重要的研究论文在《自然》《科学》《细胞》等国际顶尖科学刊物上发表，为植物保护科技赢得了国际声誉。在应用研究领域，植物保护学学科以提质增效、安全低碳、绿色发展为目标，不断锐意进取，破解了农作物病虫害绿色防控应用关键技术诸多瓶颈，研发一批关键技术和产品，集成一批绿色防控新模式，推动了产业发展升级，满足了现代农业主战场的需求。"十三五"以来，我国农作物病虫害年均发生面积六七十亿亩，防治面积约八十亿亩。经有效防控，我国粮食总产量连续多年稳定在一万三千亿斤以上、连续二十年获得丰收，特别是 2023 年全国粮食总产量一万三千九百亿斤，再创历史新高，植物保护科技支撑发挥了关键作用。

　　受中国科协委托，中国植物保护学会组织有关单位和相关专家编写了本书，包括植物病理学、农业昆虫学、杂草科学、鼠害学、绿色农药创制与应用、生物防治、入侵生物学、农作物病虫害监测预警八个分支学科，并在此基础上总结编写了综合报告。研究报告分析、总结我国近年来本学科的新观点、新理论、新方法、新技术、新成果，分析了国际上本学科最新研究热点、发展趋势，比较评析国内外学科的发展状态，并预测未来植物保护学科发展趋势，对我国植物保护学学科的创新发展提出了意见。

　　开展学科发展研究是中国植物保护学会长期坚持的重要工作，也是展示学科发展成果、推动学科事业繁荣的重要途径。为保证学科发展研究报告的质量，中国植物保护学会于 2022 年 12 月 27 日召开了开题会暨编写组第一次工作会议，组建了编写组，聘请中国工程院院士吴孔明担任项目首席科学家，中国工程院院士陈剑平担任专家组组长，中国工程院院士宋宝安、康振生和柏连阳，中国植物保护学会名誉理事长陈万权研究员担任项目咨询专家。会议制订了实施计划和编写大纲，并确定综合报告和专题报告的牵头专家。2023 年 1 月 19 日，学会组织召开项目落实推进会，进一步调整和落实计划，明确编写组工作任务。2023 年 5 月 31 日，组织召开研究讨论会，梳理和分析了近五年来植物保护学科领域发展现状，总结本学科研究热点与重要进展，比较国内外学科发展状况，预测未来五年的发展趋势，提出我国植物保护学科领域的发展策略建议。会议邀请了在本学科和相关学科具有广泛代表性和权威性的专家对有关内容进行研讨和交流，并根据专家意见修改完善。

在多次会议研讨中，项目首席科学家、咨询专家组专家及专家代表对研究报告提出了很多建设性意见和建议，要求力求达到以下几点。一要准确把握报告的定位。内容和思想要与时俱进，以坚持"四个面向"、保障"四个安全"为中心思想，既要体现全球视野，又要展现中国植保特色，思想和内容做到有机统一，不能割裂。二要体现创新性、前瞻性和战略性。内容要体现研究手段、研究方法的先进性，要充分展示植保新理念、新理论、新技术、新产品，要突出反映取得的重大进展、重要突破、重点布局和标志性成果，要做好国内外现状对比，找出学科发展短板和难点，要提出未来学科布局、创新重点和发展方向的建议。三要体现真实性和完整性。要体现植保人的责任担当，实事求是，要用数据和事实说话，要结合当下"三农"现状，真实反映问题和成绩。大纲和布局要进一步合理、完善，既要全面反映，又要重点突出，防止碎片化，不能堆砌资料，要有逻辑性和故事性。专家们的建议和意见为我们撰写学科发展报告奠定了良好的基础。

本书的编写得到了项目首席科学家、咨询专家组专家和特邀专家的指导和支持。来自科研院所、高等院校、技术推广单位的一百多位专家学者为本书成稿辛苦付出，在此一并表示衷心的感谢。受篇幅、时间以及撰稿人水平所限，本书一定还有遗漏和不妥之处，敬请读者不吝赐教。

中国植物保护学会

2024 年 2 月

目录
CONTENTS

序

前言

综合报告

专题报告

ABSTRACTS

Comprehensive Report

Report on Special Topics

综合报告

植物保护学学科发展研究

一、引言

  植物保护学研究如何控制农作物生物灾害、保护农业生态系统、控制环境污染和外来生物入侵、遏制生物多样性的丧失，为保护农业生产安全、保障农产品质量安全、减少环境污染、维护人民群众健康、促进农业可持续发展提供科学支撑和技术保障。

  近年来，全球气候持续变化，种植业结构不断调整，毁灭性农作物病虫害频繁暴发，危险性外来生物不断入侵，导致农业生物灾害问题更加突出。据统计，近十年来我国农作物病虫害年均发生面积 67.5 亿亩，比二十一世纪初增加 3.0%。其中，水稻、小麦、玉米三大粮食作物病虫害发生面积 35 亿亩，比二十一世纪初增加 20% 以上。我国农作物病虫害重发种类达 140 多种，比二十世纪九十年代增加 30 多种。尤其是水稻"两迁"害虫、小麦赤霉病、条锈病、草地贪夜蛾等重大病虫连年重发，对国家粮食安全构成严重威胁。近十年新入侵我国的农作物病虫害达 55 种，是二十世纪九十年代前入侵物种的 30 倍之多。草地贪夜蛾 2019 年入侵我国，已成为"北迁南回"的重大迁飞性害虫；玉米南方锈病从南亚随气流传入我国，并在黄淮海地区流行风险显著上升。我国杂草有 1430 余种（变种），造成严重危害的有 130 余种，分布广，发生量大，大大降低了作物的产量和质量，增加了管理用工和生产成本，严重威胁农业生产。农作物病虫草鼠害是我国重要的生物灾害，是制约我国粮食安全、农产品质量安全、农业持续发展的极为重要的因素之一。全国每年因鼠害造成的农田受灾面积达四亿亩，造成草场受灾面积近六亿亩，重度发生面积近一亿亩。上述病虫疫情如不加以控制，每年农作物减产可达 30%~50%，粮食产量的潜在损失高达 4500 亿~4800 亿斤，比二十一世纪初增加 20.5%。

  面对上述严峻形势，植物保护学学科在基础研究和应用研究领域双向发力，面向世界科技发展前沿和国家重大需求，大力开展源头创新，不断创新和丰富农业重大生物灾变的微观解析方法和理论；面向现代农业建设主战场和人民生命健康，创新植保绿色防控技术，开发新产品，不断完善农业重大生物灾变的防控技术体系。"十三五"以来，我国植物保护学在学科建设、科技创新、科技平台、团队建设、人才引进培育、成果转化等方面取得了明显进步，植物保护学学科呈现出蓬勃发展的新气象，取得了一批事关现代化全局的战略性高技术创新成果、一批事关经济社会可持续协调发展的重大公益性科技创新成果，以及一批重要基础研究领域的原始科学创新成果，为保障国家粮食安全、生物安全、生态安全和农产品质量提供了理论和技术保障，为促进农业增效和农民增收，实现全面建成小康社会的宏伟目标做出了切实的贡献，并将为全面建设社会主义现代化国家继续做出贡献。

二、本学科近年的最新研究进展

（一）新理论、新方法，引领学科创新发展

1. 植物病理学

（1）病原物致病性

鉴定病原物致病因子、解析致病因子的为害机制是植物病理学科重要的研究内容，能为研发病害防控技术（如分子流行检测、抗药性等）和产品（如基于免疫激发子开发蛋白农药）提供重要的靶点和理论基础。

真菌效应蛋白的鉴定及其操控免疫反应机制研究在过去五年取得了重要突破。中国农业科学院植物保护研究所王国梁团队发现稻瘟菌效应蛋白 MoCDIP4 在水稻中靶标线粒体分裂相关的 OsDjA9–OsDRP1E 蛋白复合体，通过影响 OsDRP1E 的蛋白丰度调控水稻的线粒体分裂和免疫反应[1]。西北农林科技大学康振生团队发现条锈菌效应蛋白 Pst_A23 直接与可变剪接位点特异 RNA 基序结合调控寄主抗病相关基因的可变剪接，抑制寄主免疫反应[2]。西北农林科技大学刘慧泉团队发现分泌蛋白 Osp24 可进入寄主小麦细胞内并靶向小麦的 TaSnRK1α 激酶，通过招募泛素 –26S 蛋白酶体以加速 TaSnRK1α 的降解，从而导致小麦感病[3]。中国科学院上海生命科学研究院植物生理生态研究所唐威华团队发现禾谷镰孢菌分泌 CFEM 效应因子，通过与玉米胞外蛋白 ZmWAK17ET 和 ZmLRR5 结合，抑制 ZmWAK17 的抗病功能[4]。中国科学院微生物研究所郭惠珊团队发现大丽轮枝菌中的聚多糖脱乙酰酶基因 VdPDA1 通过对几丁质寡糖的去乙酰化，使得几丁质寡糖不能被植物寄主的受体所识别，抑制了寄主的免疫反应而促进病原侵染[5]。中国农业科学院植物保护研究所陈捷胤团队通过系统梳理黄萎病菌中效应蛋白的功能，提出效应蛋白促发的免疫反应和毒性是"堵塞"导管的重要诱因，统一了黄萎病"毒素"和"堵塞"两种学说长期争论的焦点[6]。

卵菌（以重要模式微生物疫霉为主）效应蛋白仍是病原与寄主免疫互作研究的热点。

南京农业大学王源超团队鉴定和解析了多个大豆疫霉菌效应子的作用机制，发现 Avh110 通过与 GmLHP1-2 和 GmPHD6 结合，破坏 GmLHP1-2 介导的核转录复合物组装及其转录活性，促进病原菌侵染[7]；解析了效应子 PsAvh240 的晶体结构，发现其通过抑制植物天冬氨酸蛋白酶的外泌破坏植物质外体免疫的新策略[8]；解析了无毒效应子 Avr1d 与 GmPUB13 的 U-box 功能域的复合晶体结构，揭示了其干扰植物免疫的新机制[9]。复旦大学麻锦彪团队和加州大学河滨分校马文勃团队合作，在五种疫霉菌中共鉴定了 293 个具有 LWY 重复结构的效应子，且发现不同的 LWY 模块可进行重排组装，塑造了效应子像"瑞士军刀"一样的多面功能[10]。

基于细菌效应蛋白的鉴定与功能研究是病原与寄主互作免疫基础理论的重要抓手。中国科学院分子植物科学卓越创新中心辛秀芳团队和加拿大布鲁克大学团队分别报道了假单胞杆菌效应蛋白 AvrE 和 HopM1 通过植物脱落酸（ABA）途径来调控气孔的关闭，以创造利于细菌生长的微环境[11]。中国科学院分子植物科学卓越创新中心 Alberto Macho 团队报道了青枯病菌效应蛋白 RipAK 可以抑制 PDC 的寡聚化和酶活从而促进病菌侵染和繁殖的致病机制[12]。

关于线虫效应蛋白及其与寄主互作机制研究也取得了系列重要进展。中国农业科学院植物保护研究所彭德良团队鉴定出了一个甜菜孢囊线虫效应蛋白 HsSNARE1，该蛋白同时与拟南芥 AtSNAP2 和 AtPR1 互作导致寄主易感[13]。华南农业大学卓侃、廖金铃团队首次发现象耳豆根结线虫 MeTCTP 效应蛋白可形成同源二聚体，直接靶向植物细胞内游离的钙离子，干扰植物防卫信号从而促进线虫寄生[14]。中国农业科学院蔬菜花卉研究所谢丙炎团队发现南方根结线虫分泌的凝集素类效应蛋白 MiCTL1a 通过抑制寄主过氧化氢酶的活性，调控细胞内活性氧稳态，从而帮助线虫寄生[15]。

解析病原物基因组学基础及其遗传变异，对于深入理解病原物进化、寄主与环境适应性、为害成灾机制等具有重要指导作用。随着基因组测序技术的飞速发展，过去五年大量真菌、卵菌、细菌等病原物基因组得到解析。中国农业科学院植物保护研究所陈捷胤团队完成了来自全球十个国家 26 个寄主共 159 株大丽轮枝菌基因组解析，构建了作物黄萎病菌基因组数据库（Verticilli-Omics, https://db.cngb.org/Verticilli-Omics/）；并利用这些数据解析了大丽轮枝菌落叶型及生理小种的遗传变异和进化基础[16, 17]，如群体基因组比较分析发现落叶型大丽轮枝菌通过水平转移从枯萎病菌获得基因组特异片段（VdDfs），参与 N-酰基乙醇胺（NAE12:0）的合成并转运至棉花，进而干扰棉花体内的磷脂代谢通路，而引起了寄主叶片脱落[17]。

病原物致病因子的信号感应与传导是其调控毒力的重要方式。中国农业大学孙文献团队发现在多个作物中保守的 SnRK1A-XB24 磷酸化级联免疫信号通路，并揭示了稻曲病菌侵染过程中分泌效应蛋白 SCRE1 抑制水稻免疫途径新机制[18]。浙江大学马忠华团队解析药靶基因高表达的分子机制发现，SBI 药剂能够激活病菌体内高渗透甘油激酶信号途径，该途径上被激活的 FgHog1 激酶进入细胞核，磷酸化转录因子 FgSR，磷酸化的 FgSR 将染色质重塑复合体 SWI/SNF 招募至药靶基因（*FgCYP51s*）的启动子区，对染色体进行重塑，引起药靶基因高水平转录[19]。西北农林科技大学许金荣团队揭示了小麦赤霉病 Set3 脱乙酰化复合体的核心组件 Snt1 在 cAMP-PKA 信号通路与 Set3 脱乙酰化复合体之间的重要作用及其毒性作用机制[20]。

针对重要植物病毒的功能基因及其致病性的研究取得了重要突破。中国农业科学院植物保护研究所周雪平团队和中国科学院上海植物逆境生物学研究中心 Rosa Lozano-Duran 团队合作研究发现了双生病毒可编码多个具备特殊亚细胞定位的小蛋白，并鉴定到首个定位于高尔基体的 RNA 沉默抑制子[21]。清华大学刘玉乐团队发现第一个可以激活自噬的植物病毒蛋白 βC1 并揭示了其激活细胞自噬的机制[22]。宁波大学陈剑平团队发现多种不同类型 RNA 病毒侵染水稻后，均靶向赤霉素信号通路中的负调控因子 SLR1，进而削弱茉莉酸介导的广谱抗病毒通路[23]。

（2）植物抗病性

在病原相关分子模式触发的免疫反应（PTI）途径方面，中国科学院遗传与发育生物学研究所周俭民团队发现 E3 连接酶 PUB25/26 能介导非激活 BIK1 的降解，CPK28 通过增强上述过程而负调控植物免疫反应[24]。清华大学柴继杰团队、王宏伟团队和中国科学院遗传与发育生物学研究所周俭民团队联合研究发现，ZAR1-RKS1-PBL2UMP 形成一个风轮状的五倍体（ZAR1 抗病小体），首次证实了植物抗病小体的存在[25]。柴继杰团队、德国马普植物所 Paul Schulze-Lefert 团队和中国科学院遗传与发育生物学研究所陈宇航团队合作研究发现小麦 CNL 类抗病蛋白 Sr35 与效应蛋白 AvrSr35 直接形成五聚化抗病小体（Sr35 抗病小体）引起植物典型抗病反应，为未来作物抗病改良育种提供了范例[26]。何祖华团队研究发现水稻广谱抗病 NLR 受体蛋白通过保护免疫代谢通路免受病原菌攻击，协同整合植物 PTI 和 ETI，进而赋予水稻广谱抗病性的新机制[27]。PTI 和 ETI 是植物防御体系的两道屏障。中国科学院遗传与发育生物学研究所辛秀芳团队和英国塞恩斯伯里实验室 Jonathan Jones 团队分别证明 PTI 和 ETI 之间存在着互相促进、协同增强植物对病原菌侵染的抗性[28, 29]。

在抗病基因方面，华中农业大学赖志兵团队成功地从玉米祖先种大刍草中克隆了对玉米大斑病（NLB）、玉米南方锈病（SCR）和玉米灰斑病（GLS）表现广谱抗病性的新基因 *ZmMM1*，并鉴定到了一个能够增强 ZmMM1 蛋白翻译水平的调控序列 *qLMchr7^{C117}*，该研究揭示了玉米广谱抗病性的分子机制，并为玉米抗病遗传改良提供了新的抗性资源和新的基因[30]。山东农业大学孔令让团队成功克隆了来源于长穗偃麦草的抗赤霉病主效基因 *Fhb7*，揭示了其抗病分子机理和遗传机理，并成功应用于小麦育种，在小麦抗赤霉病育种中取得了重大突破。在棉花枯萎病抗性机理方面，华中农大棉花遗传改良团队首次鉴定到了陆地棉抗枯萎病主效基因 *Fov7*，并首次发现谷氨酸类受体 GLR 可作为非典型主效抗病基因调控植物免疫反应[31]。感病基因通过促进病原菌识别、侵入寄主或负调控植物免疫反应发挥感病的功能。西北农林科技大学植物保护学院康振生团队鉴定了多个小麦感病基因，通过基因编辑技术突变这些感病基因，显著提高了小麦对条锈菌的抗性，如小麦感病基因 *TaPsIPK1*（胞质类受体蛋白激酶），能够被条锈菌分泌的毒性蛋白 PsSpg1 劫持，从细胞质膜释放进入细胞核，在细胞核操纵转录因子 TaCBF1，抑制抗性相关基因的转录，利用基因编辑技术精准敲除感病基因 *TaPsIPK1*，实现了小麦对条锈病的广谱抗性[32]。

在信号转导因子方面，周俭民团队发现拟南芥中两个高度同源的 MAPKKKs 蛋白 MAPKKK3 和 MAPKKK5 能够被多个 PRRs 直接作用，进而激活 MPK3/6 信号通路并赋予拟南芥对真菌和细菌病原菌的抗性。西北农林科技大学植物保护学院马青教授团队解析了小 G 蛋白 ShROP1、ShROP11 和微丝骨架聚合因子 ShARPC3、ShARPC5 的功能，首次证实Ⅰ型 ROP 蛋白 ROP1 和Ⅱ型 ROP 蛋白 ROP11 均能参与植物对病原菌的免疫响应，为进一步阐明番茄和白粉菌互作的分子机理提供理论依据[33]。中国农业科学院植物保护研究所宁约瑟团队鉴定了泛素连接酶在水稻中的底物蛋白，并发现维管植物单锌指转录因子在水稻基础抗病和特异性抗病过程中都发挥着关键作用，揭示了 VOZ 转录因子作为桥梁连通泛素连接酶对抗病蛋白调控的分子机制[34]。东北农业大学张淑珍团队发现大豆受到大豆疫霉菌侵染时，GmMKK4–GmMPK6–GmERF113 级联被激活，通过持续磷酸化激活大豆对大豆疫霉菌的应答，从而提高大豆对大豆疫霉菌的抗性[35]。

在激素调控方面，植物激素信号通路在病原体防御中具有重要作用，南京农业大学陶小荣团队发现一种模拟受病毒攻击的植物激素受体，从而识别病毒并激活免疫反应[36]。北京大学李毅团队阐明植物激素茉莉酸信号通路与 RNA 沉默信号通路协同调控水稻抗病毒免疫机制[37]。陈剑平团队发现茉莉酸与油菜素甾醇信号途径互作激活了水稻抗病毒防卫反应[38]。华中农业大学张献龙团队报道了棉花通过激酶 GhCPK33 磷酸化 GhOPR3，降低 GhOPR3 的稳定性，从而限制 JA 生物合成调节茉莉酸（JA）积累调控黄萎病抗性的机制[39]。中国科学院成都生物所懋群团队研究发现，易变山羊草苯丙氨酸代谢和色氨酸代谢途径中关键酶基因 *AevPAL1* 和 *AevTDC1*，能相互协调改变本底水杨酸的含量和下游次生代谢物，对禾谷孢囊线虫抗性起正调控作用[40]。

在非编码 RNA 和抗菌物质研究方面，王文明团队揭示 Osa–miR160a–OsARFs 模块协调水稻对稻瘟病、白叶枯病和纹枯病的广谱抗性及其机制[41]。谢丙炎团队鉴定抗性刺角瓜 CM3 根系特有挥发性物质，明确了甲氧基甲基苯对南方根结线虫有明显的趋避作用，而随着甲酚和顺 –2– 戊烯 –1– 醇浓度的提高，杀线虫能力增强[42]。

2. 农业昆虫学

"十三五"以来，在国家重点研发计划"两减"和"粮丰"专项、国家自然科学基金等项目的资助支持下，我国蝗虫（*Locusta migratoria*）、稻飞虱、烟粉虱、棉铃虫（*Helicoverpa armigera*）等重大农业害虫发生新规律新机制研究取得了系列突破性进展，

在 *Cell*、*Nature*、*PNAS*、*Science Advances*、*Nature Communications* 等国际顶尖期刊上发表一批重要研究论文。成功开发了抗虫植物科学利用、RNA 干扰（RNAi）农药、行为调控、生态调控等害虫防治核心技术产品，建立了草地贪夜蛾、盲蝽、韭蛆、麦蚜等重要害虫的绿色防控技术体系。上述科技创新与技术进步全力支撑农业生产中重大虫害问题解决和化学农药减量使用，保障粮食安全和重要农产品有效供给，助力脱贫攻坚和乡村全面振兴。

害虫变态发育与生殖调控机制研究。以棉铃虫、蝗虫、草地贪夜蛾等昆虫为研究对象，围绕蜕皮激素（20E）、保幼激素（JH）以及胰岛素样多肽（ILP）等内分泌激素调控作物害虫蜕皮、变态、生殖等发育的分子机理研究方面取得了重要进展。李胜教授团队发现了表皮生长因子受体（EGFR）对 JH 合成的促进作用及 JH 对昆虫卵形成和产出的机制。赵小凡教授团队解析了多巴胺受体、GPCR 和转录因子 Krüppel-like factor 15 介导的 20E 信号通路调控害虫变态发育的机制。周树堂教授团队聚焦 JH 依赖的害虫生殖分子研究，解析了辅助抑制因子 CtBP 对昆虫变态的抑制作用和大量卵黄发生的遗传调控基础。

害虫滞育调控机制研究。徐卫华教授团队发现线粒体呼吸链复合物 IV（COX IV）、6-磷酸葡萄糖脱氢酶（G6PD）、羰基还原酶 CBR1、双叉头转录因子 FoxO 等在棉铃虫滞育调控中的关键作用。李胜教授团队研究发现，脂肪体解离通过调控脂质代谢基因影响血淋巴中各类脂质的含量，从而影响蛹期发育 / 滞育的抉择。王小平教授团队阐明了 Krüppel 同源物 Kr-h1 是大猿叶虫（*Colaphellus bowringi*）调节繁殖和滞育响应光周期调控的关键因子，并揭示甾醇类激素蜕皮激素可作为 JH 的上游调节信号。

害虫迁飞机制与规律研究。吴孔明研究员团队连续 18 年（2003 年至 2020 年）对夜间迁飞过境昆虫进行持续监测发现了迁飞植食性昆虫和天敌昆虫的丰富度的下降趋势。胡高教授团队筛选出欧洲小红蛱蝶（*Vanessa cardui*）迁入量的两个关键环境因子，提出了褐飞虱（*Nilaparvata lugens*）迁飞的控制模式。在迁飞机制方面，江幸福研究员团队发现蛋白质加工、激素调节和多巴胺代谢等通路的相关基因对东方黏虫迁飞行为的调控作用。IIS 信号转导参与的翅型分化调控通路得到了进一步的完善与发展。

害虫与共生微生物互作机制研究。栾军波教授团队研究发现了共生菌对粉虱后代性比的影响，揭示了昆虫雌雄虫能通过分子和细胞重塑影响含菌细胞的发育，并阐明了水平转移基因 panBC 与 Portiera 在提高粉虱适合度和促进共生菌传播中的机制。洪晓月教授团队研究揭示了共生细菌 Wolbachia 提高稻飞虱种群增长的机制，发现了 Wolbachia 转染不仅能够诱导高强度的细胞质不亲和表型，同时能起到显著抑制褐飞虱所传播的水稻齿叶矮缩病毒的传播。程代凤教授和陆永跃教授团队研究发现，桔小实蝇（*Bactrocera dorsalis*）雄虫直肠中的芽孢杆菌可协助雄虫合成性信息素，高效引诱雌虫完成交配。

害虫对杀虫剂的抗性机制研究。张友军研究员团队在害虫抗药性分子机制方面取得系列重要突破性研究进展，发现了细胞色素 P450 基因 CYP6CM1 和 CYP4C64 的过量表达导致烟粉虱对烟碱类杀虫剂吡虫啉和噻虫嗪的抗性，揭示了中肠细胞中 Bt 受体基因表达量下调和非受体同源基因表达量上调，使小菜蛾对 Bt 进化产生高抗性且无任何适合度代价。张文庆教授团队发现褐飞虱细胞色素 P450 基因 CYP6ER1 和 CYP6AY1 的过量表达使其对新烟碱类杀虫剂吡虫啉产生抗药性。吴进才教授团队系统总结了杀虫剂的大量不合理使用加速了害虫在对杀虫剂抗性的形成，导致飞虱类害虫在田间再猖獗的机制。

害虫与寄主植物的化学通信机制研究。王桂荣研究员团队对棉铃虫的气味受体基因家族功能进行了系统研究，阐明了昆虫编码寄主植物挥发物的基本原理。从分子水平解析不同来源的 EBF 对天敌昆虫的调控作用，打破了蚜虫来源的 EBF 作为利他素远距离吸引天敌昆虫的认知。董双林教授团队鉴定了从嗅觉角度揭示了十字花科植物专食性昆虫的寄主适应机制。王琛柱研究员团队发现一个在产卵器中高表达的气味受体在烟青虫产卵行为中的关键作用。胡凌飞研究员团队在水稻中解析了虫害诱导挥发物吲哚对草地夜蛾幼虫抗性的影响以及调控早期防御信号的机理，提出了吲哚调控植物抗虫性的作用模型。李建彩研究员团队研究表明植物通过调节新陈代谢，避免了代谢分子的自身毒性，同时又获得了草食动物防御能力。

害虫对植物抗虫性的适应机制研究。张友军研究员团队在国际上首次发现烟粉虱通过水平基因转移方式获得了寄主植物的次生代谢产物解毒基因——酚糖丙二酰基转移酶，并利用该基因代谢寄主植物中广泛存在的分糖类抗虫次生代谢产物。娄永根教授团队和舒庆尧教授团队研究发现在植物体内 5- 羟色胺和水杨酸的生物合成起自共同的源头物质分支酸，两者的生物合成存在相互负调控现象。王晓伟教授团队发现烟粉虱的唾液蛋白 Bt56 可以激活植物的水杨酸信号途径，进而抑制植物的茉莉酸途径引起的抗虫防御反应，促进烟粉虱的存活与繁殖。陈剑平院士和张传溪教授团队研究揭示了灰飞虱唾液蛋白唾液鞘蛋白 LsSP1 促进取食的同时，尽可能地抑制唾液激发子引起的植物防御的新机制。

害虫对作物种植结构调整的响应机制研究。万年峰研究员团队发现农业、草原和森林系统添加其他植物物种，可显著提高天敌的丰度和活力，降低植食性昆虫的丰度和危害程度，而植物多基因与单、纯基因对增加生态系统中的天敌及其控害效果无显著影响。戈峰研究员团队利用新建立的生态控制服务指数方法对害虫控制进行定量评价，发现作物多样性具有高效控制作用。陆宴辉研究员团队研究表明农田景观系统中小宗作物、非作物生境有利于天敌的丰富度、多样性，而农田景观的单一性增加了害虫的危害，景观组成对天敌昆虫的多样性及其生态控害作用存在明显的调节作用。

害虫对全球气候变化的响应机制研究。马春森研究员团队建立了研究昆虫响应极端高温的新方法，提出了将害虫对气候变化的缓解效应纳入预测模型，证实了极端高温对群落结构、种间关系和生态系统功能的显著影响和昆虫对极端高温的响应的多重机制。尤民生教授团队对全球六大洲的 55 个国家和地区的 114 个样点采集的小菜蛾样本进行全基因组重测序，利用景观基因组学方法和基因编辑技术，预测和验证了全球小菜蛾的气候适生性。周文武教授团队以"马铃薯 – 马铃薯块茎蛾 – 寄生蜂"为模式系统，分析了温度升高后植株挥发物释放的变化，以及块茎蛾和赤眼蜂对其趋向行为的改变。

3. 杂草学科

（1）杂草生物学与生态学

在杂草基因组学研究方面，浙江大学樊龙江团队与湖南省农业科学院柏连阳团队联合上海师范大学和中国水稻研究所等科研团队，获得了六倍体 *Echinochloa. crus-galli*、四倍体 *E. oryzicola* 和二倍体 *E. haploclada* 的高质量参考基因组，发现稗草在多倍化过程中选择性降低杂草中抗性相关的投入，转而最大化其生长和生殖性能，揭示了稗草多倍化基因组适应性的进化机制。浙江大学樊龙江团队组装了异源六倍体稗草 *E. crus-galli*、异源六倍体光头稗 *E. colona* 和异源四倍体栽培稗 *E. oryzicola* 这三种稗属植物的基因组，揭示了稗属植物系统发生及其环境适应的基因组演化机制，还在部分除草剂抗性表型中发现了 ALS 抑制剂类除草剂潜在抗性靶标位点 Gly–654–Cys 和二氯喹啉酸潜在抗性靶标位点 Arg–86–Gln。柏连阳团队报道了四倍体杂草千金子的染色体级参考基因组和基因变异图，并通过转录组分析证明了四倍体化对千金子抗除草剂基因来源的重要作用。沈阳农业大学陈温福团队通过测序获得了第一个高质量的杂草稻参考基因组（WR04–6），揭示了杂草稻与栽培稻依赖性竞争的协同进化关系。

在杂草发育学研究方面，华中农业大学林拥军团队从狗尾草 EMS 突变体库中鉴定出 svstl1 突变体，在抽穗期表现叶片漂白表型，MutMap 分析显示 SvSTL1 基因是该性状主要候选基因，对叶绿体发育至关重要。南京农业大学强胜团队通过转录组和甲基化组分析发现，杂草稻和栽培稻的 CHG 超甲基化、CG 低甲基化和 CHG 低甲基化锚定基因在碳水化合物及其衍生物结合的 GO term 和丙氨酸代谢途径中显著富集，木质素合成通路相关基因 OsPAL1、Os4CL3、OsSWN1 和 OsMYBX9 的 DNA 甲基化水平影响了木质素合成基因的表达，并最终揭示了杂草稻之间以及杂草稻与栽培稻之间倒伏分化的机制。

在杂草抗病性研究方面，山东农业大学吴佳洁团队联合四川农业大学刘登才团队、美国爱达荷大学付道林团队历经十年从小麦 D 基因组祖先节节麦中获得了抗条锈病基因 YrAS2388。该基因可以通过调整不同转录本的富集水平和编码蛋白的互作模式，来应对病原菌侵染，有效控制小麦的抗条锈病水平。中国农业科学院作物科学研究所毛龙团队、李爱丽团队与四川农业大学小麦研究所兰秀锦团队通过高通量测序对节节麦全基因组 DNA 甲基化程度进行了评估，发现 DNA 甲基化的动态变化能够参与植物复杂的免疫反应过程。

在杂草抗逆性研究方面，青岛农业大学尹华燕团队与贵州师范大学杜旭烨团队合作揭示了节节麦应对镉胁迫的分子机制，证实关键基因 AetSRG1 是研究低镉小麦的潜在靶点。强胜团队研究了栽培稻和杂草稻耐寒性随纬度而变异的模式，发现差异耐寒性与 CBF 冷反应通路基因的相对表达水平以及该通路的调控因子 OsICE1 启动子区甲基化水平密切相关。OsICE1 启动子的 CHG 和 CHH 胞嘧啶位点甲基化水平与耐寒性显著相关，揭示了杂草稻在北方气候条件下伴随水稻种植而传播的表观遗传机制，阐明了杂草稻和栽培稻对低温的适应机制。中国农业科学院韩龙植团队在杂草稻中鉴定到了耐旱基因 PAPH1，杂草稻中的 PAPH1 能够赋予水稻强大的抗旱性。中国农业科学院李香菊团队揭示了高分布密度胁迫下节节麦的分蘖调控机制，该研究丰富了禾本科杂草分蘖调控机制理论体系，为生产中抑制节节麦分蘖，降低其繁殖系数等防除措施的建立提供了理论依据。

在杂草遗传多样性研究方面，复旦大学卢宝荣团队揭示了同一地区但不同季节的杂草稻种群之间的同域遗传差异，证实时间隔离在植物同域种群 / 物种之间产生遗传差异方面起重要作用。

（2）杂草抗药性机理

在靶标抗性机理研究方面，山东农业大学王金信团队以抗 ALS 抑制剂看麦娘为模式种，获得了抗性突变 Pro-197-Tyr 或 Trp-574-Leu 的所有个体纯合的种群，初步解释了优势靶标抗性突变在田间快速进化传播的原因。广东省农业科学院植物保护研究所田兴山团队联合西澳大学余勤团队从中国和马来西亚的抗草铵膦牛筋草种群中鉴定到一个胞质型 EiGS1-1 蛋白发生 Ser-59-Gly 突变，且该突变基因型与草铵膦抗性表型显著相关。中国农业科学院黄兆峰团队从抗 ALS 抑制剂反枝苋种群中鉴定到 Trp-574-Leu 或 Gly-654-Tyr 突变，其中 Gly-654-Tyr 突变是首次被报道，该突变可导致反枝苋对五大类 ALS 抑制剂产生抗药性。该团队还明确反枝苋对 PPO 抑制剂氟磺胺草醚的靶标抗性是由 Arg-128-Gly 突变导致。

在非靶标抗性机理研究方面，柏连阳团队通过转录组测序技术鉴定到稗草的醛酮还原酶基因 EcAKR4-1，异源表达稗草 EcAKR4-1 蛋白可将草甘膦代谢为低毒的氨甲基磷酸与无毒的乙醛酸，并证实 EcAKR4-1 的过量表达与稗草对草甘膦的抗性有关。通过分子模拟法和代谢组学阐明了稗草 EcAKR4-1 基因通过辅酶因子 NADP+ 催化氧化反应以代谢草甘膦的分子机理。稗草 EcAKR4-1 基因是植物中首个被发现的可代谢草甘膦并导致抗性产生的基因，该研究也首次阐明了植物代谢草甘膦的分子机理。柏连阳团队进一步发现稗草的转运蛋白 EcABCC8，可在质膜上将进入膜内的草甘膦转运至膜外以产生抗性，揭示了植物抗草甘膦的全新机制。该研究是杂草抗药性以及 ABC 转运蛋白研究领域的重要进展，不仅丰富了杂草抗药性基础理论，而且为应用遗传手段逆转杂草对草甘膦的抗药性提供了理论依据，对作物的耐草甘膦遗传改良也具有重要指导价值。柏连阳团队还发现 CYP81A68 上调表达赋予稗草对稻田常用 ALS 和 ACCase 抑制剂类除草剂的代谢抗性。对 CYP81A68 基因启动子 CpG 岛进行预测时发现抗敏种群的 CpG 岛都包含转录活性区域，并且 R 种群的甲基化水平显著低于 S 种群，首次揭示了表观遗传可能在稗草抗药性进化中发挥重要作用。南京农业大学董立尧团队通过转录组测序分别在稗草和硬稃稗中鉴定出差异表达的转录因子 bZIP TFs，基于染色质免疫沉淀结合高通量测序结果建立了除草剂胁迫对应的 bZIP TFs 数据库，阐明了 bZIP88 正向调控除草剂抗性的机制，为 NTSR 研究开辟了新的思路。王金信团队运用 iTRAQ 蛋白质组学技术研究了看麦娘对甲基二磺隆的代谢抗性机理，发现抗性看麦娘通过增强对除草剂降解能力来保护其免遭除草剂损伤，并通过靶向蛋白质学 PRM 技术进一步揭示了三个关键蛋白（酯酶，谷胱甘肽 -S- 转移酶和糖基转移酶）能够作为潜在的生物标记物用来快速表征杂草的代谢抗性。该团队还借助转录组 / 蛋白组测序及生物信息学分析，结合分子生物学、色谱学和计算化学等多学科交叉的研究策略，揭示了 CYP709C56 基因介导了看麦娘对甲基二磺隆和啶磺草胺的抗药性。王金信团队研究了荠菜对苯磺隆的代谢抗性机制，发现 P450 抑制剂能逆转荠菜抗性，采用三代全长转录组测序（Iso-Seq）和 RNA 测序（RNA-Seq）相结合的方法来鉴定该种群中参与非靶标代谢抗性的候选基因，鉴定到包括三个 P450、一个 GST、两个 GT、两个 ABC transporter、一个氧化酶和两个过氧化物酶在内的十一个基因在 R 种群上调表达，为解析荠菜对苯磺隆代谢抗性的分子机制提供了基础。该团队还明确 P450s 和 GSTs 介导的解毒代谢是导致节节麦对甲基二磺隆抗性的重要原因，采用 RNA-Seq 技术结合有参基因生物学信息分析，发掘了节节麦抗甲基二磺隆解毒代谢酶 P450s、GSTs、GTs 和 ABC transporters 相关家族基因二十一个，相关研究结果为节节麦抗药性监测及耐除草剂作物育种提供了宝贵的资源。

在内生菌介导的杂草抗药性研究方面，柏连阳团队监测了棒头草对精喹禾灵的抗药性并研究其抗性机理，发现抗性种群中精喹禾灵降解内生菌数量和降解速率均高于敏感种群，并证实降解内生菌与棒头草对精喹禾灵的抗性相关。该研究首次报道了内生菌增强杂草对除草剂的抗药性，为杂草抗药性机制研究开辟了新思路。

（3）除草剂安全剂作用机理

柏连阳团队发现解草啶能够加速水稻体内丙草胺的降解，降低丙草胺引起的水稻植株脂质过氧化和氧化损伤，并鉴定出 CYP71Y83、CYP71K14、CYP734A2、CYP71D55 和 GSTU16、GSTF5 等保护水稻免受丙草胺药害的关键基因。进一步研究发现解草啶只诱导水稻 GSTs 活性增加，对稗草 GSTs 无诱导作用，揭示了除草剂安全剂解草啶通过选择性诱导水稻 GSTs 基因上调表达从而缓解除草剂药害的机理。

河南省农业科学院植物保护研究所吴仁海团队研究发现双苯噁唑酸可以通过提高水稻、玉米叶片谷胱甘肽硫转移酶活性及谷胱甘肽含量，同时诱导除草剂代谢相关关键基因包括 Car E15、CYP86A1、GSTU6、GST4、UGT13248、UGT79 和 ABCC4 的上调表达发挥保护作用。该团队还揭示了外源赤霉素通过促进编码 ABA 合成酶的基因的表达来加速 ABA 的合成以平衡 ABA/GA3 比值，从而保护高粱免受精异丙甲草胺药害的机理。

4. 鼠害学科

鼠类为植食性哺乳动物，鼠害不仅涉及国家粮食安全，还与人民健康安全和生态安全密切相关。草原是我国鼠害发生的主要区域。2018 年以来，天然草原的管理由农业农村部转归自然资源部国家林业和草原局，并将草原生态修复治理工作、监督管理草原的开发利用列为国家林业和草原局的主要职责之一，体现了我国生态文明建设指导思想对天然草原功能的重新定位，也对草原鼠害治理提出了新的要求。

由于鼠类是鼠疫等重大传染病的宿主与传播媒介，并且传播60%的人畜共患病，2020年我国立法将生物安全提升到了前所未有的高度，从疾病控制角度也对鼠害治理提出了更高的要求。国家需求的重大调整也给鼠害学科提出了巨大挑战。一方面，国家粮食生产和疾病控制要求采用以灭杀为主的应急性鼠害治理技术；另一方面，天然草原功能定位的转换，要求采用以"生态优先"为主的鼠害治理策略。然而，粮食生产、疾病防控和草原保护的鼠害控制是无法截然分开的。其中最为突出的一点，这三大领域鼠害防控需求的重点区域都集中在广大的农村地区，尤其是天然草原和农牧交错区的贫困农村地区，粮食生产、牧草生产和疾病控制需要更严格地将鼠类控制在较低的密度，从草原生态保护的角度则需要适当提高鼠类的防控阈值。针对这些鼠害治理需求的矛盾以及鼠害学科发展面临的主要问题、短板和瓶颈，精准监测指导精准防控正在逐步成为鼠害治理领域的主流发展策略，近年来的新观点及主要科技进展如下。

（1）生态优先的草原鼠害治理策略

开展了鼠害治理生态阈值研究，以推动深入和客观评价鼠类在不同生态系统中的功能，推进我国鼠害防控的科学性及天然草原等自然资源的可持续利用。鼠类直接威胁粮食安全、牧草生产、生物安全，也直接威胁生态系统安全。然而对鼠类过度灭杀同样将直接威胁生态系统安全，并且从生物多样性保护等其他生态角度来看，将逐渐导致比鼠类暴发更加不可逆的生态恶果。因此，单纯经济阈值已经无法满足当前鼠害的可持续防控，尤其是草原区域鼠害防控策略及标准的制定，要同时考虑粮食安全、生物安全、生态安全和生物多样性保护。这一策略的推进，对于推动我国鼠害行业转型，尤其对于推进我国草原生态保护及可持续利用具有重要的意义。

（2）监测技术仍旧是我国鼠害防控的瓶颈

监测技术是鼠害预测预报、鼠害防控策略制定、防治效果评价等鼠害治理各个环节的基础。监测技术的提高是精准监测指导精准防控整体发展策略的前提。生态阈值的制定需要对相关生态因子长期精确大数据的获取与分析，也对鼠害监测提出了更高的要求。随着人工智能及各类遥感技术的兴起，国内多个团队开展了鼠害智能监测技术的研发，我国在鼠害监测技术方面取得了长足的进步，并处于一个高速发展的时期。然而，不同生态系统中害鼠种类差异巨大，在各自生态环境中的功能截然不同，对鼠类监测的需求也截然不同，对鼠类监测提出了极高的个性化监测需求。从我国鼠害防控需求来看，目前鼠害监控技术仍是生态阈值研究、鼠害精准预测预报和鼠害精准防控等的瓶颈。

（3）施用技术靶向不足是导致杀鼠剂应用安全风险和环境风险的主要障碍

杀鼠剂安全风险包括人类健康和环境安全风险。鼠类哺乳动物的特性及杀鼠剂施用方式决定了毒性高低（尤其是毒性作用时间）是评判杀鼠剂安全性的第一标准，由于杀鼠剂毒性大小与是否生物源无关，生物源制剂优先的概念并不适合鼠害治理领域。杀鼠剂安全概念科学性不足导致应用管理的科学性不足。在杀鼠剂应用管理过程中，应当将杀鼠剂是否直接作用于靶标生物以及杀鼠剂应用过程中直接或间接取食对非靶标生物造成的可能安全风险作为核心的评价指标，也是提高杀鼠剂安全科学管理的必由途径。我国鼠害发生现状决定了在未来较长的一段时间内，化学防治还将是我国鼠害防治不可或缺的技术。针对杀鼠剂不可避免的广谱作用方式，面对我国对鼠害治理复杂的需求和矛盾，根据环境、害鼠种类及防控目的开展专项评估，将是保障杀鼠剂安全性及应用科学性的必由之路。

（4）生态友好型鼠害防控技术缺乏仍旧是我国鼠害防控的短板

近年来，我国鼠害防控技术各方面都有了长足的发展，生态友好型技术正在成为我国鼠害防控技术研发的主流。天敌防控类的招鹰架技术、物理防控类的 TBS（围栏捕鼠系统）技术、化学防控类的不育技术和以毒饵站为代表的杀鼠剂施用技术等，都是具有代表性的生态友好型技术。然而，从我国鼠害发生的现状和防控需求来看，尤其是草原地区对生态优先的需求，生态友好型技术的缺乏仍旧是我国鼠害防控技术发展的主要短板之一。针对杀鼠剂不可避免的广谱作用，预计基于精准监测基础的精准施药技术将是未来生态友好型鼠害防控技术的主流发展方向。

（5）在害鼠生物学和生态学特征研究方面取得了重要的进展

在农区重大鼠害褐家鼠的入侵暴发机制、洞庭湖区东方田鼠种群数量暴发机制及该地区鼠类群落演替规律等方面取得了重要进展，明确了随着湖滩的演替，黑线姬鼠种群数量有逐年增多的趋势；布氏田鼠种群的周期性发生规律，发现光周期是布氏田鼠种群繁殖调控的首要影响因素，对温度变化具有上位效应，为布氏田鼠及其他典型季节性繁殖鼠类的精准预测预报提供了重要理论支撑。发现肠道菌群可以通过脑肠轴通路调控鼠类繁殖，特定肠道菌群可以调控布氏田鼠、长爪沙鼠等鼠类关键基因表达影响鼠类繁殖状态，为鼠类新型控制技术研发提供了重要线索。肠道菌群还参与了鼠类热量平衡及机体水分代谢，对于阐明全球气候变暖如何影响鼠类种群分布、迁移及扩散，根据气象数据预测鼠类发生的宜生区及发生面积具有重要意义。在高原鼢鼠等鼠类与草原植被多样性关系研究方面的重要进展，为草原鼠害治理生态阈值的探索与制定提供了重要支持。

5. 绿色农药创制与应用

绿色农药创制是一项十分复杂的多学科交叉集成的系统工程，投资大、周期长、风险高。随着原创分子靶标发现与新作用机制研究的不断深入，许多前沿生物技术促进了绿色农药的创制。

（1）农作物病虫草害的分子靶标及作用机制

我国农药分子靶标发现的策略主要是利用农药化学生物学，尤其是在免疫诱抗剂调控植物抗病导向的原创分子靶标、农药活性探针分子导向的原创分子靶标、农药分子靶标的结构生物学等方面形成了特色，陆续发现了一些潜在的原创分子靶标，研发了一些绿色农药品种。南京农业大学周明国教授通过对氰烯菌酯敏感和抗性的镰刀菌株进行基因组重测序结合分子遗传与生化试验研究，发现氰烯菌酯的作用靶标是具有分子马达功能的肌球蛋白（Myosin I）。中国农业科学院植物保护研究所杨青研究员解析了大豆疫霉几丁质合酶PsChs1的冷冻电镜结构，阐明了几丁质生物合成的机制，从而为精准设计几丁质合成酶的新型绿色农药奠定了基础。

（2）新农药分子结构的发现

高通量筛选技术为开发快速、准确和低成本的农药筛查技术提供了新思路。计算机辅助虚拟筛选技术加快了新药的研发速度。纳米技术促进了农药新剂型、缓释和精准调控的发展。RNA 干扰技术通过不同的方式传递至有害靶标生物体内沉默目标基因实现病虫害防治。贵州大学宋宝安院士团队以天然产物香草醛等为先导化合物，完成了 60 个新化合物的设计合成与植物免疫诱抗活性筛选。贵州大学池永贵教授课题组以手性氮杂环卡宾作为催化剂，利用 β- 甲基肉桂醛与 β- 酮基膦酸酯为原料，制备了一系列抗病毒活性的光学纯吡喃酮膦酸酯类手性化合物，筛选出对烟草花叶病毒具有优良作用的手性先导分子。华中师范大学杨光富教授课题组基于已商品化的药物及农药分子构建了首个具有检索、分析、预测和连接功能的生物活性碎片在线数据库，建立了活性碎片与农药分子设计之间的桥梁。贵州省天然产物化学重点实验室郝小江院士团队从轮叶黄花种子中分离鉴定出两个新的马钱子碱型生物碱。中国农业大学凌云团队以其为先导化合物，将天然产物的活性基团引入到农药分子结构的骨架中，设计合成了一系列含天然骨架 1,2,3,4- 四氢喹啉的磺酰肼类化合物。南开大学汪清民教授课题组针对一系列海洋天然产物设计、合成并表征了海洋天然产物聚焦平（polycarpine）、聚焦嘌呤（polycarpaurines）及其衍生物，并进行了抗植物病毒研究。

（3）农药抗性与治理的研究

近年来我国农药抗性领域出现了许多新理论、新技术和新观点，推动着抗性研究的深入发展，为抗性治理提供了更多创新理论基础。研究揭示了褐飞虱对氟啶虫胺腈、烯啶虫胺、噻虫胺等多种杀虫剂的抗性与代谢机制。厘清了立枯丝核菌突变体 X19-7 对 SYP-14288、镰刀菌对氰烯菌酯、稻瘟病菌对啶氧菌酯、叶斑病菌对多菌灵、灰葡萄孢对氟虫腈、赤霉病菌对氟唑菌酰羟胺、水稻白枯菌对双硫噻唑等多种病原菌对杀菌剂抗性与代谢机制。阐明了众多除草剂新的靶点抗性与代谢机制。例如，中国农业科学院蔬菜花卉研究所杨鑫等发现 m^6A 能够调节烟粉虱中的细胞色素 P450 基因表达，在抗性品系中，该基因的 5′ 非翻译区发生了突变，突变引入一个 m^6A 位点，从而导致对噻虫嗪产生抗性，这可能是我国学者首次从表观遗传学角度报道农药抗性。中国农业大学报道了小菜蛾对溴虫氟苯双酰胺的抗药性机制和适应成本，经过十代筛选，小菜蛾对溴虫氟苯双酰胺无明显抗性，实际遗传力 h^2 为 0.033，表明产生抗性的风险较低。中国农业科学院植物保护研究所报道了棉蚜对氟啶虫胺腈的抗性机制和摄食行为、生活史等潜在的适应性机制，经过室内汰选获得对氟啶虫胺腈抗性 40.19 倍的棉蚜，该抗性种群对新烟碱类、拟除虫菊酯和氨基甲酸酯类杀虫剂产生交叉抗性（抗性比值为 5.62 倍至 35.90 倍），抗性棉蚜更积极寻找食物，繁殖力显著高于敏感种群。

6. 生物防治

近年来，新方法和新技术在生物防治学科中的研究和应用不断增多，主要包括基因编辑与基因驱动、纳米材料与 RNAi 技术、酶抑制技术等。目前，利用 CRISPR/Cas9 系统已经成功鉴定并解析多种参与昆虫翅型发育、胚胎发育和幼虫生长发育等的相关基因功能。CRISPR/Cas9 基因编辑系统也被应用于降低害虫抗药性和农药作用位点鉴定等方面。敲除棉铃虫中解毒酶基因簇 *HaCYP6AE* 降低了棉铃虫的抗药性，杀虫剂处理后显著降低棉铃虫的存活率。CRISPR/Cas9 基因驱动系统在害虫防治应用上展现了巨大的潜力，将是未来害虫防治的主要手段，有助于解决害虫抗药性和化学农药使用带来的环境污染等问题。目前，基因驱动的效果已经得到了很好的验证，相信随着研究的进一步深入，该项技术存在的问题能得到有效解决并广泛应用到害虫的防治中。

基于 RNAi 的病虫害防治策略长期以来是植物保护学工作者的研究热点。目前，大量的潜在 RNAi 靶基因被筛选，为病虫害的遗传学防治提供了丰富的候选靶标。但 RNAi 在病虫害防治方面的应用还处于起步阶段，靶标有害生物的 dsRNA 吸收效率低，同时免疫系统会阻止外源 dsRNA 进入自身细胞并将其降解，从一定程度上降低了基因的干扰效率。近五年，纳米技术在农业领域发展迅猛，推动了传统农业在交叉学科领域的不断深化发展。以纳米材料为载体高效携带外源核酸，诱导基因转化和实现高效 RNAi 已成为国内外研究的热点。在农业领域，纳米粒子可以经过修饰作为一种药物载体，快速包裹药物分子，提高大颗粒、难容农药分子的分散性和穿透力，提升农药分子的附着力和利用率，因此利用纳米粒子开发新型农药已成为国内外的研究热点。目前应用较为成熟的核酸型纳米载体包括壳聚糖、脂质体、层状双氢氧化物、聚乙烯亚胺、聚酰胺 - 胺树枝状聚合物等。在植物病害防控领域，筛选获得了可靶向疫霉菌 CesA3 和 OSBP1 关键区域的 CesA3-/OSBP1-dsRNAs，制备了聚乙二醇异丙烯酸酯（PEGDA）功能化的碳点纳米颗粒（CDs），其可以通过静电结合等作用力高效装载 dsRNA，能有效防治辣椒疫霉侵染。目前，廉价、绿色、高效的 RNA 农药载体创制刚刚起步，优良的纳米载体的创制涉及材料学、化学、生物学科的深度融合，将极大地增强病虫害防治效果。

7. 入侵生物学

（1）重大农业入侵生物入侵成灾机制

以苹果蠹蛾、番茄潜叶蛾、桔小实蝇等重大农业入侵害虫，薇甘菊、紫茎泽兰等重大农业入侵杂草，福寿螺、非洲大蜗牛等农业入侵软体动物为对象，在获得基因组、转录组、蛋白组、代谢组和微生物组等多组学数据的基础上，构建了外来入侵物种组学数据库

（InvasionDB），为从分子角度揭示入侵机制提供了数据支撑和分析平台。进一步通过多组学比较分析，从寄主适应性进化、抗药性进化、遗传分化和温度适应性进化等角度揭示了苹果蠹蛾和番茄潜叶蛾等入侵害虫的内在优势和竞争力增强（寄主、抗药性等环境适应性）的入侵机制；从光合能力、化感作用与根际土壤养分循环等多个角度，揭示了薇甘菊在全球入侵过程中的内在优势（快速生长）和新式武器（化感作用）的入侵分子机制；从入侵植物与土壤养分互作的角度揭示了基于土壤微生物反馈调节的入侵植物竞争力增强（竞争排斥）的入侵机制；从环境和免疫压力耐受能力强、肠道微生物协助解毒和消化等角度揭示了福寿螺内在优势和互利助长的入侵机制。研究明确相关入侵机制，为发展针对入侵物种的绿色防控技术提供了新思路和新方法，丰富了入侵生物学相关理论与假说。

（2）重要潜在、新发农业入侵生物的风险评估和监测预警

创建了潜在和新发入侵物种数据库及预判预警平台，筛选了上万种潜在外来物种信息资料，完成了百余种潜在和新发重大入侵物种的全程风险驱动综合定量评估预判。创新了潜在和新发入侵物种精准甄别和智能监测预警技术，实现了入侵植物、微小型入侵昆虫的快速识别与智能监测。在可视化预警平台建设方面，重点针对"一带一路"国家和我国周边国家与边境地区潜在、新发和重大农业入侵生物，研发了入侵物种不同来源数据采集、数据融合、数值增效、场景模拟技术，构建了我国入侵物种数据库及其预判预警平台，初步实现了信息的即时可视化显示，为入侵物种风险预判和实时监测提供了翔实数据支撑，也为入侵物种预警与防控提供了指导。在物种适生性分布预测方面，改进了物种分布生态位模型、集成模型和经济损失模型等生物和扩散地理学方法，创新了传入、定殖、扩散风险定量评估模型与管理策略，实现了潜在和新发入侵物种全程风险驱动综合评估预判，完成了50余种潜在和新发重大入侵物种的全程风险驱动综合评估预判并制定了其应急处置预案，为入侵物种风险等级评估和《外来入侵物种管理办法》《重点管理外来入侵物种名录》制定提供了支撑。在新发重大入侵物种快速检测、监测方面，针对番茄潜叶蛾、斑潜蝇、梨火疫病、猕猴桃溃疡病、麦瘟病菌等，更新了潜在和新发入侵物种精准甄别和智能监测预警技术30余套，建立了高精度入侵植物智能识别系统、微小入侵昆虫DNA条码快速鉴定系统和种特异性分子检测技术，入侵昆虫远程无人监测技术、重要入侵杂草图像识别与监测等，实现了潜在和新发入侵物种精准甄别溯源和实时智能监测，为入侵物种关口前移的监测点布设和扩散阻截等防控管理提供了支撑。

（3）入侵物种风险防范与控制管理

参与相关法律法规的制定，并在2020年生物安全法实施以来，牵头制定了《中国外来入侵物种名录》《重点管理外来入侵物种名录》，推进了外来入侵生物管理和植物检疫规章建立，参与撰写农业农村部牵头五部委联合发布"加强外来物种入侵防控工作2022年工作要点"等；推动了国家外来入侵物种普查，牵头制定了《全国外来入侵物种普查工作方案》《全国外来入侵物种普查技术方案》《农作物外来入侵病虫害重点调查技术规

定》等普查技术规范、实施方案，提出了外来入侵物种清单、分省清单、重点调查物种清单，编写了《外来入侵物种生物词典》（600余种）等。开展了入侵物种风险与防控对策、管理策略、应对措施研究，撰写相关建议报告，近五年，获国家级和省部级批示近20次。其中，牵头提出的"如何实现农业重大入侵生物前瞻性风险预警和实时控制"入选2020年度中国科协十大工程技术难题，为行业部门管理决策提供科技支撑。为了进一步研究落实党中央、国务院关于"对已经传入并造成严重危害的（外来入侵物种），要摸清底数，'一种一策'精准治理，有效灭除"的相关要求，协助农业农村部开展科普宣传与灭除行动。制作了系列防控技术科普读物、视频等，如编印出版科普著作与读物50余部（套），包括《生物入侵：中国外来入侵动物图鉴》《入侵生物识别图册》《农业外来入侵物种知识100问》等。

在web of science数据库中进行入侵生物的相关主题检索，获得107600篇与生物入侵相关的文献（截至2022年5月）。从年发文量来看，我国学者在国际期刊发表生物入侵相关的SCI论文呈现逐年稳步增长趋势，至2018年年发文量首次超过澳大利亚。从总发文量来看，我国科学家在国际期刊上共发表SCI论文4246篇，仅次于澳大利亚的4315篇，排名全球第三。在国际顶级权威期刊发表论文情况，包括来自82个国家的科学家在 *Nature*、*Science*、*Proceedings of the National Academy of Sciences of the United States of America*、*Trends in Ecology & Evolution* 和 *Annual Review* 系列等五类顶级期刊及其影响因子大于10的子刊上共发表生物入侵相关论文958篇，其中我国科学家贡献34篇，排名第九。在出版生物入侵系列专著方面，全球共出版268本专著，我国科学家共出版83种专著，仅次于美国的93种，排名第二。在理论基础研究方面，全球科学家共提出了42个与入侵机制相关的假说。其中，"虫菌共生假说"和"非共性进化假说"为我国科学家提出，目前已被广泛认可。

8. 农作物病虫害监测预警

近年来，随着计算机、互联网、物联网、人工智能、遥感、地理信息系统、卫星定位系统、大气环流分析等技术的快速发展与在农作物病虫害监测预警中的广泛应用，智能虫情测报灯、性诱计数装置、昆虫雷达、低空遥感、卫星遥感、智能识别App等现代智能病虫监测装备及重大病虫害实时监测预警系统建设方面取得了比较明显的进步，大幅度提高了对病虫害监测和预测的时效性和准确度[43, 44]。

随着深度学习技术的不断发展，尤其是微软ResNet、谷歌MobileNet、百度PPLCNet等网络的提出，实现了图像识别技术的重大突破，病虫拍照识别App及相关产品大量涌现。在陈剑平院士和众多植保专家支持下，睿坤科技有限公司自主开发的搭载核心AI病虫害手机拍照识别的应用程序和微信小程序"植小保"（原"慧植农当家"）的用户总数突破200万人。智能虫情测报灯通过机械振动和循环传输或圆盘旋转实现了灯诱昆虫均匀定向分散，从机械结构上基本解决了灯诱昆虫粘连堆叠造成自动识别困难的技术难题；同时利用多种深度学习模型融合方法实现了多类害虫准确自动的识别与计数；目前已识别害虫种类 105 种以上，平均识别率达 85% 以上[45-49]。相应的鹤壁佳多科工贸有限公司、河南云飞科技发展公司、浙江托普云农科技股份有限公司、成都比昂科技有限公司等企业的智能虫情测报灯在生产上得到广泛应用。云飞科技发展公司利用物联网、大数据及人工智能技术，赋能传统吸虫塔，研发了智能型吸虫塔。通过升级硬件结构、集成超高清工业相机，实现吸虫塔下蚜虫图像的自动采集、智能识别计数、数据分析，大大降低了麦蚜测报的工作强度，提升了测报效率和数字化水平。

北京理工大学雷达技术研究所将全相参、高分辨、全极化等新技术用于昆虫雷达，研发了兼具扫描模式和波束垂直对天观测模式的 Ku 波段相参高分辨全极化昆虫雷达，将距离分辨率进一步提高到 0.2m[50]。依托高分辨全极化昆虫雷达对目标幅度、相位、极化等信息的获取能力，获得了高精度的体轴朝向、体重/体长、振翅频率、速度和上升下降率等参数[51-57]。自 2019 年起，该型雷达先后在云南澜沧、江城、寻甸，山东东营，广东深圳等地部署五部，开展了长期自动化业务监测运行，在草地贪夜蛾、黄脊竹蝗、苹梢鹰夜蛾等重大害虫迁飞监测中发挥了重要作用[58]。

同时，北京理工大学雷达技术研究所采用天气雷达多仰角、多特征数据，深度挖掘气象与生物回波轮廓和纹理差异，提出了多通道、多尺度空间特征的回波识别算法，建立了天气雷达生物回波强度与生物数量/密度的映射关系，建立低分辨天气雷达空中生物精确定量关键技术，使空中生物回波的正确识别与分离概率大于 90%、昆虫与鸟类定量误差小于 20%[59-63]。基于以上研究，开发了空中生态监测预警系统平台，促进了天气雷达生物监测由定性向定量化发展，填补了我国天气雷达用于大尺度空中生态监测研究的空白。

针对病虫害卫星遥感监测问题，基于不同类型的算法，建立作物病虫害识别、区分及严重度诊断模型，并在不同作物类型上应用。遥感特征主要包括：可见光和近红外光谱特征、荧光和热特征以及基于图像和景观的特征。在可见光和近红外光谱特征中，波谱反射率是最简单的形式，大多数研究已经确定对各种作物病虫害敏感响应的光谱区间[64, 65]。同时，反射光谱可以进行不同形式的变换，如连续统去除、分数阶微分和连续小波变换等。此外，各种形式的植被指数也被广泛用于病害监测中[66-68]。近 20 年来，目标地物的荧光和热特性也越来越广泛地被用于作物遥感监测[69]。例如，400 ~ 600nm 和 650 ~ 800nm 范围是两种常用的荧光诱导波段，利用这两个波段提供的植被荧光特性，可以有效地对胁迫状态及生境因素进行监测[70, 71]。与上述特征不同，基于图像的分析还允许使用纹理或景观特征对种植区进行详细绘制。颜色共生方法（CCM）通常用于提取纹理特征（均匀性、平均强度、方差、逆差、熵、对比度等），这些特征对于小尺度水平上的病虫害监测十分重要[72]。此外，还可以基于遥感影像提取空间度量（景观特征），用于识别作物病虫害的空间分布模式[73]。

随着无人机技术的快速发展，无人机具备部署可见光、多光谱和高光谱等多种传感器的能力，能快速获取高分辨率图像数据，这弥补了卫星遥感数据重访周期长、时空分辨率低的不足，在农作物病虫害监测方面表现出一定优势。研究者通过无人机搭载传感器，利用光谱角映射（Spectral Angle Mapping，SAM）、K- 邻近（K-Nearest Neighbor，KNN）和支持向量机（Support Vector Machine，SVM）等算法，实现了对棉花蚜虫叶螨、小麦白粉病、条锈病、全蚀病等病虫害均超过 85% 的识别精度[74, 75]。

（二）关键技术和产品，推动产业发展升级

1. 植物病理学

（1）真菌病害防控技术

分子技术的最新进展已成为控制病害发展的有效工具。华中农业大学姜道宏团队报道了真菌病毒 SsHADV-1 将死体营养型病原真菌核盘菌转变为可以和油菜互利共生的内生真菌，并促进油菜生长和增强油菜抗病性，多年多地的田间防效实验发现基于菌株 DT-8 的生物引发技术可以显著降低油菜菌核病的发生，提高产量。上海交通大学新农村发展研究院蔡保松团队开发出了防治茎腐病的九种木霉菌生防制剂，十种低毒化学种衣剂，构建了适应机械化种植的玉米病虫草害绿色防控技术体系。孔令让团队用携带 *Fhb7* 基因的抗赤霉病种质材料 A075-4 与济麦 22 杂交并回交，结合分子标记辅助选择，历经七年选育出山农 48，该品种是我国首个携带抗赤霉病基因 *Fhb7* 的小麦新品种。南京农业大学王源超团队和王秀娥团队通过转基因技术将 RXEG1 分别导入三个赤霉病易感小麦品种：济麦 22、矮抗 58 和绵阳 8545，发现表达 RXEG1 显著提高了小麦对赤霉病的抗性，但并不影响小麦的株高、产量等农艺性状。中国农业大学植物保护学院沈杰团队、窦道龙团队以及北京化工大学尹梅贞团队合作研发了基于纳米递送载体的新型纳米农药用于马铃薯晚疫病的防治，田间药效试验证实该类型纳米农药显著提升了壳聚糖和丁子香酚对马铃薯晚疫病的防效。河北农林科学院植物保护研究所马平团队引进和利用西兰花残体还田策略开展棉花黄萎病防治技术研究，该策略首先是在黄萎病田块种植西兰花，待成熟后将西兰花组织粉碎还田发酵一个月以上，之后再种植应季作物，则可以有效控制黄萎病的发生。

（2）卵菌病害防控技术

山东农业大学张修国团队针对主要蔬菜卵菌病害研发了品种抗灾和检测预警两项核心防控技术及高效栽培防病、生态控害、生物防治和精准用药减灾四项关键防控技术，创建综合治理技术体系，累计推广应用 1447.85 万亩，平均防效达 80% 以上，显著降低了我国主要蔬菜卵菌病害发生面积与危害程度，累计新增利润 78.02 亿元，获 2018 年国家科技进步奖二等奖。

（3）植物病毒生物技术应用

陈剑平团队围绕我国小麦土传病毒病，建立了精准诊断和监测技术，集成基于"病害

早期精确监测、抗性品种精准布局、辅以微生物药剂拌种、适当晚播、春季施用微生物药剂和分级防控"的土传病毒病害绿色防控技术体系，累计推广应用 1.16 亿亩。周雪平团队制备了 50 多种植物病毒单克隆抗体，并研发了病毒快速检测试剂盒，目前已广泛应用于病毒病的早期诊断。对介体昆虫带毒检测灵敏度达到 1∶1600，依据带毒率和数量，构建病害中长期预测模型，可有效预测病毒病发生动态，实现病害早期预警和实时预报。

（4）植物线虫技术应用

中国农业科学院植物保护研究所彭德良团队在新疆维吾尔自治区发现了对外检疫线虫甜菜孢囊线虫（*Heterodera schachtii*），在云南、贵州和四川发现了重大检疫性有害生物马铃薯金线虫（*Globodera rostochiensis*）[76]，并研发出 PCR、RPA-CRISPR 等快速检测技术。彭德良团队应用寄主诱导基因基因沉默（HIGS）技术，研发出靶向大豆孢囊线虫几丁质合成酶基因的转基因大豆新种质，该种质材料高抗大豆孢囊线虫。华中农业大学肖炎农团队从淡紫紫孢菌中鉴定到一个参与杀线虫活性和抵抗逆境的关键蛋白 PlCYP5，并研制出了生防菌淡紫紫孢菌的颗粒制剂。

2. 农业昆虫学

（1）抗虫作物

近些年黄河流域棉花种植规模快速压缩，陆宴辉研究员团队发现，随着 Bt 棉花种植面积大幅减少，Bt 棉花对农田生态系统中棉铃虫种群发生的控制能力明显减弱，虽然 Bt 棉花对棉铃虫幼虫依然高效控制，但玉米、大豆等其他寄主作物上棉铃虫幼虫发生和危害不断加剧。吴孔明研究员团队在我国主要玉米产区系统评价了转基因抗虫耐除草剂玉米对鳞翅目靶标害虫的控制效果，证明转基因玉米对草地贪夜蛾、玉米螟等鳞翅目害虫均有有效控制作用，可作为我国草地贪夜蛾等害虫综合治理的关键技术。

（2）RNA 农药

在低剂量高效 RNAi 靶标基因的筛选方面，通过测序技术对各类农业害虫的生长发育关键基因进行了深入发掘，已获得多个重要害虫的靶标基因。以纳米材料为载体高效携带外源核酸，诱导基因转化和实现高效 RNAi 已成为国内外研究的热点，韩召军教授团队于 2019 年分别利用壳聚糖和脂质体递送 dsRNA，饲喂二化螟幼虫，致死率分别达到 55% 和 32%。尹梅贞教授和沈杰教授团队成功开发了农田应用型纳米载体，大幅降低了纳米载体合成成本，创制了一种纳米载体介导的 dsRNA 经皮递送系统。在 dsRNA 高效合成技术方面，沈杰教授团队建立了一种新型大肠杆菌表达系统，产量是目前表达系统的三倍，实现了 dsRNA 的高效表达。

（3）行为调控产品

我国化学诱控和物理诱控等行为调控产品及其技术研发进展迅速，在农林害虫的监测和防治中广泛应用。化学诱控方面，根据我国草地贪夜蛾性信息素的地域特异性，开发了适用于我国草地贪夜蛾监测和防控的性诱剂产品。黄勇平研究员团队成功以葡萄糖为底物从头合成了棉铃虫的两个主要性信息素组分，使得以低成本大规模生产昆虫性信息素成分变得可行。康乐研究员团队发现和确立了 4- 乙烯基苯甲醚（4VA）是飞蝗群聚信息素，不仅揭示了蝗虫群居的奥秘，也为通过群聚信息素调控飞蝗行为奠定了理论基础。物理诱控方面，陈宗懋研究员团队基于茶园主要害虫和茶园优势天敌的趋光光谱差异，确定茶园害虫精准诱杀 LED 光源，研发出了窄波 LED 杀虫灯。

（4）生态调控技术

王甦研究员团队明确了化学信息物与功能植物联用对天敌昆虫生防作用增效机制。陈巨莲研究员团队将蚕豆和玉米分别作为忌避植物和陷阱植物的潜力引入小麦间作系统中用于草地贪夜蛾的防控。戈峰研究员团队基于作物田间作显花植物与害虫的关系研究，通过将作物与蛇床草野花带的间作有效控制小麦和棉花害虫。通过间作开花功能植物提升对苹果蚜虫的生物控制。万年峰研究员团队将大豆与边境作物的邻作，减少了害虫的数量和对杀虫剂的依赖，提高粮食产量和经济效益。

3. 杂草科学

山东农业大学王金信团队、湖南省农业科学院柏连阳团队、南京农业大学董立尧团队等与青岛清原集团联合攻关，建立了三唑磺草酮、双环磺草酮、氯氟吡啶酯、氟氯吡啶酯、氯氟吡啶酯、环吡氟草酮、砜吡草唑、异噁唑草酮等一批除草剂新药剂在水稻、小麦、玉米等作物上的田间应用技术。

华南农业大学齐龙团队突破了基于北斗的种管同辙作业、基于苗带信息的作业机具自动对行、行株间同步高效除草、除草部件多级独立仿形等关键核心技术，研发了基于北斗导航的新型智能除草机具无人驾驶水稻中耕除草机，该机入选 2022 中国农业农村重大新装备。

南京农业大学强胜团队，基于长期研究揭示的杂草种子长期适应在稻田生态系统的灌溉水流传播规律，开发了基于"降草""减药"的稻麦连作田精准生态控草技术，真正实现杂草防控的标本兼治。

南京农业大学强胜团队，发现双色平脐蠕孢菌 SYNJC-2-2 有被开发为生物除草剂的潜力。该团队还在紫茎泽兰致病菌中发现 TeA 毒素，并利用其研发生物源除草剂，开发了基于天然产物毒素 TeA 的高除草活性化合物仲戊基 TeA 和仲己基 TeA，显示出非常好的商业化前景。

4. 鼠害学科

（1）鼠类监测预警技术及产品研发

为突破鼠害治理的核心瓶颈问题提供了支撑。在空天地多个层面，围绕鼠类监测的效率低、准确度不足等核心问题，开展了卫星遥感、无人机低空遥感、物联网智能终端识别等监测技术研究，在基于图像的害鼠种类和活动频次识别、基于鼠洞土丘的鼠密度及发生面积识别等方面取得了识别算法、终端设备研发等重大突破。目前，基于种类图像识别的物联网设备终端已经在农区鼠害监测中得到大范围的推广应用，并建立了国家级的农区鼠害监测体系。草原鼠害监测终端设备也取得了一批自主产权产品授权发明专利，并结合草原鼠害监测站网络体系构建开展了应用推广，结合草地植被及天敌种群等草原生态系统整体监测，对于解决草原鼠害的监测难题、生态阈值研究与制定、生态优先草原鼠害治理的推进起到了重要的支撑。在鼠害预测预报方面，基于30年的历史数据总结，在黑线姬鼠监测模型构建方面取得了重要进展。

（2）鼠害绿色防控技术

TBS技术得到了进一步推广应用，并取得了量化控制效果评价等重要进展，为TBS技术进一步科学应用提供了重要支撑。面向草原鼠害绿色防控需求，开展了地下害鼠繁殖声波干扰等控制技术及产品研发，对于地下害鼠的治理难题是个另辟蹊径的思路。结合草原招鹰架技术的进一步推广，研发了智能鹰架等产品，对与推进草原鼠害的生物防治具有重要的意义。

（3）杀鼠剂应用

在抗凝血剂杀鼠剂抗性机制方面发现，轮换用药对于抗药性治理具有重要的应用价值。另外，不合理的杀鼠剂应用（如亚致死剂量的持续应用），也会诱导鼠类抗药性的形成。针对杀鼠剂环境风险，在抗凝血杀鼠剂环境残留及其对非靶动物风险评估方面，取得了监测和检测技术的长足进步。

5. 绿色农药创制与应用

新农药分子结构的发现新技术和新方法催生了一批新品种的创制。在杀菌剂创制方面，贵州大学宋宝安院士团队创制了具有自主知识产权的新型杀菌剂甲磺酰菌唑、二氯噁菌唑和氟苄噁唑砜。在植物诱抗剂方面，贵州大学宋宝安院士团队基于天然产物香兰素，创制出了香草硫缩病醚和氟苄硫缩诱醚新品种。沈阳化工大学关丽杰团队所创制出防治水稻稻瘟病的苯丙烯菌酮。华中师范大学杨光富教授团队开发的氟苯醚酰胺对纹枯病、菌核病、白粉病等多种病害防效卓越，苯醚唑酰胺对小麦条锈病、白粉病、纹枯病、全蚀病以及瓜类白粉病、油菜菌核病、玉米锈病、大豆锈病等多种病害具有显著防效；烯丙唑菌胺对小麦条锈病、白粉病、赤霉病、茎基腐病等多种小麦病害以及水稻恶苗病等具有优异防效，同时还可以显著提高作物产量。在杀虫剂创制方面，贵州大学宋宝安院士团队创制了新型介离子杀虫剂异唑虫嘧啶；华东理工大学钱旭红院士和李忠教授课题组开发了新烟碱类杀虫剂环氧虫啶；中国农业大学覃兆海课题组发现了兼具新烟碱类和钠离子通道抑制剂特点的杀虫剂戊吡虫胍；武汉工程大学巨修炼课题组创制的新烟碱类杀虫剂环氧啉。在除草剂创制方面，清原农冠抗性杂草防治有限公司自主创制了四大里程碑式的除草剂并上市，分别是苯吡氟草酮、双唑草酮、三唑磺草酮和苯唑氟草酮，有效解决了杂草防治难的问题，荣获国家科技进步奖二等奖。氟氯氨草酯、氟草啶和氟砜草胺等新品种于2022年4月在柬埔寨获批登记，完成全球首登，预计2023年在中国获批上市。此外，杨光富教授建立了基于农药分子和靶标相互作用研究的农药分子设计创新体系，为解决农药分子的高效性、选择性和反抗性提供了新的思路，指导创制出噁草酮、吡唑喹草酯、氟苯醚酰胺和苯醚唑酰胺等多个农药新品种，其中噁草酮取得登记上市，成为防控高粱田杂草的首选品种，荣获第二十四届中国专利金奖。

6. 生物防治

（1）天敌昆虫基础研究和应用

浙江大学研究团队在寄生蜂调控寄主的分子机制上取得了突破性进展，例如，发现寄生蜂的 miRNA 能够跨界调节寄主蜕皮素受体的表达来抑制寄主的生长发育；发现寄生蜂通过水平转移从细菌中获得毒液蛋白基因，调控寄主的免疫反应；发现寄生蜂调控寄主肠道微生物种群密度促使寄主积累脂质，满足寄生蜂幼虫生长发育等。目前，应用面积最广的天敌是赤眼蜂，随着国家行业标准《释放赤眼蜂防治害虫技术规程》公布实施，近五年吉林省利用混合释放松毛虫赤眼蜂和稻螟赤眼蜂，防治水稻二化螟的面积从 1300 公顷增加到 73300 公顷。捕食性天敌中最具规模化繁育的为捕食螨，前应用较为成功的捕食螨主要种类包括斯氏钝绥螨、胡瓜新小绥螨、智利小植绥螨等。近年来，构建了捕食螨、生防菌株与化学农药结合使用的害虫害螨防控新策略，在 22 个省、市、区的主要经济作物上应用获得成功。另外，天敌的保护和助增技术也取得了显著进展，比如在麦田玉米田系统中，种植蛇床草可以起到保护麦田前期天敌且可作为将麦田天敌转移过渡到玉米田的"桥梁"。设施间种植波斯菊等蜜源植物带有助于天敌种群诱集并定殖形成"天敌库源"并对临近温室的害虫防治也有增益效果。

（2）细菌杀虫剂的基础研究和应用

我国学者解析了对刺吸式害虫稻飞虱高毒力的 Bt 杀虫蛋白 Cry78Aa 的晶体结构，发现该蛋白的杀虫活性与半乳糖等碳水化合物的结合密切相关。中国农业科学院植物保护研究所牵头的项目利用苏云金杆菌 G033A 研发了我国首例基因工程生物杀虫剂（农药登记证号 PD20171726，商品名禁卫军），该产品也是我国首个对鞘翅目害虫有效的 Bt 产品，可用于防治番茄棉铃虫、甘蓝小菜蛾、萝卜黄条跳甲、玉米草地贪夜蛾等，目前已围绕水稻、花生、玉米等作物害虫防控在广州、湖北、山东等地累计推广 20 余万亩，辐射近 40 万亩，示范区防效达 85% 以上。华中农业大学团队筛选出了含有杀线虫晶体蛋白、杀线虫蛋白酶和杀线虫小分子活性物质的对植物线虫具有高活性的 Bt 菌株 HAN055，并利用该菌株研制出了 200 亿 CFU/g 的 Bt 制剂 HAN055 可湿性粉剂（农药登记证号：PD20211358，注册商标"壁垒"）。该产品对根结线虫和大豆孢囊线虫常年防效在 55.6% ~ 82.7%，是国际上第一个获得登记并商业化的防线虫 Bt 制剂，目前已在海南、河北、黑龙江、山东、湖北等地开展推广应用。

（3）真菌杀虫剂的基础研究和应用

近五年来，围绕昆虫病原真菌产孢调控机制、昆虫病原真菌抗逆的分子机制和昆虫病原真菌侵染致病机制开展研究，取得了较大的进展。近五年来，杀虫真菌的遗传改良也取得了较大的研究进展。过表达蛋白酶基因 *CJPRB* 和 *CJPRB1* 以及三肽基肽酶基因 *CJCLN2-1* 的爪哇虫草菌，与野生型菌株相比，对美国白蛾的侵染速度加快，毒力显著提高。在蝗绿僵菌中超表达 cAMP/PKA 通路中的关键转录因子基因 *MaSom1*，蝗绿僵菌的产孢速度显著加快、孢子对紫外和湿热的耐受性显著增强、对蝗虫毒力显著提高。自 2018 年以后，国内登记的广谱杀虫真菌菌株十多个，主要为金龟子绿僵菌和球孢白僵菌，分别由重庆聚立信生物工程有限公司、河北中保绿农作物科技有限公司、吉林省八达农药有限公司等 15 家企业登记。重庆大学团队从一千多个菌株中筛选出广谱杀虫真菌菌株"绿僵菌 CQMa421 菌株"，可以侵染七个目和线虫等一百多种害虫，对天敌安全，为目前国内外杀虫谱最广的生产菌株。另外，浙江大学团队从感病螨中分离得到广谱球孢白僵菌 ZJU435，能防治鳞翅目、直翅目、半翅目和螨类等害虫，2020 年由重庆聚立信生物工程有限公司在防治粉虱上登记。

（4）病毒杀虫剂的基础研究和应用

中国科学院武汉病毒研究所研究团队在杆状病毒口服感染的分子机制以及昆虫抗病毒天然免疫反应机制方面的研究处于国际前沿水平。在病毒类生物农药的研发方面，全球近五年报道的病毒分离株 45 个，中国科学家发现 17 个，可见我国在昆虫病源病毒资源的发掘方面处于领先地位。近五年全球在杆状病毒杀虫剂方面的专利有 101 项，其中国外专利 16 项，而我国的相关专利 85 项。2023 年初，草地贪夜蛾专一性的病毒母药和悬浮剂，以及广谱的芹菜夜蛾病毒杀虫剂母药和悬浮剂获得了登记，进一步丰富了我国病毒杀虫剂的品种。

（5）植物病害生防细菌的研究和应用

基于"新方法、新菌种、新基因、新用途"的微生物资源发掘途径，从植物根际促生细菌、植物内生细菌和海洋细菌等筛选新的生防细菌资源，已在小麦纹枯病、油菜菌核病、辣椒疫病和果实采后病害等防治方面显示出良好的应用前景。基因组学、转录组学、蛋白质组学、代谢组学等技术手段促进了植物病害生防细菌生防机理研究的蓬勃发展。另外，从中药重楼的内生链霉菌 NEAU6 的代谢物中发现了谷维菌素，其特点是环境安全性风险低、作物安全性高，促进作物健康生长，是我国具有自主知识产权、广阔市场前景的全新植物生长调节剂。

（6）植物线虫生物防治的研究和应用

近五年来，围绕杀线虫天然代谢产物及代谢调控和生防微生物侵染线虫的分子机制开展研究，取得了较大的进展。2018 年以来，发表天然杀线虫代谢产物共 130 个，其中 47 个活性化合物（36.2%）来自中国学者的研究。同时，登记的杀线虫农药共 118 个；其中，以噻唑膦、阿维菌素为单剂或混剂的农药数量最多，分别为 62 个（占 52.5%）和 53 个（44.9%）。目前中国的杀线虫剂市场仍以噻唑膦、阿维菌素和氟吡菌酰胺为主；线虫生物农药整体表现出登记数量少、生防菌种类少、剂型单一、生防机制不明等弊端。杀线虫芽孢杆菌 B16 粉剂是近年来作用机制最为清晰的线虫生物农药新产品之一，由云南大学登记，母药为 100 亿 CFU/ 克（PD20211349）、制剂为 5 亿 CFU/ 克（PD20211362），登记对象为番茄根结线虫病。

植物免疫机制的研究和应用。近五年来，我国在该领域的研究继续保持着良好的发展态势，处于世界领先水平，为我国乃至世界农作物绿色防控技术的发展提供了重要的理论基础和科学依据。如南京农业大学团队首次报道了细胞膜受体蛋白具有"免疫识别受体"和"抑制子"的双重功能；中科院遗传所团队合作首次揭示了植物中的抗病小体 ZAR1；中科院分子植物中心团队首次正面揭示了植物两大类免疫通路 PTI（Pattern-triggered immunity）和 ETI（Effector-triggered immunity）的协同作用模式等。近五年来，国内研究团队在糖类诱抗分子相关研究上的持续深入，拓展了我国在糖类植物免疫诱导剂制备上的选择范围和研发方向。另外，我国学者近年在植物免疫分子机制、各类植物免疫诱导剂挖掘及制备技术等研究领域也做出优异的成绩。据统计，2018 年至 2023 年间，我国新登记的具有免疫诱导功能的农药 89 个，其中以糖类生物农药居多。这些植物免疫诱导剂，已被广泛地应用于我国农业生产的各个领域，为我国农业发展创造了巨大的经济效益。

7. 入侵生物学

生物入侵是一个有序的生态学过程，历经个体传入、种群定殖、潜伏时滞、群落扩散和系统暴发共多个环节，因此，针对每个环节所采取的行动计划也有所不同。目前，我国已经形成了能够有效应对生物入侵的中国方案，即 4E 行动。从早期的预防预警 E1（early warming & prevention）和检测监测 E2（early monitoring & rapid detection），到中期的扑灭拦截 E3（early eradication & blocking），再到后期联控减灾 E4（entire mitigation），涉及多个环节。

E1 行动预防预警，包括数据智能预测、定量风险预警、定殖区域评判和早期扩张预判四个环节。我国目前已经建立千余种数据库，记录了物种的数据信息、影像信息和图片信息等内容，结合农产品国际贸易数据等信息进行数据智能预测，判断外来入侵物种的分布概率。截至现在，我们已完成 200 种外来入侵物种的适生性分布区分析。典型的应用案例包括广东省红火蚁防控指挥中心系统，能够对广东省红火蚁防控面积进行监测。

E2 行动检测监测，包括分子识别检测、图像甄别诊断、远程智能监控和区域追踪检测四个环节。我们目前已完成 700 余种（含本地种）分子检测与智能识别技术的研发。针对难以识别的外来入侵物种，如蓟马类、实蝇类昆虫，可以通过提取待测物种 DNA 在中国主要外来入侵昆虫 DNA 条形码识别系统中进行分子识别，达到鉴定的目的。通过野外图像采集、后端数据处理与分析，广大公众能够在手机客户端应用中对入侵物种进行图像智能甄别。通过性诱、食诱、光诱、红外计数、高清图像甄别、信号发射等技术与方法，组合成智能监测设备，通过后台数据分析处理，可对 30 多种入侵昆虫进行远程无人监测；利用高清 / 高光谱图像，通过无人机可在复杂环境下，同时监测多目标入侵植物，目前已完成 120 多种入侵植物的智能监测平台。最后是区域追踪检测，以长芒苋为例，作为世界超级杂草，长芒苋严重威胁到了我国的农业生产和人畜健康，通过对长芒苋的传入地点和扩散方向进行贸易追踪和物流追踪，能够对潜在发生区进行有效监测。

E3 行动扑灭拦截，包括早期根除灭绝、廊道节点拦截、生态屏障阻隔和疫区源头管控四个环节。我们目前已经完成对 50 余种入侵生物的灭除与拦截。以恶性入侵害虫番茄潜叶蛾为例，目前其主要分布在新疆、云南、贵州、四川、甘肃等地区，具有生殖力大、扩散速度快、抗药性强等多种特性。采用点面结合的方式，对番茄潜叶蛾的扩散前沿的发生点，采用高效物理清除、化学防控等措施，开展应急处置。针对大面积分布区域，采用物理防治、生物防治和化学防治等多种措施结合的综合治理，达到有效抑制该物种的快速扩散和持续减灾。

E4 行动联控减灾，包括传统生物防治、生态替代修复、区域联防联控和跨境协同治理四个环节。区域减灾的控制技术主要有人工拔除、物理防治、化学防治、替代控制和生物防治。典型的物理防治手段包括水葫芦打捞船、智能除草机器人等；化学防治包括喷射防治、无人机飞防等；替代控制指的是利用有价值植物替代被入侵植物占领的生态区域，例如使用象草替代豚草改造江西荒滩。

在 4E 行动基础之上，我们还结合了基于组学的颠覆性防控技术和人工智能技术，组建国际实验室群，解决跨境传播的入侵生物难题，即"4E+"行动。在党和国家的高度重视下，我国生物入侵防控工程将传统领域与后基因时代技术相融合，构建起稳固与完善的生物入侵防控工程体系。

8. 农作物病虫害监测预警

近年来，河南省农业科学院封洪强研究员团队与无锡立洋电子科技有限公司合作，不断完善旋转极化垂直昆虫雷达软硬件技术，将昆虫雷达的距离测量精度由原来的 50m 提高至 1.25m、雷达盲区由 200m 降低至 80m，通过中英昆虫雷达联合观测、举办第二届雷达空中生态学国际会议，扩大了我国昆虫雷达技术的影响，实现了国产昆虫雷达的出口。为了进一步消除盲区对近地面昆虫监测的影响，河南省农科院、北京植保站、无锡立洋电子有限公司等单位联合研发了兼具旋转极化垂直观测和快速扫描功能的双模式昆虫雷达，在此基础上又进一步增加气象雷达的功能，扩展成为三模式昆虫雷达。

自 2018 年起，在国家自然科学基金委员会国家重大科研仪器研制项目的资助下，中国农业科学院植物研究所吴孔明院士团队和北京理工大学龙腾院士团队联合将最先进的雷达技术引入昆虫雷达研究领域，研制出由一台高分辨相控阵雷达和三台多频段全极化雷达组成的高分辨多维协同雷达测量仪。其中，高分辨相控阵雷达是一台 Ku 波段扫描雷达，其方位向机械扫描、俯仰向相位电扫描，负责搜索空中迁飞昆虫并将感兴趣的昆虫个体准确定位，引导可同时工作在 X、Ku 和 Ka 三个波段、距离分辨率为 0.2m 的三部多频段全极化雷达，实现精细跟踪测量。基于多频段、多基站协同测量，高分辨多维协同雷达测量仪将进一步提高昆虫雷达生物学参数反演精度和三维朝向测量能力。目前，该仪器部署在山东东营黄河三角洲现代农业示范基地。

光电型智能性诱捕器，利用害虫捕获装置加光电计数器自动计数，实现了害虫的自动计数[77]，宁波纽康生物技术有限公司、深圳百乐宝生物农业科技有限公司、中捷四方生物科技股份有限公司等企业开发的性诱剂、食诱剂及性诱自动监测装置在生产中得到了广泛应用。但由于人工合成的性诱剂无法保证高度专一性，一种害虫不同地区性信息素成分比例可能存在差异，利用一种性诱剂在不同地区常引诱到多种相似非目标害虫，或误入诱捕器的非目标害虫而导致光电计数器对目标害虫计数不准确[78]。基于机器视觉的智能性诱捕器，利用黏虫板、机器视觉系统采集性诱害虫图像、害虫图像自动识别计数法，弥补了光电型智能性诱捕器，获得了理想的效果[79-81]。

（三）绿色防控新模式，服务现代农业主战场

面向现代农业主战场，以服务农业农村为目标，着力解决农作物重大病虫害危害，集成监测预警、生物防治、理化诱控、化学防控等主要防控措施，并加强试验示范与推广，近年来取得了良好成效。

1. 迁飞性草地贪夜蛾分区治理技术体系

2020 年初，基于对草地贪夜蛾生物学习性和发生规律的认识，借鉴我国棉铃虫等重大农业害虫防控的经验教训，吴孔明院士提出了中国草地贪夜蛾防控工作两步走策略。根据草地贪夜蛾发生规律，实施草地贪夜蛾三区四带布防阻截策略。研发了适用草地贪夜蛾监测的高空测报灯，利用计算机视觉和人工智能技术，实现对该害虫灯诱和性诱的自动化、可视化远程监测；集成创新了以昆虫雷达监测为核心、以灯诱和性诱为基础的全国草地贪夜蛾天空地一体化智能监测预警技术，建成全国草地贪夜蛾发生防治信息平台，同时，筛选出了对草地贪夜蛾具有良好杀虫效果的转基因 Bt 抗虫玉米。草地贪夜蛾综合防治技术入选农业农村部 2021 年十项重大引领性技术，有效助力草地贪夜蛾科学防控，并被联合国粮农组织在全球范围内推广应用。

2. 多食性盲蝽区域防控技术体系

吴孔明研究员团队通过系统研究盲蝽的种类组成、为害特征、生物学习性、区域灾变规律、监测预测与防控关键技术，创建了盲蝽多作物全季节区域性绿色防控技术模式。在全国范围内推广应用，有效控制了多食性盲蝽区域性多作物发生危害。根据 *Annual Review of Entomology* 的约稿，系统总结了盲蝽区域防控研究进展。

3. 地下害虫韭蛆绿色防控技术体系

张友军研究员团队深入开展了防控韭蛆的理论与技术研究，创造性地构建了以"日晒

高温覆膜法"为核心，以种群预警为前提，优先使用物理措施，科学辅助昆虫生长调节剂和昆虫病原线虫的韭蛆绿色防控技术体系。该技术体系大面积推广应用，彻底解决了韭蛆危害与韭菜质量安全问题，荣获 2019 年国家科技进步奖二等奖。

4. 抗性麦蚜精准化控技术体系

高希武教授团队依据靶标生物 – 剂量反应的特性，优选适合的农药品种、确定最佳施药剂量、阐明抗药性机理、探明合适的用药时期等方面展开了系统的关键技术及应用研究。在小麦主产区大面积推广应用，取得了较好的经济效益和显著的社会效益。本研究作为农业害虫抗药性治理的成功案例，荣获 2020—2021 年度神农中华农业科技奖科学研究类成果奖一等奖。

5. 重要农业入侵生物的持续治理与应用

揭示了斑潜蝇、番茄潜叶蛾、苹果蠹蛾、桔小实蝇、马铃薯甲虫等重要果蔬入侵害虫入侵、发生与扩散的生态过程与发生规律，集成了生物防治和生态调控为核心的区域持续治理技术，创建了果蔬入侵害虫绿色防控技术体系；针对豚草、紫茎泽兰、薇甘菊等，创新了入侵杂草生物防治与替代控制关键技术，集成了区域持续治理技术体系与应用模式，成功解决了入侵杂草同域同期发生、交错连片成灾的控制难题。以蔬菜入侵害虫和重大入侵杂草为主要对象，围绕"重要果蔬入侵害虫种群扩张、致害机理与绿色防控"问题开展系统研究，揭示了斑潜蝇、番茄潜叶蛾、苹果蠹蛾、烟粉虱、胞囊线虫等重要果蔬入侵害虫入侵、发生与扩散的生态过程，阐明了入侵昆虫、植物病原物、寄主植物互作关系，揭示了入侵昆虫种群互作促进入侵植物病原物扩散传播的机制；建立了番茄潜叶蛾、苹果蠹蛾等基于化学信息素监测的扩散阻截技术以及应急处置技术；引进和挖掘了番茄潜叶蛾、斑潜蝇等的天敌资源，评价筛选出高效天敌十余种，并建立了规模化繁育和田间释放技术；组织开展了以生物防治和生态调控为核心的持续治理技术研究及田间应用，防治效果提升 50% ~ 85%；获中国农业科学院杰出科技创新奖、教育部科技进步奖二等奖、山东省科技进步奖二等奖和国家科技进步奖二等奖。针对入侵我国的世界恶性杂草豚草、空心莲子草、薇甘菊等开展联合攻关，建立了天敌规模化繁育技术和繁育基地，创新了生物防治与替代控制关键技术，集成了区域持续治理技术体系与应用模式，成功解决了入侵杂草同域同期发生、交错连片成灾的控制难题，成为国际入侵杂草区域治理的成功范例。通过入侵物种防控技术研发与应用示范，基本实现了潜在入侵物种数据量持续丰富完善，新发、突发入侵物种应急防控技术产品有效储备能力增强，重大入侵物种综合防控技术体系逐步健全的良好格局。近五年，在阐明重要农业入侵物种传入、定殖、扩散与暴发成灾的生态学过程基础上，构建了"生物入侵：中国 4E 行动"，创建了我国生物入侵预防与控制全链式技术体系。

6. 迁飞性害虫沙漠蝗监测与防控

自 2018 年起，沙漠蝗席卷东非、西亚及南亚多国，危害程度达肯尼亚七十年之最、塞俄比亚和索马里二十五年之最。联合国粮食及农业组织（FAO）向全球发出预警。中科院空天院黄文江团队，结合蝗虫地面调查和区域普查数据、多源遥感数据及产品、地理空间辅助数据等数据基础，基于蝗虫生物生态学机理及蝗虫遥感监测预警机理，提取了生物气候、土壤条件和寄主植被等密切关联了蝗虫发生发展的生态环境要素；采用层次分析等方法提取了典型蝗虫监测预警遥感指标，通过蝗虫发育模型和数据挖掘方法分析了遥感指标的最优时序特征；通过移动窗算法和多尺度分割算法对遥感指标进行了景观结构空间化；构建了基于多元对地观测数据、结合气象差异、考虑时间滞后效应的蝗虫监测预警指标体系；基于云平台技术设计研发了亚非沙漠蝗虫灾情遥感监测系统（http://desertlocust.rscrop.com）。目前该系统可为用户提供亚非区域包括也门、埃塞俄比亚、索马里、巴基斯坦、肯尼亚、印度、尼泊尔、阿富汗和伊朗的沙漠蝗灾情遥感监测结果，包括迁飞路径、灾情监测数据、科学报告等内容。FAO、全球生物多样性信息网络（GBIF）、地球观测组织（GEO）等国际组织采纳并面向全球共享。

三、本学科国内外研究进展比较

结合本学科有关国际重大研究计划和重大研究项目，本学科最新研究热点、前沿和趋势，比较评析国内外学科的发展状态有如下几个方面特点。

（一）植物病理学

过去五年，我国植物病理学学科发展迅速。在病原物致病性和植物抗病性等基础理论研究方面取得了系列突破，高水平论文的数量逐步提高，多家单位都有突破性研究成果在 *Nature*、*Science*、*Cell* 等顶尖综合期刊和专业期刊上发表；与国外同行相比，多数病害研究水平与世界同步，部分研究领域如卵菌致病机制、水稻抗病性、小麦条锈病致病机理、病毒病害、棉花黄萎病致害机制等研究世界领先。在监控预警及绿色防控关键技术方面，创新了多种病害绿色防控技术和产品，基于生物防治、基因编辑等在病害防控上得到应用，展现了巨大的发展潜力和应用前景。

在病原物致病性上，植物卵菌病害研究方面优势依然明显，如南京农业大学为代表的国内科研单位在卵菌效应子鉴定及与寄主互作机制研究已形成了科研创新"高地"，过去五年先后在 *Science*、*Nature*、*Nature Communications* 等权威期刊发表了系列高水平研究论文，处于国际领先水平并引导国际卵菌病害研究的发展；植物细菌病害突出的优势体现在中国科学院遗传与发育生物学研究所的假单胞杆菌相关研究，处于国际领先水平；植物病毒基因功能、病毒致病性、症状形成及运动机制、介体昆虫传毒分子机制、病毒病害防控等方面的研究均与世界同步，部分研究世界领先；以西北农林科技大学为代表的国内科研单位则在小麦条锈菌流行学、致病机制及其与寄主互作方面优势明显；黄萎病研究领域我国逐步取得领先，中科院微生物所在效应子鉴定及免疫反应机制上处于国际领先水平，中国农业科学院植物保护研究所在群体基因组学研究领域的研究水平与世界相当或部分领先。相较其他病害，玉米病害研究水平较薄弱，多数关于为害机制的重要成果为国外报道，与国际前沿存在一定差距；在瓜类细菌性果斑病、青枯病等致病分子机理及毒力和代谢全局调控网络等研究领域，尚存相当差距；植物线虫效应蛋白功能解析和致病机制等方面研究水平还有一定差距。

在植物抗病性上，水稻和小麦真菌病害研究取得了显著成绩，研究成果达到世界一流水平、部分领先国际同行，如中国科学院遗传与发育生物学研究所、植物生理生态研究所等鉴定出多个水稻重要抗病基因，小麦抗赤霉病基因（Fhb1 和 Fhb7）也得到定位和克隆，领先于国际同行研究水平；大豆疫霉抗病基因取得突破，成功鉴定出抗病基因 RXEG1 并发现其具有广谱抗性功能，具有潜在的育种价值；以清华大学和中国科学院遗传与发育生物学研究所为代表的科研单位解析了植物抗病小体的形态和作用机理，PTI 和 ETI 两种防御体系相互促进、协同增强植物抗性的机制也得到解析，处于国际领先水平；在植物抗病毒基因鉴定及其抗性机制研究与世界的差距正在缩小，激素信号通路介导的抗病毒机理研究与世界同步。棉花及玉米抗病性研究取得了显著进步，但总体仍处于较低水平，如棉花抗黄萎病基因尚未取得突破。关于抗线虫基因定位、挖掘和利用方面缺乏突破性进展，严重制约了植物线虫防控技术的研发和应用。

在监控预警及绿色防控关键核心技术研发与应用方面，抗病基因挖掘与利用取得多项突破，如使用携带 Fhb7 基因的抗赤霉病种质材料 A075-4 与济麦 22 杂交并回交，结合分子标记辅助选择，选育出我国首个携带抗赤霉病基因 Fhb7 的小麦新品种；大豆抗疫霉病基因 RXEG1 在转基因大豆、小麦、棉花等上展现出了良好的应用前景。在病原物分子流行与监测预警上保持了传统优势，我国小麦条锈病的预测预报及综合防控一直处于世界领先水平。单项病害防控技术和产品研发取得长足进步，病原物分子流行监测、抗性品种利用、生态调控等技术发展迅速，基本与世界水平相当；生防产品研制包括蛋白农药和核酸农药发展迅速，差距正在缩小。在植物病毒检测产品开发和应用方面与世界水平相当，周雪平团队研发了病毒快速检测试剂盒，已广泛应用于病毒病的早期诊断。陈剑平团队围绕我国小麦土传病毒病，建立了精准诊断和监测技术，集成基于"病害早期精确监测、抗性品种精准布局、辅以微生物药剂拌种、适当晚播、春季施用微生物药剂和分级防控"的土传病毒病害绿色防控技术体系。

（二）农业昆虫学

近年来，我国农业昆虫学发展迅速，科研成果丰硕。在基础研究领域取得了系列原创性成果，一批重要研究成果在 *Cell*、*Nature*、*PNAS*、*Annual Review of Entomology* 等国际知名期刊上发表。同时，农业害虫监测预警与绿色防控技术产品、技术模式的创新及应用成效显著，特别是对重大害虫草地贪夜蛾的跨境跨区迁飞成灾规律解析、空天地一体化监测技术体系构建、分区布防阻截策略以及综合防治技术体系创新，为我国有效防控草地贪夜蛾提供了强有力的科技支撑，打造了国际上成功治理跨境迁飞性害虫的样板，被联合国粮农组织在全球范围内进行推荐。我国农业昆虫学总体水平进入了世界第一方阵，以并跑与领跑为主，但在部分领域与国际最前沿仍存在较大差距。

在基础研究方面，我国农业昆虫基础研究在原创性领域还有较大提升空间，具有引领性作用的基础研究成果尚显不足，尤其是具有显著性的顶级成果产出不足。在系统性、延续性和长期性也与国外先进水平也存在明显差距，研究仍以试验类研究和个案研究为主，缺乏在关键技术及其应用模式方面长期的技术创新与积累，基于我国区域特点的系统化研究仍然有待开展。有的领域虽取得了一些原创性成果，但还有大量问题有待进一步发掘和深入研究。

在新技术新产品方面，与美国、欧盟等发达国家及地区相比，我国在农业害虫防控关键技术的积累和储备仍然不足，技术研发、产品产业化的能力与水平有待提高，部分核心技术产品开发及产业化还面临瓶颈和挑战。国外转基因抗虫作物研发与产业化应用占据显著优势，而我国在新一代转基因抗虫作物、转基因昆虫等高新技术的研发与应用上，多处于起步阶段，有待加强。国际上几大农药公司均投入大量的人力和财力研究 RNA 合成生物农药，国内相对滞后。行为调控等绿色防控产品虽然发展迅速，但与国际先进国家相比在产品质量和种类上都还存在明显差距。生产企业规模小、设施设备简陋、技术力量薄弱，缺少统一的生产标准，售后服务不完善，产品质量不稳定。

在农业害虫绿色防控新模式探索方面，我国的科研人员突破常规，因地制宜，开发出了一些适合我国的重大害虫防治方案，很多防控工作处于世界领先水平。但目前不少地区存在多种绿色防控措施简单堆砌、叠加使用。缺少使用技术规范，使用时间、使用量和使用方法不清晰，农民无所遵循，导致使用效果不佳，推广应用缓慢。针对一种作物上的多种害虫及其他有害生物，系统解决方案与技术模式明显缺乏。

（三）杂草科学

杂草生物学及生态学研究方面，以浙江大学樊龙江团队、湖南省农业科学院柏连阳团队等为代表的团队在农田恶性杂草稗草、千金子、杂草稻的基因组学研究在国际上处于领先水平，并取得了丰硕成果。揭示了稗草经历人工选择（作物）和自然选择（杂草）的多倍化基因组适应性的进化机制，探明了稗属植物系统发生及其环境适应的基因组演化机制，发现了 ALS 抑制剂类除草剂潜在抗性靶标位点 Gly-654-Cys 和二氯喹啉酸潜在抗性靶标位点 Arg-86-Gln，促进了杂草除草剂抗性演化、杂草进化生物学、作物与杂草互作以及未来气候变化下新型杂草防控策略的研究。探明了杂草稻与栽培稻的协同进化关系，并从中挖掘了多个优良抗逆性相关基因，对于指导作物抗逆遗传育种具有重大意义。不足的是，对于千金子和杂草稻基因组功能基因的挖掘与解析工作尚有待进一步深入，节节麦、牛筋草、马唐等重要杂草的基因组测序工作尚未启动。

在杂草抗药性机制研究方面，以澳大利亚西澳大学杂草抗药性研究中心 Stephen B. Powles 和余勤团队、美国科罗拉多州立大学 Todd A. Gaines 团队为代表的研究团队在杂草代谢抗性机制研究领域处于领先地位。Stephen B. Powles 和余勤团队在多抗性黑麦草种群中发现 CYP81A10v7 基因对七种除草剂化学成分中至少五种作用模式的除草剂具有抗性。Todd A. Gaines 团队发现在抗性杂草 SoIAA2 的 Degron Tail 区有一个 27 bp 核苷酸的缺失，可赋予杂草对生长素类似物除草剂的抗性。孟山都农业生产力创新部门 Sherry LeClere 团队发现地肤生物型中 2-nt 碱基的变化，导致了 AUX/ 吲哚 -3- 乙酸（IAA）蛋白 KsIAA16 高度保守区域内的甘氨酸到天冬酰胺的突变并导致了抗性。我国杂草科学研究工作者在杂草抗药性机制方面也取得了一系列原创性成果。在杂草靶标抗性分子机制方面鉴定到多个全新靶标突变，在非靶标抗药性机理方面，在稗草、菵草、看麦娘等恶性杂草中鉴定出包括醛酮还原酶、ABC 转运蛋白、P450 等多个代谢酶在内的代谢相关基因，揭示了杂草非靶标抗性的全新机理，此项研究工作基本与国外学者研究同步。此外，在基因表达调控网络及代谢途径调节研究领域，国内学者更是率先明确了表观遗传可能在稗草抗药性进化中发挥主要作用。

在杂草防控技术研究方面，国外研究机构率先实现了室内利用基因沉默技术治理抗药性杂草，并在生态控草等非化学控草技术研究领域取得了重要突破。我国幅员辽阔，作物种类丰富，不同作物田草差异较大，虽有多种农艺措施辅助防控杂草，但化学除草依然是农业生产中杂草防控的主要手段，除草剂应用及普及水平已接近发达国家。但随着除草剂的长期大量使用，抗药性问题日益突出。为了减少对化学除草剂的依赖，国内相关学者在非化学控草技术及化学控草技术研究领域争相创新，取得了一定成果。华南农业大学齐龙团队基于北斗系统研发的 3ZSC-190W 型无人驾驶水稻中耕除草机是智能机械除草技术领域的顶级产品。南京农业大学强胜团队以微生物活性代谢物为先导开发的系列微生物源除草剂已经显示出非常好的商业化前景。强胜团队基于生态理念开发的稻麦连作田精准生态控草技术已经得到了大面积推广应用。以青岛清原作物科学有限公司为杰出代表的中国高新技术企业，本着"重新发明一遍除草剂"的理念，研发出环吡氟草酮、双唑草酮、三唑磺草酮、氟砜草胺等一系列具有自主知识产权的除草剂产品，正努力实践着"成为全球除草科学创新的发动机"的宏伟愿景。

总之，我国杂草科学研究的整体水平与发达国家相比差距已经缩小，目前学科已有具备重大影响力的领军人才和能够引领整个杂草科学的专家，但是还缺乏有影响力的中青年杂草科学家；国家对杂草研究领域的立项重视不够，研究队伍还不够强大，人才结构亟待优化；部分研究工作有特色且有创新性，但还有进一步提升的空间。

（四）鼠害学科

近年来，我国鼠类治理学科与国际前沿领域存在较多的交叉发展，一些方面已经引领国际相关领域发展。如全球变化生物学效应国际研究计划（BCGC）由国际动物学会（挂靠中国科学院动物研究所）发起，已实施十余年，具有重要的国际影响，并荣获国际生物科学联合会突出贡献奖（IUBS Award）。2021 年启动国家基金委重大项目《鼠类对全球变化的响应与适应机制研究》，项目主要围绕气候和环境因子变化、鼠类种群动态、寄生生物相关关系及调控机制展开，项目涉及的肠道微生物与鼠类能量代谢、繁殖、种群动态等属于哺乳动物微生物组国际前沿热点研究领域。

鼠类种群数量动态不仅是害鼠监测预警的基础，也是鼠害学科控制技术研发的基础。国外鼠类种群动态研究的数据主要基于标记重捕法，该方法监测到的种群数据能够直接计算种群出生率、死亡率等关键参数，其用于构建复杂数学模型的有效性要远高于国内常用的夹捕法数据，揭示的种群动态规律及其发生机制准确性也高于夹捕法数据。就监测数据分析研究看，国内外对鼠类种群数据的数学建模能力也差距明显。国外对种群规律的研究主要采用种群指数增长模型、逻辑斯谛模型、矩阵模型及生命表分析模型等，这些模型的建立需要种群监测数据，包含详细的个体信息，而这类数据主要依赖标记重捕法获得，国内由于缺乏这类长期监测数据，采用这些模型分析鼠类种群动态的研究很少。

随着人们对全球气候变化的关注，各种野生动物成为人类研究全球气候变化对动物影响的焦点。国外科学家主要集中在宏观生态的领域和生物保护领域，除了少数几个种类，较少关注鼠类野生种群的数量动态等深层调控机制。而我国出于鼠害控制的需求，害鼠野生种群数量及其动态一直是害鼠生物学研究的核心领域，除了宏观生态学领域关于害鼠种群动态与外部环境因子变化相关的研究，以逐渐积累的这些宏观数据为基础，害鼠种群动态调控的内在生理遗传机制也是正在兴起的主要领域之一。与国外相关领域相比，我国学者基于历史数据的有关害鼠种群动态与环境变化关系的分析在国际上具有相当高的影响力。而在微观领域害鼠基础生物学研究方面，尽管存在研究领域关注点的差异，总体上我国相关领域的研究还处于起步阶段，还存在很大的发展空间。

我国鼠害治理研究处于世界前沿，借助相对完善的害鼠治理体系与实践活动。在害鼠生态学、生理学等方面积累了大量数据，并且近年来研究越来越深入和细化。然而与国外相比，很多历史数据缺乏规范、不连续和存在断层，很多基础生物学及理论研究方面还流于表层数据，远远不够深入。

鼠害监测及预测预报技术研发一直是鼠害应用研究的核心。我国的鼠害治理实践经验丰富，但是鼠害精准预测预报，尤其是中长期预测预报，一直是短板。基础数据的采集与积累，以及基础数据的质量，是影响我国鼠害精准预测预报的瓶颈。与国外相比，很多历史数据还嫌粗糙与缺乏规范，同时我国农业生态环境多样，总体上还缺乏标准化的相关基础数据的采集、录入体系。近年来，物联网、大数据、人工智能等技术被应用于害鼠监测，我国已处于国际领跑地位，全国农业技术推广服务中心建立了国家级的全国农区鼠害物联网智能监测大数据平台，可实时监测和掌握各监测点的害鼠发生情况。

统一部署和规模化，保证了我国鼠害治理的高效性。在与国外同行的交流中，我国鼠害治理规划最吸引国外学者。长期积累的鼠害实践经验，使我们取得了很大的进步。依据多样的农业生态系统研发的各种单项技术，如改进的 TBS 技术，适用于不同环境的毒饵站，不育治理技术等技术同样吸引了国外学者的目光。不过，很多方面与欧美国家相比也存在较大的差距。

（五）绿色农药创制与应用

新农药的基础研究方面，开展了大量的研究工作，在农药靶标的发现、作用机制的研究、新农药先导发现平台等方面取得了重大的研究进展，创制出一批高效、安全、环境友好型新品种、新制剂，在农业病虫草害防控中发挥积极作用。我国的新化合物合成能力已达到每年三万个，筛选能力达到每年六万个。在杀菌抗病毒剂创制方面，创制出氰烯菌酯、香草硫缩病醚、氟苄硫缩诱醚等多个具有自主知识产权的绿色新农药，具有很好的防治效果，对我国绿色农药的创新研究具有极大的推动作用。

在杀虫剂和杀线虫剂创制方面，我国战略目标转向高活性、易降解、低残留及对非靶标生物和环境友好的药剂研究，并在新理论、新技术和产品创制上取得了系列进展，创制出环氧虫啶、戊吡虫胍、异唑虫嘧啶等新型农药。

在除草剂创制方面，建立了基于活性小分子与作用靶标相互作用研究的农药生物合理设计体系，形成了具有自身特色的新农药创制体系，构建了杂草对除草剂的抗性机制及反抗性农药分子设计模型，创制出环吡氟草酮、双唑草酮、三唑磺草酮、氟砜草胺、喹草酮和吡唑喹草酯等新品种。

在有害生物抗药性方面，植物病害化学防治的科技水平得到快速提高，药剂的作用靶标、病原菌和杂草抗药性分子机制取得明显进展；同时，在重要害虫杂草抗药性的基础理论、抗药性监测与治理研究等方面取得了长足进展。现在我国新农药创制体系不断完善，创新能力和竞争力不断提高，引导农药工业以企业为主体的技术创新格局正在形成，技术创新活动由国家行为转向企业行为的基础正在确定，我国已成为世界上具有新农药创制能力的国家。

国际上在农药靶标发现、分子设计等前沿和核心技术方面日新月异，在重要农药新产品创制方面不断取得突破，农药产业的技术水平、规模不断提升。发达国家投入巨大的人力、物力，积极抢占农药与生物制剂的前沿制高点。然而，我国农药相关研究主要集中在农药研发的初级阶段，长期以来以跟踪模仿为主，缺乏自主创新，缺乏核心竞争技术，产品更新换代发展缓慢。我国除少数前沿技术能达到国际水平外，与发达国家存在一定的差距，缺乏完全的创新体系，最前沿的核心技术都掌握在发达国家的企业手中。国外农药研发由几大巨型跨国集团主导，追求的是全面发展，而我国新农药研发力量长期以来集中在科研院所和大学。虽然已有少数企业进行了新农药品种的研究开发，也拥有专利产品，但仍缺乏大宗自主产品。新靶标及化学实体的持续创新依然是绿色农药创制的重要途径，农药品种和技术都发生了新的变化，以靶标导向的高效低毒、低风险新产品创制取得了重要进展。2005 年至 2020 年，针对 20 个作用靶标，国际上新开发了 56 个绿色农药，并有不少性能优异、生态安全的品种作为长远储备。随着生物技术的日新月异，新的生物技术引领、生物信息技术应用、多学科交叉渗透已成为国际促进农药创新发展的新态势。特别是以功能基因组学、蛋白质组学以及结构生物学为代表的生命科学前沿技术和以基因编辑为代表的颠覆性技术，与新农药创制研究的结合日益紧密。高性能计算、大数据以及人工智能等新兴技术开始应用于新农药创制研究，极大地提高了农药创制效率。此外，世界农药科技的发展已经进入一个新时代，多学科之间的协同与渗透、新技术之间的交叉与集成、不同行业之间的跨界与整合已经成为新一轮农药科技创新浪潮的鲜明特征。围绕我国主要作物病虫草害防治药剂品种与剂型老化、原创性靶标少、抗药性加剧、新剂型短缺等实际问题，创制高效低风险小分子农药替代品种、发现原创性分子靶标、发展绿色防控技术、加强技术集成创新是我国实施农药减施增效和提质的关键。此外，加快高效低风险小分子农药的创新、原创性靶标的发现、RNA 干扰技术和生物信息学技术的应用将是我国应对作物病虫草害的重要手段和实现我国农药减量使用的有效途径。长期以来，我国学者在新农药创制理论方面的研究相对薄弱，没有足够的发言权，很少有中国学者的工作作为主流的理论为国际学术界所广泛认可。我国科学家围绕农作物重大病虫草害，以作物健康为中心，绿色发展和农药减量为前提，开展了绿色新农药的创制。在杀菌抗病毒方面，开展以超高效、调控和免疫为特征的分子靶标导向的新型杀菌抗病毒药剂的创新研究。针对水稻、蔬菜和烟草等主要农作物上的病害，建立了基于分子靶标的筛选模型，开展了杀菌抗病毒作用靶标及反应机理研究，发展了基于靶标发现先导化合物的新思路。近几年来，我们在杀菌抗病毒新靶标、先导发现理论和方法等方面取得显著的成绩，提出了多个原创性的模型和方法，产生了显著的国际影响。随着生命科学技术，计算机技术等新兴技术的快速发展，农药科技创新也面临着新的机遇与挑战，绿色农药是农药发展的必然趋势，使用先进技术是绿色农药创制的重要保障。随着科学技术的发展和环境生态保护的提升，国内外化学农药不断变化，农药工业未来的发展趋势是绿色化、低残留或对环境生态的影响较小并可在短期内修复。农药的使用技术也由粗放使用到精准、智能化使用的方向发展。充分利用相关学科的最新成果，特别是分子生物学技术、生物化学、结构生物学、计算化学及生物信息学等方面的知识，以农药活性分子与作用靶标的相互作用研究为切入点，开展分子靶标导向的绿色化学农药的生物合理设计已成为研究的热点。基因工程技术有了长足的发展，基因工程产品进入实用化，基因工程在农药行业显现了强大的生命力。农药相关的多尺度环境与生态安全研究得到普遍关注。这些新农药的发展趋势均与农药靶标的化学生物学研究紧密关联，因此，把握国际农药科技创新发展动向，聚焦重大病虫草害，深入、系统地开展多领域、多学科交叉的农药化学生物学研究是引领我国农药创新发展的必由之路。我国科学家在抗药性研究方面的硬件和软件均不比发达国家差，我们关于抗药性研究的差距主要还是受一些思路和大的政策影响，主要表现在抗药性研究中的一些细节性问题考虑不周，这与以完成任务为主导的项目设计思路有直接的关系，此外就是许多研究都是模仿西方一些发达国家，国内学者之间相互模仿的研究也比较普遍，这就不可避免地大幅度减少了原创性的研究。随着高新技术的发展，新类型杀虫剂抗药性、抗药性基因分子调控、"微效"抗药性基因作用及其分子机制、抗药性基因互作以及对抗药性水平的贡献、精准抗药性基因频率的早期检测和治理技术等方面将成为抗药性研究领域新的生长点。我国农药企业在新农药创制方面的能力极弱，虽拥有 1700 余家农药企业，但真正投身到新农药创制的企业寥寥可数，只有极少数的企业参与到新农药创制中来，大多数企业静不下心或不愿投入更多的经费搞新农药的创制研究，而是一味地争抢专利，但由于技术滞后，我国农药企业并没有竞争优势；我国原始创新的结构偏少，大多结构是国外已有品种的化学骨架，有知识产权的风险。这样的结构即使在某些方面比先导结构具有优势，也因为使用者先入为主，使得这些产品在市场上缺乏竞争力。尽管已有多个产品具有产业化前景，但由于登记实验费用以及企业对将来市场的忧虑，与科研院所合作的企业往往不愿投入资金登记。创制产品的应用技术开发跟不上，从当前我国新农药创制方面取得的成果来看，一些科研院所只注重实验室创制，在此基础上虽然发表了许多优秀的论文，为新农药的创制奠定了基础，也有些科研成果进行产业转化，但不注重后期应用技术开发，特别是不太注重后期推广示范应用，这可能是我国自主产品市场占有率极低的原因之一。

（六）生物防治

进入"十三五"以来，我国启动了国家重点研发计划，2017 年启动了六个与生物防治相关的项目，分别是活体生物农药增效及有害生物生态调控机制、作物免疫调控与物理防控技术及产品研发、天敌昆虫防控技术及产品研发、新型高效生物杀虫剂研发、新型高效生物杀菌剂研发、新型高效植物生长调节剂和生物除草剂研发。目前生物防治学科发展态势如下。

通过挖掘，国内天敌昆虫的种类进一步丰富，优势种也不断被发现。但与欧美发达国家相比，我国仍存在很明显的差距。在基础研究方面，寄生蜂调控寄主的分子机制研究达到国际领先水平，但所涉及的天敌种类还较少，需要扩充。天敌的规模化繁育方面，虽然已开发了以滞育为基础的赤眼蜂天敌工厂，但其控害作用评价还不够细致，有进一步提升的空间。对于需要拓宽的天敌种类，人工饲料或替代饲料依然有较大的研发空间。目前可应用的天敌昆虫的种类和规模仍偏少，需要进一步扩大。另外，生产天敌产品的企业数量和规模虽有增加，但还不够。

我国的细菌杀虫剂研究处于与国外并跑阶段。世界范围内细菌杀虫剂（主要 Bt）的基础研究均进入了瓶颈期。因此，新思路和新技术的运用显得尤为关键。2020 年，西班牙研究团队使用冷冻电镜解析了 Bt Vip3 蛋白的孔洞结构，解决了 20 年悬而未决的问题。因此，我国在新技术的运用方面仍然有待加强。另外，国外目前将很大精力放在非 Bt 杀虫基因的寻找上，而我国在该领域成果不多，尚处于探索阶段。

我国在杀虫真菌领域近年来在菌种资源库，杀虫真菌分子改良与工程菌构建，杀虫真菌产孢、抗逆、毒力相关功能基因挖掘等方面取得重要进展，特别是在杀虫真菌农药的应用技术和产业化方面已达到国际领先水平。但是，迄今仍未有分子育种技术改良的生产菌株投入应用，杀虫慢、田间防效稳定性差、储藏期短、成本较高等问题仍然比较突出。

我国在植物线虫生防细菌方面，在线虫生防微生物资源发掘、线虫天然代谢产物及调控机制、生防细菌侵染线虫的机制等领域，基础研究水平处于国际领先。但是，与美国等发达国家相比，中国线虫生防细菌生物农药登记数量少、生防菌种类少、剂型单一、防治靶标少。

我国在植物免疫研究方面，无论是基础研究还是产业应用，已经是领先的国家。在植物领域主要期刊及重要综合期刊上发表的本领域高水平论文，我国名列前茅。在植物免疫诱抗剂产品研发领域，我国现有产品类型、数量在国际上都还具有一定优势，尤其是糖类植物免疫诱抗剂具有显著的优势。但在新产品创制及制备技术上，近年来进展稍缓，在蛋白高效表达等技术上与国际相比还有待加强。在实际应用上，目前我国已经涌现了以氨基寡糖素、寡糖链蛋白等为代表的大宗产品，在产品使用量、应用作物、应用面积等方面也处于国际领先。

（七）入侵生物学

目前，世界上绝大多数国家和地区均有入侵物种肆意扩张蔓延问题。随着经济全球化和区域一体化的快速发展，入侵物种传入与扩散风险加大，生物入侵问题仍然突出，形势依旧严峻。《自然》2021 年公布的研究数据显示，1970 年至 2017 年间，全球生物入侵的总成本累计 1.288 万亿美元，年均 268 亿美元。数据表明，美国、澳大利亚、南非、印度、菲律宾等国家每年遭受生物入侵的经济损失均超过数百亿美元。而在我国，外来入侵物种已达 660 余种，据之前数据统计，年均损失超 2000 亿元。近年来，在科学研究方面，我国在外来生物入侵风险防控科技支撑方面做了前瞻部署，组织实施生物安全关键技术研究、重大病虫害防控综合技术研发与示范等专项，针对重大农业外来入侵物种的持续扩散危害，研发了外来有害生物的 DNA 条形码等精准分子鉴定技术与产品，构建了基于机器学习的多物种智能图像识别应用系统，实现了重大入侵物种的远程快速识别和实时诊断；针对红火蚁、苹果蠹蛾、番茄潜叶蛾、美洲斑潜蝇、马铃薯甲虫、豚草等重大物种，研发了源头治理、扩散阻截、早期扑灭、生态修复、持续治理等技术，凝练形成了一系列可推广、可复制的技术模式，并在广东、云南、新疆、甘肃等地示范应用，显著提升了国家生物入侵风险应对能力。

国内外入侵生物学科研究水平整体相当，在入侵物种预警与风险评估模型构建方面，我国虽然有所突破，但局限于国外先前开发的扩散模型，新模型新理论有待丰富和创新；在入侵物种监测检测、智能识别技术方面，世界各国疆域内均存在入侵物种数量多、全域监测技术开发难度大的问题，但整体技术上趋同化严重，随着数字化、信息化技术的不断推广应用，未来在入侵物种监测检测技术灵敏度和装备研发方面有发展空间；在入侵物种快速灭除与综合防控技术方面，国内外科学家均深入研究了入侵物种生态适应性进化规律、与本土物种的互作等内容，在此基础上，开发了针对入侵物种的化学灭除、生物生态治理新技术与新产品。此外，我国已经建立了国家外来有害生物监测预警平台、有害生物资源利用平台和多个国家级技术产品应用示范基地，有力推动了防控技术的储备和推陈出新。

（八）农作物病虫害监测预警

在昆虫雷达技术研究方面，无论是昆虫雷达软硬件技术水平还是昆虫雷达数量、网络规模均超越了英国、美国、澳大利亚等传统优势国家，并且实现了技术和产品输出。然而，利用气象雷达网进行迁飞昆虫的研究才刚刚起步，与欧美较为成熟的技术和装备相比还有一定差距。但国外对天气雷达的利用也仅局限于鸟类和蝙蝠对物候变化的响应、宏观生态规律研究，对昆虫监测的关注较少。激光雷达把辐射源的频率提高到光频段，能够探测更微小的昆虫目标，获得距离、大小和振翅频率等信息，且可以利用谱率和光泽度等特征来区分昆虫种类。北欧的科学家设计出一种利用两个波长近红外线的长期自动监测昆虫的小型设备，与传统方法监测到的结果一致。在这种技术上我国研究还比较薄弱。

作物的反射率是植株生理生化、结构形态的综合反映，这是遥感能够监测作物胁迫的重要依据。国内外学者利用多、高光谱非成像、成像数据通过光谱分析筛选出小麦白粉病、条锈病、全蚀病、赤霉病、玉米黏虫、大小斑病，水稻颖枯病、稻飞虱、番茄叶斑病和晚疫病等病虫害类型的光谱敏感波段。近年来，我国学者基于叶绿素荧光在作物病害遥感探测方面做出较多的工作，Du 发现了在叶片尺度上，日光诱导叶绿素荧光（SIF）对疾病严重度（SL）的响应强于 NDVI，验证了 NIRvR 方法估计的 $\Phi F_{-}r$ 在监测由生物驱动因素主导的疾病胁迫方面的潜力。Jing 针对利用反射光谱和 SIF 数据监测小麦条锈病时存在的特征冗余问题，提出一种结合 mRMR 和 XGBoost 算法的特征选择和病情监测模型，取得了较好的精度。国外学者则基于 SAR 数据反演作物特征及生境，间接地为病虫害监测提供依据。Singh 基于散射仪数据建立了微波经验模型来估测总叶绿素含量，进而结合害虫习性构建虫害发生模型，与实测数据间取得良好的一致性。Barbouchi 综合分析了 SAR

和 InSAR 相干图像中关于水分胁迫系数和小麦株高变化的参数，结果表明在半干旱缺水地区利用上述影像能够对小麦的生物物理参数进行可靠监测。

目前国内外利用无人机搭载各种传感器研究活跃，采用较低成本的可见光成像遥感可以方便快捷地对作物病虫害胁迫进行监测，并且也能取得不错的识别效果。与可见光成像遥感相比，多光谱成像遥感能获取更多的光谱信息，监测结果更为准确有效。与可见光成像遥感和多光谱成像遥感相比，高光谱成像遥感具有连续光谱、更多波段和数据量更大等特点，因此很多研究人员能实现更好的作物病虫害胁迫遥感监测效果。国内外在无人机遥感监测病虫害研究方面齐头并进。

四、本学科发展趋势及展望

未来五年，我国本学科的战略需求和发展方向如下。

（一）植物病理学

随着种植业结构调整、气候与生态环境变化以及国际贸易日趋便捷和频繁，农作物病害发生与危害规律发生了根本性演替，原生性有害生物频繁暴发，灾害持续不断，经济损失巨大，如小麦赤霉病、稻瘟病、水稻病毒病、棉花黄萎病等大规模连年发生，危害程度之重、持续时间之长均为历史罕见。因此，面临种植业结构调整、气候与生态环境变化等因素挑战，作物病原群体变异更加频繁、作物丧失抗性的周期缩短，对病害防治和作物丰产稳产提出更大的挑战

在植物病理学基础理论研究方面，我们在植物－病原物－传病生物多方互作机制、植物抗性信号识别与信号传导、根系微生物组、表观遗传修饰与先天免疫调控、病原群体遗传等方面逐步缩小了与国际一流水平的差距，甚至超过国际水平，但国际同行已在一些研究领域取得更深入、更新颖的研究进展，如免疫反应精细调控、蛋白翻译重编程调控免疫反应新机制。在监测预警与防控技术方面，针对一因多效抗病新基因资源发掘与利用、抗病新物质鉴定、新抗病生物技术开发与应用，以及包括监测预警技术、绿色植物保护产品创制仍然是当前植物病理学科的短板和重大挑战。

未来五年，资源优势将是病原物核心致病因子及作物重要抗病基因鉴定的关键。我国已建成世界第二的作物种质资源库，正在谋划建设植物生物安全资源保藏与利用平台。在生命科学进入后基因组学时代背景下，全面融入生物信息学、蛋白质组学、表观遗传学、宏基因组学等新学科，亟须依托这些资源优势，鉴定和挖掘大量病原物核心致病因子，寻找病原防控新靶点；持续加强一因多效抗性基因标记定位与克隆，不断创新开发和应用生物新技术（如基因编辑技术）在作物抗病育种、抗病新种质创制的利用。

未来五年，基础理论研究将更深入、更新颖，突出原始科技创新。如效应子操控寄主

免疫反应机制、信号传递因子如何识别 PRR 与 R 基因互作信号及调控免疫调控机制，受体复合体的结构分析，表观遗传修饰参与蛋白翻译重编程调控免疫反应新机制。

未来五年，病害防控技术将体现更绿色、更持久、更高效的理念。重点将针对作物抗病或病原物致病性调控的关键因子，进行抗性遗传改良或创制新产品，如植物感病基因、广谱植物受体蛋白用于抗病转基因工程，免疫激发子用于开发蛋白农药，病原关键致病基因用于开发 RNAi 农药等，为作物病害绿色防控提供关键技术和产品。

未来五年，作物病害防控将更加突出品种抗性利用。基于病原群体基因组学研究将推动建立病原分子流行监测技术体系，病原分子流行规律监测实现精准化；在此基础上，持续开展病原物群体毒性结构变异和主栽品种、重要抗原材料抗性变化及时监测，构建流行病害监测网络和分子病害流行体系，开展抗性品种选择布局与利用研究将成为作物病害防控的核心和主流。

（二）农业昆虫学

1. 农业害虫发生新规律新机制

加强交叉学科的发展。近年来，交叉学科研究的优势逐渐显现，引起各个研究领域的持续跟进。在后基因组时代，蛋白组学、表观修饰组学、代谢组学等多组学大数据联合分析成为推动多领域交叉研究、发掘关键调控基因的有效手段，也为环境、昆虫、植物、微生物等多因素交互作用机制的深入研究提供了可能。

重视新兴领域的拓展。新兴领域的不断涌现不仅开拓了农业害虫发生规律与灾变机制的研究，同时也为防控理念和技术创新提供了新的增长点。如研究害虫共生菌互作的机制为揭示农业害虫危害成灾机理开辟了新方向，为制定害虫科学防控策略提供了新方案，具有十分重要的理论和实践意义。

强化产业需求的导向。作为应用学科，农业害虫学的基础研究需要紧密结合农业生产实际，通过解析重大害虫发生新规律与新机制，促进更加科学、更加精准的害虫防控技术创新。

2. 农业害虫防治新技术新产品

创制智能监测预警技术。提高害虫监测预警装备的智能化水平，系统优化害虫监测预警智能手段和方法，提高对跨区域迁飞性重大害虫和区域性本地害虫监测预警的高效性、广泛性和准确性，进一步推进害虫监测预警新技术和新产品发展和应用。

创新绿色防控技术产品。农业害虫绿色防控的解决方案中，生物防治剂和信息素等产品技术在害虫管理中日益得到重视，生物技术和合成生物学的发展为绿色高效控制农业害虫的新方法提供了新思路、新技术和新产品。将新兴的遗传和基因组方法应用于生物防治剂，升级生物防治策略，对真菌、细菌、病毒和线虫等昆虫病原制剂进行生物技术改造，以提高生物防治的功效和利用率。

3. 农业害虫绿色防控新模式

创新区域绿色防控技术体系。围绕农业生态系统观点，发展多种作物系统多个重大害虫绿色防控系统防控新模式。从以单种害虫为防控对象转变为以一种作物的多种重要害虫为防控对象，进一步升级发展为以区域生态系统的多种作物的复合害虫为对象进行系统治理。

创新跨区协同治理技术体系。构建跨区域联网与国际协作、联防联控新格局。重大害虫的跨境跨区迁飞成灾规律解析、空天地一体化监测技术体系构建、分区布防阻截策略以及绿色高产综合防控技术体系创新，为我国有效防控农业重大害虫提供了强有力的科技支撑，打造了国际上成功治理跨境迁飞性害虫的样板，值得在全球推广。

（三）杂草科学

基因组学等现代分子生物学技术的发展，为深入解析杂草靶标抗性及非靶标抗性的分子机制，阐明恶性杂草成灾机制，挖掘杂草抗逆性基因资源以指导作物遗传育种提供了极大的便利。特别是杂草对除草剂抗性的分子机制，在全球农业研究前沿植保领域关注中位列第三，杂草科学基础与应用基础研究在未来很长时间内都将是研究热点。为适应农业可持续发展的要求，在国家重点研发计划、国家自然科学基金及其他相关科技领域，进一步加大对杂草科学研究的资助和扶持力度，重点开展基于基因组及表观遗传组学的农田恶性杂草演化与致灾机制、抗药性杂草生态适应性分子机制、杂草非靶标抗性分子机制等研究，在重要杂草基因组测序及功能基因解析、杂草抗逆性基因资源挖掘、农田恶性杂草成灾机制、杂草非靶标抗性的转录调控机制等方向持续发力，并不断加强国际合作，促进我国杂草学科基础研究水平再上台阶。

杂草抗药性的发展给传统的过度依赖化学防治的农田杂草防控技术体系带来了巨大的挑战。为适应国家粮食安全和绿色可持续发展重大战略的贯彻实施，研发非化学防治的、环境友好的新型杂草防控技术势在必行。在杂草综合防控研究方面，针对我国日益复杂的杂草问题以及抗药性杂草、恶性杂草迅猛发展的态势，强化多样性治理、多措施并举理念尤为重要。研发草害监测预警系统并开展农田杂草长期监测，明确农田恶性杂草演替规律；大力研发创制高效安全、作用靶标新颖、抗性风险低的新型化学除草剂，大力推广化学除草剂减量精准防控技术；积极研发创新智能机械除草、生态控草等非化学杂草防控方法，构建化学、农业、机械、生物、生态技术有机融合的多元化可持续控草技术体系，为粮食安全和绿色可持续发展的国家重大战略的贯彻落实保驾护航。

（四）鼠害学科

近五年来，我国日益提高的生物安全、生态安全需求是影响鼠害学科研究方向的核心因素。面向粮食安全、人民健康和生物安全以及生态安全对鼠害治理的需求，在鼠害治理理论层面，生态阈值研究的空白成为影响鼠害治理策略制定的最主要障碍。尤其在天然草原鼠害治理方面，认识到过度灭鼠将导致比鼠害更为严重的不可逆的生态灾难，制定合理的鼠害治理生态阈值是科学治理草原鼠害实现草地资源可持续利用的必由之路。然而制定生态阈值需要以鼠害发生规律及为害特征为核心数据兼顾植被、天敌等，涉及草原生态的多种因素。我国草原类型多样，害鼠类型多样。同时我国对草地资源需求增大。我国目前鼠害相关研究及数据积累尚远远无法满足鼠害治理生态阈值的制定。因此，围绕鼠害治理生态阈值制定为目标的鼠害发生规律及应用技术研究，将是未来鼠害治理学科的战略需求和重点发展方向。

高效准确的监测技术是鼠害研究的基础和依据。尽管我国在鼠害监测技术方面取得了巨大的突破性进展，但现有技术和产品仍无法满足鼠害科学治理的整体需求。面向生态阈值研究，针对不同农田草原生态类型的个性化鼠害数字化、智能化、自动化监测技术及产品，将是未来我国鼠害监测技术与产品研发的主要发展方向。

针对鼠害局部性暴发特征以及粮食安全和生物安全不可避免的应急性鼠害治理需求，在未来很长时期内化学防治仍将是鼠害治理不可或缺的方法。鉴于化学杀鼠剂（包括不育剂）不可避免的广谱作用，如何通过提高化学防治的靶向性提高杀鼠剂应用的安全性，包括杀鼠剂（不育剂）的药物靶向性、诱饵成分的靶向性、施药技术的靶向性等，也将是鼠害治理技术与产品研发的主要发展方向。在草原鼠害治理方面，研发以生态优先为导向的以非灭杀性技术为主的鼠类种群调控技术与产品，将是草原鼠害治理技术与产品研发的重要发展方向。针对鼠传疾病发生主要通过体表寄生蚤类等为媒介的传播途径，在科学控制鼠类宿主种群鼠类基础上，针对鼠传疾病传播途径阻断的相关技术与产品也将是草原鼠害治理技术与产品研发的重要发展方向。

近年来以精准监测指导精准治理成为鼠害治理关键发展策略，带动了围绕鼠类种群动态各类智能监测技术的发展。鉴于对鼠类生态系统认识的深入，非灭杀型成为鼠害防控的困扰。尤其在草原地区，如何在应急性灭杀和长效缓控之间找到一个平衡点是鼠害防控面临的巨大挑战。

（五）绿色农药创制与应用

我国农药创制经历了低效高毒、高效高毒、高效低毒、绿色农药的过程，现代农药创制更加关注农产品质量安全和生态环境安全，以高效低风险农药逐步替代传统农药是当今农药发展的必由之路。高效低风险化学调控剂、生物源农药、免疫诱抗剂是未来发展的主要方向，未来农药要符合活性高、选择性高、农作物无药害、无残留、制备工艺绿色的特点。未来的绿色农药创制不是单一学科能够完成的，而是需要化学、化工、生物、农学、植保、昆虫毒理、植物生理、毒性、环境和生态、计算机信息处理、经济、市场的等多个学科交叉协作。

随着生命科学技术、计算机技术、冷冻电镜技术等新兴技术的出现，绿色农药的创制也呈现多样化的发展趋势。①开展分子靶标导向的绿色农药活性小分子的设计已成为当前农药创制的研究热点。充分利用相关学科的最新研究成果，特别是结合结构生物学、生物化学、计算化学及生物信息学等多方面的知识，以农药活性分子与作用靶标的相互作用研究为核心，探索具有靶向性强、分子设计合理的农药小分子是当前新型绿色农药创制的主流。②探索全新的作用机制是解决杀菌剂抗性问题的关键技术手段。当前，杀菌剂创制的核心难点在于当前杀菌剂的作用位点单一。因此，开展全新作用靶标及作用机制的新农药创制是重中之重。例如，结合结构生物学等相关学科的前沿基础研究，探索全新作用靶标的新农药创制展现出强大的生命力。例如，靶向蛋白降解技术入选 2021 年度化学领域十大新兴技术，成为唯一入选的制药领域的新技术。此外，包括真菌几丁质合成酶、裂解性多糖单加氧酶、靶向超长链脂肪酸合成机制及以调节病原菌侵染等抗毒力策略等的探索也为新农药的创制提供了新靶标和新策略。③探索具有全新结构的原创品种是实现创制品种由量向质的根本性转变，突破创制品种市场份额瓶颈、创制新型杀菌剂的重要活力。新结构的发现，可利用天然产物的结构优势，结合虚拟筛选、高通量筛选等筛选策略，加速寻找具有超高生物活性的新农药小分子，辅以活性蛋白质表达谱（ABPP）、多组学技术、单晶衍射技术等重要技术手段，揭示新农药的作用机制。④培育具有特殊抗病品种的新作物。许多植物能自身产生防御肽，抑制病原菌在寄主植物中的定殖和繁殖。⑤以寄主诱导的基因沉默技术为主导的植物抗病新策略。以病原菌生长发育、产孢繁殖、侵染或致病过程中的关键基因为靶点，在寄主中表达针对靶基因的 RNAi 构建体，在病原菌侵染植物的过程中，干扰病原菌靶基因的表达，从而有效抑制病原菌的侵染和繁殖。⑥植物免疫激活剂具有广谱的抗病、抗逆能力，是新农药创制的重要研究方向。植物免疫激活剂主要通过增强植物生理功能，增加植物对致病因子等逆境的抵抗力，从而提高植物的诱导抗性。这种免疫具有预防性、系统性、稳定性、相对性、安全性等一系列优点，可以解决化学防治带来的病原菌抗药性、环境污染和对人畜副作用等问题，有利于加速实现农产品无害化生产。

（六）生物防治

在天敌昆虫研究和应用方面，下列方向有待加强。①天敌昆虫的资源挖掘及产业化开发，包括天敌昆虫的人工饲料研制。②高效天敌昆虫的性状与研发。加大科研投入，在重要的寄生蜂种类中建立基因编辑和转基因技术体系。同时，通过大数据分析手段，发现寄生蜂高效寄生的关键基因，并揭示其分子作用机理，为寄生蜂品种改良提供理论和技术储备。③天敌昆虫控害效用的提升。田间蜜源植物作为天敌昆虫的碳水化合物等能量来源，直接影响着它们的寿命和繁殖力。但是，目前关于蜜源植物的研究和田间实验报道还不多，需要进一步研究和筛选出合适的蜜源植物。

利用微生物进行杀虫、防病、促进作物生长是农业绿色发展的主流方向之一。在细菌杀虫剂菌株方面，加强与农药剂型团队合作，开发更多微生物杀虫剂的新剂型和助剂，以解决微生物杀虫剂速效性慢、持效性差等问题。在细菌杀虫剂基因方面，目前 Bt 杀虫新基因发掘工作已经进入瓶颈，使用常规方法很难再有重大发现，将人工智能引入杀虫新基因发掘中可能为破局之策。在昆虫病原病毒方面，重点进行重要杀虫功能基因大规模发掘、功能鉴定，杀虫活性的大规模、高通量筛选，病毒的遗传改造，以及环境相容性、稳定性好的剂型研发，推进生产工艺、加工技术及产品剂型的现代化。另外，还需加强微生物生防产品的知识产权管理，做好产品的质量评价，建立和健全其标准体系。

在植物线虫生防方面，应当重点发展线虫生防的微生物资源、侵染机制、活性化合物及生物农药的开发与应用等方向，国内团队基本上是各自为政，多数团队仅集中于某一方面，缺乏以产品开发和应用为目标的研究力量和资源整合。因此，加强从顶层设计开始，分析和凝练出我国这一领域亟待解决的科学难题和应用问题，利用国家重点研发计划等项目，组合优势研究队伍、协同攻关。

我国在植物免疫机制研究与应用方向都取得了显著的进展，未来应该加强相关基础研究成果的应用转化。另外，植物免疫诱导剂品类拓展、生产工艺与质控技术均需要进一步提升。虽然我国现有植物免疫诱导剂的产品已超百种，但这些新型农药制剂的用法、用量尚不够规范，未来也仍需要研究者、生产者、应用者合作，开展更多的试验示范，探清植物免疫诱导剂的广谱应用规律及特定条件下的应用特点，制定更多的精准使用方案，从而推动其更大规模的应用。

（七）入侵生物学

在外来物种入侵形势日趋复杂的背景下，我国生物入侵防控存在不少薄弱环节。一是外来物种入侵防控关键领域亟须创新突破。要研究摸清重大危害物种发生扩散规律及微观成灾机理，不断发展和完善农业重大入侵物种灾变的监测预警体系，集中攻克一批快速鉴定、高效诱捕、生防天敌等实用技术产品，集成生态控制、生物防治、理化诱控等综合防控技术体系。二是科技支撑平台建设需要加强。核心技术平台、高等级农业生物安全实验室、监测观测基地、研究试验示范基地建设目前仍有较大缺口。三是智库人才建设要进一步加强。亟须优化资源配置，激发人才队伍活力，充分发挥专业人才在入侵物种治理体系建设和治理能力提升中的作用。

（八）农作物病虫害监测预警

近年来随着智能虫情测报灯、性诱计数装置、昆虫雷达、低空遥感、卫星遥感、智能识别应用等现代智能病虫监测装备的不断发展，农作物病虫害及其生境的多种来源监测数据（即多源数据）呈井喷式增长。然而，海量的多源数据只用于病虫害发生信息的可视化展示，未实现开放共享和深度挖掘，未在农作物病虫害预报中发挥应有作用，植保技术人员仍凭借多年经验对农作物病虫害发生趋势进行模糊预报。这是由于农作物病虫害发生与发展受自身生物特性以及寄主、生境、耕作栽培措施等多种因素影响，因素之间互作机制极其复杂，加之重监测轻预报、重数据积累轻数据挖掘、研究者协同创新不够等问题，导致目前没有可在生产上推广应用的基于多源数据的不同时空尺度的农作物病虫害预报模型。未来面临的关键难点与挑战主要为：①多源数据的校准、规范和开放共享；②生物和非生物因素对农作物病虫害的复杂影响机制的解析；③多时空尺度农作物病虫害精准预报模型的建立与有效性验证。建议各级政府、企业和科研院所加大资金投入，加强对农作物病虫害暴发成灾机理解析、智能化精准预报理论与技术探索等基础研究，加快农作物病虫害智能监测关键技术与装备研发；建立多部门合作协调机制，广泛验证现有智能监测技术与设备的准确性和稳定性，制定并实施一批农作物病虫害智能监测设备与技术的相关规范和标准，构建天空地一体化自动监测为主体、精细人工监测校样点相协同的农作物病虫害多源数据获取、传输、存储、分析及智能化精准预测平台。

参考文献

［1］Xu GG, Han S, Huo CM, et al. Signaling specificity in the c-di-GMP-dependent network regulating antibiotic synthesis in *Lysobacter*［J］. Nucleic Acids Research, 2018, 46（18）: 9276-9288.

［2］Tang CL, Xu Q, Zhao JR, et al. A rust fungus effector directly binds plant pre-mRNA splice site to reprogram alternative splicing and suppress host immunity［J］. Plant Biotechnology Journal, 2022, 20（6）: 1167.

［3］Jiang C, Hei RN, Yang Y, et al. An orphan protein of *Fusarium graminearum* modulates host immunity by mediating proteasomal degradation of TaSnRK1α［J］. Nature communications, 2020, 11（1）: 4382.

［4］Zuo N, Bai WZ, Wei WQ, et al. Fungal CFEM effectors negatively regulate a maize wall-associated kinase by interacting with its alternatively spliced variant to dampen resistance［J］. Cell Reports, 2022, 41: 111877.

［5］Gao F, Zhang BS, Zhao JH, et al. Deacetylation of chitin oligomers increases virulence in soil-borne fungal pathogens［J］. Nature Plants, 2019, 5: 1167-1176.

［6］Zhang DD, Dai XF, Klosterman S J, et al. The secretome of *Verticillium dahliae* in collusion with plant defence responses modulates Verticillium wilt symptoms［J］. Biological Reviews, 2022a, 97（5）: 1810-1822.

［7］Qiu XF, Kong L, Chen H, et al. The *Phytophthora sojae* nuclear effector PsAvh110 targets a host transcriptional complex to modulate plant immunity［J］. Plant Cell, 2023, 35（1）: 574-597.

［8］Guo BD, Wang HN, Yang B, et al. *Phytophthora sojae* Effector PsAvh240 Inhibits Host Aspartic Protease Secretion to Promote Infection［J］. Molecular Plant, 2019, 12（4）: 552-564.

［9］Lin YC, Hu QL, Zhou J, et al. *Phytophthora sojae* effector Avr1d functions as an E2 competitor and inhibits ubiquitination activity of GmPUB13 to facilitate infection［J］. Proceedings of the National Academy of Sciences, 2021, 118（10）: e2018312118.

［10］He JQ, Ye WW, Choi DS, et al. Structural analysis of *Phytophthora* suppressor of RNA silencing 2（PSR2） reveals a conserved modular fold contributing to virulence [J]. Proceedings of the National Academy of Sciences, 2019, 116 (16): 8054–8059.

[11] Hu YZ, Ding YX, Cai BY, et al. *Bacterial* effectors manipulate plant abscisic acid signaling for creation of an aqueous apoplast [J]. Cell Host & Microbe, 2022, 30 (4): 518–529, e516.

[12] Wang D, Zhang DD, Usami T, et al. Functional genomics and comparative lineage–specific region analyses reveal novel insights into race divergence in *Verticillium dahliae* [J]. Microbiology spectrum, 2021d, 9: e01118–21.

[13] Zhao YL, Cao X, Zhong WH, et al. A viral protein orchestrates rice ethylene signaling to coordinate viral infection and insect vector–mediated transmission [J]. Molecular Plant, 2022, 15 (4): 689–705.

[14] Guo B, Lin BR, Huang QL, et al. A nematode effector inhibits plant immunity by preventing cytosolic free Ca^{2+} rise [J]. Plant, Cell & Environment, 2022, 45: 3070–3085.

[15] Zhao JL, Sun QH, Quentin M, et al. A *Meloidogyne incognita* C–type lectin effector targets plant catalases to promote parasitism [J]. New Phytologist, 2021, 232: 2124–2137.

[16] Wang JY, Wang RY, Fang H, et al. Two VOZ transcription factors link an E3 ligase and an NLR immune receptor to modulate immunity in rice [J]. Molecular Plant, 2021a, 14 (2): 253–266.

[17] Zhang DD, Wang J, Wang D, et al. Population genomics demystifies the defoliation phenotype in the plant pathogen *Verticillium dahliae* [J]. New Phytologist, 2019, 222: 1012–1029.

[18] Yang Y, Zhao Y, Zhang YQ, et al. A mitochondrial RNA processing protein mediates plant immunity to a broad spectrum of pathogens by modulating the mitochondrial oxidative burst [J]. The Plant Cell, 2022, 34 (6): 2343–2363.

[19] Liu ZY, Jian YQ, Chen Y, et al. A phosphorylated transcription factor regulates sterol biosynthesis in *Fusarium graminearum* [J]. Nature Communications, 2019, 10 (1): 1228.

[20] Gong C, Xu DY, Sun DY, et al. FgSnt1 of the Set3 HDAC complex plays a key role in mediating the regulation of histone acetylation by the cAMP–PKA pathway in *Fusarium graminearum* [J]. Plos Genetics, 2022, 18 (12): e1010510.

[21] Gong P, Tan H, Zhao SW, et al. Geminiviruses encode additional small proteins with specific subcellular localizations and virulence function [J]. Nature Communications, 2021, 12 (1): 4278.

[22] Ismayil A, Yang M, Haxim Y, et al. Cotton leaf curl Multan virus betaC1 protein induces autophagy by disrupting the interaction of autophagy–related protein 3 with glyceraldehyde–3–phosphate dehydrogenases [J]. The Plant Cell, 2020, 32 (4): 1124–1135.

[23] Li LL, Zhang HH, Yang ZH, et al. Independently evolved viral effectors convergently suppress DELLA protein SLR1–mediated broad–spectrum antiviral immunity in rice [J]. Nature Communications, 2022c, 13 (1): 6920.

[24] Wang Y, Xu YP, Sun YJ, et al. Leucine–rich repeat receptor–like gene screen reveals that *Nicotiana* RXEG1 regulates glycoside hydrolase 12 MAMP detection [J]. Nature Communications, 2018c, 9 (1): 594.

[25] Wang JZ, Hu MJ, Wang J, et al. Reconstitution and structure of a plant NLR resistosome conferring immunity [J]. Science, 2019, 364 (6435): eaav5870.

[26] Förderer A, Li E, Lawson AW, et al. A wheat resistosome defines common principles of immune receptor channels [J]. Nature, 2022, 610 (7932): 532–539.

[27] Zhai KR, Liang D, Li HL, et al. NLRs guard metabolism to coordinate pattern– and effector–triggered immunity [J]. Nature, 2022, 601: 245–251.

[28] Ngou BPM, Ahn HK, Ding PT, et al. Mutual potentiation of plant immunity by cell–surface and intracellular receptors [J]. Nature, 2021, 592 (7852): 110–115.

[29] Yuan MH, Jiang ZY, Bi GZ, et al. Pattern–recognition receptors are required for NLR–mediated plant immunity

［J］. Nature, 2021, 592（7852）：105-109.

［30］ Wang HZ, Hou JB, Ye P, et al. A teosinte-derived allele of a MYB transcription repressor confers multiple disease resistance in maize［J］. Molecular Plant, 2021c, 14：1846-1863.

［31］ Liu MX, Hu JX, Zhang A, et al. Auxilin-like protein MoSwa2 promotes effector secretion and virulence as a clathrin uncoating factor in the rice blast fungus *Magnaporthe oryzae*［J］. New Phytologist, 2021a, 230：720-736.

［32］ Wang N, Tang CL, Fan X, et al. Inactivation of a wheat protein kinase gene confers broad-spectrum resistance to rust fungi［J］. Cell, 2022c, 185（16）：2961-2974.

［33］ Sun GZ, Feng CJ, Guo J, et al. The tomato Arp2/3 complex is required for resistance to the powdery mildew fungus *Oidium neolycopersici*［J］. Plant Cell and Environment, 2019, 42（9）：2664-2680.

［34］ Wang JX, Long F, Zhu H, et al. Bioinformatic analysis and functional characterization of CFEM proteins in Setosphaeria turcica［J］. Journal of Integrative Agriculture, 2021b, 20：2438-2449.

［35］ Gao H, Jiang LY, Du BH, et al. GmMKK4-activated GmMPK6 Stimulates GmERF113 to Trigger Resistance to *Phytophthora Sojae* in Soybean［J］. The Plant Journal, 2022, 111（2）：473-95.

［36］ Chen J, Zhao YX, Luo XJ, et al. NLR surveillance of pathogen interference with hormone receptors induces immunity［J］. Nature, 2023c, 613：145-152.

［37］ Yang ZR, Huang Y, Yang JL, et al. Jasmonate signaling enhances RNA silencing and antiviral defense in rice ［J］. Cell Host & Microbe, 2020, 28（1）：89-103.

［38］ He YQ, Hong GJ, Zhang HH, et al. The OsGSK2 kinase integrates brassinosteroid and jasmonic acid signaling by interacting with OsJAZ4［J］. The Plant Cell, 2020a, 32（9）：2806-2822.

［39］ Hu Q, Zhu LF, Zhang XN, et al. GhCPK33 negatively regulates defense against *Verticillium dahliae* by phosphorylating GhOPR3［J］. Plant Physiology, 2018, 178：876-889.

［40］ Zhang HL, Huang QL, Yi L, et al. PAL-mediated SA biosynthesis pathway contributes to nematode resistance in wheat［J］. The Plant Journal, 2021c, 107：698-712.

［41］ Feng Q, Wang H, Yang XM, et al. Osa-miR160a confers broad-spectrum resistance to fungal and bacterial pathogens in rice［J］. New Phytologist, 2022, 236：2216-2232.

［42］ Xie XX, Ling JJ, Mao ZC, et al. Negative regulation of root-knot nematode parasitic behavior by root-derived volatiles of wild relatives of *Cucumis metuliferus* CM3［J］. Horticulture Research 9, 2022：uhac051.

［43］ 封洪强, 姚青. 农业害虫自动识别与监测技术［J］. 植物保护, 2018, 44（5）：127-133.

［44］ 胡小平, 户雪敏, 马丽杰, 等. 作物病害监测预警研究进展［J］. 植物保护学报, 2022, 49（1）：298-315.

［45］ JIAO Lin, DONG Shifeng, ZHANG Shengyu, et al. AF-RCNN：An anchor-free convolutional neural network for multi-categories agricultural pest detection［J/OL］. Computers and Electronics in Agriculture, 2020, 174：105522. DOI:10.1016/j.compag.2020.105522.

［46］ WANG Qijin, ZHANG Shengyu, DONG S F, et al. Pest24：A large-scale very small object data set of agricultural pests for multi-target detection［J/OL］. Computers and Electronics in Agriculture, 2020, 175：105585. DOI:10.1016/j.compag.2020.105585.

［47］ 姚青, 吴叔珍, 蒯乃阳, 等. 基于改进 CornerNet 的水稻灯诱飞虱自动检测方法构建与验证［J］. 农业工程学报, 2021, 37（7）：183-189.

［48］ LIU Liu, WANG Rujing, XIE Chengjun, et al. PestNet：An end-to-end deep learning approach for large-scale multi-class pest detection and classification［J］. IEEE Access, 2019, 7：45301-45312.

［49］ YAO Qing, FENG Jin, TANG Jian, et al. Development of an automatic monitoring system for rice light-trap pests based on machine vision［J］. Journal of Integrative Agriculture, 2020, 19（10）：2500-2513.

［50］ 胡程，李卫东，王锐. 基于全极化的相参雷达迁飞昆虫观测［J］. 信号处理，2019a，35（6）：951-957.

［51］ HU Cheng, LI Weidong, WANG Rui, et al. Accurate insect orientation extraction based on polarization scattering matrix estimation［J］. IEEE Geoscience and Remote Sensing Letters, 2017, 14（10）：1755-1759.

［52］ HU Cheng, LI Weidong, WANG Rui, et al. Discrimination of parallel and perpendicular insects based on relative phase of scattering matrix eigenvalues［J］. IEEE Transactions on Geoscience and Remote Sensing, 2020, 58（6）：3927-3940.

［53］ HU Cheng, LI Weidong, WANG Rui, et al. Insect biological parameter estimation based on the invariant target parameters of the scattering matrix［J］. IEEE Transactions on Geoscience and Remote Sensing, 2019, 57（8）：6212-6225.

［54］ HU Cheng, LI Wenqing, WANG Rui, et al. Insect flight speed estimation analysis based on a full-polarization radar［J］. Science China Information Sciences, 2018b, 61（10）：109306.

［55］ LI Weidong, HU Cheng, WANG Rui, et al. Comprehensive analysis of polarimetric radar cross-section parameters for insect body width and length estimation［J］. Science China Information Sciences, 2021, 64：122302. DOI:10.1007/s11432-020-3010-6.

［56］ WANG Rui, HU Cheng, FU Xiaowei, et al. Micro-doppler measurement of insect wing-beat frequencies with W-band coherent radar［J］. Scientific Reports, 2017, 7：1396.

［57］ 胡程，张天然，王锐. 基于 Radon 变换的昆虫上升下降率提取算法及实验验证［J］. 信号处理，2019b，35（6）：1072-1078.

［58］ LIU Dazhong, ZHAO Shengyuan, YANG Xianming, et al. Radar monitoring unveils migration dynamics of the yellow-spined bamboo locust（Orthoptera：Arcypteridae）［J］. Computers and Electronics in Agriculture, 2021, 187：106306.

［59］ CUI Kai, HU Cheng, WANG Rui, et al. Extracting vertical distribution of aerial migratory animals using weather radar［C］. 2019 International Applied Computational Electromagnetics Society Symposium-China（ACES）, Nanjing, China, 2019. DOI:2019.10.23919/ACES48530.2019.9060648.

［60］ CUI Kai, HU Cheng, WANG Rui, et al. Deep-learning-based extraction of the animal migration patterns from weather radar images［J/OL］. Science China Information Sciences, 2020, 63（4）：140304.https://doi. org/10.1007/s11432-019-2800-0.

［61］ WANG Shuaihang, HU Cheng, CUI Kai, et al. Animal migration patterns extraction based on atrous-gated CNN deep learning model［J］. Remote Sensing, 2021, 13（24）：4998. DOI:10.3390/rs13244998.

［62］ WANG Rui, KOU Xiao, CUI Kai, et al. Insect-equivalent radar cross-section model based on field experimental results of body length and orientation extraction［J/OL］. Remote Sensing, 2022, 14（3）：508.DOI:10.3390/rs14030508.

［63］ HU Cheng, CUI Kai, WANG Rui, et al. A retrieval method of vertical profiles of reflectivity for migratory animals using weather radar［J］. IEEE Transactions on Geoscience and Remote Sensing, 2020b, 58（2）：1030-1040.

［64］ SHI Yue, HUANG Wenjiang, LUO Juhua, et al. Detection and discrimination of pests and diseases in winter wheat based on spectral indices and kernel discriminant analysis［J］. Computers and Electronics in Agriculture, 2017, 141：171-180.

［65］ YUAN L, YAN P, HAN W, et al. Detection of anthracnose in tea plants based on hyperspectral imaging［J］. Computers and Electronics in Agriculture, 2019, 167：105039.

［66］ CHEN Dongmei, SHI Yeyin, HUANG Wenjiang, et al. Mapping wheat rust based on high spatial resolution satellite imagery［J］. Computers and Electronics in Agriculture, 2018, 152：109-116.

［67］ REN Yu, HUANG Wenjiang, YE Huichun, et al. Quantitative identification of yellow rust in winter wheat with a new spectral index：Development and validation using simulated and experimental data［J/OL］. International

Journal of Applied Earth Observation and Geoinformation，2021，102：102384. DOI:10.1016/j.jag.2021.102384.

［68］ TIAN Long，WANG Ziyi，XUE Bowen，et al. A disease-specific spectral index tracks Magnaporthe oryzae infection in paddy rice from ground to space［J/OL］. Remote Sensing of Environment，2023，285：113384. DOI:10.1016/j.rse.2022.113384.

［69］ 竞霞，邹琴，白宗，等. 基于反射光谱和叶绿素荧光数据的作物病害遥感监测研究进展［J］. 作物学报，2021，47（11）：2067-2079.

［70］ JING Xia，ZOU Qin，YAN Jumei，et al. Remote sensing monitoring of winter wheat stripe rust based on mRMR-XGBoost algorithm［J/OL］. Remote Sensing，2022，14（3）：756. DOI:10.3390/rs14030756.

［71］ DU Kaiqi，JING Xia，ZENG Yelu，et al. An improved approach to monitoring wheat stripe rust with sun-induced chlorophyll fluorescence［J/OL］. Remote Sensing，2023，15（3）：693. DOI:10.3390/rs15030693.

［72］ GUO Anting，HUANG Wenjiang，YE Huichun，et al. Identification of wheat yellow rust using spectral and texture features of hyperspectral images［J/OL］. Remote Sensing，2020，12（9）：1419.DOI:10.3390/rs12091419.

［73］ GENG Yun，ZHAO Longlong，HUANG Wenjiang，et al. A landscape-based habitat suitability model（LHS Model）for oriental migratory locust area extraction at large scales：a case study along the middle and lower reaches of the Yellow River［J/OL］. Remote Sensing，2022，14（5）：1058. DOI:10.3390/rs14051058.

［74］ 郭伟，朱耀辉，王慧芳，等. 基于无人机高光谱影像的冬小麦全蚀病监测模型研究［J］. 农业机械学报，2019，50（9）：162-169.

［75］ 郭伟，李成伟，王锦翔，等. 基于无人机成像高光谱的棉叶螨为害等级估测模型构建［J］. 植物保护学报，2021，48（05）：1096-1103.

［76］ Peng DL，Liu H，Peng H，et al. First detection of the potato cyst nematode（*Globodera rostochiensis*）in a major potato production region of China［J］. Plant Disease，2022b，107：233.

［77］ 周爱萍. 害虫远程实时监测系统在草地贪夜蛾监测中的应用［J］. 安徽农学通报，2020，26（Z1）：88-89.

［78］ 罗金燕，陈磊，路风琴，等. 性诱电子测报系统在斜纹夜蛾监测中的应用［J］. 中国植保导刊，2016，36（10）：50-53.

［79］ 陈梅香，郭继英，许建平，等. 梨小食心虫自动监测识别计数系统研制［J］. 环境昆虫学报，2018，40（5）：1164-1174.

［80］ DING Weiguang，TAYLOR G. Automatic moth detection from trap images for pest management［J/OL］. Computer and Electronics in Agriculture，2016，123：17-28.DOI:10.1016/j.compag.2016.02.003.

［81］ PRETI M，FAVARO R，KNIGHT A L，et al. Remote monitoring of Cydia pomonella adults among an assemblage of nontargets in sex pheromone-kairomone-baited smart traps［J］. Pest Management Science，2021，77：4084-4090.

撰稿人：陈剑平　陆宴辉　郑传临　邹亚飞
陈捷胤　郭建洋　刘　杨　冯凌云

专 题 报 告

植物病理学学科发展研究

一、引言

植物病理学是研究植物病害的病原及其致病机理、寄主植物抗病性及其抗病机制、病害发生流行规律以及防治原理和技术的一门应用学科。它与植物学、植物生理学和微生物学相互渗透而发展，还与作物学、植物遗传学、植物育种学、生物化学、昆虫学、土壤学和气象学等有密切联系。植物病原学、植物病害生理学、植病流行学、植物免疫学、生态植物病理学、分子植物病理学和植物病害防治学等是其衍生的主要分支学科。其中分子植物病理学是植物病理学的一门年轻分支学科，是建立在植物病理学与现代分子生物学不断交叉、渗透的基础上，在分子水平上研究并解释植物病理学现象、讨论和解决植物病害防治理论及其方法的科学。分子植物病理学代表着植物病理学的重要发展方向，也是近年发展最快的研究领域。

"十三五"以来，随着种植业结构调整、气候与生态环境变化以及国际贸易日趋便捷和频繁，农作物病害发生与危害规律发生了根本性演替，对我国农业持续丰收构成严重威胁。原生性有害生物频繁暴发，灾害持续不断，经济损失巨大，如小麦赤霉病、稻瘟病、水稻病毒病、棉花黄萎病等连年大规模发生，危害程度之重、持续时间之长均为历史罕见。危险性外来有害生物入侵所造成的生物灾害问题不断凸显，如梨火疫病、小麦矮腥黑穗病存在扩散风险。部分次要病害因种植结构调整、气候变化等因素，已逐渐发展成为毁灭性灾害，如稻曲病一直以来被认为是一种次要病害，但是由于近些年高产杂交品种和高水肥栽培模式的大力推广，导致稻曲病上升为我国水稻最重要的病害之一。据统计，小麦赤霉病在中国年均发生面积已超过 8500 万亩，占全国小麦总面积的 1/4，大流行年份发病率超过 50%，减产可达 20% 以上。镰刀菌产生的多种真菌毒素污染小麦，影响人畜健康，据农业农村部等部门抽检结果显示，我国小麦和饲料样品中毒素检出率高达

71.0%～95.8%，超标率从 2012 年的 1% 上升到 2016 年的 18.7%。黄萎病在棉花主产区持续加重，年均损失 60 亿元左右，且成为马铃薯、茄子、向日葵等作物的新发病害。因此，积极开展重大病虫害暴发成灾机制和作物抗性机制研究，研发监测预防、绿色防控等技术和产品，为重大病虫害的可持续治理提供科技支撑，已成为植物病理学科发展的永恒课题和挑战。

植物病理学科相关理论和技术的创新与突破是植物病害绿色防控的关键，是我国粮食安全、生态安全、生物安全和农产品质量安全的重要保障。近年来，我国众多的研究单位和科技工作者以农作物重大病害为研究对象开展了系列的研究工作，并取得了许多重要进展。本节概述了近五年我国学者在水稻、小麦、玉米、棉花等重要植物真菌病害、植物卵菌病害、植物细菌病害、植物病毒病害、植物线虫病害致病性和抗病性的重大基础理论突破，并总结了各病害新近发展的监测预警及绿色防控关键核心技术。同时，比较了国内外植物病理研究及我国存在的主要问题，分析了未来的发展趋势，提出了对策建议。

二、学科发展现状

（一）植物真菌病害

1. 水稻真菌病害

（1）病原致病性

南京农业大学植物保护学院张正光团队报道了稻瘟病菌辅助活性因子 MoAa91 不仅参与附着胞形成，而且作为几丁质结合蛋白与水稻 CEBiP 蛋白竞争结合几丁质，从而抑制几丁质诱导的植物免疫反应，促进稻瘟菌的侵染[1]。该团队也证明稻瘟菌辅助因子 MoSwa2 通过调控 COP Ⅱ 囊泡的解聚，介导效应子的外泌，从而抑制寄主活性氧的迸发，促进稻瘟病菌在水稻中的成功定殖[2]。中国农业科学院植物保护研究所王国梁团队通过分析鉴定稻瘟菌效应蛋白 MoCDIP4 在水稻中靶标线粒体分裂相关的 OsDjA9–OsDRP1E 蛋白复合体，探究了线粒体分裂和抗病反应间的相互作用关系，同时发现 MoCDIP4 与 OsDjA9 通过影响 OsDRP1E 的蛋白丰度调控水稻的线粒体分裂和免疫反应[3]。中国农业大学孙文献团队发现在多个作物中保守的 SnRK1A–XB24 磷酸化级联免疫信号通路，并揭示了稻曲病菌侵染过程中分泌效应蛋白 SCRE1 抑制水稻免疫途径新机制[4]。江苏农业科学院刘永锋团队和南京农业大学马振川团队以稻曲菌为研究材料，鉴定到一个新型的、稳定的蛋白类真菌 MAMP 分子 SNP22，发现 SNP22 在病原菌进化和适应性生存中的双重作用，为揭示稻曲病菌与水稻互作的分子机制奠定了重要的理论基础[5]。

（2）水稻抗病性

植物抗病性与其众多优良农艺性状是拮抗关系，中国科学院遗传与发育生物学研究所李家洋团队鉴定出一个典型的多效基因 *IPA1*。*IPA1* 可以调控水稻生长发育、抗病性、环境适应性等多重功能，增加 *IPA1* 在水稻中的表达量可增加水稻每穗粒数、穗子变大，但是同时会影响穗子的数量（分蘖数降低），影响了其增产潜力[6]。同时也有关于水稻抗性与产量协同进化的报道。西南作物基因资源发掘与利用国家重点实验室王文明团队发现了一种由稻曲病菌胞质效应子介导的致病新机制，并以效应子为分子探针挖掘到一个显著提高稻曲病抗性、同时不影响水稻产量的基因，为培育高产抗稻曲病水稻提供了理论支撑[7]。中国科学院分子植物科学卓越创新中心、植物生理生态研究所何祖华团队发现 RRM 转录因子 PIBP1 特异与 PigmR 及其他类似的 NLRs 互作，PigmR 促进 PIBP1 在核积累确保其完全的稻瘟病抗性[8]。中国农业科学院植物保护研究所刘文德团队和华中农业大学陈小林团队利用多组学策略，系统解析了水稻抗病过程中的 PTI 响应机制，对于深入理解植物抗病生物学过程和指导水稻抗病育种具有重要的理论意义[9]。刘文德团队通过 AvrPi9 鉴定了水稻中的 ANIP1-OsWRKY62 调节模块，并解析了该模块参与水稻基础免疫反应以及 Pi9 信号通路的工作机制，为深入理解 AvrPi9 与 Pi9 的识别机制奠定了重要理论基础[10]。何祖华团队研究发现水稻广谱抗病 NLR 受体蛋白通过保护免疫代谢通路免受病原菌攻击，协同整合植物 PTI 和 ETI，进而赋予水稻广谱抗病性的新机制[11]。王文明团队揭示 Osa-miR160a-OsARFs 模块协调水稻对稻瘟病、白叶枯病和纹枯病的广谱抗性及其机制[12]。中国农业科学院植物保护研究所宁约瑟团队鉴定了泛素连接酶在水稻中的底物蛋白，并发现维管植物单锌指转录因子在水稻基础抗病和特异性抗病过程中都发挥着关键作用，揭示了 VOZ 转录因子作为桥梁连通泛素连接酶对抗病蛋白调控的分子机制，为创制新的病害防控策略和抗病分子育种奠定了理论基础[13]。

（3）监控预警及绿色防控关键核心技术研发与应用

分子技术的最新进展已被用作了解生物途径以及基因参与宿主病原体感染模式，植物反应和病害发展的有效工具。了解稻瘟菌中与细胞壁、信号转导途径和宿主 – 病原体相互作用相关的主要分子靶点，有助于预防稻瘟病的发生，限制有害化学物质作为杀虫剂的使用。例如突变育种、通过 miRNA 治理稻瘟病、抗稻瘟病菌的转基因方法等在监测稻瘟病中发挥关键作用。

2. 小麦真菌病害

（1）病原致病性

由条形柄锈菌小麦专化型（*Puccinia striiformis* f. sp. *tritici*，*Pst*）引起的条锈病是我国小麦生产上的一种重要真菌病害。西北农林科技大学植物保护学院康振生团队在条锈菌中连续发现多个效应子操控寄主免疫的致病新机制：富含丝氨酸效应子 Pst27791 作为重要的致病因子靶向寄主感病激酶 TaRaf46，抑制寄主活性氧积累、防御基因表达及 MAPK 级联通路激活，促进条锈菌侵染[14]；条锈菌效应蛋白 Pst_A23 直接与可变剪接位点特异 RNA 基序结合调控寄主抗病相关基因的可变剪接，抑制寄主免疫反应，促进病害致病机理[15]；在小麦与条锈菌互作中，免疫因子 TaSGT1 被显著诱导表达，通过酵母文库筛选和蛋白互作技术，鉴定到与 TaSGT1 互作的锈菌特异效应子 PstSIE1，PstSIE1 能够在体内和体外与 TaRAR1 竞争性结合 TaSGT1，推测 PstSIE1 通过靶向 TaSGT1 并干扰 TaSGT1-TaRAR1 复合物的形成以抑制寄主免疫[16]。上述研究阐明的效应子调控植物免疫的机理，对开发新的条锈病防控策略具有重要意义。

在小麦赤霉病致病机理研究方面，西北农林科技大学许金荣团队对小麦赤霉菌中 Set3 去乙酰化复合体的核心组件 FgSnt1 的 C 末端 98 个氨基酸进行敲除（在 pkr 突变体背景下），发现该双敲突变体菌落生长、有性发育、产孢及侵染能力相较于 pkr 突变体几乎恢复到野生型水平，通过酵母双杂交和 Co-IP 技术，明确 FgSnt1$^{\Delta CT98}$ 与 Hdf1 能够互作，二者互作引起 FgSNT1$^{\Delta CT98}$ pkr 双敲突变体中 H4 组蛋白乙酰化水平的提高，H4 组蛋白乙酰化水平的变化，影响 cAMP-PKA 信号通路下游基因的表达，充分揭示了 Set3 脱乙酰化复合体的核心组件 Snt1 在 cAMP-PKA 信号通路与 Set3 脱乙酰化复合体之间的重要作用[17]。浙江大学马忠华团队在解析药靶基因高表达的分子机制中发现，SBI 药剂能够激活病菌体内高渗透甘油激酶信号途径，该途径上被激活的 FgHog1 激酶进入细胞核，磷酸化转录因子 FgSR，磷酸化的 FgSR 将染色质重塑复合体 SWI/SNF 招募至药靶基因（FgCYP51s）的启动子区，对染色体进行重塑，引起药靶基因高水平转录，该类转录调控因子仅存在于粪壳菌纲（Sordariomycetes）和锤舌菌纲（Leotiomycetes）的真菌中，表明该转录因子有望成为治理真菌耐药性的关键靶点[18]。刘慧泉团队通过对小麦赤霉病菌基因组编码的五十个孤儿分泌蛋白进行系统性功能研究，发现其中的 Osp24 对赤霉病在穗轴中的扩展具有重要作用；同时发现 Osp24 可进入寄主小麦细胞内并靶向小麦的 TaSnRK1α 激酶，通过招募泛素 -26S 蛋白酶体以加速 TaSnRK1α 的降解，从而导致小麦感病[19]。西北农林科技大学植物保护学院胡小平团队揭示了我国主要麦区内单个发病麦穗上镰刀菌种群的多样性，分析了我国八个省份二十六个地区中 578 个发病麦穗上镰刀菌种群的多样性，发现亚洲镰刀菌和禾谷镰刀菌是我国麦区赤霉病发生的两种主要病原菌，分别分布在秦岭 - 淮河的南北。我国大部分地区的发病麦穗上含有多种镰刀菌，但以一种镰刀菌为主且相对丰度超过 50%。随着发病麦穗上镰刀菌种类的多样性增加，DON、15Ac-DON 和 ZEN 毒素的含量显著降低，但 NIV 毒素含量明显增加，病穗上镰刀菌的多样性对不同毒素的积累具有显著性的影响[20]。

（2）小麦抗病性

种植和培育抗病品种是防治小麦条锈病最经济有效的措施。然而，由于小麦抗病资源不足及品种垂直抗性易丧失等，传统抗锈病育种面临巨大挑战。感病基因通过促进病原菌识别、侵入寄主或负调控植物免疫反应发挥感病的功能。西北农林科技大学植物保护学院康振生团队鉴定了多个小麦感病基因，通过基因编辑技术突变这些感病基因，显著提高了小麦对条锈菌的抗性。类钙调神经磷酸酶 B 样蛋白（Calcineurin B-like proteins，CBLs）结合的蛋白激酶（CBL-interacting protein kinases，CIPK）参与调节植物钙信号依赖的各种生理过程。水稻中 *OsCIPK14/15* 为倍增基因，正调控微生物相关分子模式诱导的防御反应。序列分析发现，与水稻不同，小麦的同源蛋白 TaCIPK14 和 TaCIPK15 出现序列分化，瞬时沉默 *TaCIPK14* 后，小麦对条锈菌的抗病性显著提高，伴随着产孢减少、H_2O_2 积累增加和病程相关基因显著上调表达。*TaCIPK14* 的转基因过表达材料，对条锈菌感病性增加。利用 CRISPR/Cas9 基因组编辑技术在六倍体小麦中同时敲除了 A、B、D 基因组的 *TaCIPK14* 基因，创制出广谱抗病材料。同时，康振生院士团队挖掘出全球首个被病菌毒性蛋白利用的小麦感病基因 *TaPsIPK1* 编码胞质类受体蛋白激酶。该激酶能够被条锈菌分泌的毒性蛋白 PsSpg1 劫持，从细胞质膜释放进入细胞核，在细胞核操纵转录因子 TaCBF1，抑制抗性相关基因的转录，增强 TaPsIPK1 的转录水平，放大 TaPsIPK1 介导的感病效应，促进小麦感病。利用基因编辑技术精准敲除感病基因 *TaPsIPK1*，破坏了毒性蛋白和感病基因的识别和互作，实现了小麦对条锈病的广谱抗性。在大田试验中，小麦编辑品系在保持作物主要性状品质的前提下，展现出了高抗条锈病的特点，具有很好的应用潜力[21]。

相较于其他真菌病害，小麦赤霉病抗原极为缺乏，正式命名的小麦赤霉病抗性基因只有七个（*Fhb1-Fhb7*），目前仅 *Fhb1* 和 *Fhb7* 两个抗赤霉病基因被成功克隆。山东农业大学孔令让团队在 *Science* 上以首次发布的形式发表研究长文，成功克隆了来源于长穗偃麦草的抗赤霉病主效基因 *Fhb7*，揭示了其抗病分子机理和遗传机理，并成功应用于小麦育种，在小麦抗赤霉病育种中取得了重大突破。团队利用小麦 – 十倍体长穗偃麦草的代换系 7E2/7D 和 7E1/7D 进行基因定位，并利用二倍体长穗偃麦草的基因组进行候选基因筛选，最终发现 *Fhb7* 编码一个谷胱甘肽 –S– 转移酶，可以破坏 DON 等毒素的环氧基团而产生解毒效应，赋予小麦赤霉病广谱抗性[22]。

（3）监控预警及绿色防控关键核心技术研发与应用

中国农业大学马占鸿团队于 2019 年春季在西南西北地区获得 2103 个不同地理生态下的小麦条锈菌夏孢子单孢系，对其进行了水平和垂直维度的不同空间尺度亚群体划分，揭示了小麦条锈病流行中西南西北群体间的遗传关系，基因型组成分析结果揭示了西南地区的亚群体含有更多的优势基因型，共享率较高，西北群体则含有更多的私有基因型，暗示着更为丰富的基因型多样性；垂直方向的基因型组成及比例有所不同，随海拔升高优势基因型的含量有所降低，且种类发生了改变。说明西南西北地区的小麦条锈菌群体在基因型组成上存在地理分化现象，为我国小麦条锈病的预测预报及综合防控提供了重要的理论依据[23]。

孔令让团队在全球首次找到并克隆抗赤霉病主效基因 *Fhb7* 的基础上，用携带 *Fhb7* 基因的抗赤霉病种质材料 A075–4 与济麦 22 杂交并回交，结合分子标记辅助选择，历经七年选育出山农 48，并通过预备试验、区域试验和生产试验表明，该品种具有高产、优质、综合抗性突出等优点，这是我国首个携带抗赤霉病基因 *Fhb7* 的小麦新品种。南京农业大学王源超团队和王秀娥团队通过转基因技术将 RXEG1 分别导入三个赤霉病易感小麦品种：济麦 22、矮抗 58 和绵阳 8545。发现表达 RXEG1 显著性提高了小麦对赤霉病的抗性，但并不影响小麦的株高、产量等农艺性状，表明 RXEG1 基因在小麦赤霉病的遗传改良上具有潜在应用价值[24]。

3. 玉米真菌病害

（1）病原致病性

玉米真菌病害关键致病基因鉴定及其致病机制研究取得了系列重要研究进展。德国马普所研究人员研究证明一种玉米 kiwellin 蛋白通过抑制分支酸变位酶 Cmu1 活性阻止黑粉菌侵染的机制。该研究解析了 Cmu1 的晶体结构，并发现 Cmu1 的互作蛋白 ZmKWL1（kiwellin 蛋白家族）能使玉米免受 *U. maydis* 的侵染，从而保护植物正常生长发育[25]。中国农业科学院植物保护研究所刘文德团队发现禾谷炭疽菌中存在十个具有 CFEM 保守结构域的蛋白，这些蛋白在其侵染植物的过程中具有重要的生物学功能[26]。河北农业大学董金皋团队同样在玉米大斑病菌基因组中鉴定到十三个功能不同的 StCFEM 蛋白[27]。中国科学院上海生命科学研究院植物生理生态研究所唐威华团队研究发现玉米细胞壁相关受体激酶 ZmWAK17 对赤霉菌引起的茎腐病具有抗病功能，而禾谷镰孢菌则分泌 CFEM 效应因子，通过与玉米胞外蛋白 ZmWAK17ET 和 ZmLRR5 结合，抑制 ZmWAK17 的抗病功能[28]。玉米致病真菌中还有许多是活体营养型病原体，它们不会杀死宿主植物，而是操纵宿主细胞以维持自身生长。德国马克斯 – 普朗克陆地微生物学研究所 Regine Kahmann 团队鉴定发现了玉米黑粉菌的一个关键效应因子 *lep1*（late effector protein 1），它在植物肿瘤形成过程中高度表达，并具有促进病菌毒力的作用[29]；该团队还研究发现来自黑粉菌的五个不相关的效应子和两个膜蛋白形成一个稳定的蛋白复合体，帮助病原体将效应蛋白送入宿主细胞[30]。康奈尔大学 Turgeon 团队在玉米死体营养型真菌小斑病菌中发现核糖核酸酶 NUC1 是小斑病菌的毒力因子，为动植物及其病原菌中常见的防御、反防御毒力机制提供了理论支持，并表明运用该机制可能是防控植物病害的新方向[31]。

（2）玉米抗病性

类木瓜半胱氨酸蛋白酶 PLCP 调控植物抗性以驱动细胞死亡并保护植物免受活体营养病原菌的侵染。发育调控与免疫应答的平衡是玉米研究领域的重大课题，中国农业科学院农业资源与农业区划研究所吴庆钰团队与山东大学徐芳团队解析了玉米信号开关分子 G 蛋白对发育及免疫信号的双重调控机制，为平衡发育及免疫应答，提高玉米综合产量提供了重要的理论依据[32]。山东大学王官锋团队发现一类植物体内的半胱氨酸蛋白酶 Metacaspase（MC）在调控 NLR 类免疫受体蛋白 Rp1-D21 介导防卫反应中发挥重要作用[33]。此外，在玉米抗病基因的克隆方面也取得了一系列重要成果。山东农业大学储昭辉团队和华中农业大学严建兵团队成功从玉米中克隆到针对纹枯病的抗病基因 *ZmFBL41*，并揭示了该基因通过调控细胞壁重要组分木质素合成而增强植物抗病性的新机制，为作物抗病育种提供了重要资源和有效途径[34]。严建兵团队还通过多组学手段克隆出两个抗玉米小斑病的新基因 *ZmFUT1* 和 *MYBR92*[35]。华中农业大学赖志兵团队成功地从玉米祖先种大刍草中克隆了对玉米大斑病（NLB）、玉米南方锈病（SCR）和玉米灰斑病（GLS）表现广谱抗病性的新基因 ZmMM1，并鉴定到了一个能够增强 ZmMM1 蛋白翻译水平的调控序列 qLMchr7^{CI17}，该研究揭示了玉米广谱抗病性的分子机制，并为玉米抗病遗传改良提供了新的抗性资源和新的基因[36]。瑞士苏黎世大学 Beat Keller 团队、德国 KWS 育种集团 Milena Ouzunova 团队和中国农业科学院作物科学研究所杨平团队联合完成玉米重大病害抗病基因 Ht2/Ht3 的克隆，为玉米抗大斑病育种提供优质抗原和标记辅助选择工具；该项研究成果证实了 ZmWAK-RLK1 基因遗传变异与玉米大斑病的遗传互作关系，为今后定向挖掘优异抗性新资源基因提供了方向[37]。河南农业大学丁俊强团队报道一个 NLR 类抗病基因 RppC，同时从南方锈病病原菌小种鉴定到与 RppC 互作的无毒蛋白 AvrRppC，发现病原通过 AvrRppC 突变来逃避 RppC 的免疫识别[38]。同年华中农业大学赖志兵和严建兵团队克隆出另一个广谱抗南方锈病的基因 RppK 及其对应的无毒基因 AvrRppK[39]。此外，西北农林科技大学农学院杨琴团队和北卡州立大学 Peter Balint-Kurti 团队研究证明 ChSK1（Cochliobolus heterostrophus Susceptibility Kinase 1）是玉米小斑病的感病基因，该基因突变或敲除可显著提高小斑病田间抗性[40]。

（3）监控预警及绿色防控关键核心技术研发与应用

上海交通大学新农村发展研究院蔡保松团队经过多年研究发现，木霉菌通过系统诱导可有效防治多种玉米真菌性病害，并提出了相关增产增效技术，这标志着我国玉米病虫害绿色防控提效有了新的突破。该技术首次明确了矮化病是由线虫侵染所致，鉴定出病原线虫优势种类；建立了黄淮海夏玉米苗期二点委夜蛾防治指标，玉米小斑病菌生理分化鉴定新技术，赤眼蜂防治玉米螟增效技术和蜂卵田间保护技术；明确了玉米多种叶斑病病源真菌致病性分化及遗传变异机理和玉米螟、双斑长跗萤叶甲种群分化规律；开发出防治茎腐病和地下害虫的九种木霉菌生防制剂，十种低毒化学种衣剂，构建了适应机械化种植的玉米病虫草害绿色防控技术体系和亚洲玉米螟绿色防控技术集成模式。

4. 棉花真菌病害

（1）棉花真菌病害致病性

大丽轮枝菌引起的黄萎病是一种毁灭性的维管束土传植物真菌病害。国内科研工作者围绕大丽轮枝菌与寄主互作开展了系统研究，已鉴定出三十余个具有激发或抑制免疫反应的效应子，并揭示了部分效应子操控寄主免疫反应的分子机制。中国科学院微生物研究所郭惠珊团队发现大丽轮枝菌中的聚多糖脱乙酰酶基因（VdPDA1）的缺失突变能够显著降低大丽轮枝菌的毒力。在碱性的体外环境中 VdPDA1 对可溶性几丁质寡糖具有很强的脱乙酰酶活性，VdPDA1 在大丽轮枝菌的侵染早期表达，并在病原菌 – 寄主侵染界面的菌丝颈处大量积累，VdPDA1 通过对几丁质寡糖的去乙酰化，使得几丁质寡糖不能被寄主植物的受体所识别，抑制了寄主的免疫反应[41]。该团队也揭示了大丽轮枝菌参与 SUMO 化修饰的 SUMO 特异性蛋白酶 VdUlpB 通过与糖酵解酶 VdEno 直接互作影响其在细胞核的定位，导致 VdEno 在细胞核的转录抑制功能减弱，解除了其对靶标效应子蛋白基因 VdSCP8 的转录抑制，进而促进大丽轮枝菌对棉花的致病性[42]。中国科学院微生物研究所张杰团队发现大丽轮枝菌效应子小分子富含半胱氨酸蛋白 VdSCP41 能够转运到寄主细胞核内，直接靶向植物钙调素结合蛋白家族重要免疫转录因子 CBP60g 和 SARD1，干扰 CBP60g 转录活性，抑制下游植物免疫而实现毒力功能[43]。中国农业科学院植物保护研究所陈捷胤团队发现大丽轮枝菌利用 N- 型 CFEM 从寡营养环境夺取铁、D 型 -CFEM 抑制免疫反应，从而实现病原夺取寄主铁元素并逃逸免疫以促进维管束定殖的过程[44]。中国农业大学生物学院齐俊生团队鉴定到 Asp f2 样效应蛋白 VDAL 通过与拟南芥转录因子 MYB6 竞争结合 E3 连接酶 PUB25 和 PUB26，防止 MYB6 被 PUB25 和 PUB26 泛素化降解，从而激活 MYB6 下游抗性基因的表达[45]。此外，陈捷胤团队通过系统梳理上述已经鉴定出的大量具有致萎活性的分泌蛋白，明确这些分泌蛋白通常发挥降解植物细胞壁、操控寄主免疫、干扰植物激素信号、细胞毒性、清除活性氧、营养代谢、菌丝生长和调控微生物群落等八方面功能，引起寄主叶片黄化萎蔫；同时发现这些分泌蛋白可以引起导管堵塞并具有细胞毒性，并最终造成叶片黄化萎蔫，是黄萎病"堵塞"的重要诱因，统一了黄萎病"毒素"和"堵塞"两种学说长期争论的焦点[46]。

大丽轮枝菌群体结构与基因组研究方面取得了突破性进展。引起寄主叶片脱落的落叶型大丽轮枝菌菌系，因其具有致病力强、适应性广等特征而迅速蔓延到世界各国，对农作物生产造成了毁灭性破坏。数十年来，科研人员一直致力于解析大丽轮枝菌引起寄主落叶性状的遗传机制，但一直未有突破。中国农业科学院植物保护研究所陈捷胤团队解析了落叶型黄萎病菌引起棉花叶片脱落的机制，通过落叶型和非落叶型群体基因组解析，发现落叶型大丽轮枝菌通过水平转移从枯萎病菌获得基因组特异片段（VdDfs），该片段编码蛋白参与 N- 酰基乙醇胺（NAE12:0）的合成并转运至棉花，进而干扰棉花体内的磷脂代谢通路，增强了植物对脱落酸（ABA）的敏感性，最终在大丽轮枝菌毒力功能的协作下引起了寄主叶片脱落[47]。传统上，依据番茄对大丽轮枝菌的抗性分为三个生理型，一号和二号生理型无毒基因已经得到鉴定并应用于田间病原分子流行监测，但三号生理型无毒基因一直未见报道。中国农业科学院植物保护研究所陈捷胤团队基于一号、二号和三号生理型大丽轮枝菌菌株的基因组测序，通过编码基因存在与缺失分析，鉴定出了三号生理型中的无毒基因 VdR3e，并在此基础上研发了大丽轮枝菌三号生理型分子检测技术[48]。

大丽轮枝菌黑色素合成机制及其与微菌核形成的关系得到解析，已鉴定出了参与黑色素合成的基因簇、关键聚酮合酶及转录调控因子[49]。在此基础上进一步阐明了黄萎病菌菌丝型与菌核型发育的控制机制，从黄萎病菌聚酮合酶家族中鉴定出调节大丽轮枝菌营养体生长和微菌核形成的聚酮合酶成员 VdPKS9，在侵染状态下，黄萎病菌提高 VdPKS9 表达而促进菌丝生长、抑制微菌核形成，增强对植物的致病力；而在逆境条件下，则抑制 VdPKS9 表达而促进微菌核形成，增加在逆境条件下生存能力，揭示了大丽轮枝菌通过聚酮合酶调节营养体生长和微菌核形成而控制致病性的分子机制[50]。

棉花枯萎病（Fusarium wilt）是由尖孢镰刀菌萎蔫专化型（*Fusarium oxysporum* f.sp. *vasinfectum*）引起的真菌病害，危害严重。目前世界范围内已鉴定到八个生理小种，其中七号生理小种在我国分布最为广泛且致病力最强，是影响我国棉花生产的优势小种。河北省农林科学院植物保护研究所马平团队对我国新发现枯萎病菌菌株的形态学、产生的毒素种类以及致病力情况进行了详细分析，明确镰刀菌酸是棉花枯萎病菌菌株产生的主要毒素，致病力与毒素的含量正相关[51]。

（2）棉花抗病性

在棉花黄萎病抗性机理研究方面，河北农业大学马峙英团队鉴定出数个棉花抗病和感病基因，其中感病基因 GhNCS 编码 S- 去甲乌药碱合成酶，在耐病品种 NDM8 和感病品种 CCRI8 中沉默该基因都导致抗病性显著增强，使 NDM8 由耐病变为抗病，CCRI8 从感病变为耐病[52]。马峙英团队还通过棉花自然变异群体黄萎病抗性全基因组关联分析（GWAS），发现十三个以前未知的核心优异等位变异与黄萎病抗性显著相关，关联信号最高峰值在 Dt11 区段（68，798，494-69，212，808）稳定出现。该 Dt11 区段聚集着二十一个抗病功能基因，其中包括一个之前未描述的 L 型凝集素结构域受体激酶（GhLecRKs-V.9）基因簇。研究结果表明该 Dt11 区段对控制黄萎病抗性有重要作用[53]；该团队研究还发现位于 At10 染色体上的关联基因 GhnsLTPs 通过改变苯丙烷途径中木质素和类黄酮代谢流的变化调控棉花对枯萎病、黄萎病和棉铃虫、蚜虫的抗性，并且 GhnsLTPs 通过在根与叶中的组织特异性表达同时影响抗病、抗虫的广谱抗性功能[54]。华中农业大学张献龙团队报道了棉花通过调节茉莉酸（JA）积累调控黄萎病抗性的机制。该研究从陆地棉中鉴定出激酶 GhCPK33，GhCPK33 定位于过氧化物酶体中，并通过磷酸化 GhOPR3（12-oxophytodienoate reductase 3），降低 GhOPR3 的稳定性，从而限制 JA 生物合成；黄萎病菌感染后，棉花 GhCPK33 的表达水平显著上调，推测黄萎病菌可能通过 GhCPK33 抑制 JA 积累和 JA 信号传导从而促进感染[55]。目前对于植物质外体免疫系统的组分及其在识别、防御病原微生物侵染过程中的生理功能研究相对较少。夏桂先课题组研究人员从棉花和大丽轮枝菌互作体系中分离鉴定了来源于棉花质外体的富半胱氨酸蛋白 CRR1、几丁质酶 Chi28 以及来源于大丽轮枝菌的丝氨酸蛋白酶 VdSSEP1，当黄萎病菌入侵时，棉花外泌 Chi28 和 CRR1 到根质外体中，其中 Chi28 能够降解病原菌细胞壁的几丁质，而大丽轮枝菌则分泌丝氨酸蛋白酶 VdSSEP1 来水解棉花 Chi28，从而阻止其对几丁质的降解；为了反击病原菌的对抗，棉花外泌的 CRR1 在质外体中与 Chi28 相互作用，稳定 Chi28 而使其免受 VdSSEP1 降解，从而增强棉花的免疫防御[56]。

在棉花枯萎病抗性机理方面，华中农大棉花遗传改良团队发表了关于攻克棉花抗枯萎病分子育种技术瓶颈的研究成果，研究首次鉴定到了陆地棉抗枯萎病主效基因 Fov7，并首次发现谷氨酸类受体（GLUTAMATE RECEPTOR-LIKE，GLR）可作为非典型主效抗病基因调控植物免疫反应，在高抗枯萎病的棉花品种中抑制 *GhGLR4.8* 的表达或通过基因编辑突变 *GhGLR4.8* 都使得棉花品种变得极为感病；同时，根据 *GhGLR4.8* 在抗病和感病品种中等位基因的 SNP 变异开发了基于 PCR 扩增的分子标记，并建立了可区别 *GhGLR4.8* 抗病基因型和感病基因型的检测体系，可实现棉花抗枯萎病种质资源的快速筛选与鉴定[57]。

（3）监控预警及绿色防控关键核心技术研发与应用

选育和种植抗病品种是最为有效的黄萎病防控措施。近年国内科研单位培育了一系列国审棉花新品种，例如中国农业科学院棉花研究所、新疆农垦科学院、河北农业大学、中国农业科学院生物技术所等培育的抗枯萎病和黄萎病的棉花新品种，为以种植抗病品种为核心的黄萎病综合防控技术提供保障。马平团队利用西兰花残体还田策略在黄萎病防治上也取得了成功，该策略首先是在黄萎病田块种植西兰花，待成熟后将西兰花组织（也可收获西兰花）粉碎还田发酵一个月以上，之后再种植应季作物，则可以有效控制黄萎病的发生，这一方法的主要原理是还田的西兰花组织可以有效改变土壤有益微生物群落结构，抑制了黄萎病菌微菌核的形成[58, 59]。生物防治产品方面，登记了多个防治棉花黄萎病的微生物杀菌剂（每克一千亿孢子枯草芽孢杆菌可湿性粉剂），通过包衣、滴灌等方式在棉花主产区进行推广应用。中国科学院微生物研究所郭惠珊研究团队基于发现的作物根际真菌的种间 RNA 干扰（种间 RNAi），创建了 microbe-induced gene silencing（MIGS）技术体系，开发了以有益微生物为 "sRNA 抗菌剂" 天然载体的微生物制剂，可有效防治棉花黄萎病，并且证实 MIGS 技术能够有效进行作物病害防控，并具有广泛性和靶标特异性[60]。

5. 植物其他真菌性病害

（1）病原致病性

华中农业大学的姜道宏团队揭示了真菌早期分泌途径的 p24 家族蛋白通过调控蛋白的分泌，进而影响真菌的生长发育及致病力的分子机制。通过比较转录组技术鉴定到参与核盘菌致病及发育过程的蛋白 SsEmp24 及其互作蛋白 SsErv25。SsEmp24 和 SsErv25 的功能缺失导致核盘菌生长、菌核及侵染垫形成异常，致病力显著下降[61]。扬州大学欧阳寿强教授团队与美国加州大学河滨分校 Katherine A. Borkovich 教授合作揭示了尖孢镰刀菌效应分子 Fol-milR1 跨界后通过调控寄主抗枯萎病重要基因的表达，同时与寄主 SlyAGO4a 蛋白结合，干扰寄主免疫防御反应。该项研究揭示番茄尖孢镰刀菌 milRNA 跨界调控寄主抗枯萎病的作用方式，拓展番茄 – 尖孢镰刀菌互作研究视角，同时为番茄抗枯萎病育种提供了新策略[62]。

（2）寄主抗病性

中科院遗传与发育生物研究所周俭民团队发现拟南芥中两个高度同源的 MAPKKKs 蛋白 MAPKKK3 和 MAPKKK5 能够被多个 PRRs 直接作用，进而激活 MPK3/6 信号通路并赋予拟南芥对真菌和细菌病原菌的抗性[63]。西北农林科技大学植物保护学院马青教授团队解析了小 G 蛋白 ShROP1、ShROP11 和微丝骨架聚合因子 ShARPC3、ShARPC5 的功能，首次证实 I 型 ROP 蛋白 ROP1 和 II 型 ROP 蛋白 ROP11 均能参与植物对病原菌的免疫响应；并且证明番茄中肌动蛋白成核因子 ShARPC3 和 ShARPC5 通过诱导植物产生 HR 和 ROS 响应生物胁迫。探索小 G 蛋白 ShROPs 与微丝骨架聚合因子 ShARPCs 介导的植物免疫机制，为进一步阐明番茄和白粉菌互作的分子机理提供了理论依据[64]。浙江大学园艺系师恺教授团队研究证明，PSK 作为一种损伤相关的分子模式因子，主要由 PSKR1 感知，PSKR1 能够增加胞质 Ca^{2+} 浓度并激活生长素介导的相关途径，从而增强番茄对灰葡萄孢菌的免疫力[65]。

（3）监控预警及绿色防控关键核心技术研发与应用

华中农业大学的姜道宏团队报道了真菌病毒 SsHADV-1 将死体营养型病原真菌核盘菌转变为可以和油菜互利共生的内生真菌，并促进油菜生长和增强油菜抗病性，而且可以驱使噬真菌昆虫作为传播介体，真菌病毒将"敌人"转变为"朋友"。通过多年多地的田间防效实验，发现基于菌株 DT-8 的生物引发技术可以显著地降低油菜菌核病的发生，提高产量。应用种子生物引发处理后，平均防效达 25.6% ± 4.68%，与咪鲜胺喷施处理效果相当；将感染真菌病毒的核盘菌菌株处理小麦种子进行了田间试验，发现小麦抗赤霉病和锈病的能力高达 58.79% 和 73.4%，小麦产量最高可以提高 17.19%[66]。该团队还利用 CRISPR/Cas9 技术对油菜中核盘菌效应蛋白的靶标基因 BnQCR8 进行编辑，获得了对菌核病和灰霉病抗性均显著增强的油菜植株；同时，编辑 BnQCR8 基因后，对油菜的角果、种子数量、单株产量、千粒重及种子含油量等没有显著影响，表明编辑 BnQCR8 基因在抗病分子育种中具有重要的实践应用价值[67]。

（二）植物卵菌病害

（1）植物卵菌致病性

病原卵菌与寄主植物互作过程中通常会产生效应因子，以改变寄主植物的生理及免疫反应。南京农业大学王源超团队鉴定和解析了多个大豆疫霉菌效应子的作用机制，发现 Avh110 通过与 GmLHP1-2 和 GmPHD6 结合，破坏 GmLHP1-2 介导的核转录复合物组装及其转录活性，促进病原菌侵染[68]；解析了效应子 PsAvh240 的晶体结构，发现其通过抑制植物天冬氨酸蛋白酶的外泌破坏植物质外体免疫的新策略[69]；解析了无毒效应子 Avr1d 与 GmPUB13 的 U-box 功能域的复合晶体结构，揭示了其干扰植物免疫的新机制[70]；发现了疫霉菌通过 N-糖基化修饰保护核心效应子免受寄主天冬氨酸蛋白酶攻击的新机制，提出植物和病原菌共同进化的多层免疫模式[71]。加州大学河滨分校马文勃团队和复旦大学麻锦彪团队合作，在五种疫霉菌中共鉴定了 293 个具有 LWY 重复结构的效应子，且发现不同的 LWY 模块可进行重排组装，塑造了效应子的多面功能[72]。上海师范大学乔永利团队发现疫霉效应蛋白 PSR1 通过与宿主可变剪接因子 PINP1 特异结合，抑制 sRNA 的生成，导致寄主对疫霉菌敏感性增加[73]。南京农业大学窦道龙团队发现辣椒疫霉效应子

RxLR207 干扰 BPA1/BPLs 的正常功能，调控病原菌活体阶段到死体阶段的转变，引起植物发病[74]。

此外，多组学的迅速发展也加速了卵菌效应因子的鉴定、功能验证及互作机制的解析。南京农业大学董莎萌团队首次解析了卵菌基因组 DNA 甲基化修饰的形成机制，并绘制了全基因组 DNA 的甲基化图谱，为进一步解析卵菌致病性、抗药性等重要性状的变异机制提供理论基础[75]。

（2）植物对卵菌的抗病性

植物通过识别病原卵菌效应子蛋白，激发一系列的防卫反应，对特定病原菌表现出抗病性。王源超团队成功鉴定到大豆疫霉菌核心致病因子 XEG1 的受体蛋白 RXEG1，发现 RXEG1 通过质外体中的 LRR 结构域与 XEG1 结合，并与受体蛋白激酶 BAK1 和 SOBIR1 形成复合体，激活植物广谱抗性[76]。王源超团队与清华大学柴继杰团队合作研究发现 XEG1 的结合引起了 RXEG1 岛区及 C 末端的构象发生明显变化，从而诱导共受体 BAK1 的结合；破坏 RXEG1 免疫识别受体功能后，其依然能够发挥对 XEG1 水解酶抑制作用，揭示了细胞膜受体蛋白具有"免疫识别受体"和"抑制子"的双重功能[77]。东北农业大学张淑珍团队发现大豆受到大豆疫霉菌侵染时，GmMKK4-GmMPK6-GmERF113 级联被激活，通过持续磷酸化激活大豆对大豆疫霉菌的应答，从而提高大豆对大豆疫霉菌的抗性[78]。董莎萌团队发现 Rpi-vnt1.1 对晚疫病的抗性具有光依赖性，光照通过可变启动子选择调控植物基因表达，并影响植物抗病的新机制[79]。西北农林科技大学单卫星团队发现 RTP7 通过影响 nad7 亚基转录本的内含子剪接，调控线粒体复合体 I 的活性并影响 mROS 的产生，mROS 介导的免疫调控对包括疫霉菌在内的多种病原菌表现广谱抗病性[80]。

（3）监控预警及绿色防控关键核心技术研发与应用

中国农业大学植物保护学院沈杰团队、窦道龙团队以及北京化工大学尹梅贞团队合作研发了基于纳米递送载体的新型纳米农药用于马铃薯晚疫病的防治。田间药效试验证实该类型纳米农药显著提升了壳聚糖和丁子香酚对马铃薯晚疫病的防效[81]。利用作物多样性控制病害是实现绿色防控的有效途径之一。福建农林大学詹家绥团队与云南省农业科学院隋启军团队合作，发现马铃薯品种多样性的增加可通过稀释病原菌亲和生理小种菌源量、抗性植株阻碍、抗性诱导和微环境改变等生态效应降低对晚疫病菌的选择压力，进而降低其进化速度和致病力，从而显著降低品种多样性高田块的晚疫病发病程度[82]。山东农业大学张修国团队针对主要蔬菜卵菌病害研发了品种抗灾和检测预警两项核心防控技术及高效栽培防病、生态控害、生物防治和精准用药减灾四项关键防控技术，创建综合治理技术体系，累计推广应用 1447.85 万亩，平均防效达 80% 以上，显著降低了我国主要蔬菜卵菌病害发生面积与危害程度，累计新增利润 78.02 亿元，该技术获 2018 年国家科技进步奖二等奖。

（三）植物细菌病害

（1）植物细菌致病性

植物病原细菌依赖寄主质外体内的水分和营养微环境来完成病菌的繁殖生长。中国科学院分子植物科学卓越创新中心辛秀芳团队和加拿大布鲁克大学团队分别报道了假单胞杆菌效应蛋白 AvrE 和 HopM1 通过植物脱落酸（ABA）途径来调控气孔的关闭，以创造利于细菌生长的微环境[83, 84]。玉米细菌性枯萎病菌利用 AvrE 同源物 WtsE 来刺激代谢物释放到质外体中，促进细菌繁殖[85]。山东建筑大学侯书国团队的合作研究发现多肽 SCREWs 和同源受体激酶 NUT 可以反向调节 ABA 和 PAMPs 引起的气孔关闭，促进叶绿体失水，破坏微生物的水生栖息环境，从而限制病原体的定殖[86]。上海交通大学陈功友团队联合美国南卡罗来纳大学傅正擎团队发现黄单胞菌的 T3SS 效应子 XopAP 在局部定殖类病原菌中保守存在，可干扰寄主液泡酸化，阻止气孔关闭以利于病原菌侵染[87]。新加坡南洋理工大学 Miao Yansong 团队报道野油菜黄单胞菌（*Xanthomonas campestris* pv. *campestris*, *Xcc*）效应蛋白 XopR 通过调控植物肌动蛋白细胞骨架的重建来帮助病菌侵染的致病机制[88]。中科院微生物所钱韦团队发现 *Xcc* 中组氨酸激酶 VgrS 的蛋白水解抑制其自磷酸化并促进 *Xcc* 的渗透胁迫抗性[89]；张杰团队发现水稻白叶枯病菌（*Xanthomonas oryzae* pv. *oryzae*, *Xoo*）中效应蛋白 XopK 具有 E3 泛素连接酶活性，直接泛素化修饰水稻免疫受体激酶并介导其降解，抑制植物免疫反应[90]；刘俊团队发现丁香假单胞菌（*Pseudomonas syingae* pv. *tomato*, *Pst*）效应蛋白与植物铁传感器蛋白相互作用并以其为靶点，促进寄主植物中铁吸收和病原体增殖[91]。中国农业大学孙文献团队发现水稻细菌条斑病菌（*Xanthomonas oryzae* pv. *oryzecola*, *Xoc*）中次级信使 c-di-GMP 的结合蛋白 FimX 与双组分系统 PdeK-PdeR 形成复合物促进 *Xoc* 的 Ⅳ 型菌毛（pilus）的组装和致病力[92]。刘凤权团队和钱国良团队合作揭示了 c-di-GMP 参与调控产酶溶杆菌 OH11 热稳定抗菌因子 HSAF 合成的分子机制[93]。

植物丙酮酸脱羧酶（PDC）介导的代谢途径有助于增强植物青枯病抗性。中国科学院分子植物科学卓越创新中心 Alberto Macho 团队报道青枯病菌效应蛋白 RipAK 可以抑制 PDC 的寡聚化和酶活，从而促进病菌侵染和繁殖的致病机制[94]。黄单胞菌科的木杆菌属导致了严重的维管束病害；而黄单胞菌属则包括引起维管束或非维管束两种病害的变种。美国俄亥俄州立大学 Jonathan Jacobs 团队和法国蒙彼利埃大学 Ralf Koebnik 团队联合报道细菌水解酶 CbsA 是决定维管束病菌和非维管束病菌的关键因子，得到或丢失 *cbsA* 基因则推动了维管束和非维管束病菌的进化[95]。

（2）植物对细菌的抗病性

效应子触发免疫（ETI）介导的免疫反应是植物重要的抗病机制，新近一系列复合体晶体结构的解析阐明了植物抗病小体的形态和作用机理。清华大学柴继杰团队、王宏伟团队和中国科学院遗传与发育生物学研究所周俭民团队联合研究发现，ZAR1-RKS1-PBL2UMP 形成一个风轮状的五倍体（ZAR1 抗病小体），首次证实了植物抗病小体的存在[96]。美国加利福尼亚大学伯克利分校 Brian Staskawicz 团队和 Eva Nogales 团队合作研究发现烟草 TNL 抗病基因与病菌效应蛋白 XopQ 直接形成非对称四聚体（ROQ1 抗病小体），从而激活下游免疫反应[97]。柴继杰团队、德国马普植物所 Paul Schulze-Lefert 团队和中科院遗传所陈宇航团队合作研究发现小麦 CNL 类抗病蛋白 Sr35 与效应蛋白 AvrSr35 直接形成五聚化抗病小体（Sr35 抗病小体），Sr35 特异性识别 AvrSr35 并引起植物典型抗病反应的特性，为未来作物抗病改良育种提供了范例[98]。

在病原相关分子模式触发的免疫反应（PTI）途径方面，胞质受体类激酶 BIK1 是与多个重要 PRRs 蛋白相关的免疫调节因子，但对 PRRs-BIK1-BAK1-MAMPs 超级复合体的动态调控机制并不清楚。周俭民团队发现 E3 连接酶 PUB25/26 能介导非激活 BIK1 的降解，CPK28 通过增强上述过程而负调控植物免疫反应[99]。美国得克萨斯农工大学 Shan Libo 团队和 He Ping 团队报道多个 MAMPs 诱发 BIK1 单泛素化来调控植物免疫的新机制[100]。植物 NADPH 氧化酶 RBOHD 的磷酸化是 ROS 产生的关键步骤，Gitta Coaker 团队报道 E3 泛素连接酶 PIRE 特异性泛素化 RBOHD，在激活和非激活 PTI 状态下，PIRE 分别促进和抑制 RBOHD 介导的 ROS 产生，从而实现对 PTI 途径的动态调控[101]。

PTI 和 ETI 是植物防御体系的两道屏障，其关联性一直并不清楚。辛秀芳团队[102] 和英国塞恩斯伯里实验室（The Sainsbury Laboratory，TSL）Jonathan Jones 团队[103] 在 *Nature* 背靠背发表论文，证明 PTI 和 ETI 之间存在着互相促进、协同增强植物对病原菌侵染的抗性。德国图宾根大学 Thorsten Nürnberger 团队联合德国马克斯普朗克研究所 Jane Parker 团队报道 PTI 需要 ETI 的关键组分 EDS1、PAD4 和 ADR1 的参与，进而证明 EDS1-PAD4-ADR1 是 PTI 和 ETI 的共同节点[104]。中科院上海植生所何祖华团队发现脱泛素酶 PICI1 是水稻中 PTI 和 ETI 的免疫枢纽[11]。

柴继杰团队发现 TIR 蛋白形成不同的多蛋白结构来分解 NAD+ 或 RNA/DNA，并发现 TIR 结构域触发了所谓的非经典 2',3'-cAMP/cGMP 的产生，在植物细胞内维持一定浓度以应对侵染时引起的细胞死亡[105]。植物免疫反应中 TNL 抗病基因编码产物作为 NAD+ 水解酶产生的信号分子及其调节的下游抗病信号通路并不清楚。柴继杰团队、Jane Parker 团队和郑州大学常俊标团队联合在 *Science* 发表背靠背论文，发现 TNL-EDS1-PAD4-ADR1 免疫通路中的 pRib-ADP/AMP[106, 107] 和 TNL-EDS1-SAG101-NRG1 免疫通路中的 ADPr-ATP 或 diADPR[108] 作为抗病信号小分子调控了植物免疫反应。

钙离子信号是植物 PTI 免疫的重要信号，但 PAMP 诱导钙离子信号的机制并不清楚。美国加利福尼亚大学伯克利分校 Luan Sheng 团队报道两个环核苷酸门控通道蛋白 CNGC 组成了钙离子通道，当病原菌侵染时，CNGC 被 BIK1 磷酸化并导致胞质钙浓度的升高，阐明了 PTI 途径中 CNGC 是 PAMP-PRR 复合体和钙信号间的关键节点[109]。TSL 的 Cyril

Zipfel 团队报道 BIK1 通过磷酸化 OSCA1.3 促进钙离子通道活性、调控气孔的关闭，但 OSCA1.3 并不参与 ABA 介导的气孔关闭[110]。此外，H_2O_2 可以在植物细胞中刺激钙离子流的产生，美国杜克大学 Pei Zhengming 团队报道 H_2O_2 通过共价修饰 HPCA1（hydrogen–peroxide–induced Ca^{2+} increases）并导致其自磷酸化，进而激活 HPCA1 调控的钙离子通道和气孔关闭[111]。此外，周俭民团队发现拟南芥次级代谢物萝卜硫素（sulforaphane，SFN）通过共价修饰 HrpS，从而阻断 HrpS 对 T3SS 基因的转录调控[112]。

周俭民团队和陈宇航团队合作克隆了广谱抗根肿病基因卫青（WeiTsing，WTS），解析了其三维结构，并阐明了 WTS 介导钙信号激活植物免疫应答的分子机制，首次在植物中发现钙离子释放通道及其介导的免疫机制，这是我国科学家继发现植物抗病小体后在该领域取得的又一项重大理论突破[113]。

此外，何祖华团队发现植物中存在保守的维管束特异性免疫，植物 MAP-MAPK 级联对转录因子 MYB4 的磷酸化抑制了木质素的合成、负调控了维管束的木质化，从而影响了植物对维管束病害的抗性[114]。

（3）监控预警及绿色防控关键核心技术研发与应用

陈功友团队从摩氏假单胞菌 923 菌株中鉴定了一种新型小分子化合物咪唑三嗪（pseudoiodinine），对水稻白叶枯病和水稻细菌性条斑病的防效达到 70% 以上，且对多种植物黄单胞病原菌具有广谱抑制作用，有望发展为绿色农药[115]。钱国良团队联合钟彩虹团队利用分离到的有效抑制溃疡病菌的沙福芽孢杆菌，开发了低毒高效的生防药剂，多地田间试验具有良好防效[116]。中国农科院资划所魏海雷团队鉴定解析了一种新型脂肽类植物免疫激发子 Medpeptin，证实了其通过植物细胞壁相关蛋白激发宿主免疫反应的作用机制，并为植物抗病策略的开发开辟了新的途径[117]。柑橘黄龙病是柑橘产业上的毁灭性病害，金海翎团队从耐病品种中发现一种抗菌肽 MaSAMP，可以有效降低染病柑橘树中的病原菌滴度并抑制植株症状，此外，MaSAMP 还能诱导系统免疫反应以避免感染[118]。美国佛罗里达大学 Wang Nian 团队发现病菌感染会刺激寄主产生一系列系统的、慢性的免疫反应，且施用抗氧化剂和赤霉素可以有效减轻病害危害[119]。

（四）植物病毒病害

（1）植物病毒致病性

植物病毒编码蛋白在侵染寄主时发挥重要作用，周雪平团队和 Rosa Lozano–Duran 团队合作研究发现了双生病毒可编码多个具备特殊亚细胞定位的小蛋白，并鉴定到首个定位于高尔基体的 RNA 沉默抑制子[120]。清华大学刘玉乐团队发现第一个可以激活自噬的植物病毒蛋白 βC1 并揭示了其激活细胞自噬的机制[121]。病毒通过操控植物不同激素信号通路以促进侵染。陈剑平团队发现多种不同类型 RNA 病毒侵染水稻后，均靶向赤霉素信号通路中的负调控因子 SLR1，进而削弱茉莉酸介导的广谱抗病毒通路[122]，该团队前期还发现水稻病毒通过不同策略共同靶标生长素转录因子 OsARF17，同时病毒还可操纵茉莉酸激素通路而更有利于病毒侵染[123,124]。中国农业大学李大伟团队揭示大麦条纹花叶病毒 γb 蛋白通过操纵植物抗氧化防御来促进病毒复制的致害机制[125]。

核酸修饰在病毒侵染植物中发挥重要作用，周雪平团队和清华大学戚益军团队合作发现双生病毒利用植物 DNA 主动去甲基化机制来逃逸植物防御反应[126]。中国科学院微生物所郭惠珊团队发现双生病毒通过泛素化降解 DNA 甲基转移酶促使病毒早期基因转录[127]。陈剑平团队联合河南农业大学陈锋团队研究发现小麦甲基转移酶 TaMTB 通过调控小麦黄花叶病毒 m⁶A 甲基化水平而提高病毒基因组稳定性[128]。

（2）植物对病毒的抗病性

植物激素信号通路在病原体防御中具有重要作用，南京农业大学陶小荣团队发现一种模拟受病毒攻击的植物激素受体，从而识别病毒并激活免疫反应[129]。北京大学李毅团队阐明植物激素茉莉酸信号通路与 RNA 沉默信号通路协同调控水稻抗病毒免疫机制[130]。陈剑平团队发现茉莉酸与油菜素甾醇信号途径互作激活了水稻抗病毒防卫反应[131]。Rosa Lozano-Duran 团队揭示了连接细胞膜和叶绿体的抗病信号途径，可感知病原体以诱导植物免疫防御反应[132]。刘玉乐团队发现植物利用钙调蛋白结合转录因子促进多个 RNAi 通路基因表达水平上调，进而增强植物对病毒的抗性[133]。周雪平团队揭示了一种保守的免疫调控模块并解析其介导作物广谱抗病毒的分子机制[134]。中国科学技术大学赵忠团队研究发现干细胞关键调节基因 WUS 通过抑制病毒蛋白质合成，限制病毒复制和传播，在植物广谱病毒抗性和分生组织间建立了分子联系[135]。中国农业大学王献兵团队揭示了一个选择性自噬受体 VISP1 通过靶标 RNA 沉默抑制子，增强了植物的抗病毒能力[136]。

在抗病毒基因方面，李毅团队、福建农林大学吴建国团队、加州大学丁守伟团队和中国农业科学院水稻所钱前团队等联合对五百二十八份水稻种质连续六年田间抗病毒鉴定，明确了七个与水稻抗病毒高度相关的 QTNs 位点[137]。江苏省农业科学院周彤团队联合广东省农业科学院刘斌团队对来自五十九个国家五百多份水稻种质抗病鉴定，并克隆了水稻黑条矮缩病毒抗性基因[138]。

（3）介体昆虫传播病毒机制

中国科学院动物所崔峰团队发现 importin α2 可有效介导水稻条纹病毒进入介体灰飞虱唾液腺[139]。中国农业科学院植物保护研究所王锡锋团队发现介体糖转运蛋白 6 是该病毒成功侵入昆虫中肠的关键[140]。福建农林大学魏太云团队发现介体昆虫可通过精子携带水稻病毒并垂直传给后代[141]。浙江大学王晓伟团队首次发现一种双生病毒可在介体烟粉虱内复制[142]。在病毒操控介体昆虫自噬方面，浙江大学吴建祥和周雪平团队发现水稻黑条矮缩病毒侵染早期诱导灰飞虱细胞发生自噬而抑制病毒的侵染复制[143]。随后江苏省农业科学院徐秋芳团队解析了该病毒通过上调 3,5 二磷酸肌醇抑制自噬溶酶体融合而逃避降解的机制[144]。王锡锋团队阐明了南方水稻黑条矮缩病毒利用介体自噬体膜进行增殖以及阻断自噬溶酶体融合的机制[145]。魏太云团队发现水稻瘤矮病毒对介体自噬体进行修饰而避免与溶酶体融合的机制[146]；该团队还先后发现了两种呼肠孤水稻病毒都可激活介体内线粒体自噬并防止线粒体依赖性细胞凋亡[147, 148]。中国科学院动物所戈峰和孙玉诚团队发现双生病毒激活自噬与凋亡后，通过二者相互拮抗形成中度免疫平衡[149]。中国科学院微生物所叶健团队揭示双生病毒通过影响植物与介体及非介体昆虫互作而改变昆虫群落结构组成[150]。华南农业大学周国辉团队揭示南方水稻黑条矮缩病毒通过调节水稻乙烯信号以协调病毒感染和介体传播[151]。

（4）监控预警及绿色防控关键核心技术研发与应用

在植物病毒绿色防控方面，陈剑平团队围绕我国小麦土传病毒病，建立了精准诊断和监测技术，集成基于"病害早期精确监测、抗性品种精准布局、辅以微生物药剂拌种、适当晚播、春季施用微生物药剂和分级防控"的土传病毒病害绿色防控技术体系，累计推广应用 1.16 亿亩。在植物病毒检测产品开发和应用方面，周雪平团队制备了五十多种植物病毒单克隆抗体，并研发了病毒快速检测试剂盒，目前已广泛应用于病毒病的早期诊断。对介体昆虫带毒检测灵敏度达到 1∶1600，依据带毒率和数量，构建病害中长期预测模型，可有效预测病毒病发生动态，实现病害早期预警和实时预报。在植物病毒生物技术应用方面，浙江大学李正和团队利用一种植物负链 RNA 弹状病毒载体向植物体内递送 CRISPR/Cas9 核酸内切酶实现植物高效基因编辑，随后又研发了基于广谱寄主范围的番茄斑萎病毒的瞬时递送系统[152, 153]，为作物 DNA-free 基因组编辑提供了新的思路，也为病毒载体的生物技术利用开拓了新方向。

（五）植物线虫病害

（1）植物线虫致病性

在外来入侵线虫新种类鉴定方面，中国农业科学院植物保护研究所彭德良团队在新疆维吾尔自治区发现了对外检疫线虫甜菜孢囊线虫（*Heterodera schachtii*）[154]，在云南、贵州和四川发现了重大检疫性有害生物马铃薯金线虫（*Globodera rostochiensis*）[155]，并研发出 PCR、RPA-CRISPR 等快速检测技术[156, 157]。彭德良团队与南京农业大学李红梅团队联合解析了我国禾谷孢囊线虫的起源、传播途径及种群特征，发现我国主要麦区的禾谷孢囊线虫可能起源于西北地区的高山草地[158]；并发现禾谷孢囊线虫种群之间的遗传距离与地理距离成明显的正相关，推测黄河屡次泛滥及农机具跨区作业是孢囊线虫远距离传播的重要途径，揭示了小麦孢囊线虫的快速扩散机制[159]。

在植物线虫致病机制方面，彭德良团队鉴定出了一个甜菜孢囊线虫效应蛋白 HsSNARE1，该蛋白同时与拟南芥 AtSNAP2 和 AtPR1 互作导致寄主易感，并且 HsSNARE1 第 141、143 及 148 位的氨基酸残基是与 AtPR1 结合的关键位点，突变后导致拟南芥对孢囊线虫的敏感性降低[151]。广东省农业科学院水稻研究所陈建松博士与康奈尔大学

Xiaohong Wang 团队首次发现一个含有自噬相关蛋白（ATG8）互作结构域 AIM 的孢囊线虫效应蛋白 NMAS1，通过靶向寄主自噬的核心蛋白 ATG8 来抑制植物的先天免疫促进其寄生[160]。中国农业科学院蔬菜花卉研究所茆振川团队发现南方根结线虫（Meloidogyne incognita）分泌的 Mi2G02 效应蛋白与宿主 Trihelix 转录因子 GT-3a 互作，调控下游靶标基因 TOZ 和 RAD23 的表达帮助线虫寄生[161]。

彭德良团队和湖南大学于峰团队联合研究发现，植物根结线虫通过编码一类与植物 RALF 类似的多肽（RALF-like），"挟持"植物 FER 信号途径，促进茉莉酸信号关键因子 MYC2 降解等过程，从而破坏植物免疫系统，促进其寄生[162]。华南农业大学卓侃、廖金铃团队首次发现象耳豆根结线虫 MeTCTP 效应蛋白可形成同源二聚体，直接靶向植物细胞内游离的钙离子，干扰植物防卫信号从而促进线虫寄生[163]；该团队还首次发现了拟禾本科根结线虫效应子 MgMO289 与寄主铜金属伴侣 OsHPP04 结合促进铜的转运，利用水稻超氧阴离子降解系统清除活性氧，从而抑制植物免疫反应[5]。中国农业科学院蔬菜花卉研究所谢丙炎团队发现南方根结线虫分泌的凝集素类效应蛋白 MiCTL1a 通过抑制寄主过氧化氢酶的活性，调控细胞内活性氧稳态，从而帮助线虫寄生[164]。中国农业大学简恒团队揭示了南方根结线虫通过分泌效应子 MiPDI1 调控 SAP12 介导的氧化还原信号传导和防御反应[165]。

（2）植物对线虫的抗病性

中国科学院成都生物所懋群团队研究发现，易变山羊草苯丙氨酸代谢和色氨酸代谢途径中关键酶基因 AevPAL1 和 AevTDC1，能相互协调改变水杨酸的含量和下游次生代谢物，对禾谷孢囊线虫抗性起正调控作用[166]。中国农业科学院作物科学研究所李洪杰团队从小麦品种 Madsen 7DL 和 2AS 染色体上分别发现 Cre9 和 Cre5 两个抗性基因，明确了携带 Cre9 的家系抗菲利普孢囊线虫，但不抗禾谷孢囊线虫；携带 Cre5 的家系抗禾谷孢囊线虫，但不抗菲利普孢囊线虫[167]。谢丙炎团队鉴定出抗根结线虫的刺角瓜 CM3 根系特有挥发性物质，明确了甲氧基甲基苯对南方根结线虫有明显的趋避作用，随着甲酚和顺 -2- 戊烯 -1- 醇浓度的提高，杀线虫能力增强[168]。北京农学院王绍辉团队发现番茄转录因子 SlWRKY45 结合并抑制茉莉素合成基因 Slaoc 的表达，进而调控茉莉素合成途径，提高番茄对南方根结线虫的抗性[169]。华中农业大学郭晓黎团队从抗性水稻中克隆出抗拟禾本科根结线虫基因 Mg1，该基因编码一个 CC-NB-LRR 蛋白，通过与水稻蛋白酶抑制剂 MGBP1 互作，增强 MG1 蛋白的稳定性，从增强对拟禾本科根结线虫的抗性[170]。谢丙炎团队从野生番茄 LA2157 基因组中筛选鉴定出具有热稳定的番茄抗根结线虫基因 Mi-9[171]。

（3）监控预警及绿色防控关键核心技术研发与应用

在抗性利用方面，彭德良团队应用寄主诱导基因沉默（HIGS）技术，研发出靶向大豆孢囊线虫几丁质合成酶基因（SCN-CHS）的转基因大豆新种质，该种质材料高抗大豆孢囊线虫[172]；该团队还与黑龙江省农业科学院大豆研究所合作选育了一个高抗大豆孢囊线虫、高产、高油的大豆新品种黑农 531（黑审豆 20210004）[173]。

在生物防治方面，华中农业大学肖炎农团队从淡紫紫孢菌中鉴定到参与杀线虫活性和抵抗逆境的关键蛋白 PlCYP5[174]，并研制出了淡紫紫孢菌的颗粒剂。华中农业大学孙明团队在 Bt-Cry6A 蛋白对线虫毒理学靶标作用新机制领域取得重要进展，发现了 RBT-1 蛋白是 Cry6A 蛋白杀线虫的重要肠道靶标功能受体，参与了 Cry6A 在线虫肠道细胞的穿孔过程[175]。

在杀线剂增效方面，彭德良团队与中国农业大学沈杰、闫硕团队合作，构建了纳米级阳离子星状聚合物（SPc）与化学杀线虫剂氟吡菌酰胺的稳定复合体，通过提升 ATP 合成和琥珀酸脱氢酶 SDH 活性的抑制能力，从而加速线虫死亡，对象耳豆根结线虫的防效提升 31%～35%，农药使用量下降了 50%[176]。

三、国内外发展比较

过去五年，我国植物病理学学科取得了显著的科研成绩，集中体现在发表高水平论文的数量逐步提高，多家单位都能有突破的研究成果在 *Nature*、*Science*、*Cell* 上发表。与国外同行相比，多数病害研究水平与世界同步，部分研究领域如卵菌致病机制、小麦条锈病致病机理、水稻抗病机理、病毒病害、棉花黄萎病致害机制等研究领先于世界，但原创性成果方面也存在差距。

在植物真菌病害方面，水稻和小麦真菌病害研究取得了显著成绩，研究成果达到世界一流水平、部分领先国际同行，如水稻抗性基因挖掘与鉴定、免疫机制研究、小麦抗赤霉病基因定位与克隆（*Fhb1* 和 *Fhb7*）等；小麦锈病致害机制研究也进入了快速发展阶段，以西北农林科技大学为代表的国内科研单位则在小麦条锈菌流行学、致病机制及其与寄主互作方面优势明显。玉米病害研究水平相对薄弱，多数关于致病机制的重要成果为国外报道，与国际前沿存在一定差距。黄萎病研究领域的优势也集中在国内中国科学院微生物所、中国农业科学院植物保护研究所等单位，尤其是在群体基因组学研究领域。

植物卵菌病害研究方面优势明显，如南京农业大学为代表的卵菌效应子鉴定及与寄主互作机制研究，过去五年先后在 *Science*、*Nature*、*Nature Communications*、*PNAS* 等权威期刊发表了系列高水平研究论文，处于国际领先水平并引领国际卵菌病害研究。如大豆疫霉菌核心致病因子 XEG1 的受体蛋白 RXEG1 工作及其互作的蛋白构象解析工作，并发掘出了 RXEG1 广谱抗性的育种价值，形成了植物与微生物互作领域的经典范例，对改良植物的广谱抗病性具有重要意义。

在植物细菌病害方面，突出的优势仍然体现在以中国科学院遗传与发育生物学研究所为代表的假单胞杆菌相关研究，多数研究水平处于国际领先水平；黄单胞菌相关研究的优势单位在该领域取得了不错的成绩，相关研究基本达到国际一流水平。在瓜类细菌性果斑病、青枯病等致病分子机理、毒力和代谢全局调控网络等领域，尚存相当差距。

在植物病毒病害方面，包括基因功能、病毒致病性、症状形成及运动机制、介体昆虫传毒分子机制、病毒病害防控等方面的研究与世界同步，部分领域的研究达到了世界领先水平；病毒粒体结构与装配机制、病毒群体遗传多样性与进化等研究与世界的差距正在缩小，但仍存在差距。植物线虫致害机制方面取得了长足的进步，尤其是在效应蛋白及转运调控机制研究方面已有高水平论文产出，与国际前沿的差距正在进一步缩小。

在植物线虫病害研究方面，线虫致病分子机制和遗传多样性等发展迅速，在根结线虫和孢囊线虫效应蛋白功能解析和致病机制等方面的研究水平达到国际先进水平，生防产品研制和防控机制方面也取得突破性的进展，基本与世界水平相当。生防真菌与线虫互作机制研究与国际前沿的差距正在进一步缩小。在产品研发方面，淡紫拟青霉等生防菌剂获得产品登记，但高效的商品化制剂方面仍需进一步研发。关于抗线虫基因定位、挖掘和利用方面缺乏突破性进展，严重制约了植物线虫防控技术的研发和应用。

四、存在的主要问题、发展趋势与对策建议

过去五年，我国植物病理学科快速发展并取得了系列原创性重大突破性理论与技术，为我国植物病理学科发展和植物保护工作奠定坚实基础。然而，随着种植业结构调整、气候与生态环境变化以及国际贸易日趋便捷和频繁，农作物病害发生与危害规律发生了根本性演替，原生性有害生物频繁暴发，灾害持续不断，经济损失巨大，如小麦赤霉病、稻瘟病、水稻病毒病、棉花黄萎病等大规模连年发生，危害程度之重、持续时间之长均为历史罕见。危险性外来有害生物入侵所造成的生物灾害问题不断凸显，如梨火疫病、小麦矮腥黑穗病存在扩散风险。部分次要病害因种植结构调整、气候变化等因素，已逐渐发展成为毁灭性灾害，如稻曲病一直以来被认为是次要病害，但是由于近些年高产杂交品种和高水肥栽培模式的大力推广，稻曲病上升为我国水稻最重要的病害。因此，面临种植业结构调整、气候与生态环境变化等因素挑战，作物病原群体变异更加频繁、作物丧失抗性的周期缩短，对病害防治和作物丰产稳产提出更大的挑战。

在植物病理学基础理论研究方面，我们在植物－病原物－传病生物多方互作机制、植物抗性信号识别与信号传导、根系微生物组、表观遗传修饰与先天免疫调控、病原群体遗传等方面逐步缩小了与国际一流水平的差距，甚至超过国际水平，但有国际同行已在一些研究领域取得更深入、更新颖的研究进展，如蛋白翻译重编程调控免疫反应新机制。在监测预警与防控技术方面，针对"一因多效"抗病新基因资源发掘与利用、抗病新物质鉴定、新抗病生物技术开发与应用，以及包括监测预警技术、绿色植物保护产品创制仍然是当前植物病理学科的短板和重大挑战。

面对这些挑战，植物病理学亟须跟踪国际前沿热点如蛋白翻译重编程调控免疫反应新

机制。在生命科学进入后基因组学的时代背景下，全面融入生物信息学、蛋白质组学、表观遗传学、宏基因组学等新学科，突破系列病原与寄主合作重大基础理论，如效应子操控寄主免疫反应机制、信号传递因子识别 PRR 与 R 基因互作信号及免疫调控机制，受体复合体的结构分析，表观遗传修饰参与蛋白翻译重编程调控免疫反应新机制。依托我国作物种质资源优势，仍需持续加强"一因多效"抗性基因标记定位与克隆，不断创新开发和应用新生物技术如基因编辑技术在作物抗病育种、抗病新种质创制的应用，并将先天免疫基础理论与抗病育种实际相结合，以提高抗病品种培育效率。持续凝练作物抗病或病原物致病性调控的关键因子，进行抗性遗传改良或创制新产品，如植物感病基因、广谱植物受体蛋白用于抗病基因工程，免疫激发子用于开发蛋白农药，病原关键致病基因用于开发RNAi 农药等，为作物病害绿色防控提供关键技术和产品。此外，仍需加强抗病品种的选育，持续开展病原物群体毒性结构变异和主栽品种、重要抗原材料抗性变化的及时监测，构建流行病害监测网络，开展抗性品种选择布局与利用研究。

参考文献

[1] Li Y, Liu XY, Liu MX, et al. *Magnaporthe oryzae* Auxiliary activity protein MoAa91 functions as chitin-binding protein to induce appressorium formation on artificial inductive surfaces and suppress plant immunity [J]. mBio, 2020, 11（2）: e03304-19.

[2] Liu MX, Hu JX, Zhang A, et al. Auxilin-like protein MoSwa2 promotes effector secretion and virulence as a clathrin uncoating factor in the rice blast fungus *Magnaporthe oryzae* [J]. New Phytologist, 2021a, 230: 720-736.

[3] Xu GJ, Zhong XH, Shi YL, et al. A fungal effector targets a heat shock-dynamin protein complex to modulate mitochondrial dynamics and reduce plant immunity [J]. Science Advances, 2020, 6（48）: eabb7719.

[4] Yang JY, Zhang N, Wang JY, et al. SnRK1A-mediated phosphorylation of a cytosolic ATPase positively regulates rice innate immunity and is inhibited by Ustilaginoidea virens effector SCRE1 [J]. New Phytologist, 2022, 236: 1422-1440.

[5] Song TQ, Zhang Y, Zhang Q, et al. The N-terminus of an Ustilaginoidea virens Ser-Thr-rich glycosylphosphatidylinositol-anchored protein elicits plant immunity as a MAMP [J]. Nature Communications, 2021a, 12（1）: 2451.

[6] Wang J, Zhou L, Shi H, et al. A single transcription factor promotes both yield and immunity in rice [J]. Science, 2018a, 361: 1026-1028.

[7] Li GB, He JX, Wu JL, et al. Overproduction of OsRACK1A, an effector-targeted scaffold protein promoting OsRBOHB-mediated ROS production, confers rice floral resistance to false smut disease without yield penalty [J]. Molecular Plant, 2022a, 15（11）: 1790-1806.

[8] Zhai KR, Deng YW, Liang D, et al. RRM Transcription Factors Interact with NLRs and Regulate Broad-Spectrum Blast Resistance in Rice [J]. Molecular Cell, 2019, 74: 996-1009, e7.

[9] Tang BZ, Liu CY, Li ZQ, et al. Multilayer regulatory landscape during pattern-triggered immunity in rice [J].

Plant Biotechnology Journal，2021，19：2629-2645.

［10］ Shi XT，Xiong YH，Zhang K，et al. The ANIP1-OsWRKY62 module regulates both basal defense and Pi9-mediated immunity against Magnaporthe oryzae in rice［J］. Molecular Plant，2023，16（4）：739-755.

［11］ Zhai KR，Liang D，Li HL，et al. NLRs guard metabolism to coordinate pattern- and effector-triggered immunity［J］. Nature，2022，601：245-251.

［12］ Feng Q，Wang H，Yang XM，et al. Osa-miR160a confers broad-spectrum resistance to fungal and bacterial pathogens in rice［J］. New Phytologist，2022，236：2216-2232.

［13］ Wang JY，Wang RY，Fang H，et al. Two VOZ transcription factors link an E3 ligase and an NLR immune receptor to modulate immunity in rice［J］. Molecular Plant，2021a，14（2）：253-266.

［14］ Wan CP，Liu Y，Tian SX，et al. A serine-rich effector from the stripe rust pathogen targets a Raf-like kinase to suppress host immunity［J］. Plant Physiology，2022，190（1）：762-778.

［15］ Tang CL，Xu Q，Zhao JR，et al. A rust fungus effector directly binds plant pre-mRNA splice site to reprogram alternative splicing and suppress host immunity［J］. Plant Biotechnology Journal，2022，20（6）：1167.

［16］ Wang YQ，Liu C，Du Y，et al. A stripe rust fungal effector PstSIE1 targets TaSGT1 to facilitate pathogen infection［J］. The Plant Journal，2022a，112（6）：1413-1428.

［17］ Gong C，Xu DY，Sun DY，et al. FgSnt1 of the Set3 HDAC complex plays a key role in mediating the regulation of histone acetylation by the cAMP-PKA pathway in *Fusarium graminearum*［J］. Plos Genetics，2022，18（12）：e1010510.

［18］ Liu ZY，Jian YQ，Chen Y，et al. A phosphorylated transcription factor regulates sterol biosynthesis in *Fusarium graminearum*［J］. Nature Communications，2019，10（1）：1228.

［19］ Jiang C，Hei RN，Yang Y，et al. An orphan protein of *Fusarium graminearum* modulates host immunity by mediating proteasomal degradation of TaSnRK1α［J］. Nature communications，2020，11（1）：4382.

［20］ Wang Q，Song R，Fan SH，et al. Diversity of Fusarium community assembly shapes mycotoxin accumulation of diseased wheat heads［J］. Molecular Ecology，2022，32（10）：2504-1518.

［21］ Wang N，Tang CL，Fan X，et al. Inactivation of a wheat protein kinase gene confers broad-spectrum resistance to rust fungi［J］. Cell，2022c，185（16）：2961-2974.

［22］ Wang H，Sun S，Ge W，et al. Horizontal gene transfer of Fhb7 from fungus underlies Fusarium head blight resistance in wheat［J］. Science，2020a，368（6493）：eaba5435.

［23］ Jiang B，Wang C，Guo C. Genetic Relationships of *Puccinia striiformis f.* sp. *tritici* in Southwestern and Northwestern China［J］. Microbiology Spectrum，2022，10（4）：e01530-22.

［24］ Wang Z，Yang B，Zheng W. Recognition of glycoside hydrolase 12 proteins by the immune receptor RXEG1 confers Fusarium head blight resistance in wheat［J］. Plant Biotechnology Journal，2022d，21（4）：769-781.

［25］ Han XW，Altegoer F，Steinchen W，et al. A kiwellin disarms the metabolic activity of a secreted fungal virulence factor［J］. Nature，2019a，565（7741）：650-653.

［26］ Gong AD，Jing ZY，Zhang K，et al. Bioinformatic analysis and functional characterization of the CFEM proteins in maize anthracnose fungus Colletotrichum graminicola［J］. Journal of Integrative Agriculture，2020，19：541-550.

［27］ Wang JX，Long F，Zhu H，et al. Bioinformatic analysis and functional characterization of CFEM proteins in Setosphaeria turcica［J］. Journal of Integrative Agriculture，2021b，20：2438-2449.

［28］ Zuo N，Bai WZ，Wei WQ，et al. Fungal CFEM effectors negatively regulate a maize wall-associated kinase by interacting with its alternatively spliced variant to dampen resistance［J］. Cell Reports，2022，41：111877.

［29］ Fukada F，Rössel N，Münch K，et al. A small Ustilago maydis effector acts as a novel adhesin for hyphal aggregation in plant tumors［J］. New Phytologist，2021，231：416-431.

［30］Ludwig N，Reissmann S，Schipper K，et al. A cell surface–exposed protein complex with an essential virulence function in Ustilago maydis［J］. Nature Microbiology，2021，6：722–730.

［31］Park HJ，Wang WW，Curlango–Rivera G，et al. A DNAse from a fungal phytopathogen is a virulence factor likely deployed as counter defense against host–secreted extracellular dna［J］. mBio，2019，10：1–13.

［32］Wu QY，Xu F，Liu L，et al. The maize heterotrimeric G protein β subunit controls shoot meristem development and immune responses［J］. Proceedings of the National Academy of Sciences of the United States of America，2020a，117：1799–1805.

［33］Luan QL，Zhu YX，Ma S，et al. Maize metacaspases modulate the defense response mediated by the NLR protein Rp1–D21 likely by affecting its subcellular localization［J］. Plant Journal，2021，105：151–166.

［34］Li N，Lin B，Wang H，et al. Natural variation in ZmFBL41 confers banded leaf and sheath blight resistance in maize ［J］. Nature Genetics，2019a，51：1540–1548.

［35］Chen G，Xiao Y，Dai S，et al. Genetic basis of resistance to southern corn leaf blight in the maize multi–parent population and diversity panel［J］. Plant Biotechnology Journal，2023a，21（3）：506–520.

［36］Wang HZ，Hou JB，Ye P，et al. A teosinte–derived allele of a MYB transcription repressor confers multiple disease resistance in maize［J］. Molecular Plant，2021c，14：1846–1863.

［37］Yang P，Scheuermann D，Kessel B，et al. Alleles of a wall–associated kinase gene account for three of the major northern corn leaf blight resistance loci in maize［J］. Plant Journal，2021a，106：526–535.

［38］Deng C，Leonard A，Cahill J，et al. The RppC–AvrRppC NLR–effector interaction mediates the resistance to southern corn rust in maize［J］. Molecular Plant，2022，15：904–912.

［39］Chen GS，Zhang B，Ding JQ，et al. Cloning southern corn rust resistant gene *RppK* and its cognate gene *AvrRppK* from Puccinia polysora［J］. Nature Communications，2022a，13：1–11.

［40］Chen C，Zhao YQ，Tabor G，et al. A leucine–rich repeat receptor kinase gene confers quantitative susceptibility to maize southern leaf blight［J］. New Phytologist，2023b，238（3）：1182–1197.

［41］Gao F，Zhang BS，Zhao JH，et al. Deacetylation of chitin oligomers increases virulence in soil–borne fungal pathogens［J］. Nature Plants，2019，5：1167–1176.

［42］Wu XM，Zhang BS，Zhao YL，et al. DeSUMOylation of a *Verticillium dahliae* enolase facilitates virulence by derepressing the expression of the effector VdSCP8［J］. Nature Communications，2023，14：4844.

［43］Qin J，Wang KL，Sun LF，et al. The plant–specific transcription factors CBP60g and SARD1 are targeted by a Verticillium secretory protein VdSCP41 to modulate immunity［J］. Elife，2018a，7：e34902.

［44］Wang D，Zhang DD，Song J，et al. *Verticillium dahliae* CFEM proteins manipulate host immunity and differentially contribute to virulence［J］. BMC Biology，2022e，20：55.

［45］Ma A，Zhang D，Wang G. *Verticillium dahliae* effector VDAL protects MYB6 from degradation by interacting with PUB25 and PUB26 E3 ligases to enhance Verticillium wilt resistance［J］. The Plant Cell，2021a，33（12）：3675–3699.

［46］Zhang DD，Dai XF，Klosterman S J，et al. The secretome of *Verticillium dahliae* in collusion with plant defence responses modulates Verticillium wilt symptoms［J］. Biological Reviews，2022a，97（5）：1810–1822.

［47］Zhang DD，Wang J，Wang D，et al. Population genomics demystifies the defoliation phenotype in the plant pathogen *Verticillium dahliae*［J］. New Phytologist，2019，222：1012–1029.

［48］Wang D，Zhang DD，Usami T，et al. Functional genomics and comparative lineage–specific region analyses reveal novel insights into race divergence in *Verticillium dahliae*［J］. Microbiology spectrum，2021d，9：e01118–21.

［49］Wang YL，Hu XP，Fang YL，Anchieta A，et al. Transcription factor VdCmr1 is required for pigment production，protection from UV irradiation，and regulates expression of melanin biosynthetic genes in *Verticillium dahliae*［J］. Microbiology，2018b，164（4）：685.

［50］ Li H，Wang D，Zhang DD，et al. A polyketide synthase from *Verticillium dahliae* modulates melanin biosynthesis and hyphal growth to promote virulence［J］. BMC biology，2022b，20：125.

［51］ 杨可心，陈秀叶，刘畅. 棉花枯萎病菌新生理型菌株毒素鉴定及其活性测定［J］. 棉花学报，2021，33（3）：258-268.

［52］ Ma ZY，Zhang Y，Wu LQ，et al. High-quality genome assembly and resequencing of modern cotton cultivars provide resources for crop improvement［J］. Nature Genetics，2021b，53：1385-1391.

［53］ Zhang Y，Chen B，Sun ZW，et al. A large-scale genomic association analysis identifies a fragment in Dt11 chromosome conferring cotton Verticillium wilt resistance［J］. Plant Biotechnology Journal，2021a，19：2126-2138.

［54］ Chen B，Zhang Y，Sun ZW，et al. Tissue-specific expression of GhnsLTPs identified via GWAS sophisticatedly coordinates disease and insect resistance by regulating metabolic flux redirection in cotton［J］. The Plant Journal，2021，107：831-846.

［55］ Hu Q，Zhu LF，Zhang XN，et al. GhCPK33 negatively regulates defense against *Verticillium dahliae* by phosphorylating GhOPR3［J］. Plant Physiology，2018，178：876-889.

［56］ Han LB，Li YB，Wang FX，et al. The Cotton Apoplastic Protein CRR1 Stabilizes Chitinase 28 to Facilitate Defense against the Fungal Pathogen *Verticillium dahliae*［J］. Plant Cell，2019b，31：520-536.

［57］ Liu SM，Zhang XJ，Xiao SH，et al. A single-nucleotide mutation in a GLUTAMATE RECEPTOR-LIKE Gene confers resistance to fusarium wilt in *Gossypium hirsutum*［J］. Advanced Science，2021b，8：2002723.

［58］ 赵卫松，郭庆港，李社增. 西兰花残体还田对棉花黄萎病防治效果及其对不同生育时期土壤细菌群落的影响［J］. 中国农业科学，2019，52（24）：4505-4517.

［59］ 赵卫松，李社增，鹿秀云. 西兰花植株残体还田对棉花黄萎病的防治效果及其安全性评价［J］. 中国生物防治学报，2019，35（3）：449-455.

［60］ Wen HG，Zhao JH，Zhang BS，et al. Microbe-induced gene silencing boosts crop protection against soil-borne fungal pathogens［J］. Nature Plants，2023，9：1409-1418.

［61］ Xie C，Shang QN，Mo CM，et al. Early Secretory Pathway-Associated Proteins SsEmp24 and SsErv25 Are Involved in Morphogenesis and Pathogenicity in a Filamentous Phytopathogenic Fungus［J］. mBio，2021，12（6）：e0317321.

［62］ Ji HM，Mao HY，Li SJ，et al. Fol-milR1，a pathogenicity factor of Fusarium oxysporum，confers tomato wilt disease resistance by impairing host immune responses［J］. New Phytologist，2021，232（2）：705-718.

［63］ Guo ZB，Zhao YZ，Wei BW，et al. Receptor-Like Cytoplasmic Kinases Directly Link Diverse Pattern Recognition Receptors to the Activation of Mitogen-Activated Protein Kinase Cascades in Arabidopsis［J］. Plant Cell，2018，30（7）：1543-1561.

［64］ Sun GZ，Feng CJ，Guo J，et al. The tomato Arp2/3 complex is required for resistance to the powdery mildew fungus *Oidium neolycopersici*［J］. Plant Cell and Environment，2019，42（9）：2664-2680.

［65］ Zhang H，Hu ZJ，Lei C，et al. A Plant Phytosulfokine Peptide Initiates Auxin-Dependent Immunity through Cytosolic Ca^{2+} Signaling in Tomato［J］. Plant Cell，2018，30（3）：652-667.

［66］ Qu Z，Zhao H，Zhang H，et al. Bio-priming with a hypovirulent phytopathogenic fungus enhances the connection and strength of microbial interaction network in rapeseed［J］. NPJ biofilms and microbiomes，2020，6（1）：45.

［67］ Zhang X，Cheng J，Lin Y，et al. Editing homologous copies of an essential gene affords crop resistance against two cosmopolitan necrotrophic pathogens［J］. Plant Biotechnology Journal，2021b，19（11）：2349-2361.

［68］ Qiu XF，Kong L，Chen H，et al. The *Phytophthora sojae* nuclear effector PsAvh110 targets a host transcriptional complex to modulate plant immunity［J］. Plant Cell，2023，35（1）：574-597.

［69］ Guo BD, Wang HN, Yang B, et al. *Phytophthora sojae* Effector PsAvh240 Inhibits Host Aspartic Protease Secretion to Promote Infection［J］. Molecular Plant, 2019, 12（4）: 552–564.

［70］ Lin YC, Hu QL, Zhou J, et al. *Phytophthora sojae* effector Avr1d functions as an E2 competitor and inhibits ubiquitination activity of GmPUB13 to facilitate infection［J］. Proceedings of the National Academy of Sciences, 2021, 118（10）: e2018312118.

［71］ Xia YQ, Ma ZC, Qiu M, et al. N–glycosylation shields *Phytophthora sojae* apoplastic effector PsXEG1 from a specific host aspartic protease［J］. Proceedings of the National Academy of Sciences, 2020, 117（44）: 27685–27693.

［72］ He JQ, Ye WW, Choi DS, et al. Structural analysis of *Phytophthora* suppressor of RNA silencing 2（PSR2）reveals a conserved modular fold contributing to virulence［J］. Proceedings of the National Academy of Sciences, 2019, 116（16）: 8054–8059.

［73］ Gui XM, Zhang P, Wang D, et al. *Phytophthora* effector PSR1 hijacks the host pre–mRNA splicing machinery to modulate small RNA biogenesis and plant immunity［J］. Plant Cell, 2022a, 34（9）: 3443–3459.

［74］ Li Q, Ai G, Shen DY, et al. A *Phytophthora capsici* effector targets ACD11 binding partners that regulate ROS–mediated defense response in *Arabidopsis*［J］. Molecular Plant, 2019b, 12（4）: 565–581.

［75］ Chen H, Shu HD, Wang LY, et al. *Phytophthora* methylomes are modulated by 6mA methyltransferases and associated with adaptive genome regions［J］. Genome Biology, 2018, 19（1）: 181.

［76］ Wang Y, Xu YP, Sun YJ, et al. Leucine–rich repeat receptor–like gene screen reveals that *Nicotiana* RXEG1 regulates glycoside hydrolase 12 MAMP detection［J］. Nature Communications, 2018c, 9（1）: 594.

［77］ Sun Y, Wang Y, Zhang XX, et al. Plant receptor–like protein activation by a microbial glycoside hydrolase［J］. Nature, 2022, 610（7931）: 335–342.

［78］ Gao H, Jiang LY, Du BH, et al. GmMKK4–activated GmMPK6 Stimulates GmERF113 to Trigger Resistance to *Phytophthora Sojae* in Soybean［J］. The Plant Journal, 2022, 111（2）: 473–95.

［79］ Gao CY, Xu HW, Huang J, et al. Pathogen manipulation of chloroplast function triggers a light–dependent immune recognition［J］. Proceedings of the National Academy of Sciences, 2020, 117（17）: 9613–9620.

［80］ Yang Y, Zhao Y, Zhang YQ, et al. A mitochondrial RNA processing protein mediates plant immunity to a broad spectrum of pathogens by modulating the mitochondrial oxidative burst［J］. The Plant Cell, 2022, 34（6）: 2343–2363.

［81］ Wang X, Zheng K, Cheng W. Field application of star polymer–delivered chitosan to amplify plant defense against potato late blight［J］. Chemical Engineering Journal, 2021e: 129327.

［82］ Yang LN, Pan ZC, Zhu W, et al. Enhanced agricultural sustainability through within–species diversification［J］. Nature Sustainability, 2019, 2（1）: 46–52.

［83］ Hu YZ, Ding YX, Cai BY, et al. Bacterial effectors manipulate plant abscisic acid signaling for creation of an aqueous apoplast［J］. Cell Host & Microbe, 2022, 30（4）: 518–529, e516.

［84］ Roussin–Leveillee C, Lajeunesse G, St–Amand M, et al. Evolutionarily conserved bacterial effectors hijack abscisic acid signaling to induce an aqueous environment in the apoplast［J］. Cell Host & Microbe, 2022, 30（4）: 489–501, e484.

［85］ Gentzel I, Giese L, Ekanayake G, et al. Dynamic nutrient acquisition from a hydrated apoplast supports biotrophic proliferation of a bacterial pathogen of maize［J］. Cell Host & Microbe, 2022, 30（4）: 502–517, e504.

［86］ Liu ZY, Hou SG, Rodrigues O, et al. Phytocytokine signalling reopens stomata in plant immunity and water loss［J］. Nature, 2022, 605（7909）: 332–339.

［87］ Liu LY, Li Y, Xu ZY, et al. The *Xanthomonas* type III effector XopAP prevents stomatal closure by interfering with vacuolar acidification［J］. Journal of Integrative Plant Biology, 2022b, 64（10）: 1994–2008.

［88］ Sun H, Zhu XL, Li CX, et al. *Xanthomonas* effector XopR hijacks host actin cytoskeleton via complex coacervation ［J］. Nature Communications, 2021, 12（1）: 4064.

［89］ Deng CY, Zhang H, Wu Y, et al. Proteolysis of histidine kinase VgrS inhibits its autophosphorylation and promotes osmostress resistance in *Xanthomonas campestris* ［J］. Nature Communications, 2018, 9（1）: 4791.

［90］ Qin J, Zhou XG, Sun LF, et al. The *Xanthomonas* effector XopK harbours E3 ubiquitin-ligase activity that is required for virulence ［J］. New Phytologist, 2018b, 220（1）: 219-231.

［91］ Xing YY, Xu N, Bhandari DD, et al. Bacterial effector targeting of a plant iron sensor facilitates iron acquisition and pathogen colonization ［J］. Plant Cell, 2021, 33（6）: 2015-2031.

［92］ Wei C, Wang SZ, Liu PW, et al. The PdeK-PdeR two-component system promotes unipolar localization of FimX and pilus extension in *Xanthomonas oryzae* pv. *oryzicola* ［J］. Science Signaling, 2021, 14（700）: eabi9589.

［93］ Xu GG, Han S, Huo CM, et al. Signaling specificity in the c-di-GMP-dependent network regulating antibiotic synthesis in *Lysobacter* ［J］. Nucleic Acids Research, 2018, 46（18）: 9276-9288.

［94］ Wang YR, Zhao AC, Morcillo RJL, et al. A bacterial effector protein uncovers a plant metabolic pathway involved in tolerance to bacterial wilt disease ［J］. Molecular Plant, 2021f, 14（8）: 1281-1296.

［95］ Gluck-Thaler E, Cerutti A, Perez-Quintero AL, et al. Repeated gain and loss of a single gene modulates the evolution of vascular plant pathogen lifestyles ［J］. Science Advances, 2020, 6（46）: eabc4516.

［96］ Wang JZ, Hu MJ, Wang J, et al. Reconstitution and structure of a plant NLR resistosome conferring immunity ［J］. Science, 2019, 364（6435）: eaav5870.

［97］ Martin R, Qi TC, Zhang HB, et al. Structure of the activated ROQ1 resistosome directly recognizing the pathogen effector XopQ ［J］. Science, 2020, 370（6521）: eabd9993.

［98］ Forderer A, Li E, Lawson AW, et al. A wheat resistosome defines common principles of immune receptor channels ［J］. Nature, 2022, 610（7932）: 532-539.

［99］ Wang JL, Grubb LE, Wang JY, et al. A Regulatory Module Controlling Homeostasis of a Plant Immune Kinase ［J］. Molecular Cell, 2018d, 69（3）: 493-504, e496.

［100］ Ma X, Claus L, Leslie ME, et al. Ligand-induced monoubiquitination of BIK1 regulates plant immunity ［J］. Nature, 2020a, 581（7807）: 199-203.

［101］ Lee D, Lal NK, Lin ZD, et al. Regulation of reactive oxygen species during plant immunity through phosphorylation and ubiquitination of RBOHD ［J］. Nature Communications, 2020, 11（1）: 1838.

［102］ Yuan MH, Jiang ZY, Bi GZ, et al. Pattern-recognition receptors are required for NLR-mediated plant immunity ［J］. Nature, 2021, 592（7852）: 105-109.

［103］ Ngou BPM, Ahn HK, Ding PT, et al. Mutual potentiation of plant immunity by cell-surface and intracellular receptors ［J］. Nature, 2021, 592（7852）: 110-115.

［104］ Pruitt RN, Locci F, Wanke F, et al. The EDS1-PAD4-ADR1 node mediates *Arabidopsis* pattern-triggered immunity ［J］. Nature, 2021, 598（7881）: 495-499.

［105］ Yu DL, Song W, Tan EYJ, et al. TIR domains of plant immune receptors are 2′,3′-cAMP/cGMP synthetases mediating cell death ［J］. Cell, 2022, 185（13）: 2370-2386, e2318.

［106］ Huang SJ, Jia A, Song W, et al. Identification and receptor mechanism of TIR-catalyzed small molecules in plant immunity ［J］. Science, 2022a, 377（6605）: eabq3297.

［107］ Ma SC, Lapin D, Liu L, et al. Direct pathogen-induced assembly of an NLR immune receptor complex to form a holoenzyme ［J］. Science, 2020c, 370（6521）: eabe3069.

［108］ Jia A, Huang SJ, Song W, et al. TIR-catalyzed ADP-ribosylation reactions produce signaling molecules for plant immunity ［J］. Science, 2022, 377（6605）: eabq8180.

［109］ Tian W, Hou CC, Ren ZJ, et al. A calmodulin-gated calcium channel links pathogen patterns to plant immunity

［J］. Nature, 2019, 572（7767）: 131-135.

［110］ Thor K, Jiang SS, Michard E, et al. The calcium-permeable channel OSCA1.3 regulates plant stomatal immunity ［J］. Nature, 2020, 585（7826）: 569-573.

［111］ Wu FH, Chi Y, Jiang ZH, et al. Hydrogen peroxide sensor HPCA1 is an LRR receptor kinase in *Arabidopsis* ［J］. Nature, 2020b, 578（7796）: 577-581.

［112］ Wang W, Yang J, Zhang J, et al. An *Arabidopsis* Secondary Metabolite Directly Targets Expression of the Bacterial Type III Secretion System to Inhibit Bacterial Virulence ［J］. Cell Host & Microbe, 2020b, 27（4）: 601-613, e607.

［113］ Wang W, Qin L, Zhang WJ, et al. WeiTsing, a pericycle-expressed ion channel, safeguards the stele to confer clubroot resistance ［J］. Cell, 2023a, 186（12）: 2656-2671, e2618.

［114］ Lin H, Wang MY, Chen Y, et al. An MKP-MAPK protein phosphorylation cascade controls vascular immunity in plants ［J］. Science Advances, 2022a, 8（10）: eabg8723.

［115］ Yang RH, Shi Q, Huang TT, et al. The natural pyrazolotriazine pseudoiodinine from *Pseudomonas mosselii* 923 inhibits plant bacterial and fungal pathogens ［J］. Nature Communications, 2023a, 14（1）: 734.

［116］ Wang BZ, Li L, Lin YH, et al. Targeted isolation of biocontrol agents from plants through phytopathogen co-culture and pathogen enrichment ［J］. Phytopathology Research, 2022f, 4（1）: 19.

［117］ Gu YL, Li JZ, Li Y, et al. *Pseudomonas* Cyclic Lipopeptide Medpeptin: Biosynthesis and Modulation of Plant Immunity ［J］. Engineering, 2023, 28: 153-165.

［118］ Huang CY, Araujo K, Sanchez JN, et al. A stable antimicrobial peptide with dual functions of treating and preventing citrus Huanglongbing ［J］. Proceedings of the National Academy of Sciences, 2021, 118（6）: e2019628118.

［119］ Ma WX, Pang ZQ, Huang XE, et al. Citrus Huanglongbing is a pathogen-triggered immune disease that can be mitigated with antioxidants and gibberellin ［J］. Nature Communications, 2022, 13（1）: 529.

［120］ Gong P, Tan H, Zhao SW, et al. Geminiviruses encode additional small proteins with specific subcellular localizations and virulence function ［J］. Nature Communications, 2021, 12（1）: 4278.

［121］ Ismayil, A, Yang M, Haxim Y, et al. Cotton leaf curl Multan virus betaC1 protein induces autophagy by disrupting the interaction of autophagy-related protein 3 with glyceraldehyde-3-phosphate dehydrogenases ［J］. The Plant Cell, 2020, 32（4）: 1124-1135.

［122］ Li LL, Zhang HH, Yang ZH, et al. Independently evolved viral effectors convergently suppress DELLA protein SLR1-mediated broad-spectrum antiviral immunity in rice ［J］. Nature Communications, 2022c, 13（1）: 6920.

［123］ Li LL, Zhang HH, Chen CH, et al. A class of independently evolved transcriptional repressors in plant RNA viruses facilitates viral infection and vector feeding ［J］. Proceedings of the National Academy of Sciences, 2021, 118（11）: e2016673118.

［124］ Zhang HH, Li LL, He YQ, et al. Distinct modes of manipulation of rice auxin response factor OsARF17 by different plant RNA viruses for infection ［J］. Proc Natl Acad Sci USA, 2020b, 117（16）: 9112-9121.

［125］ Wang XT, Jiang ZH, Yue N, et al. Barley stripe mosaic virus gammab protein disrupts chloroplast antioxidant defenses to optimize viral replication ［J］. Embo Journal, 2021g, 40（16）: e107660.

［126］ Gui XJ, Liu C, Qi YJ, et al. Geminiviruses employ host DNA glycosylases to subvert DNA methylation-mediated defense ［J］. Nature Communications, 2022b, 13（1）: 575.

［127］ Chen ZQ, Zhao JH, Chen Q, et al. DNA Geminivirus infection induces an imprinted E3 ligase gene to epigenetically activate viral gene transcription ［J］. Plant Cell, 2020, 32: 3256-3272.

［128］ Zhang TY, Shi CN, Hu HC, et al. N6-methyladenosine RNA modification promotes viral genomic RNA stability and infection [J]. Nature Communications, 2022b, 13 (1): 6576.

[129] Chen J, Zhao YX, Luo XJ, et al. NLR surveillance of pathogen interference with hormone receptors induces immunity [J]. Nature, 2023c, 613: 145–152.

[130] Yang ZR, Huang Y, Yang JL, et al. Jasmonate signaling enhances RNA silencing and antiviral defense in rice [J]. Cell Host & Microbe, 2020, 28 (1): 89–103.

[131] He YQ, Hong GJ, Zhang HH, et al. The OsGSK2 kinase integrates brassinosteroid and jasmonic acid signaling by interacting with OsJAZ4 [J]. The Plant Cell, 2020a, 32 (9): 2806–2822.

[132] Medina-Puche L, Tan H, Dogra V, et al. A defense pathway linking plasma membrane and chloroplasts and co-opted by pathogens [J]. Cell, 2020, 182 (5): 1109–1124.

[133] Wang YJ, Gong Q, Wu YY, et al. A calmodulin-binding transcription factor links calcium signaling to antiviral RNAi defense in plants [J]. Cell Host & Microbe, 2021h, 29 (9): 1393–1406.

[134] Fu S, Wang K, Ma TT, et al. An evolutionarily conserved C4HC3-type E3 ligase regulates plant broad-spectrum resistance against pathogens [J]. Plant Cell, 2022, 34: 1822–1843.

[135] Wu HJ, Qu XY, Dong ZC, et al. WUSCHEL triggers innate antiviral immunity in plant stem cells [J]. Science, 2020c, 370 (6513): 227–231.

[136] Tong X, Zhao JJ, Feng YL, et al. A selective autophagy receptor VISP1 induces symptom recovery by targeting viral silencing suppressors [J]. Nature Communications, 2023, 14: 3852.

[137] Wu JG, Yang GY, Zhao SS, et al. Current rice production is highly vulnerable to insect-borne viral diseases [J]. National Science Review, 2022, 9 (9): nwac131.

[138] Wang ZY, Zhou L, Lan Y, et al. An aspartic protease 47 causes quantitative recessive resistance to rice black-streaked dwarf virus disease and southern rice black-streaked dwarf virus disease [J]. New Phytologist, 2022h, 233 (6): 2520–2533.

[139] Ma YH, Lu H, Wang W, et al. Membrane association of importin alpha facilitates viral entry into salivary gland cells of vector insects [J]. Proceedings of the National Academy of Sciences, 2021c, 118 (30): e2103393118.

[140] Qin F, Liu WW, Wu N, et al. Invasion of midgut epithelial cells by a persistently transmitted virus is mediated by sugar transporter 6 in its insect vector [J]. PLoS Pathogens, 2018c, 14 (7): e1007201.

[141] Mao QZ, Wu W, Liao ZF, et al. Viral pathogens hitchhike with insect sperm for paternal transmission [J]. Nature Communications, 2019, 10 (1): 955.

[142] He YZ, Wang YM, Yin TY, et al. A plant DNA virus replicates in the salivary glands of its insect vector via recruitment of host DNA synthesis machinery [J]. Proceedings of the National Academy of Sciences, 2020b, 117 (29): 16928–16937.

[143] Wang Q, Lu L, Zeng M, et al. Rice black-streaked dwarf virus P10 promotes phosphorylation of GAPDH glyceraldehyde-3-phosphate dehydrogenase to induce autophagy in *Laodelphax striatellus* [J]. Autophagy, 2022i, 18 (4): 745–764.

[144] Wang HT, Zhang JH, Liu HQ, et al. A plant virus hijacks phosphatidylinositol-3,5-bisphosphate to escape autophagic degradation in its insect vector [J]. Autophagy, 2022j, 19 (4): 1128–1143.

[145] Zhang L, Liu WW, Wu N, et al. Southern rice black-streaked dwarf virus induces incomplete autophagy for persistence in gut epithelial cells of its vector insect [J]. PLoS Pathogens, 2023, 19 (1): e1011134.

[146] Chen Q, Zhang YL, Yang HS, et al. GAPDH mediates plant reovirus-induced incomplete autophagy for persistent viral infection in leafhopper vector [J]. Autophagy, 2022b, 19 (4): 1100–1113.

[147] Chen Q, Jia DS, Ren JP, et al. VDAC1 balances mitophagy and apoptosis in leafhopper upon arbovirus infection [J]. Autophagy, 2022c, 19 (6): 1678–1692.

［148］ Liang QF, Wan JJ, Liu H, et al. A plant nonenveloped double-stranded RNA virus activates and co-opts BNIP3-mediated mitophagy to promote persistent infection in its insect vector［J］. Autophagy, 2023, 19（2）: 616-631.

［149］ Wang SF, Guo HJ, Zhu-Salzman K, et al. PEBP balances apoptosis and autophagy in whitefly upon arbovirus infection［J］. Nature Communications, 2022k, 13（1）: 846.

［150］ Zhao PZ, Yao XM, Cai CX, et al. Viruses mobilize plant immunity to deter nonvector insect herbivores［J］. Science Advances, 2019, 5（8）: eaav9801.

［151］ Zhao YL, Cao X, Zhong WH, et al. A viral protein orchestrates rice ethylene signaling to coordinate viral infection and insect vector-mediated transmission［J］. Molecular Plant, 2022, 15（4）: 689-705.

［152］ Liu Q, Zhao CL, Sun K, et al. Engineered biocontainable RNA virus vectors for non-transgenic genome editing across crop species and genotypes［J］. Molecular Plant, 2023, 16（3）: 616-631.

［153］ Ma XN, Zhang XY, Liu HM, et al. Highly efficient DNA-free plant genome editing using virally delivered CRISPR-Cas9［J］. Nature Plants, 2020b, 6（7）: 773-779.

［154］ Peng H, Liu H, Gao L, et al. Identification of *Heterodera schachtii* on sugar beet in Xinjiang Uygur Autonomous Region of China［J］. Journal of Integrative Agriculture, 2022a, 21: 1694-1702.

［155］ Peng DL, Liu H, Peng H, et al. First detection of the potato cyst nematode（*Globodera rostochiensis*）in a major potato production region of China［J］. Plant Disease, 2022b, 107: 233.

［156］ Jiang C, Zhang YD, Yao K, et al. Development of a species-specific SCAR-PCR assay for direct detection of sugar beet cyst nematode（*Heterodera schachtii*）from infected roots and soil samples［J］. Life（Basel）, 2021a, 11: 1358.

［157］ Yao K, Peng DL, Jiang C, et al. Rapid and visual detection of *Heterodera schachtii* using recombinase polymerase amplification combined with Cas12a-mediated technology［J］. International Journal of Molecular Sciences, 2021, 22: 12577.

［158］ Xue Q, Peng H, Ma JK, et al. Phytogeography of Chinese cereal cyst nematodes sheds lights on their origin and dispersal［J］. Evolutionary Applications, 2022, 15: 1236-1248.

［159］ Shao HD, Xue Q, Yao K, et al. Origin and phytogeography of Chinese cereal cyst nematode *Heterodera avenae* revealed by mitochondrial COI sequences［J］. Phytopathology, 2022, 112: 1988-1997.

［160］ Chen JS, Chen SY, Xu CL, et al. A key virulence effector from cyst nematodes targets host autophagy to promote nematode parasitism［J］. New Phytologist, 2023d, 237: 1374-1390.

［161］ Zhao JL, Huang KW, Liu R, et al. The root-knot nematode effector Mi2G02 hijacks a host plant trihelix transcription factor to promote nematode parasitism［J］. Plant Communications, 2023a, 22: 100723.

［162］ Zhang X, Peng H, Zhu SR, et al. Nematode-encoded RALF peptide mimics facilitate parasitism of plants through the FERONIA receptor kinase［J］. Molecular Plant, 2020c, 13: 1434-1454.

［163］ Guo B, Lin BR, Huang QL, et al. A nematode effector inhibits plant immunity by preventing cytosolic free Ca^{2+} rise［J］. Plant, Cell & Environment, 2022, 45: 3070-3085.

［164］ Zhao JL, Sun QH, Quentin M, et al. A *Meloidogyne incognita* C-type lectin effector targets plant catalases to promote parasitism［J］. New Phytologist, 2021, 232: 2124-2137.

［165］ Zhao JL, Mejias J, Quentin M, et al. The root-knot nematode effector MiPDI1 targets a stress-associated protein（SAP）to establish disease in Solanaceae and Arabidopsis［J］. New Phytologist, 2020, 228: 1417-1430.

［166］ Zhang HL, Huang QL, Yi L, et al. PAL-mediated SA biosynthesis pathway contributes to nematode resistance in wheat［J］. The Plant Journal, 2021c, 107: 698-712.

［167］ Cui L, Qiu D, Sun L, et al. Resistance to *Heterodera filipjevi* and *H. avenae* in winter wheat is conferred by different QTL［J］. Phytopathology, 2020, 110: 472-482.

［168］ Xie XX, Ling JJ, Mao ZC, et al. Negative regulation of root-knot nematode parasitic behavior by root-derived volatiles of wild relatives of *Cucumis metuliferus* CM3 ［J］. Horticulture Research, 2022, 9: uhac051.

［169］ Huang H, Zhao WC, Qiao H, et al. SlWRKY45 interacts with jasmonate-ZIM domain proteins to negatively regulate defense against the root-knot nematode *Meloidogyne incognita* in tomato ［J］. Horticulture Research, 2022b, 9: uhac197.

［170］ Wang XM, Cheng R, Xu DC, et al. MG1 interacts with a protease inhibitor and confers resistance to rice root-knot nematode ［J］. Nature Communications, 2023b, 14: 3354.

［171］ Jiang LJ, Ling J, Zhao JL, et al. Chromosome-scale genome assembly-assisted identification of Mi-9 gene in Solanum arcanum accession LA2157, conferring heat-stable resistance to *Meloidogyne incognita* ［J］. Plant Biotechnology Journal, 2023, 21: 1496-1509.

［172］ Kong LA, Shi X, Chen D, et al. Host-induced silencing of a nematode chitin synthase gene enhances resistance of soybeans to both pathogenic *Heterodera glycines* and *Fusarium oxysporum* ［J］. Plant Biotechnology Journal, 2022, 20: 809-811.

［173］ Wang JJ, Kong LA, Zhang LP, et al. Breeding a soybean cultivar Heinong 531 with Peking-type cyst nematode resistance, enhanced yield, and high seed-oil contents ［J］. Phytopathology, 2022L, 112: 1345-1349.

［174］ Mo CM, Xie C, Wang GF, et al. Cyclophilin acts as a ribosome biogenesis factor by chaperoning the ribosomal protein（PIRPS15）in filamentous fungi ［J］. Nucleic Acids Research, 2021, 49: 12358-12376.

［175］ Shi JW, Peng DH, Zhang FJ, et al. The *Caenorhabditis elegans* CUB-like-domain containing protein RBT-1 functions as a receptor for *Bacillus thuringiensis* Cry6Aa toxin ［J］. PLoS pathogens, 2020, 16: e1008501.

［176］ Peng H, Jian JZ, Long HB, et al. Self-assembled nanonematicide induces adverse effects on oxidative stress, succinate dehydrogenase activity, and ATP generation ［J］. ACS Applied Materials & Interfaces, 2023, 15: 31173-31184.

撰稿人：刘文德　刘太国　陈捷胤　钱国良　彭　焕　陈华民

刘文文　张　昊　张丹丹　李智强　靳怀冰　邵小龙

农业昆虫学学科研究进展

一、引言

我国常发性农业害虫有七百三十种，其中二十多种属于重大农业害虫，重发时害虫为害造成农作物产量损失高达 30% 以上。除了作物产量损失，害虫为害还可导致农产品腐烂、霉变等，产生黄曲霉毒素、镰刀菌毒素等有毒有害物质，严重危害消费者身体健康和生命安全。同时，我国用于农业害虫防治的化学农药使用量虽已实现负增长，但投入总量依然很大，农产品农药残留超标、农区环境污染现象依然存在。因此，农业害虫综合防治事关农作物生产安全、农产品质量安全、农区生态环境安全以及农民与消费者的身体健康。

近年来，随着全球气候变化、产业结构调整、耕作制度变革、外来生物入侵等多重因素影响，我国农业害虫发生形势依旧严峻。稻飞虱、水稻螟虫、小麦蚜虫、玉米螟等持续大面积暴发；小麦吸浆虫、豇豆蓟马、盲蝽、叶螨、韭蛆等连续局部重发；烟粉虱、小菜蛾、棉蚜等抗药性水平居高不下；草地贪夜蛾、草地螟等跨境跨区迁入频繁出现。同时，随着绿色发展理念的逐步贯彻和人民生活水平的不断提高，农业害虫绿色防控、化学农药减量使用成了时代主题和重大命题，备受各级政府高度重视与社会公众普遍关注。科学有效防控农作物害虫，做到既减少化学农药使用量，还减少害虫为害损失率，同时实现保产增收、减损增效。这对新时期农业害虫综合防治科技创新提出了新要求。此外，大数据、生物技术等快速发展为从微观角度开展农业害虫防控研究提供了新的手段；大尺度生态学、现代信息技术等不断进步为从宏观水平创新害虫防治对策与技术提供了新的思路。

2018 年以来，在国家重点研发计划"两减"和"粮丰"专项、国家自然科学基金等项目的资助支持下，我国在东亚飞蝗、稻飞虱、烟粉虱、棉铃虫等重大农业害虫发生新规律新机制研究上取得了系列突破性进展，成功研发了抗虫作物、RNA 农药、行为调控产品、生态调控技术等害虫防治核心技术产品，创建了草地贪夜蛾、盲蝽、韭蛆、麦蚜等重要害虫绿色防控技术体系。上述科技创新与技术进步全力支撑新时期农业生产重大害虫科学防控和化学农药减量使用，保障粮食安全和重要农产品有效供给，助力脱贫攻坚和乡村全面振兴。本节将从农业害虫发生新规律新机制、农业害虫防治新技术新产品和农业害虫绿色防控新模式三个方面，系统分析近五年我国农业昆虫学研究主要前沿进展及面临的挑战，并提出应对策略。

二、学科发展现状

（一）农业害虫发生新规律新机制

1. 害虫变态发育与生殖调控机制

在内分泌激素系统调控下，害虫短时间内快速生长和大量繁殖是种群暴发致灾为害的重要因素。近年来，以棉铃虫、蝗虫、草地贪夜蛾等昆虫为研究对象，围绕蜕皮激素（20E）、保幼激素（JH）以及胰岛素样多肽（ILP）等内分泌激素调控作物害虫蜕皮、变态、生殖等发育的分子机理研究方面取得了重要进展。山东大学赵小凡教授团队通过挖掘和解析害虫蜕皮与变态生理过程中细胞膜上的激素受体，发现多巴胺受体和G蛋白偶联受体（GPCR）能够传递蜕皮激素20E信号通路进入细胞内，并触发表观遗传修饰从而抑制害虫取食促进变态的发生[1]。同时也鉴定出关键转录因子Krüppel-like factor 15介导了20E调控幼虫脂肪体糖代谢维持害虫蜕皮变态过程所需的能量供给[2]。华南师范大学李胜教授团队则证实棉铃虫变态后蛹早期脂肪体的解离是由基质金属蛋白酶MMP2主导调控，并且该分子机制在草地贪夜蛾、家蚕脂肪体解离调控中具有保守性[3]。河南大学周树堂教授团队在飞蝗和赤拟谷盗（*Tribolium castaneum*）的研究中发现，JH响应基因Kr-h1在幼虫期通过磷酸化修饰招募辅助抑制因子CtBP抑制E93基因的表达，起到阻止昆虫变态的作用[4]。内分泌激素系统的交互作用是蜕皮变态发育的调控基础，李胜教授团队发现表皮生长因子受体（EGFR）介导营养信号通路Ras/Raf/ERK信号通路作用于保幼激素酸甲基转移酶（JHAMT）促进昆虫体内JH合成[5]。西南大学程道军教授团队通过表观遗传学的手段解析了组蛋白乙酰化与DNA甲基化修饰调控蜕皮激素的合成的分子机制，并且发现JH信号通路早期关键响应基因Kr-h1和Hairy在该过程中发挥关键性调控作用[6, 7]。

强大的生殖能力为害虫灾变提供了种群基础，昆虫惊人产卵能力的解析也是发展害虫绿色防控技术的重要切入点。周树堂教授团队聚焦JH依赖的害虫生殖调控研究，针对飞蝗咽侧体、脂肪体、卵巢等生殖相关组织器官开展了系统性工作，解析了害虫大量卵黄发生的遗传调控基础。研究表明，JH作为促性腺激素能够作用于脂肪体，并促进脂肪体细胞多倍化和细胞稳态的维持，继而促进蝗虫生殖期大量卵黄生成[8]。围绕卵子生成过程中卵巢功能的研究发现，JH通过触发蛋白激酶C（PKC）激酶活性调控卵泡上皮细胞胞间通道的开放，促进来自脂肪体的卵黄原蛋白顺利通过"血-卵屏障"[9]。同时，在飞蝗和棉铃虫中发现保守的 JH 信号转导通路能够调控卵黄原受体 VgR 快速循环利用，促进卵母细胞大量积累卵黄蛋白，该机制的解析也为昆虫病原微生物母体垂直传播的理论研究和害虫绿色防控技术研究奠定了基础[10]。李胜教授团队的研究发现，JH 通过协同调控脂肪体与卵巢协同作用，进而调控了昆虫卵外形和卵的顺利产出[11]，借助多组学数据，对蝗虫、螳螂等的卵鞘生成机制进行比对分析，揭示了新亚翅目昆虫卵鞘生成的进化机制，阐释了害虫环境适应性种群繁殖的策略[12]。

2. 害虫滞育调控机制

滞育是昆虫长期适应逆境的重要生活史对策之一，对昆虫的种群基数维持、存活、生殖与进化都具有重要意义。昆虫滞育调控的生理生化机制已有系统研究，多组学、网络化调控的分子机制解析逐步深入。中山大学徐卫华教授团队发现线粒体呼吸链复合物 IV（COX IV）和 6- 磷酸葡萄糖脱氢酶（G6PD）这两种蛋白在诱导棉铃虫蛹滞育和活性氧 ROS 积累中发挥关键作用[13]。羰基还原酶 CBR1 通过 ROS/Akt/CREB 途径降低棉铃虫体内蛋白质的羰基水平以延长蛹滞育[14]。双叉头转录因子 FoxO 被证明可调节抗氧化基因的表达来降解自由基，是延长寿命的关键调节子。棉铃虫滞育蛹脑中上调的 ROS 首先活化 FoxO。活化的 FoxO 通过启动泛素化基因 Ubc 的表达，从而激活泛素蛋白酶体系统（UPS），被活化的 UPS 降解，减少转化生长因子 TGFβ 发育信号，导致脑的发育受阻，降低代谢活性，引起滞育的发生和蛹期的延长，证明 FoxO 是诱导棉铃虫蛹滞育，延长生命的关键基因，揭示了活性氧 ROS 通过 FoxO 延长蛹历期的新机制[15]。李胜教授团队研究发现脂肪体解离通过调控脂质代谢基因影响血淋巴中各类脂质的含量，从而影响蛹期发育、滞育的抉择。华中农业大学王小平教授团队通过对大猿叶虫（*Colaphellus bowringi*）内分泌信号的综合分析与系统筛查，发现保幼激素缺乏是诱导成虫生殖滞育的直接因素，阐明 Krüppel 同源物 Kr-h1 是调节生殖和滞育响应光周期调控的关键因子[16]。进一步研究揭示蜕皮激素可作为 JH 的上游调节信号参与生殖滞育发生，发现了蜕皮激素作为生殖滞育发生上游调控因子的新颖功能[17]。此外，热休克蛋白 HSP/ 辅助伴侣等调控网络与差异表达水平的激活依赖于越冬越夏的滞育状态与时期，可进一步诱导二化螟（*Chilo suppressalis*）、黑纹粉蝶（*Pieris melete*）等害虫滞育个体的耐热或抗寒能力[18-20]。microRNA 在昆虫滞育调控中起着重要的作用，研究明确 JH 初级应答基因 Kr-h1 和叉头转录因子 FoxO 分别是 microRNA let-7-5p 和 miR-2765-3p 的靶基因，证实了 JH 通过调控 let-7-5p-Kr-h1 和 miR-2765-3p-FoxO 反应链调控沙葱萤叶甲（*Galeruca daurica*）的生殖滞育[21, 22]。以上研究为解析昆虫滞育与发育可塑性机制提供了新视角，为利用昆虫生长调节剂调控滞育进而控制害虫提供新思路。

3. 害虫迁飞机制与规律

跨区域迁飞昆虫的种群数量年际间存在巨大波动，确定影响迁飞的关键因子是准确预测种群大小的关键，长期监测是阐明迁飞规律和成灾机制的基础。中国农科院植保所吴孔明研究员团队 2003 年起在渤海湾北隍城岛上利用昆虫雷达和高空测报灯等技术手段开展迁飞昆虫活动的长期监测，发现三十六科一百一十九种昆虫进行远距离迁飞，迁飞昆虫种群数量基本稳定，但蜻蜓目数量呈逐年下降[23]。通过 2003 年至 2020 年连续十八年对夜间迁飞过境昆虫的持续监测，发现迁飞天敌昆虫的丰富度呈显著下降趋势，夏季迁飞天敌昆虫的丰富度降低了 19.3%；天敌昆虫能显著抑制植食性昆虫的年际间种群增长，天敌昆虫的下降与多种重要农业害虫的种群上升有明显关联性；整个迁飞昆虫系统至少存在一百二十四对营养捕食关系（食物网），迁飞食物网天敌昆虫的生物量年均减少约 0.7%，食物网关系的连接性显著下降[24]。基于各类长期监测数据，南京农业大学胡高教授团队筛选出欧洲小红蛱蝶（*Vanessa cardui*）迁入量的两个关键环境因子：虫源区冬春季植被状况（反映虫源地种群大小）、迁飞季节的经向风风速，提出"虫源地种群大小耦合迁飞季节气象条件"的迁飞害虫种群数量预测的模型框架[25]；提出"海平面温度、西太平洋副热带高压、西南气流和降水"调控褐飞虱（*Nilaparvata lugens*）迁飞的控制模式，可用 3～4 月海平面温度来预测长江下游地区褐飞虱发生[26]；发现黏虫（*Mythimna separata*）夏季主要繁殖区华北地区受冷高压控制导致四代黏虫回迁成功概率低，9 月华北冷高压的位置可预测翌年黏虫种群是否暴发[27]。此外，迁飞昆虫对生态系统的影响越来越受到关注。吴孔明研究员团队揭示了重要天敌昆虫黑带食蚜蝇（*Episyrphus balteatus*）春夏季北迁和秋季南迁的季节性迁飞规律及其授粉网络[28]。

迁飞是昆虫应对不良环境的一种生活史策略。褐飞虱长、短翅型是其为适应环境因子改变动态权衡迁飞扩散与生殖策略的成功进化性状的典范。胰岛素通路主要感受各种糖和环境压力等变化的信号，已被证实与褐飞虱等多数昆虫的翅型分化相关[29]。贵州大学李飞教授团队发现褐飞虱体内 mircoRNA（*miR-34*）与胰岛素或胰岛素样生长因子信号（IIS）通路、昆虫激素等形成一个正向调控回路，协同调控翅型分化[30]。华中农业大学华红霞教授团队解析 Hox 基因 *Ultrabithorax* 在褐飞虱中独特的表达模式及其在翅型分化过程中的关键作用时，发现该基因也受 IIS 通路调控进而影响翅型分化[31]。浙江大学徐海君教授团队提出了 *Zfh1* 与 IIS 通路平行调控翅型分化的分子调控模式：褐飞虱长短翅的发育或取决于 Zfh1-FoxO 通路和 IIS-FoxO 途径的平衡[32]。经过以上团队的主要推动，IIS 信号转导参与的翅型分化调控通路得到了进一步的完善与发展。

进入基因组时代以来，运用组学技术研究昆虫迁飞机制逐渐成为热点，为开展相关机制研究提供了新的视角。中国农科院植保所江幸福研究员团队通过整合基因组学和转录组学数据，发现蛋白质加工、激素调节和多巴胺代谢等通路的相关基因可能参与黏虫迁飞行为的调控；结合迁飞行为分析表明，黏虫神经肽（*AT*）通过调节保幼激素滴度以协调迁飞与生殖的耦合关系，而隐花色素（*Cry2*）、磁受体（*MagR*）参与了昆虫迁飞的磁定向过程[33]。吴孔明研究员团队对迁飞型和居留型小地老虎（*Agrotis ypsilon*）进行转录组学分析发现昼夜节律相关基因可能与其季节性迁飞有关。此外，JH 信号通路和能量代谢通路基因可能在昆虫迁飞过程中发挥作用[34]。

4. 害虫与共生微生物互作机制

有的共生微生物分布于昆虫特化的细胞 – 含菌细胞内，或者分布于昆虫几乎所有类型的细胞内（不局限于特定的昆虫细胞）。例如，烟粉虱含菌细胞携带专性共生菌 Portiera 和一至多个兼性共生菌。粉虱含菌细胞携带的兼性共生菌的作用一直是个谜。沈阳农业大学栾军波教授团队研究表明，烟粉虱含菌细胞共生菌 Hamiltonella 通过调控宿主受精及合成五种 B 族维生素影响粉虱后代性比[35]。烟粉虱含菌细胞母系遗传到后代后，母系遗传的含菌细胞在雌虫中增殖而在雄虫中衰退，证明了细胞分裂仅出现在雌虫含菌细胞中，而细胞自噬和凋亡在雄虫含菌细胞中诱导发生；并发现转录因子 Adf-1 在雌虫含菌细胞的表达量显著高于在雄虫含菌细胞的表达量；发现沉默 Adf-1 减少了雌虫含菌细胞的数量，诱导了细胞自噬和凋亡。该研究揭示了昆虫雌雄虫能通过分子和细胞重塑影响含菌细胞的发育，促进了对于昆虫含菌细胞的形成、维持和消亡机制的理解[36]。细菌源水平转移基因在烟粉虱含菌细胞高表达。研究发现粉虱水平转移基因 panBC 与 Portiera 可协作合成维生素 B5（泛酸），泛酸能够调控烟粉虱和 Portiera 的适合度[37]。进一步研究发现，一个烟粉虱 miRNA 能够调控 PanBC 蛋白在含菌细胞高表达，从而介导 panBC 与 Portiera 的协作合成泛酸[38]。水平转移基因也能为粉虱合成维生素 B7（生物素），提高了粉虱适合度，促进了共生菌传播[39]。含菌细胞共生菌 Portiera、Hamiltonella 和含菌细胞外分布的共生菌 Rickettsia 基因组都含有赖氨酸合成途径的大多数基因。发现缺失 Hamiltonella 不影响烟粉虱赖氨酸含量；烟粉虱水平转移基因与 Portiera 和 Rickettsia 协作合成赖氨酸，从而促进烟粉虱与一个专性共生菌和一个兼性共生菌的共生关系[40]。浙江大学刘树生教授和栾军波教授团队研究揭示了 Rickettsia 随着烟粉虱的卵子发生和胚胎发育，达到和进入子代体内的途径与机制[41]。南京农业大学洪晓月教授团队研究发现，共生细菌 Wolbachia 能够通过合成维生素 B2（核黄素）和 B7 来补充稻飞虱食料中所缺少的维生素，进而提高稻飞虱的种群增长[42]。将灰飞虱（Laodelphax striatellus）感染的 wStri Wolbachia 株系转入到褐飞虱体内不仅诱导高强度的细胞质不亲和表型，并以不同的释放比例替换实验室饲养的野生种群，也能显著抑制褐飞虱传播水稻齿叶矮缩病毒病[43]。有的共生微生物分布于昆虫的细胞外，如在昆虫的表皮或肠道。华南农业大学程代凤教授和陆永跃教授团队的研究发现，橘小实蝇（Bactrocera dorsalis）雄虫直肠中的芽孢杆菌可协助雄虫合成性信息素，高效引诱雌虫完成交配[44]。

5. 害虫对杀虫剂的抗性机制

害虫在杀虫剂的持续选择压力下，容易诱导对杀虫剂产生抗药性，严重影响了杀虫剂的可持续利用与害虫高效治理。近年来，中国农科院蔬菜所张友军研究员团队在蔬菜害虫抗药性分子机制方面取得系列重要突破性研究进展。在烟粉虱对新烟碱类化学杀虫剂抗药性分子机制方面，研究发现丝裂原活化蛋白激酶（MAPK）信号通路通过激活转录因子环磷腺苷效应元件结合蛋白（CREB）调控了细胞色素 P450 基因 *CYP6CM1* 过量表达，从而导致烟粉虱对烟碱类杀虫剂吡虫啉产生抗药性[45]。细胞色素 P450 基因 *CYP4C64* 基因上游 5′–UTR 区的点突变引发 m⁶A RNA 甲基化修饰，从而激活了细胞色素 P450 基因 *CYP4C64* 的过量表达，导致烟粉虱对新烟碱类杀虫剂噻虫嗪进化产生抗药性[46]。在小菜蛾对 Bt 生物杀虫剂抗药性分子机制方面，该团队发现小菜蛾中肠细胞中两种主要的昆虫激素（蜕皮激素 20E 和保幼激素 JH）含量升高及其串扰可以通过 SE2 逆转座子插入突变增强转录因子 FOXO 招募从而转录激活 MAPK 信号途径上游关键基因 *MAP4K4*，然后转录激活的 MAP4K4 进一步磷酸化激活 MAPK 信号途径下游四级信号级联放大路径［MAP4K4—MAP3K（Raf 和 MAP3K7）—MAP2K（MAP2K1、MAP2K4 和 MAP2K6）—MAPK（ERK、JNK 和 p38）］，随后通过 FTZ–F1 和 GATAd 等关键转录因子反式调控 Bt 受体基因（*ALP*、*APN1*、*APN3a*、*ABCB1*、*ABCC2*、*ABCC3*、*ABCG1*）表达量下调和非受体同源基因（*APN5*、*APN6*、*ABCC1*）表达量上调，最终使小菜蛾在维持正常生长发育、无任何适合度代价的前提下对 Bt 进化产生完美的高抗性[47-50]。

中山大学张文庆教授团队发现水稻害虫褐飞虱细胞色素 P450 基因 *CYP6ER1* 和 *CYP6AY1* 的过量表达使其对新烟碱类杀虫剂吡虫啉产生抗药性，同时也导致体内活性氧（ROS）的大量产生，影响生长发育导致适合度代价产生；而抗性褐飞虱携带修饰等位基因 T65549A 的启动子突变可通过上调过氧化物酶基因 *NlPrx* 的表达水平来增强其消除 ROS 的能力，从而实现抗性和发育权衡[51]。南京农业大学吴进才教授团队系统总结了杀虫剂的大量不合理使用一方面可以杀死田间褐飞虱等害虫的天敌，刺激害虫生殖的生理和分子机制，诱导产卵量增加，飞行能力增强；另一方面还能影响寄主植物的生理生化过程导致其抗性下降，使之有利于害虫的取食和生殖，最终加速害虫对杀虫剂抗性的形成，导致飞虱类害虫在田间再猖獗[52]。

6. 害虫与寄主植物的化学通信机制

昆虫通过嗅觉系统对不同气味分子的识别来调控栖息地的选择、觅食、求偶、交配与繁殖等行为。昆虫由于其嗅觉系统高度灵敏，一直都是化学通信机制研究的理想材料。中国农科院植保所王桂荣研究员团队对重大农业害虫棉铃虫气味受体基因家族的功能进行了系统研究，绘制了棉铃虫气味受体家族编码寄主植物挥发物的功能图谱，揭示了棉铃虫气味受体通过组合编码的方式识别复杂的寄主挥发物，阐明了昆虫识别寄主植物挥发物的基本原理，加深了我们对昆虫与植物协同进化过程的认识，以这类关键的嗅觉受体为靶标可以发展环境友好的害虫行为调控绿色防控技术[53]。对植物 – 蚜虫 – 天敌昆虫互作中重要的化学线索反 –β– 法尼烯（EBF）的来源、生态学功能及其介导的天敌昆虫嗅觉识别的分子机制的研究，明确了大灰优食蚜蝇（*Eupeodes corollae*）成虫和幼虫可感受不同浓度的 EBF，幼虫利用蚜虫来源的 EBF 对其进行近距离定位，而成虫能够识别植物来源的 EBF 对蚜虫为害的植株进行远距离搜寻。从分子水平解析不同来源的 EBF 对天敌昆虫的调控作用，打破了蚜虫来源的 EBF 作为利他素远距离吸引天敌昆虫的认知，为充分利用 EBF 这一重要的化学线索，科学合理地开发天敌昆虫行为调控剂奠定理论基础[54]。

在寄主植物信号调节害虫产卵行为方面，南京农业大学董双林教授团队鉴定了吸引小菜蛾产卵的三种关键的十字花科植物异硫氰酸酯气味物质，小菜蛾利用两个专门的气味受体（OR）对十字花科植物的标志性异硫氰酸盐气味进行感受，从而使雌蛾有效地识别并定位产卵寄主，从嗅觉角度揭示了十字花科植物专食性昆虫的寄主适应机制[55]。中科院动物所王琛柱研究员团队发现一个气味受体 OR31 在烟青虫的产卵器中高表达，能够探测寄主植物散发的气味物质顺 -3- 己烯丁酸酯，帮助烟青虫确定产卵的准确位置[56]。

在害虫与寄主植物互作中的植物信号调节方面，浙江大学胡凌飞研究员团队在水稻中解析了虫害诱导挥发物吲哚对草地贪夜蛾幼虫抗性的影响以及调控早期防御信号的机理，提出了吲哚调控植物抗虫性的作用模型，为虫害诱导挥发物在植物防御启动中的调节潜力和作用模式提供了基础[57]。中科院李建彩研究员团队研究表明植物通过调节新陈代谢，避免了代谢分子的自身毒性，同时又获得对植食性昆虫的防御能力。该研究解析了 17-HGL-DTGs（17-hydroxygeranyllinalool diterpene glycosides）的生物合成途径，并表明烟草保留了 17-HGL-DTG 的防御功能，同时又通过精确调控类萜糖苷配基修饰以避免对自身的毒性，为今后开发植物防御分子和天然产物提供有利的工具[58]。中科院毛颖波研究员团队在棉铃虫口器分泌物中发现一个效应子 HARP1 可以与拟南芥、棉花等多种植物中茉莉素信号的核心组分 JAZ 阻遏蛋白互作，通过与 COI1 蛋白竞争性结合 JAZ，从而稳定 JAZ 的蛋白水平，抑制 JA 防御信号途径。研究还发现 HARP1 类蛋白在鳞翅目昆虫中广泛存在并在夜蛾科昆虫中较为保守，有助于昆虫在与宿主植物共同进化过程中对宿主植物的适应[59]。

在昆虫利用植物化学信号进行种间交流和竞争方面，河南大学李云河研究员团队发现当褐飞虱侵害水稻时，会诱导水稻释放信息挥发物，显著引诱褐飞虱的天敌蜂稻虱缨小蜂（*Anagrus nilaparvatae*）。然而，二化螟为害诱导水稻挥发物可显著排斥稻虱缨小蜂。当褐飞虱与二化螟共同为害水稻时，二化螟诱导水稻挥发物发挥主导作用，掩盖了褐飞虱为害诱导的水稻挥发物，导致稻虱缨小蜂无法通过水稻挥发物准确定位褐飞虱卵，显著降低褐飞虱卵被寄生的风险。这意味着，二化螟为褐飞虱创造了有利条件。事实也证明，褐飞虱进化出了可以积极利用这一现象的能力，它们更偏爱在那些被二化螟为害过的稻株上取食和产卵[60]。

7. 害虫对植物抗虫性的适应机制

植物在长期进化适应中获得了通过合成大量的抗虫物质来抵御害虫的侵害的能力。在植物抗虫性方面，浙江大学娄永根教授团队和舒庆尧教授团队研究发现在植物体内 5- 羟色胺和水杨酸的生物合成起自共同的源头物质分支酸，两者的生物合成存在相互负调控现象。当抗性水稻品种受到害虫（褐飞虱、二化螟等）为害时，水稻中合成 5- 羟色胺的基因 CYP71A1 转录不被诱导，从而导致水稻中水杨酸含量升高和 5- 羟色胺含量降低；而感虫品种受到害虫为害时，害虫可促进 CYP71A1 的转录，从而引起水杨酸含量下降和 5- 羟色胺含量上升。因此，褐飞虱和水稻之间的"军备竞赛"，一定程度上体现在对水稻 5- 羟色胺生物合成的调控[61]。娄永根教授团队还筛选获得多个候选化学激发子，其中，4- 氟苯氧乙酸能诱导水稻细胞中类黄酮聚合物颗粒的沉积，并由此而引起稻飞虱口针难以抵达韧皮部，以及口针内食物道堵塞，导致获取食物困难而死亡[62]。进一步分析千里光（*Jacobaea vulgaris*）入侵种群挥发物的进化变化及其组成和诱导挥发物各自的防御作用，揭示了挥发物介导的直接和间接防御驱动了植物的进化，证实了植物挥发物的重要防御功能[63]。

在害虫对植物抗虫性的适应机制方面，张友军研究员团队首次发现烟粉虱通过水平基因转移方式获得了寄主植物的次生代谢产物解毒基因—酚糖丙二酰基转移酶；并利用该基因代谢寄主植物中广泛存在的酚糖类抗虫次生代谢产物，通过巧妙的"以子之矛，攻子之盾"的方式对寄主植物产生了广泛的适应性[64]。浙江大学王晓伟教授团队发现烟粉虱在刺吸植物汁液时能够分泌唾液蛋白 Bt56 并将其注入植物叶片，通过 Bt56 蛋白与植物中的转录因子 NTH202 互作激活植物的水杨酸信号途径，进而抑制植物的茉莉酸途径引起的抗虫防御反应，促进烟粉虱的存活与繁殖[65]。张友军研究员团队发现烟粉虱能够操纵寄主番茄的防御反应，通过诱导水杨酸信号途径抑制对其有防御作用的茉莉酸信号途径；进一步的研究发现烟粉虱在取食过程中分泌的唾液蛋白 BtFer1 和 BtE3 能够抑制番茄产生的氧化应激反应和茉莉酸防御反应，并能够抑制胼胝质沉积增加和蛋白酶抑制剂的产生，因而促进烟粉虱的寄主适应性[66, 67]。宁波大学陈剑平院士和张传溪教授团队通过干扰稻飞虱特有的并且在唾液腺特异表达的基因 LsSP1，发现 LsSP1 对生殖、蜜露分泌和取食均有显著影响。粘蛋白样蛋白 LsMLP 是灰飞虱唾液鞘主成分，在取食过程中不可或缺，发挥润滑和保护口针的作用。植物免疫系统会识别 LsMLP，激活水稻抗虫防御。为应对 LsMLP 引起的水稻防御，灰飞虱在取食过程中分泌唾液蛋白 LsSP1，一方面结合在 LsMLP 周围，避免了 LsMLP 被植物免疫识别；另一方面通过破坏半胱氨酸蛋白酶与水杨酸通路的正反馈调控回路进而抑制水稻抗虫防御。研究揭示了灰飞虱唾液鞘蛋白 LsSP1 促进取食的同时，尽可能地抑制唾液激发子引起的植物防御的新机制[68]。

昆虫可以直接抵抗植物的防御反应，还可以通过互利共存的生态策略发展其对寄主的适应能力。李云河研究员团队发现，生态位不同的昆虫能够协同作用抑制寄主植物的防御反应。二化螟取食水稻能够显著降低水稻中的一些不利于褐飞虱生长发育的甾醇类物质含量，显著促进褐飞虱生长发育；褐飞虱和二化螟共同为害水稻时，能够抑制二化螟单独为害时引起的水稻防御反应（茉莉酸和蛋白酶抑制剂增加），进而完全消除对后来二化螟幼虫适合度的负面影响[60]。张友军研究员团队发现虫害诱导绿叶挥发物顺 -3- 己烯醇能够诱导番茄的茉莉酸防御反应以及胼胝质的合成，增强了番茄对烟粉虱及其传播的番茄黄化曲叶病毒（TYLCV）感染的抗性[69, 70]。

8. 害虫对作物种植结构调整的响应机制

农作物种植结构显著影响害虫生存的生态环境、食物资源和有益天敌对害虫的生物控害功能，可显著调节害虫的种群发生。华东理工大学万年峰研究员团队通过分析全球两千九百余组多种与单或纯种植物种植模式的比较试验，发现农田、草原和森林系统添加其他植物种类，提高了捕食性天敌的丰度和捕食率、寄生性天敌的丰度和寄生率，降低了植食性昆虫的丰度和为害程度，提升作物产量与品质以及植物生产力。进一步整合全球四百一十三个植物多基因与单或纯基因的比较试验，发现植物多基因与单或纯基因对增加农田、森林、草原等生态系统中的天敌及其增强控害效果并无显著影响，在主栽植物田块间套作同种作物的其他一个品种，便可实现对植物病虫草的控制[71, 72]。中国林业大学肖海军教授团队针对长江中下游稻区不同植被景观构成，以水稻为主到以半自然栖息为主的梯度差异稻田生境下，天敌可以显著抑制褐飞虱种群的增长，小规模稻田景观下害虫为害损失和天敌生物防治效率在很大程度上与小规模农田景观背景无显著相关，为保持高水平的生物防治潜力，须适当维护小规模农田景观特征[73]。水稻二化螟种群数量随稻田面积比例的增加而增加，越冬幼虫寄生率与二化螟越冬基数显著正相关，但与景观结构水平的非作物生境比例无显著关联，寄生蜂在景观水平上的反应具有物种特异性。研究明确天敌生物控害功能中上行效应的级联现象，水稻种植模式时空差异塑造了害虫种群压力和天敌寄生动态，生境更加多样化的稻田景观二化螟种群数量相对降低[74]。十字花科蔬菜、水体养殖和显花植物等多品种复合种养结构亦有利于增加害虫捕食者的数量和多样性，减少了农药使用量并提高了蔬菜产量[75]。山东省农科院植保所戈峰研究员团队利用新建立的生态控制服务指数方法对害虫控制进行定量评价，发现作物多样性具有高效控制作用，小麦 – 玉米 – 棉花轮作生态系统有助于增加优势天敌的数量，进而减少棉蚜数量，轮作生态系统中可利用的猎物资源和玉米作为作物栖息地有利于维持捕食者天敌种群及其生态控害服务[76]。

中国农科院植保所陆宴辉研究员团队研究表明，农田景观系统中小宗作物、非作物生境有利于棉田捕食性天敌的丰富度、多样性[77]。农田景观系统中资源的连续性对瓢虫种群保育的重要作用，景观尺度、田块尺度上作物种植结构布局、非作物生境和农田管理措施等多因素共同作用于天敌昆虫[78, 79]。农田景观的单一性增加了多食性害虫棉铃虫对次要寄主核桃的危害[80]；农作物景观组成对瓢虫、蚜虫寄生蜂等天敌昆虫的多样性及其生态控害作用存在明显的调节作用，且具明显时空效应差异，在不同作物生长季节，景观中不同非作物生境对天敌的控害功能调节不同，植被组成与特征是导致差异的重要因素；寄生蜂的控蚜功能受外部景观格局和内部食物网结构的综合影响[81-83]。

9. 害虫对全球气候变化的响应机制

全球气候变化以气候变暖和极端高温事件频发为最明显的两大特征，对害虫的发生及其为害趋势产生了深刻影响。中国农科院植保所马春森研究员团队提出了研究昆虫响应极端高温的新方法，同时考虑了极端高温对昆虫的影响和昆虫在高温发生间隔期间的自我恢复，可解析发生在任一时间尺度的极端高温事件。极端高温在分子、生理等个体和种群水平对昆虫造成一系列影响，改变了昆虫的物候、化性和数量，最终对群落结构、种间关系和生态系统功能造成显著影响[84]。昆虫对极端高温的响应具有多重机制。微栖境气候的多样性为害虫应对极端气候提供了庇护所，体温调节和生活史变化可以减轻昼夜和季节温度变化对害虫的影响，耐热等性状的快速进化使昆虫能够适应长期的气候变化。在此基础上，提出了将害虫对气候变化的缓解效应纳入预测模型，以改进气候变化下的害虫预测技术[85]。中国农业大学李志红教授团队针对橘小实蝇全球扩散路径不明、热适应性机制不清的科学问题，通过构建单核苷酸多态性位点数据库、全基因组关联分析及 RNAi 验证，揭示了橘小实蝇起源于印度南部地区，并在贸易和移民等活动的驱动下，通过三条独立的扩散路径在全球扩散；同时发现可显著提高橘小实蝇热适应性及入侵适应力的基因，为橘小实蝇的进化历程和温度适应性的遗传基础提出了新见解[86]。

气候变化通过扩展越冬区域和周年适生区促进害虫抗药性的发展。为了揭示气候变化和害虫抗药性间的关系，通过室内模拟和田间验证，解析出制约小菜蛾越冬的关键气候因子，构建出越冬存活模型。发现河南驻马店及具有相近冬季低温积温的地区是小菜蛾越冬的边缘地带，未来平均气温每上升 1℃，越冬区将扩大约二百二十万平方千米。越冬研究及对全球四十年一千八百零六条小菜蛾抗药性的数据分析，发现越冬区小菜蛾的抗药性是非越冬区的一百五十八倍。因此气候变化通过改变害虫越冬存活，改变全球害虫的分布及其抗药性[87]。福建农林大学尤民生教授团队对全球六大洲的五十五个国家和地区的一百一十四个样点采集的小菜蛾样本进行全基因组重测序，利用景观基因组学和基因编辑技术，预测和验证了全球小菜蛾的气候适生性。预计在 2050 年的未来气候背景下，全球大部分地区小菜蛾的栖息地适合度不会发生剧烈变化，很大可能将保持它们现有的为害状态。随着未来温度的升高，小菜蛾的周年适生区将进一步扩大[88]。

气候变化还对昆虫种间关系、多种害虫及其导致的虫媒病害发生，以及“植物 – 害虫 – 天敌”关系产生深远影响。气候变化通过改变原有的种间关系，使害虫的优势种发生变迁。马春森研究员团队发现了气候变化驱动麦蚜优势种变迁的生态进化机制。发现禾谷缢管蚜（*Rhopalosiphum padi*）和麦长管蚜（*Sitobion avenae*）耐热性的生态进化过程有明显差异：在经历多次高温选择后，禾谷缢管蚜通过快速进化提高了耐热性，而麦长管蚜则对高温产生了不利的跨代可塑性响应，降低了耐热性。在气候变暖趋势下，相对于麦长管蚜，禾谷缢管蚜具有更强的进化潜力，可能会逐渐取代麦长管蚜在中国小麦种植区的优势种地位[89]。气候变暖改变害虫 – 天敌种间关系的新机制：与平均温度升高相比，符合自然界气候变化特征的夜间变暖对瓢虫 – 蚜虫系统产生截然不同的生物学效应。平均温度升高抑制瓢虫对蚜虫的控制作用，而夜间温度升高能够维持这种作用。因此，应在自然变温下研究害虫与天敌关系及害虫生物防治效率[90]。气候变暖还导致虫媒植物病害传播模式的变化。研究发现黑腹果蝇（*Drosophila melanogaster*）和斑翅果蝇（*D. suzukii*）共存关系是一种偏利效应，可促进黑腹果蝇的种群增长，但对斑翅果蝇影响不大。气温升高后，斑翅果蝇可产生更多伤口，提供黑腹果蝇更多的产卵地点，从而有利于酸腐病的加速传播[91]。浙江大学周文武教授团队以"马铃薯–马铃薯块茎蛾（*Potato tuberworm*）寄生蜂"为模式系统，发现高温处理后植物挥发物释放受到抑制，块茎蛾和赤眼蜂对高温和常温处理植株的选择偏好性均被极大削弱。证明环境高温能影响农作物挥发物的释放，挥发物的类型和含量又会影响作物–害虫–天敌三者的生态关系[92]。

（二）农业害虫防治新技术新产品

1. 抗虫作物

为防治重大多食性害虫棉铃虫，二十世纪九十年代末，我国黄河流域率先商业化种植转 Bt 基因抗虫棉花（简称 Bt 棉花），随后 Bt 棉花种植面积占比逐年提高，2004 年以后基本稳定在 100%。大规模种植的 Bt 棉花在整个农田生态系统中形成了集中诱卵杀虫的棉铃虫死亡陷阱，从而破坏了棉铃虫季节性寄主转换的食物链，明显减轻了对玉米、花生、大豆等其他寄主作物的危害。近些年，黄河流域棉花种植规模快速压缩，与 2007 年相比，2019 年种植面积下降幅度达 80%。陆宴辉研究员团队发现，随着 Bt 棉花种植面积大幅减少，Bt 棉花对农田生态系统中棉铃虫种群发生的控制能力明显减弱，导致棉铃虫区域性种群数量不断增加，2019 年棉铃虫成虫上灯数量上升至 2007 年的 1.9 倍。Bt 棉花对棉铃虫幼虫依然高效控制，因此 Bt 棉田棉铃虫幼虫为害一直很轻。但玉米、花生、大豆等其他寄主作物上棉铃虫幼虫发生程度、为害损失不断加剧，用于棉铃虫防治的杀虫剂使用量不断增加，2019 年杀虫剂的单位面积使用量是 2007 年的 2.0 ~ 4.4 倍[93]。上述研究进一步证实了 Bt 棉花对调控棉铃虫区域种群发生的有效性，也为今后 Bt 作物的科学布局及其在害虫防控中的应用，以及基于农田景观格局的害虫区域防控策略的创新提供了科学借鉴与理论依据。

玉米已是当前我国的第一大粮食作物，玉米螟、黏虫和棉铃虫等鳞翅目害虫是影响我国玉米生产和品质的主要因素。2018 年底，世界重大害虫草地贪夜蛾入侵，加大了害虫对玉米生产的危害程度和粮食安全风险[94]。2019 年至 2020 年，吴孔明研究员团队在我国主要玉米产区系统评价了转 cry1Ab 与 epsps 基因抗虫耐除草剂玉米 DBN9936 和转 cry1Ab/cry2Aj 与 G10evo-epsps 基因抗虫耐除草剂玉米瑞丰 125 对鳞翅目靶标害虫的控制效果，以及在不使用化学杀虫剂情况下的玉米产量和虫害引起的生物毒素含量变化。研究表明，DBN9936 和瑞丰 125 在玉米苗期、拔节期和穗期均有效控制了草地贪夜蛾、玉米螟等鳞翅目害虫的发生与危害。与不施用化学杀虫剂的常规玉米相比，DBN9936 和瑞丰 125 品种对草地贪夜蛾和玉米螟等鳞翅目害虫有 61.9% ~ 97.3% 的控制效果，可减少 16.4% ~ 21.3%

的玉米产量损失。此外，玉米籽粒因虫害引起微生物感染产生的伏马毒素和黄曲霉素等生物毒素的含量降低了85.5%～95.5%[95]。因此，Bt抗虫玉米可作为我国草地贪夜蛾等害虫综合治理的关键技术。

2. RNA农药

基于RNAi的害虫控制理念能够起到良好的病虫害控制效果，以RNAi为核心的病虫害防控技术被誉为农药史上的第三次革命，但RNA农药的创制仍然存在几个关键的重要瓶颈问题。

低剂量高效RNAi靶标基因的筛选，获得靶标有害生物高效致死的RNAi靶标基因是研制RNA农药的关键问题之一。目前，已经获得大量重要害虫的靶标基因，但不同种类害虫的RNAi效率不同，限制了其在病虫害防控领域的应用。现有研究表明，鞘翅目、直翅目等昆虫RNAi效率高，而一些鳞翅目、半翅目昆虫RNAi效率低，高效致死作用的靶标基因筛选也相对困难，这主要与昆虫肠道环境、RNAi通路机制存在差异相关[96]。在有害生物靶标基因筛选时，需要充分考虑同一靶标基因在不同物种中行使的功能并不完全一致、不同作用机制的靶标基因可能产生抗性程度存在差异、不同物种中RNAi作用机制存在差异等因素均会影响RNAi的致死效果。

RNA农药载体的设计与合成是RNA农药研制的另一个关键问题。靶标有害生物的dsRNA吸收效率低，同时免疫系统会阻止外源dsRNA进入自身细胞并将其降解，从一定程度上降低了基因的干扰效率。近年来，以纳米材料为载体高效携带外源核酸，诱导基因转化和实现高效RNAi已成为国内外研究的热点。目前应用较为成熟的核酸型纳米载体包括壳聚糖、脂质体、聚乙烯亚胺、聚酰胺 – 胺树枝状聚合物等[97]。在害虫防控领域的研究多以饲喂方式为主，南京农业大学韩召军教授团队于2019年分别利用壳聚糖和脂质体递送dsRNA，饲喂二化螟幼虫，致死率分别达到55%和32%[98]。纳米载体可以高效保护dsRNA免受酶解，大幅提升了它在工作环境下的稳定性，同时可以激活细胞的胞吞作用，增加dsRNA的递送效率，但目前应用的纳米载体成本较高，限制了其在病虫害防控领域的应用[99, 100]。北京化工大学尹梅贞教授和中国农业大学沈杰教授团队成功开发了农田应用型纳米载体，大幅降低了纳米载体合成成本，创制了一种纳米载体介导的dsRNA经皮递送系统，将纳米载体/dsRNA复合物点滴于靶标有害生物，纳米载体即可高效递送dsRNA，打破昆虫体内的器官基底膜、细胞膜和肠道围食膜等屏障，实现高效的RNAi[101, 102]。通过这种简便的体壁渗透法，可实现对害虫靶标基因的高效干扰，为利用害虫关键基因控制其发生为害提供技术支撑。

进行大规模基因功能验证或研发RNA农药离不开高效、经济、简便的dsRNA合成方法。利用大肠杆菌HT115（DE3）可以在低成本的基础上实现dsRNA的量产。HT115（DE3）是一个RNase Ⅲ缺陷型菌株，通过在rnc基因内部插入Tn10转座子使其无法表达产生RNase Ⅲ，从而避免了dsRNA的降解，可以极大降低合成成本，简化合成步骤。为了进一步提升 dsRNA 产率，沈杰教授团队建立了一种新型大肠杆菌表达系统，利用基因编辑、同源重组等技术对大肠杆菌 BL21（DE3）实施 rnc 基因的无痕敲除，使其无法表达降解外源 dsRNA 的 RNase Ⅲ酶，再通过构建带有 T7 启动子的 RNAi 干扰载体来实现 dsRNA 的高效表达。新型大肠杆菌表达系统的 dsRNA 产量可达 4.23μg/mL，约是目前常用的 L4440-HT115（DE3）大肠杆菌表达系统的三倍[103]。

3. 行为调控产品

近年来，我国引诱剂、食诱剂和迷向剂等行为调控产品及其技术研发进展迅速[104,105]，在害虫的监测和防治中广泛应用。根据我国草地贪夜蛾性信息素的地域特异性，鉴定到多个活性新组分，对现有性诱剂进行优化和改造[106, 107]，开发了适用于我国草地贪夜蛾监测的性诱剂产品[108]。中科院黄勇平研究员团队对酿酒酵母进行改造并转入性信息素合成酶基因，成功以葡萄糖为底物从头合成了棉铃虫的两个主要性信息素组分 Z11-16:Ald 和 Z9-16:Ald，使得以低成本大规模生产昆虫性信息素成分变得可行[109]。程代凤教授和陆永跃教授团队揭示了橘小实蝇直肠中的芽孢杆菌协助雄虫合成性信息素的新机制，拓宽了性信息素化合物高效合成的手段[44]。中科院动物所康乐研究员团队发现和确立了 4- 乙烯基苯甲醚（4VA）是飞蝗群聚信息素，不仅揭示了蝗虫群居的奥秘，也为通过群聚信息素调控飞蝗行为奠定了理论基础[110]。中国农业大学杨新玲教授团队以 E-（β）-Farnesene、水杨酸甲酯等植物挥发物为靶标进行新活性分子设计和筛选，借助计算机辅助分子设计技术，设计合成了一系列天然植物挥发物水杨酸甲酯的衍生物，成功筛选到具有 "推拉" 双重作用，且对蜜蜂安全的新型绿色蚜虫控制剂[84]。陆宴辉研究员团队研究发现取食低剂量氯虫苯甲酰胺能显著降低棉铃虫、黄地老虎（*Agrotis segetum*）、小地老虎（*Agrotis ypsilon*）的成虫迁飞能力、繁殖能力及卵孵化率，在生物食诱剂中添加一定量的杀虫剂可以实现高效诱杀鳞翅目害虫成虫，从而实现虫源控制[111, 112]。

针对昆虫对特定光波、灯光和颜色的趋性的原理，利用诱虫灯和色板来诱杀害虫也是重要的行为调控手段。中国农科院茶叶所陈宗懋研究员团队基于茶园主要害虫和茶园优势天敌的趋光光谱差异，确定茶园害虫精准诱杀 LED 光源，并结合风吸负压装置研发出了窄波 LED 杀虫灯。针对传统黄板对天敌昆虫有较大误杀的问题，发现红色对茶园膜翅目天敌和瓢虫有驱避作用，研制了黄红双色诱虫板。与市售常规色板相比，夏秋季黄红双色的天敌友好型色板对小贯绿叶蝉（*Empoasca onukii* Matsuda）诱捕量分别提升 29%、66%，对天敌的诱捕量分别平均下降 30%、35%。黄红双色板在春茶结束修剪后使用，可使茶小绿叶蝉发生高峰期虫口至少减少 30%[113]。

将多种行为调控技术进行联合使用，可以提高害虫防治的效果。中国农科院植保所雷仲仁研究员团队系统阐述了斑潜蝇和蓟马的视觉行为反应及对不同波长光波的敏感性差异，明确了诱集斑潜蝇和蓟马的适宜颜色和最佳波长范围[114]；结合引诱剂、增效剂、缓释剂，创新了高效引诱物质与特定波长色板相结合的高效诱虫板生产技术，建立了黏虫胶和引诱剂的二次喷涂技术流程，研发出针对蓟马和斑潜蝇的特定波长加诱剂的高效诱捕型篮板、信息素全降解诱虫板、蝇类特定波长加信息素诱集自动计数装置等多种绿色防控产品，取得了很好的经济、社会和生态效益。

4. 生态调控技术

利用生物多样性防控农业害虫是一项安全可行、生态环保的害虫防控技术。在功能植物调节天敌与害虫互作方面，北京农林科学院植保所王甦研究员团队发现人工引入功能植物（蜜源和栖境植物等）以及化学诱集物质（人工合成的植物或昆虫化学信息素）等增效因子，通过对天敌昆虫的诱集吸引及营养物质补充等作用，帮助天敌昆虫定殖和扩散助迁，实现可持续控害。揭示化学挥发物缓释和功能植物可产生交互作用，共同影响天敌昆虫的捕食行为、扩散能力和搜寻猎物的能力，二者合理的空间布局可以显著提升生物防治效果，明确化学信息物与功能植物联用对天敌昆虫生防作用的增效机制[115]。中国农科院植保所陈巨莲研究员团队发现蚕豆和玉米分别具有作为驱避植物（Push）和陷阱植物（Pull）的潜力，引入小麦间作系统可用于草地贪夜蛾的防控[116]。增施适量氮肥可通过介导麦田土壤碳氮比、麦株游离氨基酸以及周围麦田间瓢虫和寄生蜂种群密度变化幅度的提高，从而提升景观尺度内天敌控害作用和作物产量[117]。

在农作物周边间作套种功能植物或作物生境多样化提升天敌控害功能方面，戈峰研究员团队基于作物田间作显花植物与害虫的关系研究，从科学种草治虫角度，把天敌工厂搬到了田间地头，通过将作物与蛇床草野花带的间作有效控制小麦和棉花害虫。在有花带的田块中，花带距离地块作物 14.6m 范围内均能有效抑制虫害。花带可提高天敌丰度，显著抑制蚜虫等害虫种群，可有效减少小麦、棉花等作物对杀虫剂的使用需求[118]。在无杀虫剂的苹果园中，间作开花功能植物有助于增加瓢虫等捕食者的数量和促进天敌迁移，提升对苹果蚜虫的生物控制[119]。

在农田生态系统调节天敌生态控害功能方面，万年峰研究员团队发现，多物种共同培养的生态系统可显著降低植食性害虫的丰度，增加天敌多样性和丰度，减少杀虫剂的使用量。捕食性天敌昆虫的丰度、物种丰富度（或多样性）与作物产量之间存在显著的正相关关系。与单一栽培相比，植物多样化处理的桃园中天敌的丰度增加了 38.1%，植食性害虫的丰度减少了 16.9%，天敌的水平、垂直、时间和三维生态位通常较宽，而植食性害虫的这些生态位较窄，证实植物多样化通过塑造植食性害虫和天敌的生态位来促进生物控害服务[120]。作物、花卉和水生动物的共生系统增加了捕食性天敌的丰度和物种多样性，并促进作物产量提高[75]。在不控制杂草的情况下，大豆与边境作物玉米、茄子和大白菜等邻作，增加捕食性天敌昆虫的数量，减少了害虫的数量和对杀虫剂的依赖，提高粮食产量和经济效益[121]。在上海崇明岛稻鱼共作系统促进了捕食性蜘蛛和害虫的空间聚集，增强捕食性蜘蛛、害虫和水稻的三营级联关系，加强了捕食性天敌对害虫的生物控害，减少了害虫的危害，提高了水稻产量[72]。

（三）农业害虫绿色防控新模式

1. 迁飞性草地贪夜蛾分区治理技术体系

2020 年初，基于对草地贪夜蛾生物学习性和发生规律的认识，借鉴我国棉铃虫等重大农业害虫防控的经验教训，吴孔明院士提出了草地贪夜蛾防控工作"两步走"策略。在入侵初期，实施以化学防治、物理防治、生物防治和农业防治为主的综合防治技术体系，旨在解决短期内生产上草地贪夜蛾为害的应急管控问题。然后通过现代农业信息技术和生物技术的创新与应用，力争在三五年的时间内构建和实施以精准监测预警、迁飞高效阻截和种植 Bt 玉米为核心的综合防治技术体系，实现低成本、绿色可持续控制目标[122]。通过全国性联合攻关，取得了系列重要进展。①研发了基于信息技术、计算机视觉技术的害虫种类自动识别系统，解决了害虫智能化鉴定等技术难点[123, 124]；研发了高分辨率昆虫雷达数据处理技术，建立了基于昆虫雷达的害虫迁飞路径模拟系统，建立了以昆虫雷达为核心的迁飞种群动态监测技术体系，制定了农业行业标准《草地贪夜蛾测报技术规范》。开发了草地贪夜蛾成虫生殖系统发育等级测定智能化识别系统，构建了综合不同环境因子、生物因子等因素的草地贪夜蛾种群动态预测模型及系统，实现草地贪夜蛾发生地、发生期及发生量的精准预测。②调查发现了夜蛾黑卵蜂（*Telenomus remus*）、斯氏侧沟茧蜂（*Microplitis similis*）等十余种寄生性天敌、球孢白僵菌（*Beauveria bassiana*）、莱氏绿僵菌（*Metarhizium rileyi*）等病原微生物，评价了益蝽（*Picromerus lewisi*）、蠋蝽（*Arma chinensis*）等近二十种天敌昆虫对草地贪夜蛾的防治潜力，在非洲黏虫（*Spodoptera exempta*）中发现了可降低草地贪夜蛾生殖力的新昆虫病毒[125-128]。开发的苏云金芽孢杆菌 G033A 制剂对草地贪夜蛾的田间防效可达到 85% 以上，与多种化学杀虫剂联合应用起到了减量增效的作用[129]。③针对草地贪夜蛾入侵我国后短期内尚无登记农药的现状，第一时间筛选有效防治草地贪夜蛾的化学杀虫剂，包括乙基多杀菌素、甲维盐、氯虫苯甲酰胺等，有力支撑了草地贪夜蛾应急防控[130]。优化和创新了玉米喇叭口点施药技术等高效对靶施药技术[131]。创制出可代替喷雾的微型颗粒剂及其配套的无人机施药技术，防效可达 90%，解决了无人机喷雾雾滴难以到达心叶内的关键应用问题，节省药剂、提高防效[132]。

根据草地贪夜蛾发生规律，实施草地贪夜蛾"三区四带"布防阻截策略。西南华南周年繁殖区、江南江淮迁飞过渡区，夯实边境、长江防线，采用灯诱、食诱、性诱等诱杀成虫，生物防治、生态调控、科学用药控制卵和低龄幼虫，层层阻截、压低虫源、减轻危害、延缓北迁。黄淮海等北方重点防范区，筑牢黄河、长城防线，监测诱杀成虫，通过生态调控、天敌保育等方式对连片发生区开展统防统治、零星发生区点杀点治，减少成虫迁入东北、西北玉米产区。在由西南向东北的大致方向上，选择沿平原及山间河谷通道、适宜迁飞高度和主要降落地点，设置长江流域第二道、黄淮海第三道、长城沿线第四道防线，形成了阻截成虫迁飞、降低幼虫危害的布防格局和良好效果。草地贪夜蛾综合防治技术入选农业农村部 2021 年十项重大引领性技术之一，有效助力草地贪夜蛾科学防控，并被联合国粮农组织在全球范围内推广应用。

同时，筛选出了对草地贪夜蛾具有良好杀虫效果的转基因 Bt 抗虫玉米[95, 133]。Bt 抗虫玉米的种植需要实施以庇护所为主的靶标害虫抗性治理措施，提出了基于靶标害虫生物学行为和区域性发生特点的，以庇护所种植为核心的靶标害虫抗性管理策略。初步建立了以种植 Bt 抗虫玉米为核心的跨境跨区草地贪夜蛾防控技术体系，为将来利用 Bt 抗虫玉米持续治理草地贪夜蛾奠定了科技基础。

2. 多食性盲蝽区域防控技术体系

盲蝽寄主植物众多、分布地区广泛、发生规律复杂、防治难度极大，对棉花和果树等产业造成重大影响。由于区域性灾变规律不明和绿色防控关键技术缺乏，长期以来生产上大量地施用化学农药，导致灾情不断扩展、防治成本上升和农药残留超标的被动局面。近年来，吴孔明研究员团队通过系统研究盲蝽的种类组成、为害特征、生物学习性、区域灾变规律、监测预测与防控关键技术，创建了盲蝽多作物全季节区域性绿色防控技术模式。①阐明了盲蝽种群发展的重要生物学习性与季节性寄主转移为害规律。研究明确了绿盲蝽等五个优势种的地理分布、遗传分化、寄主范围及其交配产卵、迁移扩散、滞育越冬和趋化趋光等生物学习性。解析了盲蝽与寄主植物之间、盲蝽两性之间化学通信的关键信号物质和嗅觉识别机制，阐明了间二甲苯等植物花源性挥发物质驱动盲蝽成虫依植物花期时序在果树、棉花等寄主间迁移为害的季节性发生规律。②解析了环境、天敌和种植模式等因素对盲蝽种群的影响及区域性灾变的生态学机制。研究明确了温度、湿度、天敌、寄主植物、种植模式和化学杀虫剂使用等因素对盲蝽种群发生消长的影响。阐明了盲蝽嗜好寄主作物果树种植面积增加，以及棉田杀虫剂用量减少而引起棉田盲蝽诱杀陷阱作用下降，导致盲蝽类害虫在多作物生态系统区域性暴发成灾的生态学原理。③突破了盲蝽测报核心技术瓶颈，构建了国家盲蝽监测预警信息平台。研发了优势盲蝽的特异性波长测报灯和性诱监测技术，发展了各虫态密度调查方法，建立了盲蝽为害对作物生长影响的评估方法、盲蝽发生期和发生量的预测技术，创建了精准监测与早期预警技术模式。④创新了盲蝽防治关键技术，建立了多种作物盲蝽绿色防控技术体系。研发了盲蝽性诱技术、灯光高效诱杀技术、天敌扩繁与田间释放技术、诱集植物利用技术、化学杀虫剂抗性监测与治理技术，以及控制早春虫源为主的农业防治技术。集成了利用盲蝽行为趋性诱杀成虫、切断季节性寄主转移为害路径为策略的多作物、全季节、区域性绿色防控技术模式。上述技术体系在全国范围内推广应用，有效控制了多食性盲蝽区域性多作物发生危害。根据 *Annual Review of Entomology* 的约稿，系统总结了盲蝽区域防控研究进展[134]。

3. 地下害虫韭蛆绿色防控技术体系

韭菜迟眼蕈蚊（*Bradysia odoriphaga*，俗称韭蛆）是阻碍我国蔬菜产业可持续发展的重大生物灾害。防治韭蛆引发的农残超标或"毒韭菜事件"严重制约我国农产品质量安全。针对上述重大产业问题，张友军研究员团队深入开展了防控韭蛆的理论与技术研究，创造性地构建了以日晒高温覆膜法为核心，以种群预警为前提，优先使用物理措施，科学辅助使用昆虫生长调节剂和昆虫病原线虫的韭蛆绿色防控技术体系。具体创新成果如下。①明确了韭蛆的种类、分布和为害规律，揭示其种群发生的关键生物学特性。发明了鉴定韭蛆种类的方法，明确其不同区域的发生特点、为害规律、空间分布特征与活动节律[135]，阐明其交配繁殖特性、耐寒性、飞行特性，以及寄主适应性、发育条件等[136]，为韭蛆绿色防控技术的研发提供重要的理论依据。②阐明了韭蛆周年生活史，揭示其种群暴发为害机制和种群发展的关键制约因子。气候适宜时，韭蛆主要在鳞茎周边危害，干旱、高温或冬季均转入鳞茎内，并以四龄老熟幼虫在鳞茎内越冬和越夏，没有滞育现象[137]。寄主种类、寄主生育期、环境温湿度均显著影响其发生量[138]。明确高温是限制其种群地理分布、抑制其种群增长的关键制约因子。③创新了韭蛆的关键防治技术，构建其绿色防控技术体系。研发了黑色黏虫板加食诱剂的早期预警技术，填补了韭蛆危害无法早期预警的空白[139]。创造性地发明了日晒高温覆膜防治韭蛆新技术，在完全不使用药剂的情况下完全杀灭[140]，荣获2017年中国农业农村十大新技术。同时，依据韭蛆的生物学特性，研发了六十至八十目防虫网隔离[141]、臭氧水膜下施用[142]、昆虫病原线虫释放[143]，以及基于韭蛆抗性监测的高效安全药剂筛选[144]、施药方法创新[145]等系列绿色防控技术。尤其是日晒高温覆膜防治韭蛆新技术，可兼治地下不耐高温的其他病虫草害。基于上述防控技术体系，制定了农业行业标准《日晒高温覆膜法防治韭蛆技术规程》和《韭菜主要病虫害绿色防控技术规程》，并分别于2019年和2021年发布实施，为韭蛆防控或韭菜绿色高效生产提供了技术保障，为其他作物土居病虫害的防控提供了方法借鉴。该技术体系大面积推广应用，彻底解决了韭蛆为害与韭菜质量安全问题，荣获2019年国家科技进步奖二等奖。其中，日晒高温覆膜法防治韭蛆技术成为农业害虫物理防治的典型案例。

4. 抗性麦蚜精准化控技术体系

针对小麦蚜虫化学防治中的防治药剂品种选用不合理、剂量掌握不准确、施药时机不合适等瓶颈问题，中国农业大学高希武教授团队依据靶标生物–剂量反应的特性，优选适合的农药品种、确定最佳施药剂量、阐明抗药性机理、探明合适的用药时期等方面展开了系统的关键技术及应用研究。①首次揭示了杀虫药剂导致麦长管蚜和禾谷缢管蚜作为优势种生态竞争的机制以及杀虫药剂亚致死剂量对两种麦蚜种群生命表参数及生态竞争的影响，吡虫啉的暴露同时干扰麦蚜种内和种间的竞争取向，麦长管蚜优势持续时间可达十四天，抑制了禾谷缢管蚜种群的增长，为针对麦蚜优势种的防控药剂品种和剂量选择提供了依据[146]。该成果有效指导了农业农村部的小麦"一喷三防"中麦蚜防控药剂的品种和剂量的选择。②首次解析了麦蚜中是 *Ace1* 而不是 *Ace2* 编码的 AChE 是有机磷和氨基甲酸酯类农药剂主要分子靶标，在生物学和毒理学功能中发挥关键作用，而 *RpAce2* 和 *SaAce2* 基因编码的 AChE2 在这两种麦蚜中发挥互补的生物学和毒理学功能，为解析其抗药性机制以及防控药剂研发、登记奠定了理论基础。③发明了玻璃管药膜法，在近六百条毒力回归线分析的基础上首次建立了包括新烟碱类、吡啶类、氨基甲酸酯类、有机磷类和拟除虫菊酯类共二十二种杀虫剂对禾谷缢管蚜和麦长管蚜的敏感基线，该方法使检测时间从传统测定方法的一到三天，缩短到三小时，检测成本仅为传统方法的十分之一，为麦蚜的抗药性监测、治理提供了药剂敏感度比较的科学依据。同时发明的玻璃管药膜法写入农业农村部的行业标准，被指定为麦蚜抗药性的监测方法。我国麦蚜的发生世代与用药窗口对接为苗期以及生长中后期两个阶段，结合药剂风险评价以及亚致死剂量对种群的影响明确了我国麦蚜的化学防治适合预防性抗药性治理策略[147, 148]。④依据麦蚜发生的生物学特点、对药剂敏感度的时空变异以及抗药性机制等特性，指导了麦蚜防控药剂的研发、登记；构建了小麦种子处理到旗叶穗部喷雾的全生育期麦蚜的精准化控关键技术体系[149, 150]。依据对两种麦蚜十二年的抗药性监测结果以及室内抗药性机制研究，通过诊断试剂盒选药和剂量调控、抗药性风险评价、标准制定等关键技术模块组建了麦蚜的精准化控关键技术体系[151, 152]。抗性监测结果表明，预防性抗药性治理在全国主要小麦产区实施后，麦蚜对吡虫啉、抗蚜威等药剂均没有产生明显的抗性。在小麦主产区大面积推广应用，取得了较好的经济效益和显著的社会效益。本研究作为农业害虫抗药性治理的成功案例，荣获2020 年至 2021 年度神农中华农业科技奖科学研究类成果奖一等奖。

三、国内外发展比较

近年来，我国农业害虫综合防治研究发展迅速，科研成果丰硕。在基础研究领域取得了系列原创性成果，一批重要研究成果在 *Cell*、*Nature*、*PNAS*、*Annual Review of Entomology* 等国际知名期刊上发表。同时，农业害虫监测预警与绿色防控技术产品、技术模式的创新及应用成效显著，特别是对重大害虫草地贪夜蛾的跨境跨区迁飞成灾规律解析、空天地一体化监测技术体系构建、分区布防阻截策略以及综合防治技术体系创新，为我国有效防控草地贪夜蛾提供了强有力的科技支撑，打造了国际上成功治理跨境迁飞性害虫的样板，被联合国粮农组织在全球范围内进行推荐。我国农业昆虫学总体水平进入了世界第一方阵，以并跑与领跑为主，但在部分领域与国际最前沿仍存在较大差距。比如，我国农业害虫防控基础研究在原创性、前瞻性领域还有较大提升空间，尤其在系统性、延续性和长期性上存在明显不足。我国在农业害虫防控关键技术的积累和储备仍然不足，技术研发、产品产业化的能力与水平有待提高，部分核心技术产品开发及产业化还面临瓶颈和挑战。绿色防控技术离标准化、规范化差距较大，使用效果未得到充分发挥。针对一种作物上的多种害虫及其他有害生物，系统解决方案与技术模式明显缺乏。同时，多食性害虫在多作物生态系统中的区域性治理、迁飞性害虫跨境跨区联防联控等科技瓶颈有待全面突破。

（一）农业害虫发生新规律新机制

我国农业昆虫基础研究在原创性领域还有较大提升空间。近年来，我国针对害虫蜕皮、变态与生殖发育、植物－害虫－环境协同进化等方面产出了一系列高质量研究成果。但内分泌激素调控昆虫发育的一些发挥关键性调控作用的基因大多是由国外研究团队所挖掘，具有引领性作用的基础研究成果尚显不足，尤其是具有显著性的顶级成果产出不足[153, 154]。气候变化与害虫的互作关系既包括气候变化产生的影响，也包括害虫通过多种途径实现对气候变化的适应。目前我国在该领域的研究多侧重于分析气候变化对害虫产生的影响，尚缺乏国际上领先的害虫利用微栖境[155]、行为适应[156]、生理调节等机制缓冲气候变化不利影响的相关前沿研究。

我国农业昆虫基础研究的系统性、延续性和长期性也与国外先进水平存在明显差距。近年来我国害虫滞育调控分子机制的研究水平比肩世界同行，但相对美国、日本等国家科研团队长期坚持滞育调控机制、环境适应性生命周期和生活史适应策略的研究，国内在应用滞育诱导和解除作为害虫管理策略等方面有待进一步系统开展[157]。我国在害虫对全球气候变化的响应机制方面仍以试验类研究和个案研究为主。而从国际上来看，害虫对全球气候变化的响应机制方面的模型类和预测类研究所占的比例逐渐增加，将以往试验类研究的结果用于构建害虫发生和为害的预测模型，已逐渐成为该领域的主流研究手段和方向[158]。在害虫迁飞机制研究方面，与国外发达国家相比，由于在昆虫雷达技术、动物迁移跟踪定位技术等方面缺乏长期的技术创新与积累，在昆虫迁飞定向的行为、分子机制以及生态效益方面原始性的创新成果还有差距，国外利用电子发射器标记的赭带鬼脸天蛾已成功揭示了大型蛾类昆虫夜间迁飞的定向行为机制[159]。在大尺度害虫生态调控领域，一方面，基于我国不同区域特色、不同作物和种植格局和耕作模式，相关研究进展和成功模式逐渐得到国际同行的关注。另一方面，我国近年来正经历耕作模式向适度规模经营转换、高标准农田规模化整治、区域耕作制度变换等因素影响，相关生态调控工作的长期系统延续性仍不足以与欧美国家相提并论。全球关于生物多样性、景观生态服务功能驱动害虫生态调控的研究案例仍大量集中在欧美[160, 161]。另外，基于生态调控网络食物网关系互作中上行效应和下行效应的互作关系网络解析[162]，基于我国区域特点的多年度、跨区域、不同尺度规模生态调控效应功能解析，均有待系统开展[163]。随着我国生态文明建设进程的推进，农业生物多样性在推进害虫大区域、长时空生态调控与推广应用领域将获得系统深入的拓展[24]。

此外，有的领域虽取得了一些原创性成果，但还有大量问题有待进一步发掘和深入研究。如在害虫对植物抗虫性的适应机制研究方面取得了巨大进展，然而还有很多问题有待深入的研究。如解毒酶的结构特征及其发挥解毒作用的活性位点尚未鉴定，害虫抑制植物防御反应的具体作用通路等还没有解析，代谢酶之间的协同作用促进害虫寄主适应性还有待于深入研究等[164, 165]。昆虫 – 共生菌互作研究方面，目前很多研究集中于共生菌如何影响害虫的生物学和生态学，然而害虫如何调控共生菌的传播和代谢仍知之甚少。此外，很多胞内共生菌难于离体培养，阻碍了这类共生菌的基础研究和应用，迫切需要研发胞内共生菌的培养和遗传操控的技术方法。

（二）农业害虫防治新技术新产品

国外转基因抗虫作物研发与产业化应用占据显著优势，已经开始种植 cry 抗虫基因、vip 抗虫基因和 RNAi 技术叠加防控多个靶标害虫的抗虫玉米[166]。我国在新一代转基因抗虫作物、转基因昆虫等高新技术的研发与应用上，多处于起步阶段，有待加强[167]。在抗性治理策略上，美国和加拿大等发达国家已建立了一套完整的高剂量、庇护所的抗性治理模式，但在发展中国家的小农生产模式下执行难度大，靶标害虫抗性演化速度快。在我国，要实施适合国情的高剂量、庇护所抗性治理措施，应基于转化事件是否对害虫达到高剂量要求而注册其对应的靶标害虫种类[167]。

RNAi 技术一经发现，国际上几大农药公司，如拜尔、孟山都、先正达、巴斯夫等均投入大量的人力和财力开始了 RNA 合成生物农药的开发以及应用研究。目前已有多家公司专注于 dsRNA 高效保护与递送问题，并开发出了独特的 RNA 包被及制剂平台。利用 RNAi 定向沉默昆虫关键基因的转基因技术已开始用于研究新一代的抗虫作物。国内研究和产业化相对滞后，但也紧跟国际步伐，硅羿科技应用基因工程技术、RNA 技术、合成生物学技术创制了 RNA 纳米农药等生物安全产品，正式申请了靶向烟草花叶病毒病的 RNA 制剂。由此看来，目前的 dsRNA 生产成本已经基本能够满足商业应用。

美国、欧盟等发达国家和地区昆虫性诱剂、食诱剂新产品日益增多、应用范围不断扩大[168]。但是生物系统的复杂性、地域性等性质决定了同种害虫的行为防控技术不具有全球普适性，因此急需研发适合我国国情的行为调控技术和产品。在"绿色植保"科学理念的倡导下，我国同样加快了行为调控产品的研发，但与国际先进国家相比在产品质量和种类上都还存在明显差距。虽然国外各类型产品的占比情况与国内类似，但产品数量和靶标害虫种类明显更高[105]。此外，我国行为调控产品的应用开发中，原药主要依靠进口，合成技术一直是我们的短板，而近年来国外在气味分子合成特别是性信息素组分的生物合成方面取得了突破性的进展[169]。在此方面我国的科研人员也取得了一些重要的进展，一定程度上缩小了与国外的差距[109]。

国内外对天敌昆虫均有大量长期性研究，但实际生物防治应用规模及其效果差别较大。我国天敌昆虫中只有赤眼蜂、捕食螨、蚜茧蜂等有限种类真正实现了规模化生产，但生产企业规模小、设施设备简陋、技术力量薄弱，加上缺少统一的生产标准，售后服务不完善，产品质量不稳定。同时，由于缺乏贮运冷链设施，天敌应用规模和效果受到一定程度的影响。

（三）农业害虫绿色防控新模式

在世界性农业害虫方面，我国的科研人员突破常规，因地制宜，开发出了适合我国的防治方案。如草地贪夜蛾防治的美国模式是以 Bt 玉米为中心，由生物防治、物理防治、农业防治和化学防治共同构成。有力的抗性治理措施是美国二十多年来成功利用 Bt 玉米防控草地贪夜蛾的关键，高剂量、庇护所策略和多基因策略是抗性治理的核心技术。亚非等地区主要为小农模式防治。亚非国家传统的人工捐卵、人工抓虫、铲除销毁受害植株及撒施草木灰等措施是小农户使用最多的治理方法，但这些方法耗时久、见效慢，整体防控效果十分有限。草地贪夜蛾入侵以来，我国通过政策扶持、构建监测预警网络和实施分区治理等措施，举全国之力，实现了防控处置率超 90%、总体危害损失低于 5% 的防控目标，防控成果获得了 FAO 的高度肯定，表明我国草地贪夜蛾的防控工作处于世界领先水平[128]。

我国农业害虫绿色防控仍面对诸多技术难题。绿色防控技术离标准化、规范化差距较大，使用效果未得到充分发挥。理化诱控中灯诱、性诱、食诱、色诱、天敌和生物农药等绿色防控技术防治对象单一，需要几种技术集成应用才能解决问题。目前不少地区存在多种绿色防控措施简单堆砌、叠加使用，既不经济，效果也不理想。缺少使用技术规范，使用时间、使用量和使用方法不清晰，农民无所适从，导致使用效果不佳，推广应用缓慢。针对一种作物上的多种害虫及其他有害生物，系统解决方案与技术模式明显缺乏。同时，多食性害虫在多作物生态系统中的区域性治理、迁飞性害虫跨境跨区联防联控等科技瓶颈有待全面突破。

四、学科发展趋势与对策建议

随着全球气候变暖、农业产业结构调整和作物种植制度变革，面对我国农业害虫发生危害的新形势与新变化以及农业绿色高质量发展的新要求与新标准，我们继续加强原始创新和突破科技瓶颈，创新农业害虫防控理论与对策，构建新形势下农业害虫绿色防控技术体系，为保障国家粮食安全、生物安全、生态安全和农产品质量安全，促进农民增收和农业增效提供重要科技支撑。

（一）农业害虫发生新规律新机制

加强交叉学科的发展。后基因组时代，全基因组关联分析、蛋白组学、表观修饰组学、代谢组学等多组学大数据联合分析成为推动多领域交叉研究、发掘关键调控基因的有效手段，也为环境、昆虫、植物、微生物等多因素交互作用机制的深入研究提供了可能[170-172]。今后，在解析害虫发育、进化等遗传调控基础理论研究的同时，通过结合新技术和方法手段，针对区域特定气候、作物布局等条件下开展害虫的灾变规律的精准解析研究，为作物种植布局的优化提供理论指导，并借助关键调控基因的挖掘，加强作物种质资源开发利用，逐步推进害虫绿色立体防控的综合建设[173, 174]。通过学科交叉，实现生物技术、信息技术等多领域科技融合，宏观、微观等不同层级信息贯通，从而提升农业昆虫学研究的原创性[122, 175]。

重视新兴领域的拓展。新兴领域的不断涌现不仅开拓了农业害虫发生规律与灾变机制的研究，同时也为防控理念和技术创新提供了新的增长点。如昆虫 – 共生菌互作的研究是生命科学的国际前沿研究领域。研究害虫 – 共生菌互作的机制为揭示农业害虫为害成灾机理开辟一个新方向，为制定害虫科学防控策略提供一套新方案，具有十分重要的理论和实践意义[176-178]。对害虫与寄主植物的化学通信机制的深入了解为在反向化学生态学研究的基础上，以嗅觉基因或神经为靶标高通量筛选害虫嗅觉行为调控剂提供了理论基础和技术手段，是今后开发行为调控产品的有效手段[179]。跨物种水平基因转移现象是最新被开辟的一个昆虫学的国际基础前沿研究领域，而对昆虫中微生物源、植物源跨物种水平转移基因的深入探索也将为害虫灾变机理和绿色精准防控提供全新的研究思路和靶标途径[64, 180]。

强化产业需求的导向。作为一门应用学科，农业害虫的基础研究需要紧密结合农业生产实际，通过解析重大害虫发生新规律与新机制，使害虫防控技术更加科学、更加精准。这也将是破解当前昆虫基础研究发展快，但害虫防控技术方法和实践模式推陈出新和落地难问题的主要出路。

（二）农业害虫防治新技术新产品

创制智能监测预警技术。针对草地贪夜蛾，我国自 2018 年起在西南边境地区提前预警防范，入侵立即被发现。入侵后，我国第一时间在全国设立重点监测点，以昆虫雷达高空监测，结合性诱、高空测报灯和地面黑光灯灯诱自动虫情测报系统等技术手段，构建天空地一体化监测预警体系，将大量监测点和智能化监测设备聚点成网，系统监测、准确掌握草地贪夜蛾种群迁飞动态，为科学高效绿色防控提供强有力的监测预警支撑。草地贪夜蛾防控实践再次证明了监测预警对重大农业害虫科学防控的极端重要性。今后应系统研究重大迁飞性害虫的发生、跨境迁飞、演化规律，研发种群动态精准监测技术，建立智能化物联网自动监测预警系统，提高害虫预测精度和准确度。进一步发展基于物联网智能感知、智能遥感、人工智能、大数据、AI 深度学习等前沿融合新技术、深度挖掘全国多年海量害虫监测历史大数据，融合智能化天空地一体化的监测预警新技术新产品，以农业害虫监测预警生产需求为导向，统筹谋划农业害虫一体化监测、一盘棋调度、一张图指挥，构建农业害虫智能化实时监测预警体系[181]。提高害虫监测预警设备的智能化水平，系统优化害虫监测预警智能手段和方法，研发构建害虫发生综合影响因子多源数据库及其数值化预测模型，整合升级并建成应用技术标准统一、设备无缝对接、数据共通共享和功能优化集成的全国农业重大害虫数字化精准监测预警平台，提高对跨区域迁飞性重大害虫和区域性本地害虫监测预警的高效性、广泛性和准确性，进一步推进害虫监测预警新技术和新产品发展和应用。

创新绿色防控技术产品。农业害虫绿色防控的解决方案中，生物防治剂和信息素等产品技术在害虫管理中日益得到重视，生物技术和合成生物学的发展为绿色高效控制农业害虫的新方法提供了新思路、新技术和新产品。随着大数据计算技术、生物技术和合成生物学的发展，为农业病虫害高效绿色防控提供转基因抗病虫植物新品种和新型替代合成化学新产品。在新一代转基因抗虫 Bt 作物中，具备杀虫活性的多个 cry 蛋白被商业化应用后，须强化靶标害虫对转基因作物的抗性监测，发展适合中国国情的高剂量/庇护所抗性治理对策[167]。此外，利用基因组编辑技术开发新一代抗虫作物新品种，发展利用 RNAi 技术防治农业害虫[166]。为了使昆虫能够有效地摄取 dsRNA，开发合成和递送 dsRNA 的策略和技术，如发展来自作物基因组的 dsRNA 的转基因表达的宿主诱导基因沉默（HIGS）技术和利用异种表达系统产生高浓度的 dsRNA，纯化后作为叶面喷剂应用于作物害虫防控的喷雾诱导基因沉默（SIGS）技术。目前，低 dsRNA 吸收和核酸酶降解影响 RNAi 效率仍是挑战。通过开发新型纳米材料助剂，改善喷雾配方来解决 dsRNA 的稳定性和吸收问题[182]。利用合成生物学，发展控制昆虫种群的昆虫不育法（SIT）遗传技术。开发释放携带显性致死基因昆虫的技术（RIDL）是改进传统 SIT 的重要手段之一，包含四环素调控系统、特异性启动子、性别特异剪接系统和特异性致死基因等重要元件，根据不同昆虫选择合适的特异性致死基因构建遗传不育品系[182]。发展生物制造新兴技术，制造害虫防治新产品。利用微生物作为基础，生产生物天然产品；开发构建植物工厂生产生物活性或杀虫化合物，如利用植物合成代谢，制造合成昆虫性信息素在内的新型昆虫控制化学物质与工厂化产品[169]。将新兴的遗传和基因组方法应用于生物防治剂，开发升级有效的生物防治策略，对真菌、细菌、病毒和线虫等昆虫病原制剂进行生物技术改造，以提高生物防治的功效和利用率。利用合成生物学和代谢工程技术扩大害虫防控复杂分子的多样性，制定发展生物经济的战略，发展生物制造的创新，将增加商业化规模生产的可行性。合成生物学等新兴科技为害虫控制的新方法提供多种选择。

（三）农业害虫绿色防控新模式

创新区域绿色防控技术体系。围绕农业生态系统，发展多种作物系统多个重大害虫绿色防控系统防控新模式。IPM 从以单种害虫为防控对象转变为以一种作物的多种重要害虫为防控对象，进一步升级发展为以区域生态系统的多种作物的复合害虫为对象进行系统治理，将是今后农业害虫绿色防控新模式探索发展的重点[183]。作物种植结构调整过程中农业生态系统不同尺度上植物种类组成、生境分布格局、作物管理方式显著变化，是影响农田害虫地位演替的关键因素。系统运用生态进化反馈理论和农田生态系统多作物多病虫复合群落理论，整合生态系统中的食物网互作关系，同时结合区域农田生境的优化、生物多样性的维持、关键害虫种群的控制、天敌种群的保育及生态服务功能的发挥，发展基于农田生态系统生物多样性、景观生态服务功能驱动害虫生态调控的农业害虫绿色防控新模式。针对不同区域农业生态系统典型特点及其种植模式，分别以作物、靶标害虫、核心技术、农业生产要求为主线，提出相应的农业害虫绿色防控技术模式，建立和完善分区农业害虫绿色防控新模式新体系。

创新跨区协同治理技术体系。全球范围内，如何将农业害虫对全球气候变化响应的科学研究应用于指导气候变化和种植结构调整下农业害虫的监测预警和绿色防控的实践，仍然是今后长期关注的热点和难点问题。集成与开发农业害虫绿色防控技术模式，创新推广机制，发展区域协同、跨区域联网与国际协作，构建联防联控的农业害虫绿色防控新格局。针对草地贪夜蛾、草地螟、飞蝗、稻飞虱等重要害虫存在跨国界的迁移为害，其跨区域发生规律和防控研究需要相关国家的广泛参与，需要与周边各国建立双边或多边合作、开展跨区域联合监测，将监测预警和绿色防控关口前移到虫源发生地，实现跨区跨境迁飞性重大害虫绿色高效治理，打造国际上成功治理跨境迁飞性害虫的样板，发展跨区域联网与国际协作，构建联防联控农业害虫绿色防控新格局值得在全球范围内进行拓展和推广。

参考文献

［1］ Kang X L, Zhang J Y, Wang D, et al. The steroid hormone 20–hydroxyecdysone binds to dopamine receptor to repress lepidopteran insect feeding and promote pupation ［J］. PLoS Genetics, 2019, 15: e1008331.

［2］ Wang X P, Huang Z, Li Y L, et al. Krüppel–like factor 15 integrated autophagy and gluconeogenesis to maintain glucose homeostasis under 20–hydroxyecdysone regulation ［J］. PLoS Genetics, 2022, 18: e1010229.

［3］ Jia Q, Li S. Mmp–induced fat body cell dissociation promotes pupal development and moderately averts pupal diapause by activating lipid metabolism ［J］. Proceedings of the National Academy of Sciences, 2021, 120: e2215214120.

［4］ Wu Z, Yang L, Li H, et al. Krüppel–homolog 1 exerts anti–metamorphic and vitellogenic functions in insects via phosphorylation–mediated recruitment of specific cofactors ［J］. BMC biology, 2021, 19: 1–14.

［5］ Li Z, Zhou C, Chen Y, et al. Egfr signaling promotes juvenile hormone biosynthesis in the German cockroach ［J］. BMC biology, 2022, 20: 1–16.

［6］ Zhang T, Song W, Li Z, et al. Krüppel homolog 1 represses insect ecdysone biosynthesis by directly inhibiting the transcription of steroidogenic enzymes ［J］. Proceedings of the National Academy of Sciences, 2018, 115: 3960–3965.

[7] Yang Y, Zhao T, Li Z, et al. Histone H3K27 methylation-mediated repression of Hairy regulates insect developmental transition by modulating ecdysone biosynthesis [J]. Proceedings of the National Academy of Sciences, 2021, 118: e2101442118.

[8] Wu Z, Guo W, Yang L, et al. Juvenile hormone promotes locust fat body cell polyploidization and vitellogenesis by activating the transcription of Cdk6 and E2f1 [J]. Insect Biochemistry and Molecular Biology, 2018, 102: 1-10.

[9] Jing Y P, An H, Zhang S, et al. Protein kinase C mediates juvenile hormone-dependent phosphorylation of Na+/K+-ATPase to induce ovarian follicular patency for yolk protein uptake [J]. Journal of Biological Chemistry, 2018, 293: 20112-20122.

[10] Jing Y P, Wen X, Li L L, et al. The vitellogenin receptor functionality of the migratory locust depends on its phosphorylation by juvenile hormone [J]. Proceedings of the National Academy of Sciences, 2021, 118: e2106908118.

[11] Luo W, Liu S N, Zhang W Q, et al. Juvenile hormone signaling promotes ovulation and maintains egg shape by inducing expression of extracellular matrix genes [J]. Proceedings of the National Academy of Sciences, 2021, 118: e2104461118.

[12] Du E, Wang S, Luan Y, et al. Convergent adaptation of ootheca formation as a reproductive strategy in Polyneoptera [J]. Molecular biology and evolution, 2022, 39: msac042.

[13] Geng S L, Zhang X S, Xu W H. COXIV and SIRT2-mediated G6PD deacetylation modulate ROS homeostasis to extend pupal lifespan [J]. FEBS Journal, 2020, 288: 2436-2453.

[14] Geng S L, Li H Y, Zhang X S, et al., CBR1 decreases protein carbonyl levels via the ROS/Akt/CREB pathway to extend lifespan in the cotton bollworm, *Helicoverpa armigera* [J]. FEBS Journal, 2022, 288: 2436-2453.

[15] Zhang X S, Wang Z H, Li W S, et al. FoxO induces pupal diapause by decreasing TGFβ signaling [J]. Proceedings of the National Academy of Sciences, 2022, 119: e2210404119.

[16] Guo S, Wu Q W, Zhong T, et al. Kruppel homolog 1 regulates photoperiodic reproductive plasticity in the cabbage beetle *Colaphellus bowringi* [J]. Insect Biochemistry and Molecular Biology, 2021, 134: 103582.

[17] Guo S, Tian Z, Wu Q W, et al. Steroid hormone ecdysone deficiency stimulates preparation for photoperiodic reproductive diapause [J]. PLoS Genetics, 2021, 17: e1009352.

[18] Wu Y K, Zou C, Fu D M, et al. Molecular characterization of three Hsp90 from Pieris and expression patterns in response to cold and thermal stress in summer and winter diapause of *Pieris melete* [J]. Insect Science, 2018, 25: 273-283.

[19] Jiang F, Chang G F, Li Z Z, et al. The HSP/co-chaperone network in environmental cold adaptation of *Chilo suppressalis* [J]. International Journal of Biological Macromolecules, 2021, 187: 780-788.

[20] Miano F N, Jiang T, Zhang J, et al. Identification and up-regulation of three small heat shock proteins in summer and winter diapause in response to temperature stress in *Pieris melete* [J]. International Journal of Biological Macromolecules, 2022, 209: 1144-1154.

[21] Duan T F, Gao S J, Wang H C, et al. MicroRNA let-7-5p targets the juvenile hormone primary response gene Krüppel homolog 1 to regulate reproductive diapause in *Galeruca daurica* [J]. Insect Biochemistry and Molecular Biology, 2022, 142: 103727.

[22] Duan T F, Li L, Wang H C, et al. MicroRNA miR-2765-3p regulates reproductive diapause by targeting FoxO in *Galeruca daurica* [J]. Insect Science, 2022, 30: 279-292.

[23] Guo J, Fu X, Zhao S, et al. Long-term shifts in abundance of (migratory) crop-feeding and beneficial insect species in northeastern Asia [J]. Journal of Pest Science, 2021, 93: 583-594.

[24] Zhou Y, Zhang H W, Liu D Z, et al. Long-term insect censuses capture progressive loss of ecosystem functioning in East Asia [J]. Science Advances, 2023, 9: eade9341.

［25］ Hu G, Stefanescu C, Oliver T H, et al. Environmental drivers of annual population fluctuations in a trans−Saharan insect migrant［J］. Proceedings of the National Academy of Sciences, 2021, 118: e2102762118.

［26］ Hu G, Lu M H, Reynolds D R, et al. Long−term seasonal forecasting of a major migrant insect pest: the brown planthopper in the Lower Yangtze River Valley［J］. Journal of Pest Science, 2019, 92: 417−428.

［27］ Zhu J, Chen X, Liu J, et al. A cold high−pressure system over North China hinders the southward migration of *Mythimna separata* in autumn［J］. Movement Ecology, 2022, 10: 54.

［28］ Jia H, Liu Y, Li H, et al. Windborne migration amplifies insect−mediated pollination services［J］. eLife, 2022, 0: e76230.

［29］ Zhang C, Brisson J, Xu H. Molecular mechanisms of wing polymorphism in insects［J］. Annual Review of Entomology, 2019, 64: 17.1−17.18.

［30］ Ye X, Xu L, Li X, et al. miR−34 modulates wing polyphenism in planthopper［J］. PLoS Genetics, 2019, 15: e1008235.

［31］ Liu F, Li X, Zhao M, et al. Ultrabithorax is a key regulator for the dimorphism of wings, a main cause for the outbreak of planthoppers in rice［J］. National Science Review, 2020, 7: 1181−1189.

［32］ Zhang J, Chen S, Liu X, et al. The transcription factor Zfh1 acts as a wing−morph switch in planthoppers［J］. Nature Communications, 2022, 13: 5670.

［33］ Tong D D, Zhang L, Wu N N, et al. The oriental armyworm genome yields insights into the long−distance migration of noctuid moths［J］. Cell Reports, 2022, 41: 111843.

［34］ Jin M H, Liu B, Zheng W G, et al. Chromosome−level genome of black cutworm provides novel insights into polyphagy and seasonal migration in insects［J］. BMC Biology, 2023, 21: 2.

［35］ Wang Y B, Ren F R, Yao Y L, et al. Intracellular symbionts drive sex ratio in the whitefly by facilitating fertilization and provisioning of B vitamins［J］. The ISME Journal, 2020, 14: 2923−2935.

［36］ Li N N, Jiang S, Lu K Y, et al. Bacteriocyte development is sexually differentiated in *Bemisia tabaci*［J］. Cell Reports, 2022, 38: 110455.

［37］ Ren F R, Sun X, Wang T Y, et al. Pantothenate mediates the coordination of whitefly and symbiont fitness［J］. The ISME Journal, 2021, 15: 1655−1667.

［38］ Sun X, Liu B Q, Li C Q, et al. A novel microRNA regulates cooperation between symbionts and a laterally acquired gene in the regulation of pantothenate biosynthesis within *Bemisia tabaci* whiteflies［J］. Molecular Ecology, 2022, 31: 2611−2624.

［39］ Ren F R, Sun X, Wang T Y, et al. Biotin provisioning by horizontally transferred genes from bacteria confers animal fitness benefits［J］. The ISME Journal, 2020, 14: 2542−2553.

［40］ Bao X Y, Yan J Y, Yao Y L, et al. Lysine provisioning by horizontally acquired genes promotes mutual dependence between whitefly and two intracellular symbionts［J］. PLOS Pathogens, 2021, 17: e1010120.

［41］ Shan H W, Liu Y Q, Luan J B, et al. New insight into the transovarial transmission of the symbiont Rickettsia in whitefly［J］. Science China Life Sciences, 2020, 64: 1174−1186.

［42］ Ju J, Bing X L, Zhao D, et al. Wolbachia supplement biotin and riboflavin to enhance reproduction in planthoppers［J］. The ISME Journal, 2019, 14: 1−12.

［43］ Gong, J T, Li Y, et al. Stable introduction of plant−virus−inhibiting Wolbachia into planthoppers for rice protection［J］. Current Biology, 2020, 30: 4837−4845.

［44］ Ren L, Ma Y G, Xie, M X, et al. Rectal bacteria produce sex pheromones in the male oriental fruit fly［J］. Current Biology, 2021, 31: 2220−2226.

［45］ Yang X, Deng S, Wei X, et al. MAPK−directed activation of the whitefly transcription factor CREB leads to P450−mediated imidacloprid resistance［J］. Proceedings of the National Academy of Sciences, 2020, 117: 10246−

10253.

［46］ Yang X, Wei X, Yang J, et al. Epitranscriptomic regulation of insecticide resistance［J］. Science Advances, 2021, 7: eabe5903.

［47］ Guo Z, Kang S, Sun D, et al. MAPK-dependent hormonal signaling plasticity contributes to overcoming *Bacillus thuringiensis* toxin action in an insect host［J］. Nature Communications, 2020, 11: 3003.

［48］ Guo Z, Kang S, Wu Q, et al. The regulation landscape of MAPK signaling cascade for thwarting *Bacillus thuringiensis* infection in an insect host［J］. PLOS Pathogens, 2021, 17: e1009917.

［49］ Guo Z, Guo L, Qin J, et al. A single transcription factor facilitates an insect host combating *Bacillus thuringiensis* infection while maintaining fitness［J］. Nature Communications, 2022, 13: 6024.

［50］ Sun D, Zhu L, Guo L, et al. A versatile contribution of both aminopeptidases N and ABC transporters to Bt Cry1Ac toxicity in the diamondback moth［J］. BMC Biology, 2022, 20: 33.

［51］ Pang R, Xing K, Yuan L, et al. Peroxiredoxin alleviates the fitness costs of imidacloprid resistance in an insect pest of rice［J］. PLoS Biology, 2021, 19: e3001190.

［52］ Wu J, Ge L, Liu F, et al. Pesticide-induced planthopper population resurgence in rice cropping systems［J］. Annual Review of Entomology, 2020, 65: 409-429.

［53］ Guo M B, Du L X, Chen Q Y, et al. Odorant receptors for detecting flowering plant cues are functionally conserved across moths and butterflies［J］. Molecular Biology and Evolution, 2021, 38: 1413-1427.

［54］ Wang B, Dong W Y, Li H M, et al. Molecular basis of（E）-β-farnesene-mediated aphid location in the predator *Eupeodes corollae*［J］. Current Biology, 2022, 32: 951-962.

［55］ Liu X L, Zhang J, Yan Q, et al. The molecular basis of host selection in a crucifer-specialized moth［J］. Current Biology, 2020, 30: 4476-4482.

［56］ Li R T, Huang L Q, Dong J F, et al. A moth odorant receptor highly expressed in the ovipositor is involved in detecting host-plant volatiles［J］. eLife, 2020, 9: e53706.

［57］ Ye M, Glauser G, Lou Y G, et al. Molecular Dissection of Early Defense Signaling Underlying Volatile-Mediated Defense Regulation and Herbivore Resistance in Rice［J］. The Plant Cell, 2019, 31: 687-698.

［58］ Li J C, Halitschke R, Li D P, et al. Controlled hydroxylations of diterpenoids allow for plant chemical defense without autotoxicity［J］. Science, 2021, 371: 255-260.

［59］ Chen C Y, Liu Y Q, Song W M, et al. An effector from cotton bollworm oral secretion impairs host plant defense signaling［J］. Proceedings of the National Academy of Sciences, 2019, 116: 14331-14338.

［60］ Liu Q S, Hu X Y, Su S L, et al. Cooperative herbivory between two important pests of rice［J］. Nature Communications, 2021, 12: 6772.

［61］ Lu H P, Luo T, Fu H W, et al. Resistance of rice to insect pests mediated by suppression of serotonin biosynthesis［J］. Nature Plants, 2018, 4: 338-344.

［62］ Wang W W, Zhou P Y, Mo X C, et al. Induction of defence in cereals by 4-FPA suppresses insect pest populations and increases crop yields in the field［J］. Proceedings of the National Academy of Sciences, 2020, 117: 12017-12028.

［63］ Lin T T, Vrieling K, Laplanche D, et al. Evolutionary changes in an invasive plant support the defensive role of plant volatiles［J］. Current Biology, 2021, 31: 3450-3456.

［64］ Xia J, Guo Z, Yang Z, et al. Whitefly hijacks a plant detoxification gene that neutralizes plant toxins［J］. Cell, 2021, 184: 1693-1705.

［65］ Xu H X, Qian L X, Wang X W, et al. A salivary effector enables whitefly to feed on host plants by eliciting salicylic acid-signaling pathway［J］. Proceedings of the National Academy of Sciences, 2019, 116: 490-495.

［66］ Su Q, Peng Z, Tong H, et al. A salivary ferritin in the whitefly suppresses plant defenses and facilitates host exploitation〔J〕．Journal of Experimental Botany，2019，70：3343-3355．

〔67〕 Peng ZK，Su Q，Ren J，et al. A novel salivary effector，BtE3，is essential for whitefly performance on host plants〔J〕．Journal of Experimental Botany，2023，74：2146-2159．

〔68〕 Huang H J，Wang Y Z，Li L L，et al. Planthopper salivary sheath protein LsSP1 contributes to manipulation of rice plant defenses〔J〕．Nature Communications，2023，14：737．

〔69〕 Su Q，Yang FB，Zhang QH，et al. Defence priming in tomato by the green leaf volatile（Z）-3-hexenol reduces whitefly transmission of a plant virus〔J〕．Plant，Cell &Environment，2020，43：2797-2811．

〔70〕 Yang FB，Zhang XW，Xue H，et al.（Z）-3-hexenol primes callose deposition against whitefly-mediated begomovirus infection in tomato〔J〕．The Plant Journal，2022，112：694-708．

〔71〕 Wan N F，Zheng XR，Fu L W，et al. Global synthesis of effects of plant species diversity on trophic groups and interactions〔J〕．Nature Plants，2020，6：503-510．

〔72〕 Wan N F，Cavalieri A，Siemann E，et al. Spatial aggregation of herbivores and predators enhances tri-trophic cascades in paddy fields：rice monoculture vs. rice-fish co-culture〔J〕．Journal of Applied Ecology，2022，59（8）：2036-2045．

〔73〕 Zou Y，de Kraker J，Bianchi FJJA，et al. Do diverse landscapes provide for effective natural pest control in subtropical rice？〔J〕．Journal of Applied Ecology，2020，57：170-180．

〔74〕 Zhu Y L，Chen J H，Zou Y，et al. Response of the rice stem borer *Chilo suppressalis*（Walker）and its parasitoid assemblage to landscape composition〔J〕．Agriculture Ecosystems & Environment，2023，343，108259．

〔75〕 Wan N F，Su H，Cavalieri A，et al. Multispecies co-culture promotes ecological intensification of vegetable production〔J〕．Journal of Cleaner Production，2020，257：120851．

〔76〕 Ouyang F，Su W W，Zhang Y S，et al. Ecological control service of the predatory natural enemy and its maintaining mechanism in rotation-intercropping ecosystem via wheat-maize-cotton〔J〕．Agriculture Ecosystems & Environment，2020，301：10724．

〔77〕 Liu B，Yang L，Zeng Y D，et al. Secondary crops and non-crop habitats within landscapes enhance the abundance and diversity of generalist predators〔J〕．Agriculture Ecosystems & Environment，2018，258：30-39．

〔78〕 Yang L，Zhang Q，Liu B，et al. Mixed effects of landscape complexity and insecticide use on ladybeetle abundance in wheat fields〔J〕．Pest Management Science，2019，75：1638-1645．

〔79〕 Yang L，Xu L，Liu B，et al. Non-crop habitats promote the abundance of predatory ladybeetles in maize fields in the agricultural landscape of northern China〔J〕．Agriculture Ecosystems & Environment，2019，277：44-52．

〔80〕 Yang L，Liu H N，Pan Y F，et al. Landscape simplification increases the risk of infestation by the polyphagous pest *Helicoverpa armigera* for walnut，a novel marginal host〔J〕．Landscape Ecology，2022，37：2451-2464．

〔81〕 Yang L，Zeng Y D，Xu L，et al. Change in ladybeetle abundance and biological control of wheat aphids over time in agricultural landscape〔J〕．Agriculture Ecosystems & Environment，2018，255：102-110．

〔82〕 Yang F，Liu B，Zhu YL，et al. Species diversity and food web structure jointly shape natural biological control in agricultural landscapes〔J〕．Communications Biology，2021，4（1）：979．

〔83〕 Yang Z K，Qu C，Pan S X，et al. Aphid-repellent，ladybug-attraction activities，and binding mechanism of methyl salicylate derivatives containing geraniol moiety〔J〕．Pest Management Science，2022，79：760-770．

〔84〕 Ma C S，Ma G，Pincebourde S. Survive a warming climate：insect responses to extreme high temperatures〔J〕．Annual Review of Entomology，2021，66：163-184．

〔85〕 Ma G，Ma C S. Potential distribution of invasive crop pests under climate change：incorporating mitigation responses of insects into prediction models〔J〕．Current Opinion in Insect Science，2022，49：15-21．

〔86〕 Zhang Y，Liu S，De Meyer M，et al. Genomes of the cosmopolitan fruit pest *Bactrocera dorsalis*（Diptera：Tephritidae）reveal its global invasion history and thermal adaptation〔J〕．Journal of Advanced Research，2022，

53：61-74.

［87］ Ma C S, Zhang W, Peng Y, et al. Climate warming promotes pesticide resistance through expanding overwintering range of a global pest ［J］. Nature Communications, 2021, 12: 5351.

［88］ Chen Y, Liu Z, Régnière J, et al. Large-scale genome-wide study reveals climate adaptive variability in a cosmopolitan pest ［J］. Nature Communications, 2021, 12: 7206.

［89］ Zhu L, Hoffmann A, Li S M, et al. Extreme climate shifts pest dominance hierarchy through thermal evolution and transgenerational plasticity ［J］. Functional Ecology, 2021, 35: 1524-1537.

［90］ Ma G, Bai C M, Rudolf V, et al. Night warming alters mean warming effects on predator-prey interactions by modifying predator demographics and interaction strengths ［J］. Functional Ecology, 2021c, 35: 2094-2107.

［91］ Zhu L, Xue Q, Ma G, et al. Climate warming exacerbates plant disease through enhancing commensal interaction of co-infested insect vectors ［J］. Journal of Pest Science, 2023, 96: 945-959.

［92］ Munawar A, Zhang Y, Zhong J, et al. Heat stress affects potato's volatile emissions that mediate agronomically important trophic interactions ［J］. Plant Cell and Environment, 2022, 45: 3036-3051.

［93］ Lu Y H, Wyckhuys K A G, Yang L, et al. Bt cotton area contraction drives regional pest resurgence, crop loss, and pesticide use ［J］. Plant Biotechnology Journal, 2022, 20: 390-398.

［94］ 吴孔明，杨现明，赵胜园，等. 草地贪夜蛾防控手册［M］. 中国农业科学技术出版社，2020.

［95］ Yang X M, Zhao S Y, Liu B, et al. Bt maize can provide non-chemical pest control and enhance food safety in China ［J］. Plant Biotechnology Journal, 2023, 21（2）: 391-404.

［96］ Zhu K Y, Palli S R. Mechanisms, applications, and challenges of insect RNA interference ［J］. Annual Review of Entomology, 2019, 15: 18.

［97］ Yan S, Ren B, Shen J. Nanoparticle-mediated double-stranded RNA delivery system: a promising approach for sustainable pest management ［J］. Insect Science, 2021, 28: 21-34.

［98］ Wang K, Peng Y, Chen J, et al. Comparison of efficacy of RNAi mediated by various nanoparticles in the rice striped stem borer（ Chilo suppressalis ）［J］. Pesticide Biochemistry and Physiology, 2019, 165: 104467.

［99］ Liu S, Jaouannet M, Dempsey D M A, et al. RNA-Based Technologies for Insect Control in Plant Production ［J］. Biotechnology Advances, 2020, 39: 107463.

［100］ Ma Z, Zheng Y, Chao Z, et al. Visualization of the process of a nanocarrier-mediated gene delivery: stabilization, endocytosis and endosomal escape of genes for intracellular spreading ［J］. Journal of Nanobiotechnology, 2022, 20: 124.

［101］ Li J, Qian J, Xu Y, et al. A facile-synthesized star polycation constructed as a highly efficient gene vector in pest management ［J］. ACS Sustainable Chemistry & Engineering, 2019, 7: 6316-6322.

［102］ Yan S, Qian J, Cai C, et al. Spray method application of transdermal dsRNA delivery system for efficient gene silencing and pest control on soybean Aphid Aphis glycines ［J］. Journal of Pest Science, 2020, 93: 449-459.

［103］ Ma Z Z, Hang Z, Yan L W, et al. A novel plasmid-Escherichia coli system produces large batch dsRNAs for insect gene silencing ［J］. Pest Management Science, 2020, 76: 2505-2512.

［104］ 陆宴辉，赵紫华，蔡晓明，等. 我国农业害虫综合防治研究进展［J］. 应用昆虫学报，2017，54（3）: 349-363.

［105］ 杨斌，刘杨，王冰，等. 害虫嗅觉行为调控技术的研究现状、机遇与挑战［J］. 中国科学基金，2020，34（4）: 441-446.

［106］ Jiang N J, Mo B T, Guo H, et al. Revisiting the sex pheromone of the fall armyworm Spodoptera frugiperda, a new invasive pest in South China ［J］. Insect science, 2022, 29: 865-878.

［107］ Wang C, Zhang S, Guo M B, et al. Optimization of a pheromone lure by analyzing the peripheral coding of sex pheromones of Spodoptera frugiperda in China ［J］. Pest Management Science, 2022, 78: 2995-3004.

［108］ 和伟，赵胜园，葛世帅，等. 草地贪夜蛾种群性诱测报方法研究［J］. 植物保护，2019，45（4）：48–53.

［109］ Jiang Y G，Ma J F，Wei Y J，et al. De novo biosynthesis of sex pheromone components of *Helicoverpa armigera* through an artificial pathway in yeast［J］. Green Chemistry，2022，24：767–778.

［110］ Guo X J，Yu Q Q，Chen D F，et al. 4–Vinylanisole is an aggregation pheromone in locusts［J］. Nature，2020，584：584–588.

［111］ Zhang Q，Liu Y Q，Wyckhuys K，et al. Lethal and sublethal effects of chlorantraniliprole on *Helicoverpa armigera* adults enhance the potential for use in "attract–and–kill" control strategies［J］. Entomologia Generalis，2021，41：111–120.

［112］ Zhang D W，Dai C C，Ali A，et al. Lethal and sublethal effects of chlorantraniliprole on the migratory moths *Agrotis ipsilon* and *A. segetum*：Newperspectives for pest management strategies［J］. Pest Management Science，2022，78：1–9.

［113］ Bian L，Cai X M，Luo Z X，et al. Sticky card for *Empoasca onukii* with bicolor patterns captures less beneficial arthropods in tea gardens［J］. Crop protection，2021，149：105761.

［114］ Ren X Y，Wu S Y，Xing Z L，et al. Behavioral Responses of Western Flower Thrips（*Frankliniella occidentalis*）to Visual and Olfactory Cues at Short Distances［J］. Insects，2020，11：17.

［115］ Jaworksi C C，Xiao D，Xu Q X，et al. Varying the spatial arrangement of synthetic herbivore–induced plant volatiles and companion plants to improve conservation biological control［J］. Journal of Applied Ecology，2019，56：1176–1188.

［116］ Liu H，Chen Y M，Wang Q，et al. Push–pull plants in wheat intercropping system to manage *Spodoptera frugiperda*［J］. Journal of Pest Science，2022，96：1579–1593.

［117］ Gu S M，Zalucki M P，Ouyang F，et al.，Incorporation of local and neighborhood trophic cascades highly determine ecosystem function along a nitrogen subsidy gradient［J］. Entomologia Generalis，2022，42：883–890.

［118］ Yang Q F，Li Z，Ouyang F，et al. Flower strips promote natural enemies，provide efficient aphid biocontrol，and reduce insecticide requirement in cotton crops［J］. Entomologia Generalis，2022，43：421–432.

［119］ Zhang X R，Ouyang F，Su J W，et al.，Intercropping flowering plants facilitate conservation，movement and biocontrol performance of predators in insecticide–free apple orchard［J］. Agriculture，Ecosystems & Environment，2022，340：108157.

［120］ Wan N F，Ji X Y，Deng J Y，et al. Plant diversification promotes biocontrol services in peach orchards by shaping the ecological niches of insect herbivores and their natural enemies［J］. Ecological Indicators.，2019，99：387–392.

［121］ Wan N F，Cai Y M，Shen Y J，et al. Increasing plant diversity with border crops reduces insecticide use and increases crop yield in urban agriculture：The crosses indicate，for each insecticide，when they were used［J］. eLife，2018，7：e35103.

［122］ 吴孔明. 中国草地贪夜蛾的防控策略［J］. 植物保护，2020，46（2）：1–5.

［123］ Zhang H W，Zhao S Y，Song Y F，et al. A deep learning and Grad–Cam–based approach for accurate identification of the fall armyworm（*Spodoptera frugiperda*）in maize fields［J］. Computers and Electronics in Agriculture，2022，202：107440.

［124］ Lv C Y，Ge S S，He W，et al. Accurate recognition of the reproductive development status and prediction of oviposition fecundity of *Spodoptera frugiperda*（Lepidoptera：Noctuidae）based on computer vision［J］. Journal of Integrative Agriculture，2023，22：2173–2187.

［125］ 汤印，郭井菲，王勤英，等. 云南省德宏州发现 3 种草地贪夜蛾幼虫寄生蜂［J］. 植物保护，2020，46（3）：254–259.

［126］Xu P J, Yang L Y, Yang X M, et al. Novel partiti-like viruses are conditional mutualistic symbionts in their normal Lepidopteran host, African armyworm, but parasitic in a novel host, fall armyworm［J/OL］. PLoS Pathogens, 2020, 16: e1008467.

［127］Zhou Y M, Xie W, Ye J Q, et al. New potential strains for controlling *Spodoptera frugiperda* in China: *Cordyceps cateniannulata* and *Metarhizium rileyi*［J］. Biocontrol, 2020, 65: 663-672.

［128］郭井菲, 张永军, 王振营. 中国应对草地贪夜蛾入侵研究的主要进展［J］. 植物保护, 2022, 48（4）: 79-87.

［129］胡飞, 徐婷婷, 胡本进, 等. 苏云金杆菌G033A对化学农药防治草地贪夜蛾的减量效应［J］. 中国生物防治学报, 2021, 37（6）: 1103-1110.

［130］赵胜园, 杨现明, 杨学礼, 等. 8种农药对草地贪夜蛾的田间防治效果［J］. 植物保护, 2019, 45（4）: 74-78.

［131］Li X J, Jiang H, Wu J Y, et al. Drip application of chlorantraniliprole effectively controls invasive *Spodoptera frugiperda*（Lepidoptera: Noctuidae）and its distribution in maize in China［J/OL］. Crop Protection, 2020, 143: 105474.

［132］Yan X J, Yuan H Z, Chen Y X, et al. Broadcasting of tiny granules by drone to mimic liquid spraying for the control of fall armyworm（*Spodoptera frugiperda*）［J］. Pest Management Science, 2021, 78: 43-51.

［133］Zhao S Y, Yang X M, Liu D Z, et al. Performance of the domestic Bt corn event expressing pyramided Cry1Ab and Vip3Aa19 against the invasive *Spodoptera frugiperda*（J. E. Smith）in China［J］. Pest Management Science, 2023, 79（3）: 1018-1029.

［134］Lu Y H, Wyckhuys K A G, Wu K M.Pest status, bio-ecology and area-wide management of mirids in east Asia［J］. Annual Review of Entomology, 2024, 69: 393-413.

［135］史彩华, 杨玉婷, 韩昊霖, 等. 北京地区韭菜迟眼蕈蚊种群动态及越夏越冬场所调查研究［J］. 应用昆虫学报, 2016, 53（6）: 1174-1183.

［136］Hu J R, Xie C, Shi C H, et al. Effect of sex and air temperature on the flight capacity of *Bradysia odoriphaga*（Diptera: Sciaridae）［J］. Journal of Economic Entomology, 2019, 112: 2161-2166.

［137］史彩华, 陈敏, 吴青君, 等. 韭菜常见病虫害诊断与防控技术手册［M］. 北京: 中国农业出版社, 2022.

［138］Shi C H, Hu J R, Zhang Y J. The effects of temperature and humidity on a field population of *Bradysia odoriphaga*（Diptera: Sciaridae）［J］. Journal of Economic Entomology, 2020, 113: 1927-1932.

［139］王占霞, 范凡, 王忠燕, 等. 环境颜色对韭菜迟眼蕈蚊生物学特性的影响［J］. 昆虫学报, 2015, 58（5）: 553-558.

［140］Shi C H, Hu J R, Wei Q W, et al. Control of *Bradysia odoriphaga*（Diptera: Sciaridae）by soil solarization［J］. Crop Protection., 2018, 114: 76-82.

［141］周仙红, 赵楠, 陈浩, 等. 防虫网对韭菜迟眼蕈蚊隔离效果和对韭菜生长的影响［J］. 应用昆虫学报, 2016, 53（6）: 1211-1216.

［142］胡静荣, 史彩华, 徐宝云, 等. 臭氧水对韭蛆的防治效果及对韭菜生长的影响［J］. 昆虫学报, 2018, 61（12）: 1404-1413.

［143］武海斌, 宫庆涛, 张坤鹏, 等. 昆虫病原线虫与黑色粘板配合使用对韭菜迟眼蕈蚊的防治［J］. 植物保护学报, 2015, 42（4）: 632-638.

［144］史彩华, 胡静荣, 李传仁, 等. 采用两种不同施药方法评价8种药剂对韭蛆的防治效果［J］. 应用昆虫学报, 2016, 53（6）: 1225-1232.

［145］史彩华, 胡静荣, 杨玉婷, 等. 不同药剂和施药方法对韭蛆的田间防治效果［J］. 植物保护学报, 2018, 45（2）: 282-289.

［146］ Mohammed A A H, Desneux N, Monticelli L S, et al. Potential for insecticide-mediated shift in ecological dominance between two competing aphid species ［J］. Chemosphere, 2019, 226: 651-658.

［147］ Mohammed A A H, Desneux N, Fan Y J, et al. Impact of imidacloprid and natural enemies on cereal aphids: Integration or ecosystem service disruption ［J］. Entomologia Generalis, 2018, 37: 47-61.

［148］ Xin J J, Yu W X, Yi X Q, et al. 2019. Sublethal effects of sulfoxaflor on the fitness of two species of wheat aphids, *Sitobion avenae* (F.) and *Rhopalosiphum padi* (L.) ［J］. Journal of Integrative Agriculture, 18: 1613-1623.

［149］ Zhang B Z, Su X, Xie L F, et al. Multiple detoxification genes confer imidacloprid resistance to *Sitobion avenae* Fabricius ［J］. Crop Protection., 2020, 128: 105014.

［150］ Xu T Y, Lou K, Song D L, et al. Resistance mechanisms of *Sitobion miscanthi* (Hemiptera: Aphididae) to malathion revealed by synergist assay ［J］. Insects, 2022, 13: 1043.

［151］ Wang X, Xu X, ULLAH F, et al. Comparison of full-length transcriptomes of different imidacloprid-resistant strains of Rhopalosiphum padi (L.) ［J］. Entomologia Generalis, 2021, 41: 289-304.

［152］ Xu T Y, Zhang S, Liu Y, et al. Slow resistance evolution to neonicotinoids in field populations of wheat aphids revealed by insecticide resistance monitoring in China ［J］. Pest Management Science, 2022, 78: 1428-1437.

［153］ Roy S, Saha T T, Ha J, et al. Direct and indirect gene repression by the ecdysone cascade during mosquito reproductive cycle ［J］. Proceedings of the National Academy of Sciences, 2022, 119, e2116787119.

［154］ Truman J W, and Riddiford L M. Chinmo is the larval member of the molecular trinity that directs *Drosophila metamorphosis* ［J］. Proceedings of the National Academy of Sciences, 2022, 119, e2201071119.

［155］ Kearney M R, Gillingham P K, Bramer I, et al. A method for computing hourly, historical, terrain-corrected microclimate anywhere on earth ［J］. Methods in Ecology and Evolution, 2020, 11: 38-43.

［156］ Maeno K O, Piou C, Kearney M R, et al. A general model of the thermal constraints on the world's most destructive locust, *Schistocerca gregaria* ［J］. Ecological Applications, 2021, 31: e02310.

［157］ Denlinger D L. Exploiting tools for manipulating insect diapause ［J］. Bulletin of Entomological Research, 2023, 112: 715-723.

［158］ Deutsch C A, Tewksbury J, Tigchelaar M, et al. Increase in crop losses to insect pests in a warming climate ［J］. Science, 2018, 361: 916-919.

［159］ Menz M H M, Scacco M, Bürki-Spycher H-M, et al. Individual tracking reveals long-distance flight-path control in a nocturnally migrating moth ［J］. Science, 2022, 377: 764-768.

［160］ Estrada-Carmona N, Sanchez A C, Ermans R, et al. Complex agricultural landscapes host more biodiversity than simple ones: A global meta-analysis ［J］. Proceedings of the National Academy of Sciences, 2022, 119 (38): e2203385119.

［161］ Rosenberg Y, Bar-On Y M, Fromm A, et al. The global biomass and number of terrestrial arthropods ［J］. Science Advances, 2023, 9 (5): eabq4049.

［162］ Pansu J, Hutchinson M C, Anderson T M et al. The generality of cryptic dietary niche differences in diverse large-herbivore assemblages ［J］. Proceedings of the National Academy of Sciences, 2022, 119 (35): e2204400119.

［163］ Rosenheim J A, Cluff E, Lippey M K, et al., Increasing crop field size does not consistently exacerbate insect pest problems ［J］. Proceedings of the National Academy of Sciences, 2022, 119: e22008813119.

［164］ Karageorgi M, Groen S C, Sumbul F, et al. Genome editing retraces the evolution of toxin resistance in the monarch butterfly ［J］. Nature, 2019, 574 (7778): 409-412.

［165］ Malka O, Easson M L A E, Paetz C, et al. Glycosylation prevents plant defense activation in phloem-feeding insects ［J］. Nature Chemical Biology, 2020, 16 (12): 1420-1426.

［166］ Fishilevich E，Bowling A J，Frey M L F，et al. RNAi targeting of rootworm troponin I transcripts confers root protection in maize［J］. Insect Biochemistry and Molecular Biology，2019，104：20–29.

［167］ 李国平，吴孔明. 中国转基因抗虫玉米的商业化策略［J］. 植物保护学报，2022，49（1）：17–32.

［168］ 王桂荣，王源超，杨光富，等. 农业病虫害绿色防控基础的前沿科学问题［J］. 中国科学基金，2020，34（4）：374–379.

［169］ Petkevicius K，Löfstedt C，Borodina I，et al. Insect sex pheromone production in yeasts and plants［J］. Current Opinion in Biotechnology，2020，65：259–267.

［170］ Chen W，Yang F Y，Xu X J，et al. Genetic control of *Plutella xylostella* in omics era［J/OL］. Archives of insect Biochemistry and Physiology，2019，102：e21621.

［171］ Pentimone I，Colagiero M，Rosso L C，et al. Omics applications：towards a sustainable protection of tomato ［J］. Applied Microbiology and Biotechnology，2020，104：4185–4195.

［172］ Tzec–sima M，Felix J W，Granados–alegria M. et al. Potential of omics to control diseases and pests in the coconut tree［J］. Agronomy，2022，12：3164.

［173］ 吴孔明. 中国农作物病虫害防控科技的发展方向［J］. 农学学报，2018，8（1）：35–38.

［174］ 赵景，蔡万伦，沈栎阳，等. 水稻害虫绿色防控技术研究的发展现状及展望［J］. 华中农业大学学报，2022，41（1）：92–104.

［175］ 康乐，魏丽亚. 中国蝗虫学研究60年［J］. 植物保护学报，2022，49（1）：4–16.

［176］ Douglas A E. Multiorganismal insects：diversity and function of resident microorganisms［J］. Annual Review of Entomology，2015，60：17–34.

［177］ Arora A K，Douglas A E. Hype or opportunity? Using microbial symbionts in novel strategies for insect pest control ［J］. Journal of Insect Physiology，2017，103：10–17.

［178］ Wang Tianyu，Luan Junbo. Silencing horizontally transferred genes for the control of the whitefly *Bemisia tabaci* ［J］. Journal of Pest Science，2022，96：195–208.

［179］ Caballero–Vidal G，Bouysset C，Gévar J，et al. Reverse chemical ecology in a moth：machine learning on odorant receptors identifies new behaviorally active agonists［J］. Cellular and Molecular Life Sciences，2021，78：6593–6660.

［180］ Li Y，Liu Z G，Liu C，et al. HGT is widespread in insects and contributes to male courtship in lepidopterans ［J］. Cell，2022，185：2975–2987.

［181］ 张凯，陈彦宾，张昭，等. 中国"十四五"重大病虫害防控综合技术研发实施展望［J］. 植物保护学报，2022，49（1）：69–75.

［182］ Mateos Fernández R，Petek M，Gerasymenko I，et al. Insect pest management in the age of synthetic biology ［J］. Plant Biotechnology Journal，2022，20（1）：25–36.

［183］ 陆宴辉. 与时俱进的中国棉花害虫治理研究［J］. 植物保护学报，2021，48（5）：937–939.

撰稿人：陆宴辉　刘　杨　杨现明　荆玉谱　胡　高　栾军波

郭兆将　马　罡　闫　硕　梁　沛　刘　杰　肖海军

杂草科学学科发展研究

一、引言

农田杂草，指农田中栽培的对象作物以外的其他植物。农田杂草种类繁多，根据生活史可分为一年生、越年生和多年生三类。我国杂草危害严重，全国共有杂草1430余种（变种），造成严重危害的130余种，分布广，发生量大，每年因杂草造成的作物产量损失达9.7%，经济损失达2200亿元。农田杂草侵占农作物空间，与作物争水、争肥、争光，影响作物的正常生长；有些杂草是许多病虫害的重要中间寄主；有些杂草会恶化环境，破坏生态；有些杂草含有毒成分，影响人畜健康和安全。农田杂草大大降低了作物的产量和质量，增加了管理用工和生产成本，严重威胁农业生产。杂草生物学和生态学研究是认知杂草的重要基础，杂草致灾机制、杂草抗药性机制研究是构建杂草防控技术体系的理论依据，而杂草综合防控技术研究则是农业产业持续健康发展的重要保障。近年来，我国杂草科学研究取得了系列重要进展。

在杂草生物学方面，探明了经历人工选择（作物）和自然选择（杂草）的多倍化基因组适应性的进化机制，获得的高质量稗草和千金子基因组数据可为研究除草剂靶标抗性（TSR）相关变异和非靶标抗性（NTSR）基因提供丰富资源。杂草稻基因组的发布对发掘来源于杂草稻的优良适应性基因具有重要的应用价值。牛筋草基因组学研究的突破为除草剂的研发和新作用机制除草剂的创制提供了丰富的基因资源。发现 SvSTL1 在核糖核酸还原酶（RNR）的最优功能中起主要作用，并且对叶绿体发育至关重要。揭示了杂草稻倒伏分化的机制。揭示了节节麦抗条锈病基因 YrAS2388 在小麦抗条锈病育种中具有重要利用价值，其 DNA 甲基化的动态变化能够参与植物复杂的免疫反应过程，对提高小麦抗病性具有指导意义。阐明了节节麦应对镉胁迫的分子机制，揭示了杂草稻耐寒性适应机制，发现杂草稻中的 PAPH1 能够赋予水稻强大的抗旱性，为水稻栽培品种的遗传改良提供了丰富的资源。

在杂草抗药性机制方面，发现看麦娘抗性突变 Pro-197-Tyr 或 Trp-574-Leu 都能降低看麦娘对乙酰乳酸合成酶（ALS）抑制剂类除草剂的敏感性。从抗草铵膦牛筋草种群胞质型 EiGS1-1 中鉴定到 Ser-59-Gly 突变，该突变基因型与草铵膦抗性表型显著相关。从抗ALS 抑制剂的反枝苋种群中首次鉴定到 Gly-654-Tyr 突变，明确反枝苋对 PPO 抑制剂氟磺胺草醚的抗性是 Arg-128-Gly 突变所致。发现过表达看麦娘 CYP709C56 基因的拟南芥对甲基二磺隆和啶磺草胺产生抗性，结构模型预测发现甲基二磺隆与 CYP709C56 的结合涉及氨基酸残基 Thr328、Thr500、Asn129、Gln392、Phe238、Phe242 以实现 O- 去甲基化。揭示了稗草醛酮还原酶基因（EcAKR4-1）通过辅酶因子 NADP+ 催化氧化反应代谢草甘膦并产生抗性的分子机理；成功鉴定并克隆到草甘膦抗性相关基因 EcABCC8，可在质膜上将进入膜内的草甘膦转运至膜外以产生抗性，揭示了杂草抗草甘膦的全新机制。揭示了BsCYP81Q32 代谢甲基二磺隆的分子机制，并率先从菵草中鉴定出了可调控 P450 基因表达的转录因子 BsTGAL6，为杂草对除草剂的代谢抗性及其转录调控机制解析提供了新视野。首次报道了内生菌介导杂草对除草剂抗药性的新机制，为杂草抗药性机制研究开辟了新思路。

在除草剂安全剂作用机理方面，成功鉴定到解草啶保护水稻免受丙草胺药害的关键基因 CYP71Y83、CYP71K14、CYP734A2、CYP71D55、GSTU16 和 GSTF5，并明确解草啶通过选择性诱导水稻 GSTs 基因上调表达从而发挥保护作用。成功鉴定到参与双苯噁唑酸保护作物免遭除草剂药害的关键基因 Car E15、CYP86A1、GSTU6、GST4、UGT13248、UGT79 和 ABCC4。揭示了外源赤霉素通过促进 ABA 的合成以平衡 ABA/GA3 比值，从而解除精异丙甲草胺对高粱药害的全新机理。

在杂草防控技术方面，自主研发了三唑磺草酮、环吡氟草酮、双唑草酮、苯唑氟草酮等全新除草剂专利化合物。建立了三唑磺草酮、双环磺草酮、氯氟吡啶酯、环吡氟草酮、砜吡草唑、异噁唑草酮等一批除草剂新药剂在水稻、小麦、玉米等作物上的田间应用技术。研发了基于北斗导航的新型智能除草机具无人驾驶水稻中耕除草机。发现淹水条件下黄腐酸对稗草有明显抑制作用。发现短期稻虾共作对稻田杂草的抑制作用更明显。发现综合种养模式实施一至三年对稻田杂草防控效果更显著。发现双色平脐蠕孢菌 SYNJC-2-2 有被开发为生物除草剂的潜力。开发了基于天然产物毒素 TeA 的高除草活性化合物仲戊基 TeA 和仲己基 TeA。构建了基于消减杂草群落的稻麦连作田精准生态控草技术体系。

我国杂草科学研究的整体水平与发达国家的差距已经缩小，但在很多领域仍有待加强。目前杂草学科已有具备重大影响力的领军人才，但是还缺乏有影响力的中青年科学家；国家对杂草领域的立项重视不够，研究队伍还不够强大；部分研究工作有特色且有创新性，但还有进一步提高的空间。为进一步提升我国杂草科学研究水平，解决我国农业发展中存在的杂草科学问题，提高国际影响力和竞争力，杂草科学需不断加强基础研究和应用基础研究，研发创新非化学防控生态友好型技术，构建和推广多样性可持续控草技术体系，推动杂草防控策略向多样性措施并举的转变，最终实现农田杂草绿色高效防控。

二、学科发展现状

（一）杂草生物学和生态学研究

1. 杂草基因组学

浙江大学樊龙江团队与湖南省农业科学院柏连阳团队[1]联合上海师范大学和中国水稻研究所等科研团队通过结合二代 Illumina、三代 PacBio 以及 HiC 技术获得了六倍体 *Echinochloa. crus-galli*、四倍体 *E. oryzicola* 和二倍体 *E. haploclada* 的高质量参考基因组。基因家族分析显示包含 NB-ARC 结构域等疾病抗性相关基因在稗草多倍化过程中发生了明显的丢失，这与小麦多倍化过程中的情况正好相反。说明自然选择可能更偏向于降低杂草中抗性相关的投入，转而最大化其生长和生殖性能。与小麦以及其他作物中检测到的不对称基因组演化模式相反，*E. oryzicola* 和 *E. crus-galli* 亚基因组中没有发现选择压的差异。另外，作者发现稗草与普通小麦一样，在六倍化之后不同亚基因组上的转录表达存在明显的动态差异。该项研究对经历人工选择（作物）和自然选择（杂草）的多倍化基因组适应性进化机制进行了比较，增加了对植物多倍化进化机制的理解和认识。

浙江大学樊龙江团队[2]组装了异源六倍体稗草（*E. crus-galli*）、异源六倍体光头稗（*E. colona*）和异源四倍体栽培稗（*E. oryzicola*）这三种稗属植物的基因组，并对 16 个国家的 737 份稗属材料进行重测序，揭示了稗属植物系统发生及其环境适应的基因组演化机制。该团队开发了适用于多倍体物种 HiC 辅助基因组组装的 DipHic 新算法，获得染色体水平高质量基因组。通过重测序将全球稻田稗属植物分为 *E. crus-galli*、*E. oryzicola*、*E. walteri* 和 *E. colona* 四个种，系统发育和群体结构分析将 *E. crus-galli* 进一步分为五个变种：var. *crus-galli*、var. *crus-pavonis*、var. *praticola*、var. *oryzoides* 和 var. *esculenta*（栽培种），且不同变种之间基因交流频繁。基于部分材料的除草剂抗性表型，发现了 ALS 抑制剂类除草剂潜在抗性靶标位点 Gly-654-Cys 和二氯喹啉酸潜在抗性靶标位点 Arg-86-Gln。稗草的基因组数据为研究除草剂 TSR 相关变异和 NTSR 基因提供了丰富资源，促进了杂草除草剂抗性演化、杂草进化生物学、作物与杂草互作以及未来气候变化下新型杂草防控策略的研究。

湖南省农业科学院柏连阳团队[3]报道了四倍体杂草千金子（*L. chinensis*）的染色体级参考基因组和基因变异图，发现千金子基因组由两个 1090 万年前分化的二倍体祖细胞组成，两个亚基因组不存在分离偏倚和基因表达优势，并通过转录组分析证明四倍体化对千金子抗除草剂基因来源的重要作用。对 89 份材料进行群体基因组分析发现，南部、西南部采集的千金子的核苷酸多样性显著高于长江中下游地区的千金子，表明千金子在中国的传播路径是南部和西南部省份到长江中下游。研究为千金子的有效防控提供了重要的基因组资源，并帮助了解千金子的抗药性以及适应性进化机制。柏连阳团队[4]还组装了千金子姐妹种二倍体虮子草（*L. panicea*）的高质量基因组，并鉴定其与 *L. chinensis* 基因组结构的差异，发现 *L. chinensis* 大约在1160万年前时从 *L. panicea* 中分化出来，并经历了多倍化事件，这一事件推动了 *L. chinensis* 抗除草剂基因 *CYP76C1*、*CYP76C4*、*ABCC8* 和 *CYP709B2* 的扩张，增强了 *L. chinensis* 对除草剂胁迫的缓冲能力和除草剂适应性。研究揭示了 *L. chinensis* 作为水田恶性杂草多倍体驱动的极端除草剂适应性，为千金子等多倍体杂草的防治提供新的思路和理论参考。

沈阳农业大学陈温福团队[5]应用群体遗传学、演化场景推演、比较基因组学等生物大数据分析方法，揭示了亚洲高纬度杂草稻与粳型栽培稻的遗传趋异始于栽培稻驯化后的遗传改良，其杂草化的实质是基因组的半驯化（semi-domestication）。同时测序构建了第一个高质量的杂草稻参考基因组（WR04-6），基因组的 Contig N50 达到 6.09，仅有 94 个 Gap。比较基因组分析发现，高纬度杂草稻 WR04-6 基因组的驯化程度介于栽培粳稻日本晴与野生稻 w1943 之间。首个杂草稻基因组的发布，对发掘来源于杂草稻的优良适应性基因具有重要的应用价值。此外，该研究应用株高模型发现了杂草稻与栽培稻具有依赖性竞争的协同进化关系，进而首次应用演化博弈的思想来解释杂草稻的起源与演化。进化中，杂草型等位基因引起落粒与早熟维持着种群的动态繁衍。研究结果加深了对作物驯化和去驯化进化的遗传机制认识，对理解杂草稻起源机制具有重要理论指导意义。

广东省农业科学院植物保护研究所田兴山团队[6]联合澳大利亚西澳大学、美国密歇根州立大学通过三代基因组测序技术，获得了抗草甘膦牛筋草和敏感型牛筋草的高质量基因组。通过对草甘膦靶基因 EPSPS 的新增拷贝序列进行了精细组装和分析，明确了草甘膦敏感型牛筋草的 EPSPS 基因定位于 3 号染色体上。在草甘膦抗性牛筋草中，EPSPS 基因与其他几个基因融合后形成复增片段"EPSPS-cassette"插入基因组的一个或多个亚端粒区域，推测其可能是在减数分裂期通过染色体不均等杂交发生。牛筋草染色体亚端粒区序列高度重复，功能基因不多，EPSPS 基因在该区域复增不影响其他基因功能，从而使牛筋草在较小的适合度代价上获得新抗性。本研究拓展了染色体亚端粒区作为新变异发生区的认识，同时牛筋草基因组学研究的重大突破为除草剂的研发和新作用机制除草剂的创制提供了丰富的基因资源。

2. 杂草发育学

华中农业大学林拥军团队[7]从狗尾草 EMS 突变体库中鉴定出 svstl1 突变体，在抽穗期表现叶片漂白表型，石蜡切片分析观察到 C4 花环状结构的破坏，透射电镜结果证明部分叶绿体发育严重紊乱，MutMap 分析显示 *SvSTL1* 基因是该性状主要候选基因，是编码核糖核苷酸还原酶（RNR）的一个大亚基。*SvSTL1* 与 svstl1 突变体表型直接相关。狗尾草还有两个额外 RNR 大亚基 *SvSTL2* 和 *SvSTL3*。为了解 RNR 大亚基的功能，通过 CRISPR/

Cas9 产生一系列突变体，发现不同 svstl 单突变体的表型随着叶绿体基因组拷贝的变化而变化，svstl1 突变体叶绿体基因组拷贝明显少于 svstl2 或 svstl3 单突变体，表现出叶绿体明显发育。以上结果表明 *SvSTL1* 在 RNR 的最优功能中起主要作用，并且对叶绿体发育至关重要。

南京农业大学强胜团队[8]在对全国 287 个杂草稻种群和其伴生的栽培稻的倒伏性比较研究中发现，倒伏性与纬度负相关，与发生地的降水量正相关。杂草稻比其伴生的栽培稻具有更强的倒伏性。南方的籼型类杂草稻具有高倒伏性，而北方的粳型类杂草稻倒伏性则较弱。为了揭示杂草稻倒伏分化的机制，该研究系统测定了决定茎秆强度的形态、解剖结构、物质组分等性状，结果表明倒二节的木质素含量、纤维素与木质素含量比是影响茎秆强度最终决定倒伏性的关键性状。木质素能提高抗倒伏能力，然而纤维素与木质素含量比的降低会降低抗倒伏性，两者的联合作用最终影响杂草稻的倒伏分化。进一步通过转录组和甲基化组分析发现，杂草稻和栽培稻的 CHG 超甲基化、CG 低甲基化和 CHG 低甲基化锚定基因在碳水化合物及其衍生物结合的 GO term 和丙氨酸代谢途径中显著富集，木质素合成通路相关基因 *OsPAL1*、*Os4CL3*、*OsSWN1* 和 *OsMYBX9* 的 DNA 甲基化水平影响了木质素合成基因的表达，进而影响木质素的合成，并最终影响杂草稻之间以及杂草稻与栽培稻之间茎秆强度和倒伏性的分化。

3. 杂草抗病性

山东农业大学吴佳洁团队[9]联合四川农业大学刘登才团队、美国爱达荷大学付道林团队历经十年从小麦 D 基因组祖先节节麦中获得了抗条锈病基因 *YrAS2388*。与已知抗病基因不同的是，*YrAS2388* 具有重复的 3' 非编码区并产生五种或更多的转录本。这些转录本的表达受温度及病原菌侵染的影响，而且其所编码的蛋白质之间存在互作。该基因通过调整不同转录本的富集水平和编码蛋白的互作模式，来应对病原菌侵染，有效控制小麦的抗条锈病水平。该研究利用小麦 10k SNP 芯片对三个 F2 分离群体进行分析，将 *YrAS2388* 基因区间缩小到 2.4cm。利用节节麦基因组序列和 SNP 图谱信息开发标记，对 4205 个单株进行重组体筛选，将区间进一步缩小到 *Xsdauw92* 和 *Xsdauw96* 之间约 0.13cm 的范围，有三个标记（*Xsdauw93*、*Xsdauw94* 和 *Xsdauw95*）与 *YrAS2388* 共分离。同时，构建了节节麦抗病亲本 PI511383 的 Fosmid 基因组文库，利用与 *YrAS2388* 基因连锁的标记，在 *YrAS2388* 区域获得二十个 Fosmid 克隆，并构建了 *YrAS2388* 区域的物理图谱。在 *YrAS2388* 区间，共鉴定到三个表达基因，包括两个类受体蛋白激酶（*RLK1*、*RLK2*）和一个典型 R 基因（*NLR4DS-1*）。利用单倍型分析、EMS 诱变和转基因技术，证实了 *NLR4DS-1* 即为 *YrAS2388* 基因。该研究还揭示出抗条锈病基因 *YrAS2388* 只在节节麦和由节节麦创制的人工合成小麦中存在，而在普通小麦及其他麦族物种中未检测到，因此该基因在今后的小麦育种中具有重要的利用价值。

中国农业科学院作物科学研究所毛龙团队、李爱丽团队与四川农业大学小麦研究所兰秀锦团队[10]通过高通量测序对节节麦全基因组 DNA 甲基化程度进行了评估，发现白粉菌侵染后，非对称类型甲基化（CHH）的甲基化程度降低，其邻近的重复序列相关基因主要表现为参与胁迫应答的受体激酶、过氧化物酶和病程相关蛋白。研究人员还通过病毒诱导基因沉默（VIGS）沉默主要负责 CHH 甲基化的甲基化重组酶 2（DRM2），发现 DRM2 下降增强了植物对白粉菌的抗病性。进一步对其中一个富集基因 PR2 进行分析，发现植物可能通过降低该基因的 CHH 甲基化水平参与白粉菌防御反应。研究表明，DNA 甲基化的动态变化能够参与植物复杂的免疫反应过程，对提高小麦抗病性具有指导意义。

4. 杂草抗逆性

青岛农业大学尹华燕与贵州师范大学杜旭烨团队[11]合作，通过转录组测序发现镉胁迫下节节麦根和茎中 AetSRG1 差异表达。小麦中过表达 AetSRG1，导致镉积累减少，Cd^{2+}通量降低，电解质渗漏减少，活性氧含量增加。AetSRG1 蛋白与苯丙氨酸解氨酶（PAL）相互作用，促进内源水杨酸的合成。该研究揭示了节节麦应对镉胁迫的分子机制，证实关键基因 AetSRG1 是研究低镉小麦的潜在靶点。

南京农业大学强胜团队[12]评估了 100 个水稻品种和 100 个杂草稻种群的耐寒性，研究了栽培稻和杂草稻耐寒性随纬度而变异的模式。差异耐寒性与 CBF 冷反应通路基因的相对表达水平以及该通路的调控因子 OsICE1 启动子区甲基化水平密切相关。在 OsICE1 启动子的所有甲基化胞嘧啶位点中，CHG 和 CHH 甲基化水平与耐寒性显著相关。此外，杂草稻与栽培稻具有相同或几乎相同的 OsICE1 甲基化模式。这些发现揭示了杂草稻在北方气候条件下伴随水稻种植而传播的表观遗传机制，阐明了杂草稻和栽培稻对低温的适应机制，可为杂草稻的防治和培育优质耐寒水稻品种提供线索。强胜团队[13]还发现转基因抗除草剂作物可以通过花粉飘散到野生近缘种而发生正向基因漂移，揭示了转基因抗除草剂杂交水稻不仅能够通过上述的正向漂移而使其杂草稻后代具有抗性基因，而且杂草稻花粉向水稻的反向漂移会带来转基因抗除草剂杂交水稻后代迅速演化为抗除草剂杂草稻的风险，为建立和完善双向转基因作物基因漂移的环境风险评价管理体系奠定了理论基础。

中国农业科学院韩龙植团队[14]以 501 份杂草稻材料，通过选择分析、全基因组关联分析、基因敲除、过表达分析和 Ca^{2+}、K^+ 离子通量测定，揭示了杂草稻抗旱性的选择机制。杂草稻与栽培稻存在基因渗透，与杂草稻起源于栽培稻去驯化假设一致。鉴定了耐旱基因 PAPH1，paph1 敲除品系的抗旱能力显著低于野生型，过表达品系的抗旱能力显著高于野生型。paph1 突变体的 Ca^{2+} 和 K^+ 浓度较低，过表达系的 Ca^{2+} 浓度较高，表明 PAPH1 在应对干旱胁迫中发挥重要作用。杂草稻在进化过程中与地方品种和改良品种水稻进行了基因的交换，这与当前公认假说一致，即杂草稻是通过去驯化从栽培稻中产生的。杂草稻中的 PAPH1 能够赋予水稻强大的抗旱性，为改良栽培水稻品种的潜在遗传资源提供一个参考。

中国农业科学院李香菊团队[15]以麦田难治杂草节节麦为研究对象，探究了高分布密度胁迫下节节麦的分蘖调控机制，发现节节麦发生密度较高时，其光合速率降低，茎基部碳水化合物积累减少，植株内生长素、赤霉素、脱落酸等内源激素代谢失衡，从而影响其分蘖芽伸长。该研究丰富了禾本科杂草分蘖调控机制理论体系，为生产中抑制节节麦分蘖，降低其繁殖系数等防除措施的建立提供了理论依据。

5. 杂草遗传多样性

复旦大学卢宝荣团队[16]分析了来自三个早、晚稻田的120种杂草稻的总基因组DNA序列，并与同生水稻品种和其他水稻材料进行比较，在同域分布的早季和晚季杂草稻种群中发现了大量遗传分化，而遗传分化在整个基因组中分布不均。同域分布的杂草稻种群间存在限制性的基因流，导致了不同的遗传结构。该研究为同一地区但不同季节的杂草稻种群之间的同域遗传差异提供了有力证据，并说明时间隔离在植物同域种群、物种之间产生遗传差异方面起重要作用。

（二）杂草抗药性机理研究

1. 杂草靶标抗性机理

山东农业大学王金信团队[17]以广泛分布的一年生二倍体看麦娘（*Alopecurus aequal*）为模式种，获得了抗性突变 Pro-197-Tyr 或 Trp-574-Leu 的所有个体纯合的种群，发现这两种突变都降低了 ALS 对 ALS 抑制剂类除草剂的敏感性，但较之野生种群，其 ALS 活性没有显著变化。197-Tyr 突变略微降低了 ALS 的底物亲和力（对应于丙酮酸的 Km 增加）和最大反应速度（Vmax），而 574-Leu 突变显著提高了这些动力学参数。同时，与 197-Tyr 和 574-Leu 抗性突变相关的植物生长显著下降或增加，与它们对 ALS 动力学的影响高度相关，表明如果停止使用除草剂，574-Leu 突变比 197-Tyr 突变更可能持续存在，初步解释了优势靶标抗性突变在田间快速进化传播的原因。

广东省农业科学院植物保护研究所田兴山团队[18]联合西澳大学余勤团队揭示了牛筋草抗草铵膦的分子机制，该研究从中国和马来西亚的抗草铵膦种群中鉴定到一个胞质型 *EiGS1-1* 蛋白发生 Ser-59-Gly 突变，且该突变基因型与草铵膦抗性表型显著相关；水稻遗传转化和体外酶活试验验证了该突变基因的抗草铵膦功能；*EiGS1-1* 蛋白突变体 3D 结构模拟预测 Ser-59-Gly 突变对抗性的影响是间接的通过影响重要残基（如结合位点 Glu-297 和非结合位点的 Asp-56）的空间构象实现的，这使得 *EiGS1-1* 蛋白突变后的催化特性不会发生较大改变，使牛筋草在获得草铵膦抗性的同时不会产生严重的适合度代价，进而促进草铵膦抗性种群的进化。该研究首次揭示了早期田间进化的抗草铵膦杂草靶标抗性机理，为后续更深层次研究草铵膦抗性机理奠定了良好的基础。同时，研究结果也有助于进一步了解植物氮代谢途径中关键酶 GS1 的分子进化特征和功能，为草铵膦抗性作物遗传改良提供重要参考。

中国农业科学院黄兆峰团队[19]发现了对噻吩磺隆、咪唑乙烟酸等 ALS 抑制剂具有高抗性的反枝苋种群，通过测序发现反枝苋 ALS 存在 Trp-574-Leu 或 Gly-654-Tyr 突变，其中 Gly-654-Tyr 突变是首次被报道，该突变可导致反枝苋对五大类 ALS 抑制剂产生抗药性。此外，黄兆峰团队[20]还发现反枝苋对 PPO 抑制剂氟磺胺草醚表现出抗性，其靶标抗性是由 Arg-128-Gly 突变导致；交互抗性测定结果显示，该抗性反枝苋种群还对乳氟禾草灵和唑草酮产生了交互抗性。

2. 杂草非靶标抗性机理

湖南省农业科学院柏连阳团队[21]通过转录组测序技术鉴定到稗草的醛酮还原酶基因 *EcAKR4-1*，并证实 *EcAKR4-1* 的过量表达与稗草对草甘膦的抗性有关。异源表达稗草 *EcAKR4-1* 蛋白可将草甘膦代谢为低毒的氨甲基磷酸与无毒的乙醛酸，这也与稗草体内的代谢物检测结果一致。通过分子模拟法解析了草甘膦分子与稗草 *EcAKR4-1* 在蛋白结构上的相互作用，并通过代谢组学技术揭示了草甘膦在植物体内的代谢途径，阐明了稗草 *EcAKR4-1* 基因通过辅酶因子 $NADP^+$ 催化氧化反应以代谢草甘膦的分子机理。稗草 *EcAKR4-1* 基因是植物中首个被发现的可代谢草甘膦并导致抗性产生的基因，该研究也首次阐明了植物代谢草甘膦的分子机理。

柏连阳团队[22]进一步发现稗草的转运蛋白 *EcABCC8*，可在质膜上将进入膜内的草甘膦转运至膜外以产生抗性，揭示了植物抗草甘膦的全新机制，并且进一步阐述了植物体内 ABC 转运蛋白的功能，探讨了 ABCC8 介导植物抗草甘膦的内在生物学机制。与以往研究较多的液泡膜 ABC 转运蛋白不同，该研究发现 ABCC8 主要定位于质膜上，可以在细胞水平上将进入细胞内的草甘膦转运至质膜外以降低毒性，这一原理与人体癌细胞的抗药性机理相似。利用分子模拟法解析了草甘膦分子与稗草 *EcABCC8* 在蛋白结构上的相互作用，也证实了这一作用机制。该研究是杂草抗药性以及 ABC 转运蛋白研究领域的重要进展，不仅丰富了杂草抗药性基础理论，而且为应用遗传手段逆转杂草对草甘膦的抗药性提供了理论依据，对作物的耐草甘膦遗传改良也具有重要指导价值。

柏连阳团队[23]还发现了稗草对五氟磺草胺的抗性以及氰氟草酯和噁唑酰草胺的交互抗性。五氟磺草胺代谢研究表明 R 种群降解率显著高于 S 种群，转录组测序显示 *CYP81A68* 基因在 R 种群中的表达高于 S 种群，过表达 *CYP81A68* 水稻对五氟磺草胺、氰氟草酯、噁唑酰草胺均表现抗性。*CYP81A68* 启动子分析发现了一个转录活性区域（-140bp~-380bp），说明 *CYP81A68* 上调表达赋予稗草对稻田常用 ALS 和 ACCase 抑制剂类除草剂的代谢抗性。对 *CYP81A68* 基因启动子 CpG 岛进行预测时发现抗敏种群的 CpG 岛都包含转录活性区域，并且 R 种群的甲基化水平显著低于 S 种群，说明表观遗传可能在稗草抗药性进化中发挥作用。

南京农业大学董立尧团队[24]发现东北稻区稻稗 HJHL-715 种群对五氟磺草胺具有高水平抗性，且 ALS 基因序列中未发现氨基酸突变，其 ALS 离体活性与敏感种群的 ALS 离体活性无显著性差异，ALS 基因表达量显著低于敏感种群。三种 P450 抑制剂能显著提高稻稗 HJHL-715 种群对五氟磺草胺的敏感性，这表明稻稗 HJHL-715 种群对五氟磺草胺的抗性很可能是由细胞色素 P450 介导的代谢增强所致。其研究论文"稗稗 HJHL–715 种群对五氟磺草胺的抗药性水平及抗性机理分析"发表在《植物保护学报》。该团队还通过转录组测序分别在稗草和硬稃稗中鉴定出差异表达的转录因子 bZIP TFs。在用三种不同的除草剂处理六小时后，*bZIP88* 的表达显著上调。敲除 *bZIP88* 同源基因后增加了水稻的敏感性，而过表达降低了敏感性。通过染色质免疫沉淀结合高通量测序（ChIP–Seq），发现 *OsbZIP88* 与 *bZIP20/52/59* 等其他转录因子形成网络调控中心，调控生长素、脱落酸、油菜素内酯、赤霉素等相关基因。基于这些结果，该团队建立了除草剂胁迫对应的 bZIP TFs 数据库，阐明了 *bZIP88* 正向调控除草剂抗性的机制，为 NTSR 研究开辟了新的思路。

山东农业大学王金信团队[25]运用 iTRAQ 蛋白质组学技术对抗性和敏感的看麦娘进行了研究，揭示了除草剂使用会造成杂草在光合作用、氧化还原平衡等过程的损伤。然而，相比之下，抗性看麦娘进化出了增强的除草剂降解能力，减少了甲基二磺隆在抗性看麦娘中的积累，并保护其在光合作用和抗坏血酸 – 谷胱甘肽循环中免受除草剂损伤的不利影响。同时该研究采用靶向蛋白质学 PRM 技术对筛选到的差异蛋白进行了验证，进一步揭示了三个关键蛋白（酯酶、谷胱甘肽 –S– 转移酶和糖基转移酶）能够作为潜在的生物标记物用来快速表征杂草的代谢抗性。王金信团队[26]进一步借助转录组、蛋白组测序及生物信息学分析，结合分子生物学、色谱学和计算化学等多学科交叉的研究策略，鉴定到抗性看麦娘四个上调表达 P450 基因，其中，过表达 *CYP709C56* 转基因拟南芥对甲基二磺隆和啶磺草胺产生抗性，结构模型预测发现甲基二磺隆与 *CYP709C56* 的结合涉及氨基酸残基 Thr328、Thr500、Asn129、Gln392、Phe238、Phe242 以实现 O– 去甲基化。

山东农业大学王金信团队[27]关于荠菜对苯磺隆等 ALS 抑制剂类除草剂的代谢抗性研究表明，用细胞色素 P450 单加氧酶（P450）抑制剂马拉硫磷预处理明显降低了抗性（R）种群对苯磺隆的抗性。苯磺隆处理后，R 种群的谷胱甘肽 S– 转移酶（GST）活性显著高于敏感（S）种群。使用 LC–MS/MS 分析也证实了 R 种群中苯磺隆代谢较高。采用三代全长转录组测序（Iso–Seq）和 RNA 测序（RNA–Seq）相结合的方法来鉴定该种群中参与非靶标代谢抗性的候选基因。共鉴定出 37 个差异表达基因，其中 11 个在 R 种群中上调表达，包括三个 P450、一个 GST、两个 GT、两个 ABC transporter、一个氧化酶和两个过氧化物酶。这项研究为解析荠菜对苯磺隆代谢抗性的分子机制提供了基础。此外，王金信团队[28]关于麦田恶性杂草节节麦对甲基二磺隆的抗性研究发现，P450s 和 GSTs 介导的解毒代谢是导致节节麦抗性的重要原因，采用 RNA–Seq 技术结合有参基因生物学信息分析，发掘了节节麦抗甲基二磺隆解毒代谢酶 P450s、GSTs、GTs 和 ABC transporters 相关家族基因 21 个，相关研究结果为节节麦抗药性监测及耐除草剂作物育种提供了宝贵的资源。

柏连阳团队[29]从䅟草（*Beckmannia syzigachne*）中鉴定出 *BsCYP81Q32* 通过 O– 去甲基化作用增强转基因水稻幼苗中的甲基二磺隆代谢，并发现转录因子 *BsTGAL6* 可结合 *BsCYP81Q32* 启动子中的关键区域以激活基因。抑制转录因子 *BsTGAL6* 的表达降低了

BsCYP81Q32 表达，因此改变了其对甲基二磺隆的反应。该研究揭示了 *BsCYP81Q32* 代谢甲基二磺隆的分子机制，并率先从菵草中鉴定出可调控 P450 基因表达的转录因子，为杂草对除草剂的代谢抗性及其转录调控机制解析提供了新视野。

3. 内生菌介导的杂草抗药性新机理

湖南省农业科学院柏连阳团队[30]监测发现我国部分地区棒头草对精喹禾灵已经产生一定程度的抗药性，其中，采集自四川省青神县的种群抗性指数最高。随后对棒头草内生菌进行分离，并测定内生菌对精喹禾灵的降解率，发现抗性种群中精喹禾灵降解内生菌数量和降解速率均高于敏感种群。其中从抗性种群分离的 KT4 菌株降解速率最高，并将其鉴定为鞘氨醇单胞菌（*Sphingomonas* sp.）。KT4 内生菌接种后增强了敏感棒头草对精喹禾灵的抗性。精喹禾灵与杀菌剂春雷霉素或井冈霉素联合处理降低了抗性种群对精喹禾灵的抗性水平，证实降解内生菌与棒头草对精喹禾灵的抗性相关。该研究首次报道了内生菌增强杂草对除草剂的抗药性，为杂草抗药性机制研究开辟了新思路。

（三）除草剂安全剂作用机理研究

湖南省农业科学院柏连阳团队[31]发现解草啶能够加速水稻体内丙草胺的降解，降低丙草胺引起的水稻植株脂质过氧化和氧化损伤；并鉴定出 25 个能够响应解草啶诱导的代谢酶基因，其中四个 P450 基因 *CYP71Y83*、*CYP71K14*、*CYP734A2*、*CYP71D55* 和两个 GST 基因 *GSTU16* 和 *GSTF5* 可能是解草啶保护水稻免受丙草胺药害的关键基因。柏连阳团队[32]进一步研究发现解草啶只诱导水稻 GSTs 活性增加，对稗草 GSTs 无诱导作用。利用转录组分析发现解草啶在水稻中诱导的代谢解毒基因比例多于稗草，其中 90.2% 水稻代谢解毒响应基因上调表达，而稗草代谢解毒响应基因只有 22% 上调；且解草啶只能诱导水稻 GSTs 基因上调表达，而不能诱导稗草 GSTs 基因上调，最后初步确定 *GSTF14*、*GSTU18*、*GSTU19*、*GSTU37* 四个基因与解草啶在水稻和稗草中的选择性作用机理相关。

河南省农业科学院植物保护研究所吴仁海团队[33]发现双苯噁唑酸能够提高水稻、玉米体内精噁唑禾草灵、烟嘧磺隆的代谢速率。这两种安全剂主要通过提高除草剂在作物体内的代谢从而缓解除草剂药害。双苯噁唑酸可以消除三种 P450 抑制剂对水稻精噁唑禾草灵、玉米烟嘧磺隆药害，表明双苯噁唑酸通过 P450 途径缓解精噁唑禾草灵对水稻、烟嘧磺隆对玉米的药害。双苯噁唑酸提高了水稻、玉米叶片谷胱甘肽硫转移酶活性及谷胱甘肽含量，同时降低了水稻体内丙二醛含量，从而降低了精噁唑禾草灵对水稻的损伤。通过转录组测序技术在水稻中发现 69 个能够响应双苯噁唑酸诱导的编码代谢酶基因，其中参与双苯噁唑酸保护作用的关键基因包括 *Car E15*、*CYP86A1*、*GSTU6*、*GST4*、*UGT13248*、*UGT79* 和 *ABCC4*，这些基因表达水平的提高，能够加快其所参与的精噁唑禾草灵代谢过程。吴仁海团队[34]还发现了外源赤霉素保护高粱免受精异丙甲草胺药害的机理。外源赤霉素对精异丙甲草胺吸收和代谢速率无影响，其能够补充高粱体内 GA3 含量同时恢复了

ABA 与 GA3 之间的平衡。精异丙甲草胺导致内源 GA3 含量下降，主要是因为抑制了编码赤霉素合成酶的基因的表达，抑制了 GA 合成的过程；精异丙甲草胺导致 ABA 的积累是因为抑制编码 ABA 代谢酶的基因（*ABA8ox*）的表达，降低了 ABA 失活的速率。当精异丙甲草胺和 GA3 混合处理时，高粱幼芽通过吸收 GA3 使植物体内 GA3 的含量得到恢复并显著上升，通过促进编码 ABA 合成酶的基因的表达来加速 ABA 的合成以平衡显著升高的GA3 的含量并恢复 ABA/GA3 的比值。这是关于天然产物安全剂对除草剂靶标直接调控的首次报道，也是唯一一例关于天然产物安全剂诱导的信号途径的报道。

（四）杂草防控技术研究

1. 稻田杂草防控技术

山东农业大学王金信团队[35]与青岛清原集团联合攻关，针对新型化合物三唑磺草酮，通过室内生物测定和田间药效试验评价了其茎叶喷雾处理防除稻田杂草的可行性，构建了我国稻田稗草对三唑磺草酮的敏感基线。研究表明三唑磺草酮茎叶处理对小麦、水稻、玉米和大蒜安全性高，而伞形科等蔬菜类作物对三唑磺草酮十分敏感；三唑磺草酮对水稻田常见杂草稗草、千金子、碎米莎草、鸭舌草和鳢肠有较高的生物活性；三唑磺草酮对对粳稻的安全性高于籼稻。在直播稻田中，三唑磺草酮在 135～180g a.i. ha^{-1} 剂量下对千金子和稗草具有较好防效，同时对抗五氟磺草胺的稗草表现出同样优异的防效，且对水稻安全。为指导科学用药，延长该药剂的使用寿命，测定了我国主要稻区稻田采集的 58 个稗草种群对三唑磺草酮的敏感基线（18.12g a.i. ha^{-1}）。该团队的研究结果表明三唑磺草酮在直播水稻田防除杂草具有安全、高效、低毒、低残留等特点，开创了 HPPD 抑制剂类除草剂安全用于直播稻田苗后茎叶喷雾处理防除杂草的先河，在稻田抗性杂草的治理中应用前景广阔。

山东省农药科学研究院庄占兴团队[36]分别采用室内生物测定法、田间小区试验法评价了双环磺草酮与五氟磺草胺复配对水稻直播田稗草、千金子、鳢肠、异型莎草的联合作用、田间防除效果及对水稻的安全性，发现双环磺草酮与五氟磺草胺复配后，对稗草、千金子、鳢肠及异型莎草均呈现加成或增效作用，其中二者有效成分以 30∶5 复配，对稗草、鳢肠有增效作用，按照该配比复配后总用量在 157.5～210gha^{-1} 时，对田间杂草的总株防效和总鲜重防效均在 90% 以上，明显高于两种单剂的防治效果，且对直播水稻安全。

上海市农业科学院生态环境保护研究所沈国辉团队[37]推荐 25% 双环磺草酮 SC 防除杂草稻的使用策略为：于杂草稻萌芽期至 1～2 叶期采用喷雾法施药，推荐使用剂量为有效成分 150～187.5gha^{-1}，如推迟至杂草稻 2～3 叶期防除，则使用剂量应提高至187.5～225gha^{-1}。施药时应有水层 1～2cm，施药后保持水层 5d 以上。

上海市农业科学院王伟民团队[38]为了明确新型芳基吡啶甲酸酯类除草剂氯氟吡啶酯在水稻田的应用技术，采用温室盆栽法测定了氯氟吡啶酯对稻田主要杂草的防效以及对八个水稻品种的安全性，同时开展了田间药效评价试验。温室测定结果表明，氯氟吡啶酯对鸭舌草、鳢肠、耳基水苋、碎米莎草、异型莎草和稗均有较好的除草活性，对千金子的除草活性相对较差。水稻安全性测定结果表明，氯氟吡啶酯36、45、54gha^{-1}于水稻4～5叶期喷施，对供试的八个水稻品种生长安全，未见产生药害症状。田间药效试验结果表明，氯氟吡啶酯13.5gha^{-1}对鸭舌草、耳基水苋和异型莎草的防效高达90%以上，防除稻田稗草时，需提高使用剂量至27gha^{-1}。综上，氯氟吡啶酯是一个速效、广谱且对水稻生长安全的除草剂品种，在我国稻田杂草治理中具有很好的推广前景和价值。

中国科学院北方粳稻分子育种联合研究中心李文华团队[39]在黑龙江水直播稻田开展苗前、苗后封闭施药除草试验，发现在苗前封闭施药处理中，25%噁草酮微乳剂加25%丙炔噁草酮可湿性粉剂加10%吡嘧磺隆可湿性粉剂对杂草总体防效最高，施药21d、42d后总草株防效为71.35%、63.33%；苗后封闭施药处理中，2%双唑草腈颗粒剂加33%嗪吡嘧磺隆水分散粒剂对杂草总体防效最高，施药21d、42d后总草株防效为82.42%、88.03%。

扬州大学冯建国团队[40]为了提高稻田杂草化学防除的省力化程度，降低防治成本，通过单一变量法筛选配方中的助剂种类和用量，采用干法压片工艺制备了20%异丙甲加苄泡腾片剂，同时进行了田间药效评价。结果表明：20%异丙甲加苄泡腾片剂的优化配方（质量分数）为：16%异丙甲草胺，4%苄嘧磺隆，18%有机膨润土，9%白炭黑，20%酒石酸，20%碳酸氢钠，6%润湿剂EFW，4%分散剂G202和3%润滑剂硬脂酸镁。该泡腾片剂在有效成分120～180gha^{-1}的用量范围内能有效防除稻田杂草。所研制的20%异丙甲加苄泡腾片剂表面光滑，无粉尘，使用方便，省时省工，对稻田常见杂草均有良好防效，持效期长，具有良好推广价值。

2. 麦田杂草防控技术

山东农业大学王金信团队[41,42]与青岛清原集团、湖南省农科院学联合攻关，明确了新型HPPD抑制剂类除草剂双唑草酮、环吡氟草酮的除草活性及在小麦田的应用技术。环吡氟草酮对小麦非常安全，最佳施药时期为小麦分蘖期或返青拔节期，推荐的施药剂量为90～180g a.i.ha^{-1}，对多种禾本科杂草和阔叶杂草均表现出优异的防效。环吡氟草酮作为高效、广谱、安全的HPPD抑制剂除草剂在小麦田具有非常广阔的应用前景。双唑草酮对小麦田常见阔叶杂草如荠菜、播娘蒿、麦家公、牛繁缕等具有较高防效，对禾本科杂草无效，同时对苯磺隆产生抗性的荠菜、牛繁缕仍然具有很高的防效，可以有效解决我国小麦田阔叶杂草防除难度大的问题。该团队关于新型HPPD抑制剂类除草剂双唑草酮、环吡氟草酮的除草活性评价、使用技术研究和小麦田应用可行性评价，为麦田现有的化学防除体系提供了新动力，特别是为麦田抗性杂草的可持续防控提供了新方案。

南京农业大学董立尧团队[43]研究了色素生物合成抑制剂双唑草腈及异噁唑草酮在小麦田使用防除抗药性禾本科杂草的潜力。通过室内整株测定发现，210g a.i.ha^{-1}的双唑草腈对小麦田抗精噁唑禾草灵日本看麦娘、抗甲基二磺隆看麦娘及抗精噁唑禾草灵菵草的鲜重抑制率均可达 90% 以上；300 g a.i.ha^{-1} 的异噁唑草酮对以上三种抗药性禾本科杂草的鲜重抑制率均可达 80% 以上。杀草谱研究发现，双唑草腈加吡唑解草酯组合对除多花黑麦草及雀麦外的其他小麦田常见杂草均有很好的室内活性，而异恶唑草酮加双苯噁唑酸组合对除黑麦草、雀麦、野老鹳外的其他小麦田常见杂草均有很好的室内活性。因此，双唑草腈加吡唑解草酯及异噁唑草酮加双苯噁唑酸组合具备在小麦田使用防除抗药性禾本科杂草及常见一年生杂草的潜力。

安徽科技学院毕亚玲团队[44]研究了 40% 砜吡草唑悬浮剂的除草活性及对小麦的安全性，并通过田间药效试验评价其在田间的综合表现。结果表明，砜吡草唑对硬草、看麦娘、日本看麦娘、繁缕、荠菜、泽漆、播娘蒿、婆婆纳、宝盖草的活性较高，处理剂量 90 g a.i.ha^{-1} 时，鲜质量抑制率达 91.0% ~ 100.0%。田间结果表明，砜吡草唑各剂量下对婆婆纳、猪殃殃、宝盖草均防效较高，鲜重防效达 94.1% 以上，且对供试小麦安全。河南省农业科学院植物保护所吴仁海团队[45]研究了砜吡草唑与氰草津混合使用对麦田杂草的防治效果，发现砜吡草唑与氰草津以 1:5 混配，用量为 540 ~ 1 440 gha^{-1} 时对荠菜、野老鹳草株防效及鲜重防效均达 94% 以上，对日本看麦娘重防效为 87% ~ 93%，小麦增产达 14% ~ 21%。

河南省农业科学院植物保护所吴仁海团队[46]研究了不同时期使用甲基二磺隆对节节麦除草效果及对小麦安全性，发现在春季小麦起身至拔节前期使用甲基二磺隆对节节麦防效最高，对小麦最安全。系统研究了甲基二磺隆与不同除草剂混用对节节麦防效，发现甲基二磺隆加唑啉草酯为 1:2 ~ 4 具有显著增效作用，共毒系数达 189 ~ 287，对节节麦防效达 90% 左右，显著提高小麦穗粒数，小麦增产达 17%。

河南省植物保护植物检疫站李好海团队[47]对河南省麦田杂草进行定点调查和普查，明确麦田杂草种群受种植结构和地域影响较大，不同连作模式、不同区域杂草分布有较大差异；通过抗药性监测，明确监测地区的播娘蒿、荠菜对常用药剂苯磺隆的抗药性呈中抗以上水平，日本看麦娘、多花黑麦草对常用药剂炔草酯的抗药性分别表现为高抗和中抗水平。结合多年实践和试验，提出了土壤深翻、苗前封闭、麦草秋治和春季补治等重点措施，以及多靶标除草剂协同增效、封杀结合、科学施药等关键技术，为河南省麦田杂草防除提供技术支撑。

3. 玉米田杂草防控技术

安徽科技学院毕亚玲团队[48]通过室内生物测定和田间药效试验测定了砜吡草唑的杀草谱、除草活性及其对玉米的安全性。室内生物测定结果表明，砜吡草唑在 90 g a.i.ha^{-1} 时，对牛筋草、马唐、狗尾草、稗草、碎米莎草、青葙、铁苋菜等多种常见秋熟作物田杂草均具有较好活性，鲜重抑制率均大于 90%；对四种常见玉米田杂草马唐、稗草、青葙、碎米莎草的 GR$_{50}$ 分别为 14.77、16.41、15.37、27.74 g a.i.ha^{-1}，除草活性在供试剂量下均高于对照药剂精异丙甲草胺。田间药效试验表明，砜吡草唑在 250 g a.i.ha^{-1} 时，对马唐、稗草、铁苋菜、碎米莎草的总鲜重防效达 91.4%，对供试玉米蠡玉 16 安全。

东北农业大学陶波团队[49]采用温室整株生物测定和田间试验相结合的方法，研究了异噁唑草酮苗后早期茎叶处理对玉米田常见杂草的除草活性及对玉米的安全性。温室试验结果表明，异噁唑草酮对玉米田杂草有较高的除草活性，对杂草的 GR$_{90}$ 均低于 28 g a.i.ha^{-1}，远低于田间推荐剂量，其对反枝苋、苘麻、藜和苍耳等阔叶杂草的活性优于对狗尾草、稗、马唐和野黍等禾本科杂草的活性，对阔叶杂草的 GR$_{90}$ 均小于 19 g a.i.ha^{-1}，对禾本科杂草的 GR$_{90}$ 均小于 28 g a.i.ha^{-1}。异噁唑草酮对玉米和杂草的选择性指数高于 33。田间试验结果表明，异噁唑草酮 97.5 ~ 120 g a.i.ha^{-1} 处理后 30 d 对玉米田杂草反枝苋、苘麻、藜、狗尾草、稗和马唐均有很好的防效，总鲜重防效 89.17% ~ 94.24%，与对照药剂莠去津防效相当，且对玉米安全性高。

吉林省农业科学院王广祥团队[50]研究了 25% 苯唑氟草酮·莠去津可分散油悬浮剂对玉米田恶性杂草的防效及安全性。结果表明：25% 苯唑氟草酮·莠去津可分散油悬浮剂的杀草谱较广，可有效防除玉米田禾本科杂草稗草、野黍，阔叶杂草藜、苘麻、蓼、龙葵、水棘针、铁苋菜、反枝苋等。

山西省农业科学院植物保护研究所董晋明团队[51]发现播后苗前喷施 70% 乙·莠·滴丁酯悬浮剂对春玉米田杂草防效较高，药后 15 d 总草株防效和药后 45 d 总草鲜质量防效分别是 98.96% 和 98.76%；用药成本较低，为 86.7 元 /hm^2；增产率为 8.27%。在玉米 2 ~ 5 叶期喷施 30% 烟嘧·莠·氯吡可分散油悬浮剂的控草效果也较高，药后 15 d 总草株防效为 98.96%，药后 45 d 总草鲜质量防效为 100%；用药成本也较低，每公顷 90.0 元；增产率为 7.40%。综合考虑防效、产量与成本，推荐上述两种除草剂混剂应用于春玉米田除草实践。

福建省农业科学院植物保护研究所杨秀娟团队[52]在福建省甜玉米制种田，采用茎叶喷雾法开展了九种除草剂（包括五种单剂及四种混剂）在推荐剂量下的田间药效试验，发现所有供试除草剂在其推荐剂量下，施药后 25d 对杂草均表现出较好的防除效果；不同除草剂在其杀草速率、持效性方面有明显差别，如氯氟吡氧乙酸表现为明显的除草效果慢，持效性差，后期杂草盖度表现为重度，而烟·硝·莠去津、硝磺·莠去津、莠去津和硝磺·异丙草胺·莠去津不仅除草效果好，而且快速，持效性好。九种除草剂对玉米生长安全，未发现植株畸形、叶片变色等现象，除氯氟吡氧乙酸和烟嘧磺隆外，其余七种除草剂处理的玉米产量与人工除草处理的产量无显著性差别，表明施用除草剂能挽回因杂草为害而造成的玉米产量损失。

4. 油菜田杂草防控技术

湖北省农业科学院朱文达团队[53]通过田间试验研究了 20% 氨氯吡啶酸·二氯吡啶酸·烯草酮可分散油悬浮剂对油菜田主要杂草的防除效果，以及杂草防除后对田间光照和杂草氮、磷、钾及水分累积的影响。结果显示 20% 氨氯吡啶酸·二氯吡啶酸·烯草酮可分散油悬浮剂对菵草、大巢菜、看麦娘、牛繁缕等单双子叶杂草均有良好防效，总草鲜重防效可达 88.7%～98.0%，杂草防除后，显著降低了杂草对田间氮、磷、钾和水分的消耗，有效地改善了田间光照和水肥条件，且对油菜增产效果显著。

5. 花生田杂草防控技术

山东省农药科学研究院庄占兴团队[54]研究了丙炔氟草胺、精异丙甲草胺的联合作用效果和 50% 丙炔氟草胺·精异丙甲草胺悬乳剂对花生田杂草的防除效果以及对花生的安全性。结果表明，丙炔氟草胺、精异丙甲草胺以质量比 1∶9 复配对花生田一年生杂草的联合作用较好，50% 丙炔氟草胺·精异丙甲草胺悬浮剂在推荐使用剂量下施药后 45d 对杂草的总体鲜重防效可达到 93.5%～96.4%。丙炔氟草胺、精异丙甲草胺复配互补性强，对反枝苋等杂草增效作用明显，50% 丙炔氟草胺·精异丙甲草胺悬浮剂能够有效防除花生田一年生杂草，并对花生安全。庄占兴团队[55]还研究了高效氟吡甲禾灵和三氟羧草醚的联合作用类型，并评价了 25% 高氟吡·三氟羧草醚乳油对花生田杂草的防除效果以及对花生的安全性。结果表明，高效氟吡甲禾灵、三氟羧草醚以 1∶4 复配对防除花生田一年生禾本科杂草有增效作用，25% 高氟吡·三氟羧草醚乳油在推荐使用剂量下药后 46d 对杂草的总鲜质量防效可达到 92.82%～95.72%。高效氟吡甲禾灵、三氟羧草醚复配对防除狗尾草等杂草增效作用明显，25% 高氟吡·三氟羧草醚乳油能够有效防除花生田一年生杂草，并对花生安全。

6. 大豆田杂草防控技术

沈阳农业大学植物保护学院纪明山团队[56]为明确唑嘧磺草胺、丙炔氟草胺与乙草胺混用的联合作用特性及其对大豆田杂草的防除效果，采用温室盆栽法和田间药效试验，分别评价了混配组方的联合作用类型及对大豆田杂草的防除效果。温室盆栽试验结果表明：唑嘧磺草胺、丙炔氟草胺与乙草胺混用对稗草、马唐和苘麻的联合作用类型为相加作用，对反枝苋为相加或增效作用；当唑嘧磺草胺、丙炔氟草胺和乙草胺以质量比 2∶3∶45 混用时，对反枝苋的增效作用最强。田间药效试验结果显示：唑嘧磺草胺、丙炔氟草胺和乙草胺以质量比 2∶3∶45 混用可有效控制大豆田中稗草、狗尾草、苘麻、鸭跖草和反枝苋等杂草的危害，且对大豆安全。

山东省泰安市农业科学研究院丛新军团队[57]开展了 84% 双氯磺草胺水分散粒剂对夏大豆田一年生禾本科杂草和阔叶杂草的防除效果及安全性评价研究。结果表明，84% 双氯磺草胺水分散粒剂施药 30d 后，对常见阔叶杂草的总防效为 100%，对禾本科杂草的鲜重防效均高于 90%，且对大豆的生长发育无不良影响。

7. 棉田杂草防控技术

河南省农业科学院植物保护所吴仁海团队[58]采用温室盆栽法研究发现棉田新型除草剂氟啶草酮对禾本科杂草的抑制效果优于阔叶杂草。在剂量（有效成分）为 18～576gha⁻¹

时，氟啶草酮对禾本科杂草狗尾草、牛筋草的鲜重抑制率均为 100%；氟啶草酮对阔叶杂草马泡瓜、反枝苋、苘麻、鳢肠的鲜重抑制率随剂量增加而增加，在剂量为 144gha^{-1} 时，分别为 96.77%、93.56%、96.34% 和 100.00%。氟啶草酮在夏棉 50 与八种杂草之间的选择性指数均大于 10，安全性较高。氟啶草酮在棉花出苗前进行土壤喷雾处理能够有效防除多种棉田杂草，且对棉花安全性较高，该药剂可作为化学防除棉田杂草的理想候选药剂。

石河子大学杨德松团队[59]研究了复配 33% 二甲戊灵乳油（200mL/667m^2）的 42% 氟啶草酮悬浮剂的最佳剂量，杂草的杀草谱以及对棉花安全评价。结果表明，复配药剂的最佳浓度是 42% 氟啶草酮悬浮剂（35~40mL/667m^2）复配 33% 二甲戊灵乳油（200mL/667m^2）；42% 氟啶草酮悬浮剂单剂用量高于 35mL/667m^2 时对棉田主要阔叶杂草龙葵，反枝苋、灰藜、马齿苋具有良好的防效，有较高的杀草活性，防效达到 90% 以上；复配药剂中 42% 氟啶草酮悬浮剂浓度在 40mL/667m^2 以上时棉花出苗率下降到 90% 以下，但是对棉花产量、株高、鲜重没有影响。

新疆农业大学农学院路伟团队[60]以二甲戊灵为参比对照，通过田间药效试验发现丙炔氟草胺·二甲戊灵混配剂对阔叶杂草的防除效果优于二甲戊灵，对棉花安全，可在新疆地区进行推广使用。

河北省农林科学院棉花研究所林永增团队[61]通过温室盆栽和田间小区试验，在除草剂常规用量、减量 20% 和减量 40% 基础上添加助剂，比较 10% 精喹禾灵 EC 对马唐、牛筋草等禾本科杂草的防除效果。结果发现 Foxy SG 和 Fieldor Max EC 这两种助剂对棉田常用的选择性除草剂 10% 精喹禾灵 EC 除草活性有明显提高，减少除草剂使用量后加入助剂可解决防效降低问题，除草剂使用过程中加入高效助剂是实现除草剂减量增效的有效途径。

8. 其他作物田杂草防控技术

山西省农业科学院王克功团队[62]发现二甲戊灵和氟乐灵于播后苗前土壤处理后对黄芩田杂草的防效最高，在黄芩出苗后第 50 天，上述两处理对杂草的鲜重防效分别为 93.99% 和 94.30%，株防效分别为 77.89% 和 73.33%；二甲戊灵和氟乐灵于播前土壤处理的防效次之；精喹禾灵和高效氟吡甲禾灵茎叶处理的防效最低。甘肃省农业科学院张新瑞团队[63]开展了四种除草剂对黄芪田阔叶杂草的防效及安全性评价。在推荐剂量下，24% 乙氧氟草醚 EC、48% 灭草松 AS、25% 氟磺胺草醚 AS 和 70% 嗪草酮 WP 均对黄芪安全且对阔叶杂草藜的株防效和鲜重防效分别在 82.44% 和 83.39% 以上，但 70% 嗪草酮 WP 仅对阔叶杂草繁缕具优良防效，株防效和鲜重防效分别在 86.17% 和 91.47% 以上。对阔叶杂草的总体防效，以 70% 嗪草酮 WP 表现最为突出，经土壤处理方式施药后 60d，对阔叶杂草的总体株防效和鲜重防效分别达到 82.69% 和 85.69% 以上；采用茎叶喷雾处理方式施药后 45d，对阔叶杂草的总体株防效和鲜质量防效分别达到 88.49% 和 92.46% 以上。其次为 25% 氟磺胺草醚 AS，其对阔叶杂草的总体株防效在 56.90%~72.79%，鲜质量防效在

62.69%～76.09%。结果表明，70% 嗪草酮可湿性粉剂对黄芪田阔叶杂草防效较好且对黄芪安全，在黄芪田杂草治理中具有一定的推广潜力。

湖南省农业科学院柏连阳团队[64]通过室内生物测定和田间试验发现溴苯腈和精喹禾灵混用可以用于防治亚麻田禾本科和阔叶杂草，但在亚麻田应用存在潜在的药害风险，在保证除草效果的前提下，须严格控制其用量，并使用防护罩喷头进行定向喷雾。

河南省农业科学院植物保护所吴仁海团队[65]针对紫花苜蓿田多年生香附子等恶性杂草防治困难等问题，系统研究了甲咪唑烟酸对紫花苜蓿的生长、品质的影响及对不同杂草的防治效果，发现甲咪唑烟酸 86.4～100.8gha^{-1} 剂量处理，对杂草的防效较好，对紫花苜蓿生长和品质无不良影响并能显著提高产量，在生产上具有较好的应用价值。吴仁海团队[66]针对紫花苜蓿刈割时老草残存的下部具有完整的根系和部分茎叶，对除草剂越不敏感，防除越困难的现状，系统评价了系统评估了甲咪唑烟酸与烯草酮混配对紫花苜蓿生长、品质等指标的影响，以及对旱稗、马唐、鳢肠和香附子等杂草的防治效果，甲咪唑烟酸（86.4～100.8gha^{-1}）与烯草酮（54.0～108gha^{-1}）混配对紫花苜蓿的抑制作用在后期得到缓解，可有效防除杂草，提高紫花苜蓿产量，具有良好的应用前景和价值。

9. 杂草综合防控技术

华南农业大学齐龙团队[67]开展了水稻中耕除草技术及机具的科研攻关。突破了基于北斗的种管同辙作业、基于苗带信息的作业机具自动对行、行株间同步高效除草、除草部件多级独立仿形等关键核心技术；成功研制 3ZSC-190W 型无人驾驶水稻中耕除草机，该机入选 2022 年中国农业农村重大新装备。2020 年至 2022 年连续三年开展机械除草与化学除草田间对比试验，试验结果表明，中耕机械除草技术不仅可以有效防除杂草，减少除草剂的使用量；还能疏松土壤，增加水稻根系含氧量，提高有效分蘖，增加产量。

南京农业大学强胜团队[68]从中国浙江省茶园的牛筋草（*Eleusine indica*）的病叶中分离到一株致病菌株 SYNJC-2-2，鉴定为双色平脐蠕孢菌（*Bipolaris bicolor*）。牛筋草叶上的分生孢子萌发、菌丝生长和附着胞形成在三至六小时内发生，菌丝主要通过表皮细胞连接和裂缝侵入叶片组织，在两小时内导致细胞死亡和坏死，七天内杀死牛筋草。此外，SYNJC-2-2 对环境变量具有很强的适应性。双色菌株 SYNJC-2-2 有潜力被开发为一种生物除草剂用于防控牛筋草，狗尾草（*Setaria viridis*）、柔枝莠竹（*Microstegium vimineum*）和狼尾草（*Pennisetum alopocuroides*）也对 SYNJC-2-2 极为敏感。SYNJC-2-2 对九科十七种作物中的十四种是安全的，尤其是茶树。强胜团队[69]在紫茎泽兰致病菌中发现 TeA 毒素，并利用其研发生物源除草剂，发现其具有广谱杀灭大多数单双子叶杂草、活性高、作用速度快、降解迅速低残留、结构简单等特点。进一步系统开展了产毒条件、作用靶点和杀草机制、毒素生物合成工艺和化学合成工艺的研究。首次明确了 TeA 是一种全新的来源于真菌的光系统 Ⅱ 抑制剂，其作用靶点是光系统 Ⅱ 的 D1 蛋白。基于 TeA 与拟南芥作用靶点 D1 蛋白的分子互作模型，以 TeA 为先导物对其 5 位的烷基侧链进行分子修饰，设计了一系列衍生物，通过分子对接和参数分析了数十个结构修饰化合物分子，从中筛选出三个高结合能的候选化合物。进一步基于实验室建立的合成方法，化学合成了三个化合物，并对其进行了构效关系的研究和除草活性的验证，最终获得了两个高除草活性的化合物仲戊基 TeA 和仲己基 TeA，其除草活性是 TeA 的二倍以上，显示出非常好的商业化前景。

中国农业科学院农业基因组研究所钱万强团队[70]解析了特异性柄锈菌（*Puccinia spegazzinii*）抑制薇甘菊生长的机制，发现被柄锈菌侵染后，可降低薇甘菊生长激素水平和光合作用能力，导致其快速生长受到抑制。该研究解析了薇甘菊对柄锈菌侵染的响应机制，为开发靶向性防控技术提供了新的思路。

湖南省农业科学院柏连阳团队[71]通过模拟稻田淹水条件并加入不同浓度黄腐酸溶液处理稗草幼苗，发现随着浓度的提升黄腐酸对稗草幼苗的抑制作用逐渐增强。通过实时荧光定量 PCR 技术对候选基因表达量进行检测，发现质量浓度为 0.02g/L 黄腐酸诱导稗草生长素合成基因 *EC_v6.g043558* 和 *EC_v6.g104724* 表达量显著上调；质量浓度为 0.8g/L 黄腐酸处理后，TDC 相关基因 *EC_v6.g033915*、ALDHs 功能相关基因 *EC_v6.g089449* 和 *EC_v6.g007956* 表达量均显著降低。这表明不同浓度黄腐酸通过影响生长素类物质合成相关基因促进或抑制稗草的生长。

华中农业大学汪金平团队[72]运用植物群落生态学的方法，通过调查区域在 1a（RC1）、2a（RC2）、4a（RC4）和 9a（RC9）四个不同稻虾共作年限稻田和 1a 小区控制试验稻田（CK）田面和田埂杂草物种数变化、杂草数量变化以及杂草盖度变化，研究不同稻虾共作年限稻田杂草的群落变化特点及控草效果，发现短期稻虾共作对稻田杂草的抑制作用明显，长期的稻虾共作会逐步形成新的杂草群落结构，需要采取相应的杂草防控措施。

南京农业大学强胜团队[73]对江苏省四十八个样点共六种综合种养模式（稻鸭、稻蟹、稻虾、稻鱼、稻鳖和稻鳅/鳝共作）农田的杂草群落和土壤种子库进行调查，比较分析杂草群落综合草情优势度、物种多样性以及杂草群落和土壤种子库的组成和变化。结果表明，在综合种养模式实施一至三年后，杂草群落综合草情优势度和土壤种子库密度均明显下降，其中稻鸭共作模式下两者均下降最多，稻虾共作模式下杂草群落综合草情优势度下降较多，而稻鱼共作模式下土壤种子库密度下降较多。实施四五年后，各种养模式下杂草群落综合草情优势度和土壤种子库密度均上升，草害加剧，杂草防控效果下降；其中稻鳅鳝共作模式下杂草群落综合草情优势度和土壤种子库密度与常规稻田相比升幅最大，分别上升 28.8% 和 25.3%；由于稻鳖、稻鳅/鳝共作模式实施均未超过五年，在实施四五年时整体上杂草危害最为严重，禾本科杂草、阔叶杂草以及莎草科杂草的综合草情优势度较常规稻田分别上升 42.4%、12.3%、0.7% 和 31.5%、27.7%、38.1%。实施五年以上，稻鸭共作模式下阔叶杂草的综合草情优势度较常规稻田下降 65.0%，但禾本科杂草的综合草情优势度和土壤种子库密度较常规稻田分别上升 80.5% 和 66.6%，成为杂草群落和土壤种子库的优势种群；稻虾共作模式下莎草科杂草和阔叶杂草的综合草情优势度较常规稻田分别上升 17.8% 和 45.0%；稻蟹共作模式下莎草科杂草、阔叶杂草和禾本科杂草的综合草情优势度较常规稻田分别上升 22.7%、35.3% 和 29.0%。表明当长期实施同种稻田综合种养模式时，杂草群落在单一的选择压力下会加快演替，杂草危害均呈先降后升的变化趋势，不利于田间杂草的长效防控，建议实施针对耗竭土壤种子库的综合技术措施。

南京农业大学强胜团队[74]基于长期研究揭示的杂草种子长期适应在稻田生态系统的灌溉水流传播规律，针对杂草发生的根源土壤种子库，应用拦网清洁灌溉水源（截流）和网捞漂浮杂草种子（网捞）两种简单的物理生态措施配合减次化学除草的"降草""减药"稻麦连作田精准生态控草技术，真正实现杂草防控的标本兼治。为发展该生态控草技术，团队开展了稻田生态系统杂草籽实漂浮、传播动态规律、适应机制等系统的应用基础研究，通过数学模型对杂草籽实在沟渠和在田块的漂浮传播动态进行了定量化。该团队[75]在长期小区试验基础上，在大田示范应用成功，为基于消减杂草群落的稻-麦连作田精准生态控草技术在我国稻田生态系统杂草防控中大范围推广应用提供了理论依据。大田实施六年，杂草种子库规模下降 51%，稻麦两季的杂草发生量显著下降 53%。与常规五六次除草方法控草相当或更优，但减少两三次化除（减少化学除草剂用量可达 40%），还降低 30% 的除草成本，真正实现了利用物理生态技术"降草"而"减药"的目的。该研究以麦田优势杂草日本看麦娘为指标对象，利用矩阵模型模拟监测其生活史动态规律，首次使大田杂草防治定量化。

三、杂草学科国内外研究进展比较

国内外学者均十分重视杂草生物学基础研究。美国唐纳德·丹福斯植物科学中心 Elizabeth A. Kellogg 团队[76]在美国范围内收集了 598 个狗尾草种群，并进行了深度重测序，生成了高质量的狗尾草泛基因组序列，基因组分析发现具有农学价值的两个等位基因命名为 SvLes1-1 和 SvLes1-2，分别与高落粒和低落粒相关。加拿大不列颠哥伦比亚大学 Kreiner 团队[77]分析了两个世纪的农业环境和农业技术水平的变化对糙果苋（*Amaranthus tubulatus*）原生地范围内进化的程度和速度的影响。澳大利亚国立大学 Ermakova 团队[78]使用 NADP-ME 亚型的 C4 型植物狗尾草，测试了增加 SBP 酶丰度对 C4 光合作用的影响，发现基于光反应优化的耐荫机制可能比涉及碳代谢重排的已知机制更有效，并可能导致作物改良的创新策略。美国明尼苏达大学 Springer 团队[79]通过 CRISPR 构建狗尾草 drm1ab 双突变体，确定了几个在 drm1ab 突变体中被转录激活的转座子，这些转座子可能需要活性 RdDM 来维持转录抑制。德国霍恩海姆大学 Fernando A. Rabanal 团队[80]组装了大穗看麦娘（*Alopecurus myosuroides*）的染色体水平基因组，发现 TSR 可能主要是由群体中已存在遗传变异引起的，而新的突变只起次要作用，此外 TSR 的出现很可能早于除草剂的应用。这对于杂草防治和除草剂的可持续利用具有积极的指导意义。我国学者发布了稗草、杂草稻、千金子和牛筋草的基因组数据，研究了对经历人工选择（作物）和自然选择（杂草）的多倍化基因组适应性的进化机制，发现杂草中多个抗逆性相关基因，为杂草生物学和除草剂抗性育种研究提供了重要遗传资源。在这些领域，我国杂草学科的研究已经处于国际领先水平。稍显不足的是，杂草生物学研究团队还较少，基因组测序和相关基因功能解析工作还有待进一步加强。

国内外学者一直以来关注的另一热点为杂草抗药性机制研究。孟山都农业生产力创新部门 Sherry LeClere 团队[81]利用转录组测序比较确定了地肤生物型中 2-nt 碱基的变化，导致了 AUX/ 吲哚 -3- 乙酸（IAA）蛋白 KsIAA16 高度保守区域内的甘氨酸到天冬酰胺的变化并导致了抗性。堪萨斯州立大学 Bikram S. Gill 团队[82]报道了在草甘膦除草剂抗性种群中扩增的 EPSPS 拷贝以不同构象的 eccDNAs 的形式存在，并通过基因组可塑性和适应性进化调节快速的草甘膦抗性。西澳大学澳大利亚除草剂抗性研究中心 Stephen B. Powles 团队[83]在多抗性黑麦草种群中发现 CYP81A10v7 基因对七种除草剂化学成分中至少五种作用模式的除草剂具有抗性。科罗拉多州立大学农业生物系的 Todd A. Gaines 团队[84]通过测序发现在抗性杂草 SoIAA2 的 Degron Tail 区有一个 27 bp 核苷酸的缺失，可赋予合成生长素抑制剂的抗性（Figueiredo et al.，2022）。日本京都大学 Satoshi Iwakami 团队[85]在一个具有广谱除草剂抗性的水稗中发现 CYP709C69 与 CYP81A12/21 存在转录连锁过表达，提供了一种新的代谢抗性模型，即单一的进化事件可以通过多个除草剂代谢基因同时过表达导致高水平广谱抗性的发生。2018 年至 2022 年，我国学者围绕作物田杂草抗药性开展了深入研究，并在杂草抗药性机制方面取得了重要进展，除了在靶标抗药性分子机制方面发现了多个全新突变外，非靶标抗药性机理方面，我国学者分别在稗草、菵草、看麦娘等恶性杂草中鉴定出多个代谢相关基因，涉及 P450、醛酮还原酶、ABC 转运蛋白酶等多个代谢酶家族，基本与国外学者研究同步。此外，在基因表达调控网络及代谢途径调节研究领域，国内学者更是率先明确了表观遗传可能在稗草抗药性进化中发挥主要作用，并且首次鉴定出调控 P450 基因表达的转录因子，对 P450 的转录调控机制进行解析。但是在杂草抗药性遗传进化和抗药性杂草生态适合度方面，国内的报道比较少。总体来说，在杂草抗药性机制方面，国内学者这些年已取得长足进步，也收获了一系列创新性的研究成果。

农田杂草治理技术及其推广一直也是国内外政府、学者和企业的关注重点。在人们的普遍认知中，杂草一直是破坏农田生态平衡，降低作物产量的重要因素之一。然而，世间万物均具有两面性原则，杂草多样性在减轻作物产量损失方面的重要性，值得我们高度关注。法国农业科学研究院 Stéphane Cordeau 团队[86]通过连续三年对五十四个区域的冬季小麦四个关键生长阶段杂草密度、杂草生物量和作物产量的观察，发现冬季谷物可以同时达到较高的作物生产力和杂草多样性，因此杂草多样性可用于检测生产性和环境友好型种植制度。弗吉尼亚大学生物学系 Michael P. Timko 团队[87]通过转录组学和计算机模拟分析，在根部寄生杂草豇豆巫草的菌丝体中发现了一个小型的分泌效应蛋白，可能有助于开发控制豇豆巫草和其他寄生性杂草的新策略，从而提高全球作物生产力和粮食安全。根系结构（RSA）是植物生长和竞争能力的一个关键方面，华盛顿大学 Marshall J. Wedger 团队[88]比较了杂草品系之间的遗传结构，发现杂草稻在杂草 RSA 性状的重复进化中表现出遗传灵活性，栽培水稻的根系生长可能会促进相邻植物之间的相互作用，而杂草稻的表型可能会尽量减少地面以下的接触，作为一种竞争策略。我国幅员辽阔，作物种类多，栽培模式多样，各种作物田草相差异大，虽有多种农艺措施防控杂草，但是化学除草依然是农业生产中杂草治理的主要手段，除草剂应用及普及水平已接近发达国家。但由于对现有除草剂品种的过度依赖，我国抗药性杂草发展迅猛。且我国整体用药水平较低，除草剂有效利用率低下，科学安全使用除草剂的意识较差，从而导致除草剂药害频发。

总之，我国杂草科学研究的整体水平与发达国家相比差距已经缩小，目前学科已有柏连阳院士等具备重大影响力的领军人才和能够引领整个杂草科学的专家，但是还缺乏有影响力的中青年杂草科学家；国家对杂草研究领域的立项重视不够，研究队伍还不够强大，人才体系结构亟待优化提升；部分研究工作有特色且有创新性，但还有进一步提升的空间。

四、杂草学科发展趋势与展望

现代化农业对杂草科学的倚重必将不断加强，农田杂草防控的重要性将日益增加。化学除草是现代农业的必要措施和重要标志，在农田杂草防控中化学除草剂必将不可或缺。随着我国农业栽培方式的改变，农田杂草群落的演替以及除草剂长期单一的使用，我国农田杂草发生与危害，特别是农田恶性杂草和抗药性杂草问题日趋严重，危害面积不断扩大，以化学除草为主的农田杂草治理技术体系正面临严峻挑战。分子生物学技术的快速发展，有助于深入阐明杂草生态适应性、竞争性、抗药性机制，这也使得杂草科学基础和应用基础研究成为如今研究的热点。特别是杂草对除草剂抗性的分子机制，在全球农业研究前沿植保领域最热门关注中位列第三，受到了全球植保领域科学家的重点关注。

为继续缩小我国杂草科学研究与国际的差距，提高杂草学科的国际影响力和竞争力，解决现代农业发展中不断出现的杂草科学问题，杂草科学须加强基础研究和应用基础研究，研发创新杂草综合防控策略，特别是在非化学防控研究领域，构建和推广多样性可持续控草技术体系，推动杂草治理方式向多样性措施并举的方向转变。未来杂草科学发展，在基础和应用基础研究方面，为适应国家可持续农业发展对杂草科学的要求，应在国家重点研发计划、国家自然科学基金及相关科技领域设立杂草科学重点研究项目，重点开展基于基因组及表观遗传组学的农田恶性杂草演化与致灾机制、抗药性杂草生态适应性分子机制研究，在重要杂草基因组测序、相关基因功能解析、基因修饰（沉默）等方面下大气力，研究草害监测预警系统、生物和生态防治新技术基础理论；在杂草综合防控研究方面，针对我国日益复杂的杂草问题以及抗药性杂草、恶性杂草迅猛发展的态势，强化多样性治理、多措施并举理念，开展农田杂草长期监测，重点开展高效新型低风险除草剂、生物源除草剂创制与应用研究，研发创新非化学防控方法、化学除草剂减量精准防控技术、抗药性杂草早期检测与治理技术、智能机械除草技术，构建以生态控草为中心，农业、机械、生物、化学等多措施协同的多样性、可持续控草技术体系，为粮食安全和绿色可持续发展的国家重大战略的贯彻落实保驾护航。

参考文献

［1］ YE C Y, WU D Y, MAO L F, et al. The Genomes of the Allohexaploid *Echinochloa crus-galli* and Its Progenitors Provide Insights into Polyploidization–Driven Adaptation［J］. Molecular Plant, 2020, 13: 1298–1310.

［2］ WU D Y, SHEN E H, JIANG B W, et al. Genomic insights into the evolution of *Echinochloa* species as weed and orphan crop［J］. Nature Communications, 2022, 13: 689.

［3］ WANG L F, SUN X P, PENG Y J, et al. Genomic insights into the origin, adaptive evolution, and herbicide resistance of *Leptochloa chinensis*, a devastating tetraploid weedy grass in rice fields［J］. Molecular Plant, 2022a, 15: 1045–1058.

［4］ CHEN K, YANG H A, PENG Y J, et al. Genomic analyses provide insights into the polyploidization–driven herbicide adaptation in *Leptochloa* weeds［J］. Plant Biotechnology Journal, 2023, 21: 1642–1658.

［5］ SUN J, MA D R, TANG L, et al. Population Genomic Analysis and De Novo Assembly Reveal the Origin of Weedy Rice as an Evolutionary Game［J］. Molecular Plant, 2019, 12: 632–647.

［6］ ZHANG C, JOHNSON N A, HALL N, et al. Subtelomeric 5–enolpyruvylshikimate–3–phosphate synthase copy number variation confers glyphosate resistance in *Eleusine indica*［J］. Nature Communications, 2023, 14: 4865.

［7］ LI H Y, LI L L, WU W C, et al. SvSTL1 in the large subunit family of ribonucleotide reductases plays a major role in chloroplast development of Setaria *viridis*［J］. The Plant Journal, 2022, 111: 625–641.

［8］ WANG H Q, LU H, YANG Z X, et al. Characterization of lodging variation of weedy rice［J］. Journal of Experimental Botany, 2022, 74: 1403–1419.

［9］ ZHANG C Z, HUANG L, ZHANG H F, et al. An ancestral NB–LRR with duplicated 3'UTRs confers stripe rust resistance in wheat and barley［J］. Nature Communications, 2019a, 10: 4023.

［10］ GENG S F, KONG X C, SONG G Y, et al. DNA methylation dynamics during the interaction of wheat progenitor *Aegilops tauschii* with the obligate biotrophic fungus *Blumeria graminis* f. sp. tritici［J］. New Phytologist, 2019, 221: 1023–1035.

［11］ WEI J L, LIAO S S, LI M Z, et al. AetSRG1 contributes to the inhibition of wheat Cd accumulation by stabilizing phenylalanine ammonia lyase［J］. Journal of Hazardous Materials, 2022, 428: 128226.

［12］ XIE H J, HAN Y H, LI X Y, et al. Climate–dependent variation in cold tolerance of weedy rice and ricemediated by OsICE1 promoter methylation［J］. Molecular Ecology, 2020, 29: 121–137.

［13］ ZHANG J X, KANG Y, VALVERDE B E, et al. Feral rice from introgression of weedy rice genes into transgenic herbicide–resistant hybrid–rice progeny［J］. Journal of Experimental Botany, 2018, 69: 3855–3865.

［14］ HAN B, CUI D, MA X, CAO G L, et al. Evidence for evolution and selection of drought–resistant genes based on high-throughput resequencing in weedy rice［J］. Journal of Experimental Botany，2022，73：1949-1962.

［15］ YU H Y, CUI H L, CHEN J C, et al. Regulation of *Aegilops tauschii* Coss Tiller Bud Growth by Plant Density：Transcriptomic，Physiological and Phytohormonal Responses［J］. Frontiers in Plant Science，2020，11：1166.

［16］ WANG Z, CAI X X, JIANG X Q, et al. Sympatric genetic divergence between early-and late-season weedy rice populations［J］. New Phytologist，2022b，235：2066-2080.

［17］ ZHAO N, YAN Y Y, DU L, et al. Unravelling the effect of two herbicide resistance mutations on acetolactate synthase kinetics and growth traits［J］. Journal of Experimental Botany，2020，71：3535-3542.

［18］ ZHANG C, YU Q, HAN H P, et al. A naturally evolved mutation（Ser59Gly）in glutamine synthetase confers glufosinate resistance in plants［J］. Journal of Experimental Botany，2022，73：2251-2262.

［19］ CAO Y, ZHOU X X, HUANG Z F. Amino acid substitution（Gly-654-Tyr）in acetolactate synthase（ALS）confers broad spectrum resistance to ALS-inhibiting herbicides［J］. Pest management science，2022，78：541-549.

［20］ HUANG Z F, CUI H L, WANG C Y, et al. Investigation of resistance mechanism to fomesafen in *Amaranthus retroflexus* L［J］. Pesticide Biochemistry and Physiology，2020，165：104560.

［21］ PAN L, YU Q, HAN H P, et al. Aldo-keto Reductase Metabolizes Glyphosate and Confers Glyphosate Resistance in *Echinochloa colona*［J］. Plant Physiology，2019，181：1519-1534.

［22］ PAN L, YU Q, WANG J Z, et al. An ABCC-type transporter endowing glyphosate resistance in plants［J］. Proceedings of the National Academy of Sciences of the United States of America，2021，118.

［23］ PAN L, GUO Q S, WANG J Z, et al. CYP81A68 confers metabolic resistance to ALS and ACCase-inhibiting herbicides and its epigenetic regulation in *Echinochloa crus-galli*［J］. Journal of Hazardous Materials，2022，428：128225.

［24］ ZHANG Y H, GAO H T, FANG J P, et al. Up-regulation of bZIP88 transcription factor upregulation is involved in resistance to three different herbicides in both *Echinochloa crus-galli* and *Echinochloa glabrescens*［J］. Journal of Experimental Botany，2022，73：6916-6930.

［25］ ZHAO N, YAN Y Y, LUO Y L, et al. Unravelling mesosulfuron-methyl phytotoxicity and metabolism-based herbicide resistance in *Alopecurus aequalis*：Insight into regulatory mechanisms using proteomics［J］. Science of the Total Environment，2019，670：486-497.

［26］ ZHAO N, YAN Y Y, LIU W T, et al. Cytochrome P450 CYP709C56 metabolizing mesosulfuron-methyl confers herbicide resistance in *Alopecurus aequalis*［J］. Cellular and Molecular Life Sciences，2022，79：205.

［27］ ZHANG X L, WANG H Z, BEI F, et al. Investigating the Mechanism of Metabolic Resistance to Tribenuron-Methyl in *Capsella bursa-pastoris*（L.）Medik. by Full-Length Transcriptome Assembly Combined with RNA-Seq［J］. Journal of Agricultural and Food Chemistry，2021，69：3692-3701.

［28］ ZHANG D W, LI X J, BEI F, et al. Investigating the Metabolic Mesosulfuron-Methyl Resistance in *Aegilops tauschii* Coss. By Transcriptome Sequencing Combined with the Reference Genome［J］. Journal of Agricultural and Food Chemistry，2022，70：11429-11440.

［29］ WANG J Z, LIAN L, QI J L, et al. Metabolic resistance to acetolactate synthase inhibitors in *Beckmannia syzigachne*：identification of CYP81Q32 and its transcription regulation［J］. The Plant Journal，2023，115：317-334.

［30］ LIU K L, LUO K, MAO A X, et al. Endophytes enhance Asia minor bluegrass（*Polypogon fugax*）resistance to quizalofop-p-ethyl［J］. Plant and Soil，2020，450：373-384.

［31］ HU L F, YAO Y, CAI R W, et al. Effects of on rice physiology，gene transcription and pretilachlor detoxification ability［J］. BMC plant biology，2020，20：1-12.

［32］ HU L F, HUANG Y J, DING B W, et al. Selective action mechanism of fenclorim on rice and *Echinochloa crusgalli* is associated with the inducibility of detoxifying enzyme activities and antioxidative defense [J]. Journal of Agricultural and Food Chemistry, 2021, 69: 5830-5839.

[33] ZHAO Y N, LI W Q, SUN L L, et al. Transcriptome analysis and the identification of genes involved in the metabolic pathways of fenoxaprop-P-ethyl in rice treated with isoxadifen-ethyl hydrolysate [J]. Pesticide Biochemistry and Physiology, 2022, 183: 105057.

[34] ZHANG Y X, LIU Q H, SU W C, et al. The mechanism of exogenous gibberellin A3 protecting sorghum shoots from S-metolachlor Phytotoxicity [J]. Pest Management Science, 2022, 78: 4497-4506.

[35] 王恒智, 王豪, 朱宝林, 等. 水稻田除草剂三唑磺草酮的作用特性 [J]. 农药学学报, 2020, 22: 76-81.

[36] 胡尊纪, 吴希宝, 刘世超, 等. 双环磺草酮与五氟磺草胺复配对水稻直播田一年生杂草的防除效果 [J]. 农药, 2020, 59: 698-702.

[37] 田志慧, 盛光勇, 袁国徽, 等. 25% 双环磺草酮悬浮剂防除杂草稻的使用策略 [J]. 农药学学报, 2020, 22: 635-641.

[38] 范洁群, 温广月, 曲明清, 等. 氯氟吡啶酯对稻田杂草的室内除草活性及田间药效评价 [J]. 植物保护, 2022, 48: 266-272.

[39] 马军韬, 李文华, 张国民, 等. 黑龙江水直播稻田前期杂草的化学防控 [J]. 中国植保导刊, 2020, 40: 67-71.

[40] 延卫垚, 杨景涵, 马英剑, 等. 20% 异丙甲·苄泡腾片剂的研制及其对稻田杂草的防治效果 [J]. 农药学学报, 2022, 24: 536-543.

[41] 连磊, 路兴涛, 吴进龙, 等. 有效防除麦田抗性杂草荠菜的新型除草剂——双唑草酮 [J]. 农药学学报, 2020, 22 (3): 461-467.

[42] 游录丹, 王立鹏, 张晓林, 等. 环吡氟草酮等6种除草剂对小麦田恶性杂草婆婆纳的活性 [J]. 杂草学报, 2020, 38 (2): 62-67.

[43] 郭永丽, 祁圆林, 于佳星, 等. 2种色素合成抑制剂防除小麦田抗药性禾本科杂草的潜力研究 [J]. 南京农业大学学报, 2022, 45: 529-538.

[44] 万永乐, 李云峰, 吴向辉, 等. 砜吡草唑对小麦田杂草的除草活性及安全性评价 [J]. 农药, 2020, 61: 850-854, 858.

[45] 吴仁海, 徐洪乐, 李慧龙, 等. 砜吡草唑与氰草津混用对麦田杂草的防治效果 [J]. 河南农业科学, 2021, 50: 84-91.

[46] 吴仁海, 徐洪乐, 孙兰兰, 等. 甲基二磺隆与唑啉草酯混用对麦田节节麦和多花黑麦草的防治效果 [J]. 河南农业科学, 2022, 51: 103-110.

[47] 王新媛, 李好海, 闵红, 等. 河南省麦田杂草发生现状及防除技术研究 [J]. 中国植保导刊, 2020, 40: 49-53.

[48] 毕亚玲, 邢雨诚, 李云峰, 等. 砜吡草唑除草活性及对玉米的安全性评价 [J]. 玉米科学, 2022, 30: 149-155.

[49] 滕春红, 岳建超, 马艺倩, 等. 异噁唑草酮对玉米田杂草的除草活性及对玉米的安全性评价 [J]. 世界农药, 2020, 42: 45-49.

[50] 刘煜财, 王翌, 王宏波, 等. 25% 苯唑氟草酮·莠去津可分散油悬浮剂对玉米田恶性杂草防效及安全性研究 [J]. 东北农业科学, 2020, 45: 82-85.

[51] 陆俊姣, 任美凤, 李大琪, 等. 6种除草剂对春玉米田杂草的防除效果 [J]. 中国植保导刊, 2020, 40: 79-82.

[52] 甘林, 卢学松, 兰成忠, 等. 九种除草剂对玉米田杂草的防除效果及其安全性评价 [J]. 农药学学报, 2020, 22: 468-476.

[53] 朱文达, 刘晓洪, 颜冬冬, 等. 20% 氨氯吡啶酸·二氯吡啶酸·烯草酮可分散油悬浮剂防除油菜田杂草的

效果［J］．中国油料作物学报，2019，41：120-125.

［54］胡尊纪，张思聪，庄占兴，等．丙炔氟草胺与精异丙甲草胺复配对花生田杂草的防除效果［J］．杂草学报，2019，37：47-52.

［55］胡尊纪，刘军，吴希宝，等．高效氟吡甲禾灵与三氟羧草醚复配的联合作用及对花生田杂草的防除效果［J］．花生学报，2021，50：30-35.

［56］秦培文，徐婧，王丹，等．唑嘧磺草胺、丙炔氟草胺与乙草胺混用的联合作用类型及对大豆田杂草的活性［J］．农药学学报，2021，23：124-130.

［57］李国瑜，丛新军，颜丽美，等．84% 双氯磺草胺水分散粒剂对夏大豆田杂草的防效及安全性评价［J］．杂草学报，2021，39：73-77.

［58］徐洪乐，樊金星，苏旺苍，等．42% 氟啶草酮悬浮剂的除草活性及对棉花的安全性［J］．中国棉花，2018，45：14-18.

［59］苏攀龙，李涛，刘新元，等．42% 氟啶草酮复配 33% 二甲戊灵乳油对棉田杂草的防效、杀草谱及安全性评价［J］．新疆农业科学，2022，59（1）：162-169.

［60］赵娜娜，冯佳楠，王盼盼，等．34% 丙炔氟草胺·二甲戊灵乳油对棉田阔叶杂草的防除效果［J］．新疆农业科学，2020，57：779-784.

［61］张谦，王树林，祁虹，等．助剂对精喹禾灵防治棉田杂草的减量增效作用［J］．新疆农业科学，2020，57：1159-1165.

［62］王睿，王克功，张红娟．4 种除草剂对黄芩田间杂草的防除效果［J］．中国植保导刊，2020，40：69-70，16.

［63］牛树君，赵峰，余海涛，等．4 种除草剂对黄芪田阔叶杂草的防效及安全性［J］．农药，2022，61：225-229.

［64］邬腊梅，杨浩娜，柏连阳．溴苯腈与精喹禾灵混用对亚麻的安全性及控草效果［J］．农药学学报，2020，22：627-634.

［65］苏旺苍，李慧龙，雷海霞，等．甲咪唑烟酸对紫花苜蓿的安全性评价［J］．草业科学，2022，39（2）：343-351.

［66］苏旺苍，冯长松，李慧龙，等．甲咪唑烟酸与烯草酮混配对紫花苜蓿生长影响及除草效果研究［J］．草地学报，2022，30（2）：479-486.

［67］LIU C，YANG K Q，CHEN Y，et al. Benefits of mechanical weeding for weed control，rice growth characteristics and yield in paddy fields［J］．Field Crops Research，2023，293：108852.

［68］XIAO W，LI J J，ZHANG Y X，et al. A fungal *Bipolaris bicolor* strain as a potential bioherbicide for goosegrass（*Eleusine indica*）control［J］．Pest management science，2022，78：1251-1264.

［69］WANG H，YAO Q，GUO Y J，et al. Structure-based ligand design and discovery of novel tenuazonic acid derivatives with high herbicidal activity［J］．Journal of Advanced Research，2022，40：29-44.

［70］ZHANG G Z，WANG C J Z，REN X H，et al. Inhibition of invasive plant Mikania micrantha rapid growth by host-specific rust（*Puccinia spegazzinii*）［J］．Plant Physiology，2023，192：1204-1220.

［71］王聪，周尚峰，杨浩娜，等．黄腐酸对稗草幼苗及其生长素类物质合成相关基因的影响［J］．农药，2020，59：616-620.

［72］郭瑶，肖求清，曹凑贵，等．稻虾共作对稻田杂草群落组成及物种多样性的影响［J］．华中农业大学学报，2020，39：17-24.

［73］张峥，卜德孝，强胜．不同稻田综合种养模式下杂草长期控制效果的调查［J］．植物保护学报，2022，49：693-704.

［74］ZHANG Z，LI R H，WANG D H，et al. Floating dynamics of Beckmannia syzigachne seed dispersal via irrigation water in a rice field［J］．Agriculture，Ecosystems & Environment，2019，277：36-43.

［75］ ZHANG Z, LI R H, ZHAO C, et al. Reduction in weed infestation through integrated depletion of the weed seed bank in a rice-wheat cropping system［J］. Agronomy for Sustainable Development, 2021, 41: 1-14.

［76］ MAMIDI S, HEALEY A, HUANG P, et al. A genome resource for green millet *Setaria viridis* enables discovery of agronomically valuable loci［J］. Nature Biotechnology, 2020, 38: 1203-1210.

［77］ KREINER J M, LATORRE S M, BURBANO H A, et al. Rapid weed adaptation and range expansion in response to agriculture over the past two centuries［J］. Science, 2022, 378: 1079-1085.

［78］ ERMAKOVA M, LOPEZ-CALCAGNO P E, FURBANK R T, et al. Increased sedoheptulose-1, 7-bisphosphatase content in Setaria viridis does not affect C4 photosynthesis［J］. Plant Physiology, 2022, 191: 885-893.

［79］ READ A, WEISS T, CRISP P A, et al. Genome-wide loss of CHH methylation with limited transcriptome changes in Setaria viridis DOMAINS REARRANGED METHYLTRANSFERASE（DRM）mutants［J］. The Plant Journal, 2022, 111: 103-116.

［80］ KERSTEN S, CHANG J, HUBER C D, et al. Standing genetic variation fuels rapid evolution of herbicide resistance in blackgrass［J］. Proceedings of the National Academy of Sciences of the United States of America, 2023, 120（16）: e2206808120.

［81］ LECLERE S, WU C, WESTRA P, et al. Cross-resistance to dicamba, 2, 4-D, and fluroxypyr in Kochia scoparia is endowed by a mutation in an AUX/IAA gene［J］. Proceedings of the National Academy of Sciences of the United States of America, 2018, 115: E2911-E2920.

［82］ KOO D H, MOLIN W T, SASKI C A, et al. Extrachromosomal circular DNA-based amplification and transmission of herbicide resistance in crop weed Amaranthus palmeri［J］. Proceedings of the National Academy of Sciences of the United States of America, 2018, 115: 3332-3337.

［83］ HAN H P, YU Q, BEFFA R, et al. Cytochrome P450 CYP81A10v7 in Lolium rigidum confers metabolic resistance to herbicides across at least five modes of action［J］. The Plant Journal, 2021, 105: 79-92.

［84］ FIGUEIREDO M R A D, KUPPER A, MALONE J M, et al. An in-frame deletion mutation in the degron tail of auxin coreceptor IAA2 confers resistance to the herbicide 2, 4-D in Sisymbrium orientale［J］. Proceedings of the National Academy of Sciences of the United States of America, 2022, 119.

［85］ SUDA H, KUBO T, YOSHIMOTO Y, et al. Transcriptionally linked simultaneous overexpression of P450 genes for broad-spectrum herbicide resistance［J］. Plant Physiology, 2023, 192: 3017-3029.

［86］ ADEUX G, VIEREN E, CARLESI S, et al. Mitigating crop yield losses through weed diversity［J］. Nature Sustainability, 2019, 2: 1018-1026.

［87］ SU C, LIU H, WAFULA E K, et al. SHR4z, a novel decoy effector from the haustorium of the parasitic weed Striga gesnerioides, suppresses host plant immunity［J］. New Phytologist, 2020, 226: 891-908.

［88］ WEDGER M J, TOPP C N, OLSEN K M. Convergent evolution of root system architecture in two independently evolved lineages of weedy rice［J］. New Phytologist, 2019, 223: 1031-1042.

撰稿人：柏连阳　潘　浪　黄兆峰　刘伟堂　刘　敏
李　俊　张　峥　徐洪乐　齐　龙

鼠害学学科发展研究

一、引言

　　啮齿动物（鼠类）是重要的植食性哺乳动物，其挖掘活动、摄食活动和行为对生态环境、人类生产活动和健康产生很大的影响。由于其种类多，且数量巨大，造成的危害不仅涉及国家粮食安全、生态安全，还与人民健康密切相关。2011 年至 2020 年，全国每年鼠害造成 2757 万 hm² 农田受灾，粮食损失 50 亿~ 100 亿 kg；在粮食储存期间害鼠造成的损失也是非常大，全国农业技术推广服务中心对十一个省抽样结果显示，农户户均储粮鼠害损失高达 89.14 kg。全国每年因鼠害造成草场受灾面积 3644.69 hm²，牧草损失近 200 亿 kg。森林鼠兔害发生面积约 80 万 hm²，因鼠啃咬、环剥造成的林木死亡率严重时达 60% 以上。此外，农村地区每年因鼠类传播的流行性出血热发病上万例，死亡近百例；人间鼠疫也时有发生，并出现肺鼠疫死亡病例；一些地区也因鼠类宿主蜱螨类传播疾病，导致十几人死亡。

　　害鼠频发，气候变化和人类生产活动是主要原因。气候变暖导致害鼠种群繁殖期延长，鼠类繁殖代数增加，栖息地范围扩大，草原植被恢复能力下降。农区节水灌溉、免耕、温室大棚、农林果蔬复合种植等新型农业技术为鼠类生存和繁殖提供了更为优越的条件。连年过度放牧造成的草原大面积退化，导致植被更替向着有利于鼠害发生的方向发展；退耕还林过程中幼林面积的增加也为鼠害发生提供了丰富的食物。

　　随着生物安全立法，我国将生物安全提升到了前所未有的高度，由于鼠类是鼠疫等重大传染病的宿主与传播媒介，并且传播 60% 的人畜共患病，从疾病控制角度也对鼠害治理提出了更高的要求。2018 年以来，天然草原的管理由农业农村部转归自然资源部国家林业和草原局，并将修复治理草原生态、监督管理草原开发列为国家林业和草原局的主要职责，体现了我国生态文明建设指导思想下对天然草原功能的重新定位，但也对草原鼠害治理提出了新的要求。

国家需求的重大调整对鼠害学科提出了新的挑战。一方面，国家粮食生产和疾病控制要求采用以灭杀为主的应急性防控措施。另一方面，天然草原功能定位的转换，要求采用以生态优先为主的鼠害治理策略。然而，粮食生产、疾病防控和草原保护的鼠害控制无法截然分开。其中最为突出的一点，这三大领域鼠害防控需求的重点区域都集中在广大的农村地区，尤其是天然草原和农牧交错区的贫困农村地区，粮食生产、牧草生产和疾病控制需要更严格地将鼠类控制在较低的密度，从草原生态保护的角度出发，则需要考虑生态系统的生态服务功能，防控害鼠，不仅仅是经济阈值，更为重要的是生态系统中的生态阈值。针对这些鼠害治理需求的矛盾以及鼠害学科发展面临的主要问题、短板和瓶颈，精准监测指导精准防控正在逐步成为鼠害治理领域的主流策略。

鼠害防控理念的转变，推出生态优先的鼠害治理策略，从而客观评价鼠类在不同生态系统中的功能，以前单纯经济阈值已经无法满足当前鼠害的可持续防控的需求，从而推进鼠害治理中经济和生态阈值研究，以推动深入和推进我国鼠害防控的科学性及天然草原等自然资源的可持续利用，对于我国鼠害行业理念的转型，尤其对于推进我国草原生态保护及可持续利用具有重要的意义。

二、学科发展现状

我国地域广阔，生态环境复杂，鼠害频繁发生，害鼠和鼠害方面的工作主要在两个方面体现。①在基础理论研究领域，从生态系统整体的角度分析气候变化、栖息环境、食物资源、天敌、疾病、人类活动等多种因素与害鼠种群发生及危害的关系。借助逐步累积的生态学表型数据，利用生理学、分子生物学、表观遗传学等技术通过分析环境影响害鼠繁殖的内在生理遗传机制，以探索害鼠种群对环境响应的机制。②在应用研究和防控技术领域，注重标准化和规范化的数据监测与长期积累，以逐步实现害鼠种群动态的精准预测预报，为综合治理鼠害提供依据；注重综合治理技术中环境友好型鼠害控制技术的研发，力求提高杀鼠剂使用的效率与安全性，以降低杀鼠剂的使用量及其对环境的影响；注重围栏捕鼠系统（Trapping barrier system，TBS）等非化学防治技术的研发，逐步提升这一类技术在鼠害综合治理技术中的比重，在有效控制鼠害发生的同时促进生态平衡的逐步恢复。

（一）啮齿动物基础生物学

1. 种类、分布和危害区系

随着分子系统学技术的迅速发展，基于二代和三代测序技术的成熟和费用的大大降低，基因组学在啮齿动物物种的分类厘定和系统发育研究中得到广泛运用。使得我国一些啮齿动物的分类地位被最终确定，一些新种被陆续发现。截至 2023 年 4 月，确认全国有啮齿动物 244 种，兔形目动物 35 种。仅 2017 年以来，四川省林业科学研究院刘少英团队等发表我国啮齿动物新种 23 种：小猪尾鼠（*Typhlomys nanus*）[1]、墨脱松田鼠（*Neodon medogensis*）[2]、聂拉木松田鼠（*Neodon nyalamensis*）[2]、剑纹小社鼠（*Niviventer gladiusmaculus*）[3]、螺髻山绒鼠（*Eothenomys luojishanensis*）[4]、金阳绒鼠（*Eothenomys jinyangensis*）[4]、美姑绒鼠（*Eothenomys meiguensis*）[4]、石棉绒鼠（*Eothenomys shimianensis*）[4]、小黑姬鼠（*Apodemus nigrus*）[5]、高黎贡比氏鼯鼠（*Biswamoyopterus gaoligongensis*）[6]、黄山猪尾鼠（*Typhlomys huangshanensis*）[7]、冯氏白腹鼠（*Niviventer fengi*）[8]、白西藏绒毛鼯鼠（*Eupetaurus tibetensis*）[9]、云南绒毛鼯鼠（*Eupetaurus nivamons*）[9]、岷山花鼠（*Tamiops minshanica*）[10]、帝猪尾鼠（*Typhlomys fenjieensis*）[11]、木里鼢鼠（*Eospalax muliensis*）[12]、波密松田鼠（*Neodon bomiensis*）[13]、伯舒拉松田鼠（*Neodon bershulaensis*）[13]、察隅松田鼠（*Neodon chyuensis*）[13]、廖氏松田鼠（*Neodon liaoruii*）[13]、南迦巴瓦松田鼠（*Neodon namchabarwaensis*）[13]、色季拉松田鼠（*Neodon sherglaensis*）[13]。发现的中国新纪录包括道氏东京鼠（*Tonkinomys daovantieni*）[14]、白尾高山䶄（*Alticola albicauda*）[15]。除此之外，还有不少亚种或者以前的同物异名被证明是独立种的情况。

在鼠类系统发育研究方面，基于外显子组对我国鼠兔科动物开展了基因组水平的系统发育研究，厘清了我国鼠兔科动物的系统发育关系，澄清了一些种的分类地位，发现鼠兔科起源于青藏高原腹地，并随着周边区域的抬升或者冰期的到来而向寒冷区域扩散[16]；用全基因组重测序开展了中国鼠兔属物种的系统发育和适应进化研究。通过基因和形态学的关联分析，检测到指名亚属（*Ochotona*）和异耳鼠兔亚属（*Alienauroa*）有 83 个基因和视力、听力有关的形态进化有关。并进一步鉴定出两个受到强烈正选择的基因功能基因分别和能量代谢及暗适应有关，基因功能验证试验结果和检测结果一致。基于基因组重测序研究了白腹鼠属的起源与演化历史，发现白腹鼠属起源于青藏高原东南部[17]。鼢鼠类起源于我国横断山系南部[12]。第一次解决了我国田鼠亚科族级、属级和种级的系统发育关系[18]。分析了我国田鼠亚科的起源和演化历史，横断山系是全球田鼠亚科最丰富的区域，该区域田鼠亚科分为东、西两大支系，两个支系的起源与九百万年前两次欧亚大陆北部向横断山系的迁徙事件有关，横断山系成为这两个支系祖先的避难所，在五至八百万年前，两个支系由于喜马拉雅造山运动经历了快速适应辐射和种化的历程。刘少英团队研究，发现松田鼠属（*Neodon*）起源于七百万年前的青藏高原，它们和毛足田鼠属有共同祖先，随着青藏高原的隆升，祖先发生了分化，一支适应高寒和湿润气候，留在了青藏高原，一支适应干旱环境，扩散到中国北部和中东地区，进而扩散到欧洲[13]。松田鼠的快速演化发生于三至五百万年前，喜马拉雅造山运动、雅鲁藏布江的形成和与帕隆藏布的连通事件、高山的阻隔对松田鼠不同进化支的独立种化起到关键促进作用。另外还有一些基于线粒体或者少数几个核基因针对我国啮齿类开展的系统发育研究[2-4, 19]。这些研究的结论可能是不完全准确的，但对于我国啮齿动物的分类与系统发育研究是很有益的。上述这些研究为我国啮齿动物种群控制与管理提供了基础资料。

2. 主要区域害鼠群落结构变化

区域性的鼠类群落结构变化是一个地区害鼠暴发危害的重要因素，优势鼠种的变化，打破了生态系统中原有鼠种间的相对平衡，使其数量剧增，并造成危害。在这方面，中国科学院亚热带农业生态研究所张美文主持的国家基金委区域联合重点项目"洞庭湖湖滩小型兽类群落形成机理（U20A20118）"，凭借三峡工程后洞庭湖湖滩小兽群落演替的难得机遇，分析影响湖滩小兽群落的一些相关因素，探讨其形成机理，取得一些阶段性进展[20-25]。同时，成功建立了我国第一个室内黑线姬鼠繁殖种群，为重要疫源动物黑线姬鼠的室内净化和实验室繁殖积累了科学数据。通过对当地小兽群落主要成员的水生运动适应能力研究表明，洞庭湖区域小兽群落所有成员对水环境适应程度依次为东方田鼠、黑线姬鼠、巢鼠、黄毛鼠、黄胸鼠、褐家鼠、小家鼠、社鼠和鼩鼱，从水生适应能力来全面评估小兽群落结构的影响。广东省农业科学院冯志勇团队多年对华南地区农业害鼠研究结果表明，黄毛鼠是华南农区的优势鼠种及主要害鼠，约占农区鼠类数量的50%~80%，生物量约占农区鼠类总生物量的40%~60%，而板齿鼠个体大，其数量占比约为10%~30%，但生物量占比高达30%~50%。这两种鼠的生物量之和占华南农区鼠类总生物量的80%以上，是该地区主要的农业害鼠[26]。随着农村城镇化和种植结构的调整，板齿鼠的数量显著增加并呈现北扩的趋势，家鼠类如褐家鼠和黄胸鼠在农田的栖息分布也有所增加，而黄毛鼠的优势度下降，导致农业鼠害明显加重，对粮食作物、油料作物及瓜果类蔬菜的危害较大。20世纪六七十年代小家鼠曾在新疆农区暴发成灾，随褐家鼠进入新疆，逐步取代小家鼠成为新疆农区优势鼠种，2018年以来在南疆四地州暴发成灾，目前成为新疆农区危害最重的害鼠种类[27, 28]。由于气候变化，一些鼠种的分布线也在北扩，中国疾病控制中心鲁亮团队系统研究了我国黄胸鼠北上的分布趋势。

3. 主要危害鼠种种群鼠灾暴发及其调控机制

围绕主要害鼠发生规律研究，在害鼠生物学和生态学特征研究方面取得了重要的进展。在农区重大鼠害褐家鼠的入侵暴发机制、洞庭湖区东方田鼠种群数量暴发机制及该地区鼠类群落演替规律等方面取得了重要进展。褐家鼠是全球分布最广、危害最重的鼠类。褐家鼠环境适应性极强，20世纪60年代褐家鼠进入北疆，2018年以来在南疆四地州暴发成灾。中国农业科学院植物保护研究刘晓辉研究员团队对从新疆地区捕获的162只褐家鼠开展了线粒体基因分析，并与我国其他23个省份的616只褐家鼠、世界其他国家111只褐家鼠和51只自交系大鼠的线粒体基因进行比对分析。结果表明，南疆地区捕获的褐家鼠47.1%的个体来源于欧洲，43.7%的个体来自北疆种群的扩散，5.7%的个体与印度、美国及日本有较高的同源性。据专家分析，欧洲褐家鼠主要为典型指名亚种，与我国兰州地区褐家鼠所属的甘肃亚种存在明显不同，所以南疆地区褐家鼠基本可以确认为外来入侵种。中国科学院亚热带农业生态研究所王勇研究员团队对洞庭湖区东方田鼠种群数量变动机制研究结果表明，湖滩是东方田鼠的最适栖息地，每年汛期，湖滩被淹，大量东方田鼠迁入农田，对作物造成严重危害，其危害程度取决于迁入农田的东方田鼠数量。随着人类大型工程实施，洞庭湖生态环境的变化，湖滩植被的演替，黑线姬鼠种群数量有逐年增多的趋势[24]。中国农业大学王登团队构建整合种群模型（IPM）分析了贵州省四个县超过30年间气候因子对黑线姬鼠种群月密度、繁殖相关的种群动态参数的影响。结果发现，贵州省黑线姬鼠种群数量在过去30年间总体呈下降趋势；模型结果表明，30年间，当地春季温度升高，降低了雌性黑线姬鼠的怀孕率，进而导致了黑线姬鼠种群数量的下降。但春季温度升高对不同地区种群数量影响的作用效应存在差异。该团队还对全国38个农区县级监测点捕获的褐家鼠体型大小与空间上温度变化的关系进行分析，揭示了由于褐家鼠分布区跨越广阔的温度带，其体型随纬度降低而显著增大[29]。由于体型大的个体具有更高的存活力和繁殖能力，根据褐家鼠的体型空间变化规律，他们预测，南方的褐家鼠具有更长的寿命和更高的繁殖能力，种群大发生的概率更高。

刘晓辉团队围绕布氏田鼠种群的周期性发生规律[30]，发现光周期是布氏田鼠种群繁殖调控的首要影响因素，对温度变化具有上位效应，为布氏田鼠及其他典型季节性繁殖鼠类的精准预测预报提供了重要理论支撑[31-33]。中国科学院动物研究所王德华团队发现肠道菌群可以通过脑肠轴通路调控鼠类繁殖，特定的肠道菌群可以调控布氏田鼠、长爪沙鼠等鼠类关键基因表达影响鼠类繁殖状态，为鼠类新型控制技术研发提供了重要线索[34-37]。肠道菌群还参与了鼠类热量平衡及机体水分代谢，对于阐明全球气候变暖如何影响鼠类种群分布、迁移及扩散，根据气象数据预测鼠类发生的宜生区及发生面积具有重要意义。甘肃农业大学花立民团队在高原鼢鼠等鼠类与草原植被多样性关系方面的重要进展[38]，证明鼠类在改善草原土壤理化性质以及高寒草甸植被生长及演替的重要生态学意义及价值，为草原鼠害治理生态阈值的探索与制定提供了重要支持。

（二）害鼠监测预警技术研究

鼠害暴发成灾的本质是单一害鼠种群数量的剧增而造成的危害。究其原因，是害鼠的栖息环境发生较大改变，从而使某一种类的数量迅速增加。气候变化，温度上升增加了害鼠的繁殖窝数，食物资源、天敌、疾病、人类活动等多种因素的综合作用的结果，致使鼠类增加。同时，害鼠种群依赖外界环境的周期性变化，可能存在环境变化的内在响应机制，通过调控害鼠繁殖影响害鼠种群的出生率与种群数量。害鼠监测技术主要着眼于通过调查害鼠种群密度的变化，建立害鼠种群密度变化与环境因子的相互关系，实现鼠害预测预报。在这方面，除了传统的害鼠监测方法外，运用现代科学技术对害鼠的监测取得了长足进步。

1. 传统监测技术

传统的害鼠监测技术仍然是目前广泛使用的害鼠调查手段。常见的调查工具主要是鼠夹、鼠笼的地剑（弓）。夹捕（笼捕）害鼠监测调查技术，是以夹（笼）捕率表示鼠密度，代表调查地区的相对鼠数量。鼠夹法是我国农区、林区和城市鼠害调查的主要方法，其简便易行，适用于不同环境，由于该方法直接捕获到害鼠个体，可以比较不同时间不同地点害鼠种群数量和群落的结构特点。但其也存在明显的不足之处。捕获的个体从总体中抽取，对种群自然波动和害鼠群落结构造成人为干扰。同时，栖息环境不均一性影响夹捕密度的准确性。而且鼠夹规格不一，不同鼠种个体大小及不同年龄段害鼠对鼠夹的灵敏度、对诱饵的喜好程度均有不同。此外，不同人员操作、不同布夹方法得到的鼠密度差异较大。标记重捕法是科学研究调查中常用的鼠类种群或群落监测方法，该法最大的优点是对动物集群的扰动小，能够客观体现种群或群落的动态特征。调查数据较详细、准确、不误伤非靶标动物、保护动物福利、维护生态平衡。但调查操作烦琐、费工费时、对调查人员技术要求较高，另一难点在于如何准确地根据重捕数据估算种群的大小，目前国外相关的研究较多，而我国大量的研究是利用标记重捕技术和已有的算法解决相关的科研问题，对于标记重捕方法学的研究报道几乎没有。

2. 害鼠智能监测技术

随着科学技术的发展，害鼠种群数量智能化监测技术取得了重大突破，在空天地多个层面，围绕鼠类监测的效率低、准确度不足等核心问题，开展了卫星遥感、无人机低空遥感、物联网智能终端识别等监测技术研究，为突破鼠害治理的核心瓶颈问题提供了支撑。在害鼠图像识别算法、终端监测设备、大型监测网络平台上取得了重大突破，并在国际上处于领跑地位。中国科学院动物研究和青岛清数科技有限公司合作，成功研发的害鼠智能标记重捕设备，大大提高了鼠类研究的精准性和科学性，在草原和林区运用，取得了较好的效果[39]；在农区害鼠物联网智能监测网络方面，全国农业技术推广服务中心与青岛清数科技有限公司合作，完成了害鼠智能监测的物联网终端设备，建立了国家级农区害鼠智能监测平台和害鼠种类数据库，基于图像的害鼠种类、年龄结构、种群数量和活动频次识别等，做到了害鼠种类自动识别、群落结构、年龄结构、种群数量变化等与危害预警相关的数据自动收集、处理、上报等自动化管理平台[40-42]；草原鼠害监测终端设备也取得了一批自主产权产品授权发明专利，并结合草原鼠害监测站网络体系构建开展了应用推广，结合草地植被及天敌种群等草原生态系统整体监测，对于解决草原鼠害的监测难题、生态阈值研究与制定、生态优先草原鼠害治理的推进起到了重要的支撑。在川西草原，四川省草原科学研究院与青岛清数科技有限公司合作，针对草原危害严重的鼢鼠和鼠兔，通过无人机拍摄取样、自动传输、图像自动识别等技术，实现了对草原鼠害的智能监测功能[43]。同时，建立了川西草原鼢鼠和鼠兔危害的数据库，实现了对草原鼠害、植被状况、斑块等自动处理，可为草原生态保护提供科学支持。面向"生态优先"的草原鼠害治理需求，刘晓辉团队针对内蒙古地区草原鼠害发生特征及鼠害监测环节存在的问题，利用无人机技术、手持机等技术对内蒙古草原布氏田鼠等鼠洞图像的智能识别，为突破草原鼠害监测效率低、准确度不够的瓶颈提供了支撑。刘晓辉团队与新疆林草局治蝗办合作，开展了黄兔尾鼠发生面积、鼠密度、鼠洞凸斑与植被变化、天敌数量变化的全生态系统化智能监测体系研发，在环新疆准格尔盆地黄兔尾鼠典型发生区塔城乌苏、阿勒泰青河、哈密巴里坤筹建了黄兔尾鼠智能监测网络体系，为国家林草局草原鼠害监测站体系建设提供了范例，实现草原鼠害定点定时长期监测的目标提供了支撑。王登团队，利用无人机多光谱遥感图像结合卫星环境特征遥感图像，建立了草原群居性害鼠洞口密度与环境特征指数值间的定量关系模型，进而预测出草原上大尺度区域内每单位分辨率面积内的目标鼠洞口数量，获得了相应地表分辨率的草原鼠洞口数量分布图[44]。解决了目前使用的大尺度空间草原鼠害发生情况人工或无人机遥感调查以点带面，粗糙评估的窘况。

3. 害鼠危害定量评估技术

鼠类对整个生产周期内的作物都能造成危害，不同阶段的危害对最终收获产生的影响不一，将害鼠种群数量时间动态和作物生长动态对产量的影响结合建模，以获得整个作物生长期内的危害量，涉及目标鼠种种群动态过程及作物生长动态过程中的多个指标，调查难度非常大，目前还没有成熟可靠的数学模型，其中对于模型的合适度评价最终还得依赖实际产量调查。王登团队，研究了我国玉米主产区害鼠对 TBS 不同距离处玉米总产量、单株玉米产量及玉米植株密度的危害情况，发现玉米总产量和植株密度均随距 TBS 距离的增加而显著降低，直至 150m 左右时，达到对照样地水平；距 TBS 不同距离处的玉米平均单株产量无显著差异。这说明害鼠对玉米地的危害主要发生在苗期，鼠害造成玉米植株的减少是产量降低的直接原因[45]。研究也定量了不同鼠密度玉米地玉米产量的损失量。

4. 种群数量动态建模技术

害鼠种群数量动态和预测预报是防治鼠害的主要科学依据，一直是相关学者关注的重点，王登团队实地收集了贵州省 348 个月的黑线姬鼠种群月监测数据，建立了由夹捕数据模型和种群生态经验模型组成的捕获率数据贝叶斯分层整合模型。通过迭代的方法模拟了温度、降雨和作物类型等因子变化对鼠类种群数量的影响，并定量预测黑线姬鼠种群数量的月动态。建立的模型能够逐月定量预测未来一年每个月的种群密度，提前六个月预测的各月密度准确率超过 90%。该模型还显示，黑线姬鼠种群动态受到温度、降雨变化、农业生产系统改变的综合影响[46]。该研究结果是鼠害防治行业中首次实现了对黑线姬鼠种群未来一年逐月密度定量预测预报，可为鼠害的前置防控提供决策依据。这种通用建模方法也适用于定量预测有长期监测数据的其他鼠种密度动态。

（三）鼠害防控技术

1. 化学防控技术

利用化学药物防控害鼠的技术，在我国鼠害治理历史上发挥了不可替代的作用。在全球气候变化、人类活动对生态环境造成很大影响等多种因素影响下，我国鼠害呈现多地局部暴发的时态，如东北、新疆、内蒙古、海南和两广地区的害鼠密度一直居高不下，对农林草等各个行业造成严重危害。因此，在未来较长的一段时期内，鼠害的化学防控技术仍将是对应鼠害暴发的不可或缺的技术手段。目前我国登记的杀鼠剂有效成分仅包括七种抗凝血杀鼠剂、两种不育剂、一种生物制剂。抗凝血杀鼠剂具有低毒、安全等多种优点，是广泛应用的杀鼠剂种类[47]。

在我国，新型杀鼠剂的研究相对较少，利用化学药物防控害鼠的技术主要通过复配等方式提高抗凝血杀鼠剂灭杀效率。冯志勇团队发现南方害鼠喜欢剥离稻谷壳取食稻谷，但杀鼠剂难以充分浸润稻谷壳进入稻谷，导致杀鼠剂效率下降。利用 N，N- 二甲基甲酰胺及二甲基亚砜作为抗凝血杀鼠剂的渗透剂，溴敌隆毒谷中米粒的鼠药量增加 328.6%，鼠类摄入的总药量由常规的 17% 提升到 40%，显著提高了药物的利用率和防治效果。

由于化学杀鼠剂毒饵有适口性问题，王登和冯志勇团队在基饵的配方方面做了大量研究，筛选了一批对不同害鼠种类具有较高适口性的基饵配方。冯志勇团队研究发现黄毛鼠粪便及尿液对其行为有明显的诱集作用，初步分析了尿液中的主要成分，为进一步开展黄毛鼠信息素在防控上的应用奠定基础。

在生育控制技术方面，国内学者做了大量的工作，冯志勇团队明确了雷公藤甲素可导致黄毛鼠的怀孕率、产仔数明显下降，一个月后种群的增长率从 322.2% 降低到 105.6%，对黄毛鼠的种群繁衍有显著的控制作用。

2. 物理防控技术

长期大量使用化学杀鼠剂，会污染环境，还会破坏生态，使用不当还对非靶动物和天敌动物造成危害。物理防控技术可以避免化学杀鼠剂造成的危害，但大部分物理防控技术对于大面积防控害鼠的局限性很大。目前我国大面推广使用的物理防控技术只有 TBS 技术这一种。

TBS 技术起源于菲律宾国际水稻研究所。鼠类有沿着物体边缘行走的习性，紧贴其途经的屏障边缘线设置陷阱，可以长期捕鼠。基于这一特性，以农业部全国农技推广中心郭永旺牵头的我国各级鼠害监测点、中国农业大学王登研究团队，开展了大量 TBS 技术在害鼠监测中的应用研究。实践证明，TBS 与传统夹捕法监测法相比，更贴合农田害鼠自然种群的特征，在获得与传统夹捕法基本相同鼠密度变化特征的同时，能够更真实地反映害鼠种类及种群构成。同时，根据我国农业生产特征，进行了大量的改进。由于该技术可同时实现害鼠控制及种群密度监测，因此具有非常重要的应用价值。但该技术本身对害鼠种群数量的干扰，可能影响准确的建模。这一问题还有待解决。在鼠害绿色防控技术方面，TBS 技术得到了进一步推广应用，并取得了量化控制效果评价等重要进展，为 TBS 技术进一步科学应用提供了重要支撑。面向草原鼠害绿色防控需求，开展了地下害鼠繁殖声波干扰等控制技术及产品研发，对于地下害鼠的治理难题是个另辟蹊径的思路。结合草原招鹰架技术的进一步推广，研发了智能鹰架等产品，对与推进草原鼠害的生物防治具有重要的意义。

3. 生态防控技术

鼠害的本质是生态失衡。利用生态系统中各物种间相互依存、相互制约的关系，将目标区域的鼠密度维持在一定范围的技术方法，是最理想的鼠害治理技术。该技术的发展高度依赖包含鼠在内的生态系统生态学等基础研究的发展，定量生态系统各因子改变量与害鼠种群数量变动的关系目前报道很少。王登团队 2020 年至 2022 年间，在青藏高原典型区域祁连县（默勒镇）高寒草甸试点实施草地免耕补播、春季休牧、人工饲草料基地建植等改良措施。该措施在提高草原生产力和草牧业生产效益，增加农牧民收入的同时，保护了草原生物多样性，实现草 – 畜 – 人草地生态系统协调发展，降低了当地害鼠的种群密度，2022 年休牧样地优势鼠种高原鼠兔的洞口密度较 2021 年最多下降了 58.7%[44]。

（四）杀鼠剂残留及抗性研究

1. 抗药性及其监测技术研究

随着抗凝血灭鼠剂的长期使用，黄毛鼠的耐药性显著提高并出现区域性抗药性，其中珠江三角洲普遍出现了对第一代抗凝血剂的抗药性种群，江门市新会区黄毛鼠的抗性率高达 45.24%。刘晓辉团队联合冯志勇团队和黑龙江省农业科学院植物保护研究所丛林团队对我国过去三十年褐家鼠抗性特征进行了分析，发现我国褐家鼠抗性一直保持在较低水平，通过对抗凝血杀鼠剂靶标基因 Vkorc1 的多态性变化特征分析表明，褐家鼠种群缺乏高抗多态位点及实际上的轮换用药策略，是目前褐家鼠保持抵抗性水平的主要原因，并且提出轮换用药对于抗性发生的预防和治理具有重要意义。通过亚致死剂量多代饲养发现，非致死剂量抗凝血杀鼠剂的应用可以诱导褐家鼠抗性的发生；通过对不同地区不同害鼠种类 Vkorc1 基因演化特征分析发现，缺乏绿植荒漠地区的鼠类具有天然的高耐药特征[48, 49]。这些结果对于指导杀鼠剂科学应用具有重要的理论和实践价值。

2. 杀鼠剂安全性研究

随着观念的变化，对生态环境的关注和保护越来越受重视，对于化学药物使用的安全性也备受关注，王勇团队针对目前使用广泛的抗凝血杀鼠剂溴敌隆开展了其在土壤中的残留和在非靶动物体内代谢方面的研究。结果表明，溴敌隆在土壤中的残留量随时间的变化而变化，从第 1 ~ 43 天，其土壤中的含量是处于逐渐增加的趋势，之后开始下降，在第 88 天时浓度降为较低，这说明溴敌隆在土壤 0 ~ 15cm 的土层中降解大概为三个月左右。同时，在不同的土壤层中，溴敌隆的含量随时间的变化也有差异，在 0 ~ 5cm 的土壤层中在 23 天时残留的浓度达到最大，在 5 ~ 10cm 的土壤层中在第 43 天时的浓度达到最大，在 10 ~ 15cm 的土壤层中在第 58 天时的浓度达到最大，表明溴敌隆在土壤中的残留和不同的土层有关，同时也说明随着时间的增加，该杀鼠剂逐步下沉到土壤深层[50]。

炔雌醚等是张知彬团队开发的鼠类不育剂，在我国对多种鼠类开展了不育控制技术，取得了较好的效果。该药物对非靶动物的影响也被广泛关注，王勇团队用该药物对家鸡的安全性研究表明，以对鼠有效控制剂量的 15～150 倍给药后，对家鸡没有致死性，且其对各生理指标的影响均呈时间和剂量相关性，对于雄性试鸡而言，炔雌醚仅会降低雄性生殖激素睾酮在血清中的含量，且各给药组睾酮的下降趋势均不会持续超过一个月；高剂量炔雌醚给药和生殖激素的短暂下降对雄性其他生理指标均没有显著影响。相比于雄性，炔雌醚对雌性试鸡的影响较大。药后 30 天内，炔雌醚会显著抑制雌鸡繁殖器官卵巢和输卵管的生长发育，造成雌性生殖激素促卵泡素和雌二醇水平在血清中的紊乱，给药浓度越高，恢复所需的时间越长，高浓度实验组动物的繁殖器官脏器系数可以在 135 天内恢复正常水平[51]。

（五）研究平台和团队建设

依托国家"973"项目"农业鼠害暴发成灾规律、预测及可持续控制的基础研究"筹建于 2007 年的中国科学院内蒙古草原动物生态学研究站一直在持续运转中，近年来肠道微生物与内蒙古鼠害相关研究主要依托该站开展。中国科学院重点研究站亚热带农业生态研究所洞庭湖湿地生态系统研究观察站，建立了东方田鼠研究围栏和平台。中国农业科学院植物保护研究所农业农村部锡林浩特草原有害生物科学观测试验站升级为国家级植物保护观测站，并新建控温温室、控光控温动物实验室等设施。中国农业科学院草原所沙尔沁基地，建成完善的鼠类围栏及实验室系统。2017 年，全国农业技术推广服务中心和青岛清数科技有限公司合作，建立了全国农区鼠害物联网监测系统，实现了农区鼠害智能化监测。2021 年，国家林业草原高寒草地鼠害防控工程中心成立。中国农业科学院 2017 年筹建西部农业研究中心（科技援疆指挥部），2022 年筹建北方农牧业技术创新中心，都将鼠害治理作为关键支持内容。这些平台的发展，为学科进一步发展奠定了重要支撑。

学术建制、团队建设及人才培养方面，2019 年成立草原生物灾害防治国家创新联盟，设有专属的鼠害治理专家服务团。2021 年中国农药发展与应用协会设立杀鼠剂与鼠害防治专业委员会，以推进杀鼠剂发展与安全应用。2018 年天然草原的管理由农业农村部转归自然资源部国家林业和草原局后，随草原鼠害治理策略的转变和需求的提升，推进了草原相关的鼠害学科团队相对较快发展。国家林业和草原局自 2018 年启动林草科技创新人才建设计划，甘肃农业大学、中国农业科学院草原研究所和植物保护研究所鼠害研究相关专家相继入选林草科技创新团队培养计划。为贯彻我国生态文明建设的重大决策，推动山水林田湖草生命共同体协调发展，中国农业大学、北京林业大学等高校新成立草业与草原学院，聚焦草原生态保护和绿色发展。其中，以鼠害为代表的草原有害生物治理是草原生态保护和绿色发展的重要人才培养和发展方向。

三、国内外发展比较

（一）害鼠生物学基础理论研究

近年来，我国鼠类治理学科与国际前沿领域存在较多的交叉发展，某些方面已经引领国际相关领域发展。如"全球变化生物学效应国际研究计划"（BCGC）由挂靠中国科学院动物研究所的国际动物学会发起，是国际生物科学联合会（IUBS）核心项目，目前已实施十余年，产生重要国际影响，并荣获国际生物科学联合会突出贡献奖（IUBS Award），应邀参与联合国 IPCC 第六次报告撰写。2021 年启动国家基金委重大项目"鼠类对全球变化的响应与适应机制研究"，项目主要围绕气候和环境因子变化、鼠类种群动态、寄生生物相关关系及调控机制展开，研究内容涉及宏微观多个层面的国际前沿热点。气候变化、人类活动等对生物群落的影响是目前全球研究热点，对于大尺度鼠害预测预报具有重要的价值，随大数据积累，将是鼠害学科发展的重要方向。本项目所涉及肠道微生物与鼠类能量代谢、繁殖、种群动态等属于哺乳动物微生物组国际前沿热点研究领域。近年来鼠类肠道微生物宏基因组数据在持续积累中，并逐渐发现和验证某些特定微生物类群在鼠类繁殖、行为等方面的功能。鼠类响应和适应气候和环境变化的微观生物学机制研究所涉及表观遗传学与生态学、进化生物学的相关内容，也一直是国际前沿热点领域。生物体快速响应环境变化影响种群动态、地理分布以及物种分化的表观遗传机制是近年来国际研究热点，我国鼠类多样性及生态系统多样性为这些研究提供了重要的素材，也将是鼠类种群动态微观生物学机制的重要研究方向。鼠疫杆菌等寄生生物与鼠类种群关系涉及人类健康安全，也是传统的国际热点研究领域。

鼠类种群数量动态不仅是鼠害监测预警的基础，也是鼠害控制技术研发的科学基础。国内外关于鼠类种群动态的研究初期大多集中于种群数量年际和季节变化的规律描述。随着统计方法和分析手段的发展，分析外界因子如温度、降雨及人类活动等对种群长期动态的影响机制研究逐渐增多，这类研究结果的精确性，主要与目标种群监测数据的可靠性及数据统计方法的有效性密切相关。国外鼠类种群动态研究的数据主要基于标记重捕法获得，该方法监测到的种群数据能够直接计算种群出生率、死亡率等关键参数，其用于构建复杂数学模型的有效性要远高于国内常用的夹捕法数据，揭示的种群动态规律及其发生机制准确性也高于夹捕法数据。就监测数据分析研究看，国内外对鼠类种群数据的数学建模能力也差距明显。国外早期发展研究种群规律的种群指数增长模型、逻辑斯谛模型、矩阵模型及生命表分析模型等需要种群监测数据包含详细的个体信息，这类数据主要依赖标记重捕法获得，国内由于这类长期监测数据的缺乏，采用这些模型分析鼠类种群动态的研究很少。目前国外研究外界因子对动物种群动态影响机制的数学建模发展趋势是根据当前所观察到的样本信息结合研究者已有的专业知识和经验进行建模，即贝叶斯估计和假设检验模型[52, 53]。国内研究对于纯模型的研究很少涉及，将贝叶斯模建模用于鼠类种群动态机制的研究有所涉及，但此类研究很少。

鼠类是生理学、遗传学、医学等生物学领域重要的模型生物，在生物学基础理论研究领域一直发挥着至关重要的作用。同时也是对哺乳动物以及人类影响研究的关键模型动物类群。上海实验动物中心在东方田鼠驯化和实验动物化方面做了大量工作，并取得了长足进步。由于东方田鼠是已知唯一抗日本血吸虫的哺乳类动物，研究其对血吸虫的抗性机理对于疫区防控血吸虫病有着十分重要的意义。

随着人们对全球气候变化的关注，各种野生动物成为人类研究全球气候变化对动物影响的焦点。通过研究环境因子（如光照、温度、食物等）变化对野生鼠类的动物繁殖调控、环境应激调控的影响，科学家们在解析动物对环境因子响应神经通路、分子机制等基础理论。由于我国与欧美等国对鼠类为害认识及需求的不同，总体上欧美国家科学家是将鼠类，尤其是已经实现驯化的实验室品系作为模式生物进行应用和研究，研究也主要集中在宏观生态的领域和生物保护领域，除了少数几个种类，较少关注鼠类野生种群的数量动态等深层调控机制。我国出于鼠害控制的需求，害鼠野生种群数量及其动态一直是害鼠生物学研究的核心领域，除了宏观生态学领域关于害鼠种群动态与外部环境因子变化相关的研究，以逐渐积累的这些宏观数据为基础，害鼠种群动态调控的内在生理遗传机制也是正在兴起的主要领域。张知彬团队基于历史数据的有关害鼠种群动态与环境变化关系的分析在国际上具有相当高的影响力。王登团队利用贵州省余庆县三十年间黑线姬鼠月夹捕数据，建立了由夹捕数据模型和种群生态经验模型组成的捕获率数据贝叶斯分层整合模型。通过迭代的方法解析了温度、降雨和作物类型等因子变化对鼠类种群数量的影响，并定量预测该鼠种群数量的月动态。其建立的模型能够逐月定量预测未来一年每个月的种群密度，提前六个月预测的各月密度准确率超过90%。这些研究都表明我国在宏观生态基础研究方面的能力。在微观领域害鼠基础生物学研究方面，与国外研究的关注点有差异。总体上我国的研究还处于起步阶段。通过生态学、生理学、分子生物学为主的理论和技术所建立的动物表型差异，是研究动物适应进化的基础。以鼠类繁殖调控机制为例，目前国外利用完善的实验室条件以及鼠类驯化品系稳定的表型，在鼠类繁殖调控机制方面取得了重要的进展，目前解析的最为清楚的就是光周期调控机制。但是，国外学者很少从有害鼠类治理角度研究季节性繁殖调控，基本没有对其繁殖调控机制用于害鼠防控的研究，对于野生种群的繁殖特征及种群动态机制尚缺乏系统的研究。

我国鼠害治理研究处于世界前沿，借助相对完善的害鼠治理体系与实践活动，在害鼠生态学、生理学等方面积累了大量数据，并且近年来研究越来越深入和细化。但历史数据缺乏规范、不连续，很多基础生物学及理论研究方面还流于表层数据，远远不够深入。目前，用分子生物学、表观遗传学等新方法、新理论解析宏观生态学现象的研究不多。国内外鼠害理念与实际需求的差异，为我国在害鼠生物学领域的研究发展提供了契机，逐步完善的鼠害治理理念以及治理实践为本领域原创性和开拓性的研究提供了空间。

（二）鼠害治理及应用技术

鼠害治理相关研究主要集中在亚洲、非洲的发展中国家。近年来，生态安全成为鼠害治理研究的重要关注点。如新西兰为应对鼠类入侵对本土生态环境的影响，启动了2050鼠害根除计划。面向国家生态文明建设需求，我国对生态安全的重视日益提高，基于"生态优先"的鼠害治理策略正在成为我国林业、草原鼠害治理的基本发展方向，对高效智能监测技术及环境友好型治理技术的需求日益提高，也将引领我国鼠害治理技术与产品研发。

鼠害治理行动中的统一部署和规模化实施，保证了我国鼠害治理的高效性。在国内外交流中，我国先进的鼠害治理规划是最吸引国外学者的领域。与长期的鼠害实践经验积累相对应，尽管还缺乏原创性的突破，但在既有基础上的创新有很大的进步。我国学者依据多样的农业生态系统研发了多种多样的单项技术，如改进的TBS技术在用于害鼠治理的同时可以用于鼠类群落监测，适用于不同环境的毒饵站，不育治理技术，等等，这些技术同样吸引了国外学者的目光。但从研究发展的角度，很多方面与欧美国家相比也存在较大的差距。

发达国家对包括啮齿动物在内的野生动物的管理以及研究有严格的立法，在研究中使用鼠类等野生动物有非常严格的管理条例。在制定包括鼠害在内有害生物治理策略时，生态环境的保护往往被放在第一位。由于我国粮食生产的压力，对鼠害容忍度较低，这也是我国鼠害治理研究活跃的根本原因。随着生态意识的增强，生物多样性越来越受到关注，生物多样性的高低指示着生态系统健康程度，鼠类作为哺乳动物最大的类群，其生态学功能不容忽视。

我国还是单纯从危害的角度看待啮齿动物类群，忽略了从更长远的角度看待整个生物系统的健康发展。如有些牧民就从十多年前基本无视鼠害到目前见鼠即灭。而从政府决策角度，我国也缺乏完善的生物多样性保护的法律法规、执行机构。我国有《中华人民共和国野生动物保护法》《中华人民共和国陆生野生动物保护实施条例》，有《国家重点保护野生动物名录》和《国家保护的有益的或者有重要经济、科学研究价值的陆生野生动物名录》。两个名录只重点收录了部分珍稀动物生物资源，绝大多数常见动物都不在名录范围内，因此对这些动物该如何对待，尚缺乏相关的依据。从更长远的生态保护的角度，转变思维，改变目前以灭为主的鼠害治理现状，实现鼠害的预防为主，防控结合，在有效控制鼠类为害的前提下，发挥鼠类的生态学功能，促进生态系统健康发育，引导、规范、提高全民的生态保护和生物多样性保护意识，还有很长的路要走。

（三）鼠害监测及预测预报技术

鼠害预测预报是鼠害治理决策的依据，鼠害监测及预测预报技术一直是鼠害应用研究的核心。虽然我国是鼠害治理实践最为活跃的国家，但是鼠害精准预测预报，尤其是中长期预测预报还是鼠害预测预报技术的短板。基础数据的采集与积累，以及基础数据的质量，是影响我国鼠害精准预测预报的主要瓶颈之一。如我国局部地区，也积累了长达三十年以上的鼠害监测历史数据，然而近年来鼠害预测预报精准建模中发现，数据的质量如科学性、精确度、相关影响条件的记录等，都影响建模质量。与国外相比，很多历史数据缺乏规范，还嫌粗糙，同时我国农业生态环境多样，总体上还缺乏标准化的相关基础数据的采集、录入体系。随着物联网、大数据、人工智能等技术的应用，我国已处于国际领跑地位，全国农业技术推广服务中心与青岛清数科技有限公司联合，建立了全国农区鼠害物联网智能监测大数据平台，可实时监测和掌握各监测点的害鼠发生情况。近年来，张知彬等团队对我国鼠害历史数据的分析及其成果，王勇团队与青岛清数科技有限公司合作进行基于大数据分析平台的鼠害物联网监测技术平台的研发和应用。

四、存在的主要问题、发展趋势与对策建议

（一）存在主要问题

近年来，对鼠害治理需求的重心正在发生重大的转变，尤其是在生态保护和修复的草原地区。不同领域需求的差异和矛盾，也对我国鼠害防控提出了新要求。目前我国已将生态文明建设提高到了前所未有的高度，长期以来将草原作为生产资料并对草原鼠害以应急性灭杀为主的模式需要转变。面对新的鼠害防控理念与需求，鼠害防控的问题主要体现在以下几个方面。

1. 鼠害的防治阈值

随着我国社会、经济的发展，人们满足物质需求的同时，对人类生存的环境越来越重视，可持续发展理念上升到了一个新的高度，并被广泛认可和执行。生态阈值的概念越来越受重视，它包含生态系统服务功能的阈值、生物多样性保护阈值、生态系统管理阈值。生态阈值可以理解为人类实现自然资源可持续利用的理论和数据依据。

鼠类是特殊的有害生物类群，除了对粮食安全、牧草生产、生物安全有直接威胁，鼠类暴发还会威胁生态系统安全。采用过度灭杀而控制鼠害的防控技术会直接威胁生态系统安全，导致比鼠类更加不可逆的生态恶果。因此，单纯经济阈值已经无法满足当前鼠害的可持续防控，尤其是草原和林业区域鼠害防控策略及标准的制定，要同时考虑粮食安全、生物安全、生态安全和生物多样性保护。我国鼠害发生现状表明鼠害防控将一直是保障我国粮食安全、生物安全和生态安全不可或缺的需求。然而我国鼠害防控生态阈值的研究目

前几乎还处于空白阶段，如何在现有经济阈值的基础上，更加深入和客观评价鼠类在不同生态系统中的功能，推进我国鼠害防控的科学性是亟待解决的首要问题。

2. 鼠害监测技术

监测技术是鼠害预测预报、鼠害防控策略制定、防治效果评价等鼠害治理各个环节的基础。生态阈值的制定需要对相关生态因子长期精确大数据的获取与分析，也对鼠害监测提出了更高的要求。如鼠害防控生态阈值需要在鼠类种群密度变化监测的基础上，依据鼠害监测防治目标对相关联的因素同步进行观测获取，如植被变化、天敌种群数量变化等。鼠害监测的历史数据及当前监测仍旧主要依赖于夹捕法。然而，夹捕法包括其他传统的鼠害监测方法如粉迹法和监测防控一体的 TBS 围栏等，最大的不足之处在于对人工的过度依赖及监测效率（如实时性和监测范围）不足。近年来随着人工智能及各类遥感技术的兴起，国内多个团队开展了鼠害智能监测技术的研发，我国在鼠害监测技术方面取得了长足的进步，并处于一个高速发展的时期。然而，不同生态系统中鼠类种类差异巨大，在各自生态环境中的功能截然不同，从而导致对鼠类监测的需求也截然不同。如地上害鼠和地下害鼠行为及密度特征差异、夜行鼠类和日行鼠类行为差异、不同农区鼠类为害特征差异以及不同草原区鼠类生态功能差异等，这些差异都对鼠类监测提出了极高的个性化监测需求。

将经典的鼠类种群生态学模型与快速发展的数学统计模型结合，定量预测鼠类种群的未来动态可为对其前置管理提供决策依据是鼠害监测技术发展的最重要目标。已有的研究主要利用动物种群长时间尺度历史监测数据，结合温度、降水及一些环境因子变化等历史环境数据，定性模拟种群动态规律，并预测未来的发展趋势。但对于种群数量变化的定量预测在数据获得方式、对数据进行建模分析的能力方面仍然薄弱。当前急需加强获取鼠害监测数据的科学性及标准化建设，并加强数据分析建模能力建设。

3. 鼠害防控技术

随着"绿水青山就是金山银山"理念的深入贯彻，鼠害防控的思路和方法也随之改变，从单一的杀灭害鼠思路和技术向生态友好型鼠害防控思路和技术发展。生态友好型技术正在成为我国鼠害防控技术研发的主流。天敌防控类的招鹰架技术、物理防控类的 TBS 技术、化学防控类的不育技术和以毒饵站为代表的杀鼠剂施用技术等，都是具有代表性的生态友好型技术。然而，从我国鼠害发生的现状和防控需求来看，尤其是草原和林业地区对生态优先的需求，生态友好型技术的缺乏仍旧是我国鼠害防控技术发展的主要短板之一[54]。

在鼠类生物防控技术中，招鹰架技术是在草原地区推广的生态友好型的绿色鼠害防控技术，可以通过提高猛禽类天敌的捕食效率有效控制鼠害的暴发，对生态系统不存在任何负效应，有利于鼠类和天敌种群之间生态平衡的维持，是目前最值得推广的生态友好型鼠害控制技术。然而，招鹰架技术是被动的鼠害防控技术，不仅依赖于天敌种群的存在，还依赖于天敌和鼠类种群之间的稳态平衡。目前我国草原很多地区鼠害呈局部暴发特征，这种特征实际反映了鼠类和天敌种群之间的失衡，最主要原因是对草原鼠类过度灭杀所造成的食物匮乏从而导致天敌种群数量的逐渐下降和锐减，由于鼠类的高繁殖力及天敌捕食这一最重要限制因子的破坏，与其他各种影响因素互作，从而造成目前很多地区草原鼠害呈局部暴发的模式。由于天敌种群繁衍的延迟效应（即使被暴发性鼠害临时吸引迁徙的天敌种群，也需要周边地区存在较高的天敌种群数量），招鹰架技术尽管有利于暴发性鼠害的控制，但还不足以应对暴发性鼠害在短期内对草原植被的巨大破坏。

以 TBS 为代表的物理防控技术不存在化学杀鼠剂可能对环境的负效应，因此一直被认为是符合生态理念的鼠害防控技术。然而，TBS 技术主要适合于我国农田鼠害的防控，尽管近年来线性 TBS 的发展已经极大地提高了 TBS 的操作方便性，总体上来讲该项技术仍旧对人工依赖性很高，并且不适合在草原地区推广应用。我国另一项得到广泛推广的鼠害防控器械是弓箭（或称地箭），主要用于鼢鼠的防治。然而该项技术同样对人工依赖性极强，而且弓箭也是由于鼢鼠难以用化学药剂防控情况下的无奈选择。

杀鼠剂在我国属于严格管控的农药类型，主要原因在于杀鼠剂对人类及环境的安全风险。广谱性作用方式是导致杀鼠剂各类风险的核心原因。继禁用氟乙酰胺、甘氟、毒鼠强、氟乙酸钠和毒鼠硅，在目前登记的十二种杀鼠剂（指有效成分）中，C 型肉毒梭菌毒素、D 型肉毒梭菌毒素、氟鼠灵、敌鼠钠盐、杀鼠灵、杀鼠醚、溴敌隆和溴鼠灵这八种杀鼠剂列入了农业部公告第 2567 号《限制使用农药名录（2017）版》。面向我国目前对于鼠害防控生态优先的重大需求，以不育剂为代表的长效缓控技术是最为适合鼠害防控的技术。不育技术在控制鼠类种群数量暴发的同时，非灭杀性作用对当代鼠类种群数量影响较小，有利于天敌种群繁衍及生态平衡的保护和恢复。我国对杀鼠剂采用了源头管控模式，对杀鼠剂应用的各个环节尚未建立完善的管理体系。

在环境及鼠种特异性评估方面，我国比欧美等发达国家具有更高的鼠害治理需求。我国涉及的农林草害鼠的种类有五十多种。然而，目前我国杀鼠剂应用中各类害鼠的治理都主要以其对大鼠及小鼠的 LD50 为参考，尤其面对草原鼠害生态优先控制策略需求，在缺乏对靶标种类控制效率准确评价的同时，对天敌动物风险的监测及评估完全空白，严重影响了不同环境中鼠害控制的科学性。

（二）发展趋势

1. 用生态学的发展观治理鼠害

生物安全、生态安全需求是影响鼠害学科发展方向的核心因素。面向粮食安全、人民健康和生物安全以及生态安全对鼠害治理的需求，在鼠害治理理论层面，生态阈值研究的空白成为影响鼠害治理策略制定的最主要障碍。尤其在天然草原鼠害治理方面，对鼠类的过度灭鼠将导致比鼠害暴发更为严重的不可逆的生态灾难，制定合理的鼠害治理生态阈值是科学治理草原鼠害实现草地资源可持续利用的必由之路。然而生态阈值的制定需要以鼠害发生规律及为害特征为核心数据兼顾植被、天敌等涉及草原生态平衡的多种因素，我国草原类型多样，主要害鼠种类发生规律截然不同，同时我国对草地资源利用需求压力大，目前我国鼠害相关研究及数据积累尚远远无法满足鼠害治理生态阈值的制定。因此，围绕鼠害治理生态阈值制定为目标的鼠害发生规律及应用技术研究，将是未来鼠害治理学科的战略需求和重点发展方向。

2. 害鼠生物学的基础研究

鼠害发生规律是鼠害治理策略制定、鼠害治理技术研发的基础。依托我国丰富的鼠害治理实践及逐步积累的害鼠宏观生态学数据，针对我国鼠害治理的发展趋势及实际需求，以生态学理念为指导，宏微观相结合，从生态系统整体出发，借鉴国外先进的害鼠生物学基础研究，采用先进的生理学、分子生物学、表观遗传学等先进微观技术，深入解析害鼠发生规律与环境变化的关系，为鼠害治理技术研发、综合治理措施制定等提供理论依据及支撑。

立足于中国特有的生态环境多样性、复杂性和鼠种特点，寻找有代表性的和特殊性的害鼠为研究对象，建立繁殖调控模型，针对环境与基因互作开展研究，深入揭示繁殖调控机制。以害鼠种群动态、害鼠繁殖调控及其与环境变化的关系为核心，从各个层面，尤其是分子调控通路上深入解析鼠类繁殖调控通路，寻找主要基因及其表观调控模式、遗传机制，从科学问题的角度阐明季节性繁殖的根源；在此基础上，寻找关键调控因子或通路的阻断方法，实现害鼠繁殖的可控化，达到害鼠防治的目的。

基因组学与表观组学的理论与技术的应用，是研究动物适应进化的关键途径和基本发展方向。多年的鼠害治理实践，为我国积累了越来越多的害鼠基础生物学、生态学数据，在未来动物适应进化研究中将发挥越来越重要的作用。与此同时，应当意识到目前历史数据的不足以及现有基础研究的薄弱，结合我国鼠害治理的实践和要求，实现多团队，多学科的联合，进一步规范基础数据的积累和采集，引进先进的理念、人才和技术，真正实现宏微观相结合，以鼠类适应进化机制为切入点，分析害鼠对环境变化的响应机制，为鼠害发生规律研究提供理论支持。

3. 建立健全基于大数据物联网的害鼠智能监测系统

高效准确的监测技术是鼠害发生规律研究、鼠害发生动态监测、鼠害预测预报、鼠害治理策略制定及鼠害防控实施和效果评估的基础和依据。针对我国目前鼠害监测预警技术的现状，从整体上实现我国害鼠种群动态监测数据采集、录入、分析、输出与共享的标准化，从源头做起，在保证数据质量的前提下，实现数据采集的系统化和长期化。如依托我国已经形成的植物保护实验站体系，完善发展我国现有鼠害监测新技术如 TBS 技术、物联网加大数据分析平台技术中，尝试多种技术的整合，建立长期的标准化的鼠害监测预警体系。近年来，尽管我国在鼠害监测技术方面取得了巨大的突破性进展，由于缺乏相关项目支持和我国鼠害发生、治理需求的复杂性，现有技术和产品仍无法满足鼠害科学治理的整体需求。面向生态阈值研究与制定，针对我国不同农田草原生态类型主要害鼠种类的个性化鼠害数字化、智能化、自动化监测技术及产品，将是鼠害监测技术与产品研发的主要发展方向。

4. 鼠害防控技术

针对鼠害局部性暴发特征以及粮食安全和生物安全不可避免的应急性鼠害治理需求，在未来很长时期内化学防治仍将是鼠害治理不可或缺的方法。鉴于化学杀鼠剂（包括不育剂）不可避免的广谱作用，如何通过提高化学防治的靶向性提高杀鼠剂应用的安全性，包括杀鼠剂（不育剂）的药物靶向性、诱饵成分的靶向性、施药技术的靶向性等，将是鼠害治理技术与产品研发的主要发展方向。在草原鼠害治理方面，研发以"生态优先"为导向的以非灭杀性技术为主的鼠类种群调控技术与产品，将是草原鼠害治理技术与产品研发的重要发展方向。针对鼠传疾病发生主要通过体表寄生蚤类等为媒介的传播途径，在科学控制鼠类宿主种群鼠类基础上，针对鼠传疾病传播途径阻断的相关技术与产品也将是草原鼠害治理技术与产品研发的重要发展方向。

近年来，以精准监测指导精准治理成为鼠害治理关键发展策略，带动了围绕鼠类种群动态各类智能监测技术的发展。鉴于对鼠类生态系统功能认识的深入，非灭杀型，造成了中国鼠害防控策略制定及实施的困扰。尤其在草原地区，如何在应急性灭杀和长效缓控之间找到一个平衡点是目前鼠害防控面临的一个巨大挑战。针对我国鼠害监测防控的现状、主要瓶颈与短板，并从技术层面提出精准监测指导精准防控可能会是解决这些矛盾的有效途径，是在有效控制鼠害暴发对粮食生产和人民健康安全威胁的前提下，推进生态保护和修复的有效途径。在杀鼠剂应用领域，在目前杀鼠剂高效应用的研究基础上，开展杀鼠剂环境残留、鼠种特异性杀鼠剂研发等，有效降低杀鼠剂对环境的影响，更大地发挥杀鼠剂、不育剂等在害鼠种群调控中的作用。进一步发挥 TBS 等技术的优势，提高这类措施在鼠害综合治理体系中的比重。

（三）对策建议

1. 鼠类主要生物学生态学基础研究

鼠类种群数量变化是鼠害发生和害鼠管理的基础，我国在长期的鼠害治理实践中积累了大量的有关数据，针对我国鼠害的发展趋势及实际需求，以生态学理念为指导，宏微观相结合，从生态系统整体出发，借鉴国外先进的害鼠生物学基础研究，采用先进的生理学、分子生物学、表观遗传学等先进微观技术，深入解析害鼠发生规律与环境变化的关系，为害鼠综合管理等提供理论依据及支撑。

（1）主要害鼠发生规律研究

我国生态环境复杂，鼠种数量多，以褐家鼠等主要鼠种为主要研究对象，研究其在不同生态环境类型区的种群数量变动机制，以及种群对环境变化的响应机制，建立繁殖调控模型，针对环境与基因互作开展研究，深入揭示繁殖调控机制。以害鼠种群动态、害鼠繁殖调控及其与环境变化的关系为核心,从多个层面,尤其是分子调控通路上深入解析鼠类繁殖调控通路,寻找主要基因及其表观调控模式、遗传机制,从科学问题的角度阐明季节性繁殖的根源,在此基础上,寻找关键调控因子或通路的阻断方法,实现害鼠繁殖的可控化,达到害鼠科学管理的目的。

（2）鼠类适应进化及其与环境变化的关系

从人类适应进化研究可知,基因组学与表观组学的理论与技术的应用,是研究动物适应进化的关键途径和基本发展方向。多年的鼠害治理实践,为我国积累了越来越多的害鼠基础生物学、生态学数据,在未来动物适应进化研究中将发挥越来越重要的作用。与此同时,应当意识到目前历史数据的不足以及现有基础研究的薄弱,结合我国鼠害治理的实践和要求,实现多团队,多学科的联合,进一步规范基础数据的积累和采集,引进先进的理念、人才和技术,真正实现宏微观相结合,以鼠类适应进化机制为切入点,分析害鼠对环境变化的响应机制,为鼠害发生规律研究提供理论支持。

2. 害鼠管理的相关技术研发与应用

虽然我国近几十年来在鼠害治理研究与实践处于世界前沿,"绿水青山就是金山银山"等生态环境保护的理念深入贯彻执行,鼠害的管理也必须以生态环境为基础,不能仅是杀灭,而是要更加科学的管理,从而达到控制鼠害、维护生态安全的目的。

（1）害鼠管理中的生态阈值研究

鼠类作为生态系统最重要的组成类群之一,是生态系统健康和生物多样性维持的关键因素。因此,在鼠害管理策略上和实际应用上,根本理念发生了变化,从以前的防控、杀灭的理念转变为生态学理念,科学管理生态环境中的鼠类。充分发挥鼠类在生态系统食物链运转中的功能,促进生态平衡的逐渐恢复,真正实现鼠害的可持续治理。做好宣传工作,通过教学与实践的结合、中央与地方的结合,依托我国农业教育体系以及现有的鼠害防控部门与体系,通过逐级培训,加强科普宣传等方式,普及生态学理念、生物多样性概念、对鼠类在不同农业生态系统中害与益的两面性认识等基础知识,促进基层技术人员以及人民大众生态保护理念的提高。

（2）鼠害监测预警技术研发

针对我国目前鼠害监测预警技术的现状,从整体上实现我国害鼠种群动态监测数据采集、录入、分析、输出与共享的标准化,从源头做起,在保证数据质量的前提下,实现数据采集的系统化和长期化。如依托我国已经形成的各级植物保护实验站体系,完善发展我国现有鼠害监测新技术,如物联网加大数据的智能化分析平台技术,尝试多种技术的整合,建立长期的标准化的鼠害监测预警体系。

（3）鼠害治理技术研发

以我国发展生态文明的基本国策为出发点,在生态理念指导下,开展鼠害管理技术的研发。在杀鼠剂应用领域,在目前杀鼠剂高效应用的研究基础上,开展杀鼠剂环境残留、鼠种特异性杀鼠剂研发等，有效降低杀鼠剂对环境的影响，更大地发挥杀鼠剂、不育剂等在害鼠种群调控中的作用。进一步发挥 TBS 等技术的优势，提高这类措施在鼠害综合治理体系中的比重。

参考文献

［1］ CHENG F, HE K, CHEN Z Z, et al. Phylogeny and systematic revision of the genus Typhlomys（Rodentia, Platacanthomyidae）, with description of a new species［J］. Journal of Mammalogy, 2017, DOI:10.1093/jmammal/gyx016.

［2］ LIU S Y, JIN W, LIU Y, et al. Taxonomic position of Chinese voles of the tribe Arvicolini and the description of 2 new species from Xizang, China［J］. Journal of Mammalogy, 2017, 98（1）: 166–182.

［3］ GE D, L U L, XIA L, et al. Molecular phylogeny, morphological diversity, and systematic revision of a species complex of common wild rat species in China（Rodentia, Murinae）［J］. Journal of Mammalogy, 2018, DOI:10.1093/jmammal/gyy117.

［4］ LIU S Y, CHEN S D, HE K, et al. Molecular phylogeny and taxonomy of subgenus Eothenomys（Cricetidae: Arvicolinae: Eothenomys）with the description of four new species from Sichuan, China［J］. Zoological Journal of the Linnean Society, 2019, 186（2）: 569–598.

［5］ GE D, FEIJÓ A, CHENG J L, et al. Evolutionary history of field mice（Murinae: Apodemus）, with emphasis on morphological variation among speciesin China and description of a new species. Zoological Journal of the Linnean Society, 2019, XX: 1–17.

［6］ LI Q, LI X Y, JACKSON S M, et al. Discovery and description of a mysterious Asian flying squirrel（Rodentia, Sciuridae, *Biswamoyopterus*）from Mount Gaoligong, southwest China［J］. ZooKeys, 2019, 864: 147–160.

［7］ HU T L, CHENG F, XU Z, et al. Molecular and morphological evidence for a new species of the genus Typhlomys（Rodentia: Platacanthomyidae）［J］. Zoological Research, 2021, 42（1）: 100–107.

［8］ GE D, FEIJÓ ANDERSON, ABRAMOV AV, et al. Molecular phylogeny and morphological diversity of the Niviventer fulvescens species complex with emphasis on species from China［J］. Zoological Journal of the Linnean Society, 2021, 191（2）: 528–547.

［9］ JACKSON S M, LI Q, WAN T, et al. Across the great divide: revision of the genus *Eupetaurus*（Sciuridae: Pteromyini）, the woolly flying squirrels of the Himalayan region, with the description of two new species［J］. Zoological Journal of the Linnean Society, 2022, 194（2）: 502–526.

［10］ LIU S Y, ZHOU C R, MENG G L. Evolution and diversification of Mountain voles（Rodentia: Cricetidae）［J］. Communications biology, 2022, 5:1417. | https://doi.org/10.1038/s42003-022-04371-z|www.nature.com/commsbio.

［11］ PU Y T, WAN T, FAN R H. A new species of the genus Typhlomys Milne-Edwards, 1877（Rodentia: Platacanthomyidae）from Chongqing, China［J］. Zoological Research, 2022, 43（3）: 413–417.

［12］ ZHANG T, LEI M L, ZHOU H. Phylogenetic relationships of the zokor genus Eospalax（Mammalia, Rodentia, Spalacidae）inferred from whole genome analyses, with description of a new species endemic to Hengduan Mountains［J］. Zoological Research, 2022, 43（3）: 331–342.

［13］LIU S Y, TANG M K, MURPHY R W. A new species of Tamiops（Rodentia, Scuridae）from Sichuan, China ［J］. Zootaxa, 2022, 5116（3）：301-333.

［14］成市, 陈中正, 程峰, 等. 中国兽类一新属、种记录——道氏东京鼠［J］. 兽类学报, 2018, 38（3）：309-314.

［15］刘少英, 刘莹洵, 蒙冠良, 等. 中国兽类一新纪录白尾高山平及西藏、湖北和四川兽类各一省级新纪录［J］. 兽类学报, 2020, 40（3）：261-270.

［16］WANG X Y, LIANG D, JIN W. Out of Tibet：Genomic Perspectives on the Evolutionary History of Extant Pikas ［J］. Molecular Phylogenetics and Evolution, 2020, 37（6）：1577-1592.

［17］GE D, FEIJÓA, WEN Z. Demographic history and genomic response to environmental changes in a rapid radiation of wild rats［J］. Molecular Biology and Evolution, 2021, http://creativecommons.org/licenses/by-nc/4.0/.

［18］WANG X Y, LIANG D, WANG X M, et al. Phylogenomics reveals the evolution, biogeography, and diversification history of voles in the Hengduan Mountains［J］. Communications biology, https://doi.org/10.1038/s42003-022-04108-y.

［19］TANG M K, JIN W, TANG Y. Reassessment of the taxonomic status of Craseomys and three controversial species of Myodes and Alticola（Rodentia：Arvicolinae）［J］. Zootaxa, 2018, 4429（1）：1-52.

［20］DAI N H, LU P, ZHANG M W, et al. Small mammal communities on beaches and lakeside farmland in the Poyang Lake region after the Three-Gorges Project［J］. Mammalia, 2018, 82（5）：438-448.

［21］ZHANG M, XU Z. The effect of Three Gorge Project on the small mammals in Yangtze River of China［J］. Archives Zoological Studies, 2018, 1：005.

［22］ZHANG M W, WANG Y, LI B, FENG Z Y, et al. Synergistic succession of the small mammal community and herbaceous vegetation after reconverting farmland to seasonally flooded wetlands in the Dongting Lake Region, China［J］. Mammal Study, 2018, 43（4）：DOI:10.3106/ms2017-0043.

［23］张宣, 张美文, 郭聪, 等. 东方田鼠种群密度制约的迟效应［J］. 兽类学报, 2018, 38（5）：477-485.

［24］郑普阳, 周训军, 张美文, 等. 三峡水库运行后洞庭湖洲滩小兽群落状况［J］. 动物学杂志, 2020, 55（2）：141-152.

［25］ZHANG X, ZHANG M W, HAN Q H, et al. Effects of density on sex organ development and female sexual maturity in laboratory-bred Microtus fortis［J］. Animal Biology, 2018, 68：39-54.

［26］林思亮, 黄立胜, 蓝子胜, 等. 广东南雄和新会农田鼠情监测结果分析［J］. 广东农业科学, 2022, 49（4）：74-80.

［27］CHEN Y, ZHAO L, TENG H. Population genomics reveal rapid genetic differentiation in a recently invasive population of rattus norvegicus［J］. Front Zool, 2021, 18（1）：6.

［28］CHEN Y, HOU G M, JING M D. Genomic analysis unveils mechanisms of northward invasion and signatures of plateau adaptation in the asian house rat［J］. Mol Ecol, 2021, 30（24）：6596-6610.

［29］LI K, SOMMER S, YANG ZX, et al. Distinct body-size responses to warming climate in three rodent species ［J］. Proceedings of the Royal Society B: Biological Sciences, 2022, 289（1972）：20220015.

［30］乔妍婷, 朴志彦, 乔玥涵, 等. 多代驯化对布氏田鼠非繁殖期性激素本底水平的影响［J］. 植物保护学报, 2021, 48（02）：458-464.

［31］CHEN Y, WANG D, LI N, et al. Kinship analysis reveals reproductive success skewed toward overwintered brandt's voles in semi-natural enclosures［J］. Integrative Zoology, 2019, 14（5）：435-445.

［32］田林, 李昊璁, 李江鹏, 等. 雄性布氏田鼠光周期不应现象初探［J］. 植物保护, 2020, 46（04）：61-66.

［33］ZHANG X Y, WANG D H. Gut microbial community and host thermoregulation in small mammals［J］. Front Physiol, 2022, 13：888324.

［34］ KHAKISAHNEH S, ZHANG X Y, NOURI Z, et al. Cecal microbial transplantation attenuates hyperthyroid-induced thermogenesis in mongolian gerbils ［J］. Microb Biotechnol, 2022, 15（3）: 817-831.

［35］ WANG D, LI N, TIAN L, et al. Dynamic expressions of hypothalamic genes regulate seasonal breeding in a natural rodent population ［J］. Mol Ecol, 2019, 28（15）: 3508-3522.

［36］ NOURI Z, ZHANG X Y, KHAKISAHNEH S, et al. The microbiota-gut-kidney axis mediates host osmoregulation in a small desert mammal ［J］. Npj Biofilms Microbi, 2022, 8（1）: 16.

［37］ NIU Y, YANG S, ZHU H, et al. Cyclic formation of zokor mounds promotes plant diversity and renews plant communities in alpine meadows on the Tibetan plateau ［J］. Plant Soil, 2020, 446（1）: 65-79.

［38］ YANG X F, HAN L L, WANG Y, et al. Revealing the real-time diversity and abundance of small mammals by using an Intelligent Animal Monitoring System（IAMS）［J］. Integrative zoology, 2022, 17（6）: 1121-1135.

［39］ 姚丹丹, 黄立胜, 姜洪雪, 等. 广东省农区鼠类物联网智能监测系统的应用研究 ［J］. 中国媒介生物学及控制杂志, 2022, 33（2）: 273-276.

［40］ 郭承德, 姜晓平, 秦萌, 等. 内蒙古西部农区鼠害智能物联网监测效果评价 ［J］. 中国植保导刊, 2022, 42（6）: 36-41.

［41］ 曾娟, 韩立亮, 郭永旺, 等. 基于大数据的物联网智能监测系统在农区鼠害监测中的应用效果初报. 中国植保导刊, 2019, 39（7）: 28-35.

［42］ 周俗, 韩立亮, 杨思维, 等. 基于卷积神经网络的若尔盖草原鼠害监测应用研究 ［J］. 草学, 2021, 259（2）: 15-25.

［43］ 甄磊. 基于无人机和卫星遥感影像定量高原鼠兔种群密度空间分布 ［D］. 中国农业大学硕士学位论文, 2023.

［44］ 岳亚先. 围栏陷阱法（TBS）对农田啮齿动物的监测功能 ［D］. 中国农业大学硕士学位论文, 2022.

［45］ WANG D, ANDERSON D P, LI K, et al. Predicted population dynamics of an indigenous rodent, *Apodemus agrarius*, in an agricultural system ［J］. Crop Protection, 2021, 147: 105683.

［46］ 刘晓辉. 我国杀鼠剂应用现状及发展趋势 ［J］. 植物保护, 2018, 44（5）: 85-90.

［47］ MA X, CHEN Y, YING Y, et al. Sublethal dose of warfarin induction promotes the accumulation of warfarin resistance in susceptible norway rats ［J］. J Pest Sci, 2021, 94（3）: 805-815.

［48］ CHEN Y, WANG D, LI N, et al. Accelerated evolution of vkorc1 in desert rodent species reveals genetic preadaptation to anticoagulant rodenticides ［J］. Pest Manag Sci, 2022, 78（6）: 2704-2713.

［49］ 姜路帆. 杀鼠剂溴敌隆在环境中残留的途径分析 ［D］. 中国科学院大学硕士研究生论文, 2019.

［50］ 贺思媛. 抗生育剂炔雌醚对鸡的非靶动物毒性评价 ［D］. 中国科学院大学硕士研究生论文, 2021.

［51］ PANIW M, JAMES T D, RUTH ARCHER C, et al. The myriad of complex demographic responses of terrestrial mammals to climate change and gaps of knowledge: A global analysis ［J］. Journal of Animal Ecology, 2021, 90（6）: 1398-1407.

［52］ GAMELON M, VRIEND S J, ENGEN S, et al. Accounting for interspecific competition and age structure in demographic analyses of density dependence improves predictions of fluctuations in population size ［J］. Ecology letters, 2019, 22（5）: 797-806.

［53］ 刘晓辉. 中国鼠害防控需求的差异、矛盾、挑战与对策 ［J］. 植物保护学报, 2022, 49（1）: 407-414.

［54］ LIU X. Rodent biology and management: current status, opinion and challenges in china ［J］. Journal of Integrative Agriculture, 2019, 18（4）: 830-839.

撰稿人： 王　勇　刘晓辉　王　登　刘少英

绿色农药创制与应用发展研究

一、引言

绿色农药具有高效、低毒、低残留、环境友好的特点，是保障粮食安全不可替代的重要战略物资。农药的持续创新、高效利用直接关系到我国农业可持续发展和生态环境安全，是我国现代农业发展的重要方向和世界农业发展的主流。2022年中央一号文件明确指出，要牢牢守住粮食安全的底线。《"十四五"全国农业绿色发展规划》对"推进农业农村绿色发展，深入推进农药减量增效，加快农药科技创新，推行绿色防控，推广应用高效低毒低残留新型农药"做出了明确部署。科技部组织"面向2035年的农业农村科技发展战略研究报告"，在重点领域及其优先主题列出"发现和创制结构新颖的农药活性先导物，构建小分子化合物库，突破靶向农药智能设计与合成前沿技术，创制具有跨代发展的标志性特安全、超高效、低风险靶向绿色小分子农药"。"重大作物病害新靶标发掘与绿色农药创制"入选2022中国农业农村重大科学命题。绿色农药创制与应用对确保国家粮食安全、绿色供给和农民增收起到重要作用。

本章重点介绍农作物病虫草害的分子靶标及作用机制研究进展、新农药分子结构的发现、新农药的创制与应用、农药抗性与治理的研究进展，旨在促进学科交叉融合不断发展，开展农药基础前沿研究、提升农药原始创新能力，推动构建新发展格局、实现绿色农药创制与应用学科的快速高质量发展。

二、学科发展现状

（一）新靶标及作用机制研究进展

1. 绿色农药新靶标的发现

随着绿色农药靶标研究的不断深入，近年来，国内外相继报道了一些杀菌剂、杀虫剂、除草剂和植物生长调节剂的作用靶标。肌球蛋白（Myosin I）、氧化固醇结合蛋白（OSBP）[1]、己糖胺酶（OfHex1）、γ-氨基丁酸门控氯离子通道（GABACl）、鱼尼丁受体（RyR）[2]、原卟啉原氧化酶（PPO）、羟苯基丙酮酸双加氧酶（HPPD）、D-二羟基酸脱水酶（DHAD）[3]、茉莉酸信号受体 1（COI1）[4]和独脚金内酯受体（DWARF14）[5]是近年来报道的重要绿色农药的新作用靶标。

发现农药潜在靶标的主流方法有：免疫诱抗剂调控植物抗病机制；高效性及高选择性化学小分子探针和农药抗性的分子机制；结构生物学、化学生物学和基因编辑等前沿生物技术。利用这些技术发现的绿色农药的作用靶标见表 1。

（1）免疫诱抗剂调控植物抗病导向的作用靶标发现

植物免疫诱抗剂能激活植物体内分子免疫系统，激活植物体内的免疫受体或抗性蛋白，这些抗性蛋白往往成为农药潜在作用靶标。贵州大学宋宝安院士等发现毒氟磷通过激活植物水杨酸通路而发挥寄主抗病作用，在此基础上发现了毒氟磷作用在植物上的潜在作用靶标 - 细胞壁受体蛋白（HrBP1）[8]。2018 年，该团队发现香草硫缩病醚通过激活植物脱落酸信号通路从而提高植株抗病能力，在此基础上发现了植物上的潜在作用靶标抗逆胁迫蛋白（USPA）[9]。

（2）高活性高选择性化学小分子探针导向的作用靶标发现

高活性高选择性化学小分子探针与蛋白质组学的方法技术相结合，能对蛋白质的功能和结构进行解析和研究，更有效地发现化学小分子的潜在作用靶标。贵州大学杨松教授等设计合成一系列光亲和标记分子探针，利用基于亲和力的蛋白质分析（ABPP）发现苯基噁二唑砜类化合物对水稻白叶枯病菌的作用靶标是二氢硫辛酸琥珀酰转移酶（DLST）[10]。华中师范大学杨光富教授等发展了药效团连接碎片虚拟筛选（PFVS）的分子设计新方法，成功设计得到了活性最高的细胞色素 bc1 复合物的 Qo 位点的特异性探针分子（ki=43 ~ 83pmol/L）[11]。南开大学范志金教授等基于小分子与靶蛋白的亲和作用，通过依赖靶点稳定性的药物亲和反应（DARTS）方法发现抑菌化合物 YZK-C22 的潜在作用靶标是丙酮酸激酶（PK）[12]。

（3）农药抗性的分子机制导向的作用靶标发现

农药抗性是制约农药活性的重要因素，根据碱基突变来设计新的药物，既可以解决抗性问题，也可以指导农药作用靶标的发现。南京农业大学周明国教授等系统研究了小

表 1　近年来报道的农药小分子与潜在作用靶标列举

化合物配体	潜在作用靶标	靶标来源
毒氟磷	HrBP1	普通烟
香草硫缩病醚	USPA	辣椒
苯基噁二唑砜类化合物	DLST	水稻白叶枯病菌
YZK-C22	丙酮酸激酶	小麦赤霉病菌
多菌灵	β- 微管蛋白	小麦赤霉病菌
氰烯菌酯	Myosin I	小麦赤霉病菌
氟噻唑吡乙酮	OSBP	大豆疫霉菌
单嘧磺隆	AHAS	拟南芥
喹草酮	HPPD	拟南芥
环庚草醚	脂肪酸硫酯酶	拟南芥
TMG	OfHex1	亚洲玉米螟
毒氟磷	P9-1	南方水稻黑条矮缩病毒
宁南霉素	CP	烟草花叶病毒
氟啶虫酰胺	烟酰胺酶	果蝇
嘧肽霉素	Helicase	烟草花叶病毒
LP11	2b	黄瓜花叶病毒
索拉菲尼类似物	HC-Pro	马铃薯 Y 病毒
甲基丁香酚	GABA RAP	西花蓟马
SPL7	HTL7	独脚金内酯
吡蚜酮和氟虫吡喹	TRPV	果蝇
无	PsChs1	大豆疫霉
无	RXEG1/XEG1	大豆疫霉

麦赤霉病菌 β- 微管蛋白对多菌灵产生抗性位点，发现多菌灵的潜在作用靶标是小麦赤霉病菌 β- 微管蛋白[13]。2019 年，他通过对氰烯菌酯敏感和抗性的镰刀菌株基因组重测序结合分子遗传与生化试验研究，发现氰烯菌酯的作用靶标是具有分子马达功能的肌球蛋白 Myosin-5[14]。Ridgway 教授等发现氟噻唑吡乙酮通过抑制氧固醇结合蛋白（OSBP）阻碍细胞内脂的合成、甾醇转运及信号传导而致病原菌死亡，OSBP 也因此成了全新的杀菌剂作用靶标[15]。

（4）基于结构生物学和化学生物学技术发现农药靶标

利用结构生物学和化学生物学揭示蛋白结构与小分子化合物亲和互作的精细结构特征，是发现农药靶标的重要途径之一。南开大学李正名教授等解析了单嘧磺隆与拟南芥乙酰羟酸合成酶催化亚基（AHAS）复合物的晶体结构，发现了农药作用靶标 AHAS[16]。

杨光富教授等系统解析了多个不同种属的野生型和突变型对羟基苯基丙酮酸双加氧酶（HPPD）及其与农药活性分子复合物的晶体结构，在此基础上创制出超高效除草剂喹草酮，揭示了 HPPD 是除草剂种属选择性和抗性的作用靶标[17]。BASF 公司发现环庚草醚抑制脂肪酸硫酯酶（FAT），阻断植物脂肪酸的生物合成，具有除草的作用，因此 FAT 可作为除草剂的潜在作用靶标[18]。中国农业科学院植物保护研究所杨青研究员等解析了昆虫体内几丁质降解的关键代谢酶—己糖胺酶 OfHex1 的晶体结构（2.1 Å）以及 OfHex1 与纳摩尔水平抑制剂 TMG-chitotriomycin 的复合物晶体（2.0 Å），在此基础上设计了多个新型靶向昆虫 OfHex1 的非糖探针分子，揭示了 OfHex1 是 TMG 的潜在作用靶标[19]。宋宝安院士等解析了南方水稻黑条矮缩病毒基质蛋白（P9-1）的晶体结构，在此基础上发现毒氟磷与南方水稻黑条矮缩病毒基质蛋白（P9-1）结合，进而抑制病毒在寄主体内的复制，揭示了 P9-1 是毒氟磷的潜在作用靶标[20]。同时该团队解析了烟草花叶病毒外壳蛋白（CP）的晶体结构，在此基础上发现宁南霉素通过干扰 CP 的组装机制而抑制病毒在寄主体内的复制，揭示了 CP 是宁南霉素的潜在作用靶标[21]。浙江大学黄佳教授等解析了杀虫剂氟啶虫酰胺的作用机制，在此基础上发现了氟啶虫酰胺的潜在作用靶标是烟酰胺酶[22]。贵州大学李向阳教授等发现嘧肽霉素结合烟草花叶病毒解旋酶（TMV Hel）175 位精氨酸，进而抑制病毒的解螺旋和复制，揭示了 Helicase 是抗植物病毒的潜在作用靶标[23]。2022 年，他通过小分子化合物与蛋白亲和互作发现了杨梅素衍生物 LP11 的潜在作用靶标是黄瓜花叶病毒 2b 蛋白[24]，索拉菲尼类似物的潜在作用靶标是马铃薯 Y 病毒 HC-Pro[25]，精油小分子甲基丁香酚的潜在作用靶标是西花蓟马 GABA RAP[26]。

（5）前沿生物技术助力农药潜在靶标发现

基因编辑、RNAi、表观遗传调控等前沿生物技术在提高植物对生物或非生物胁迫的抗逆性方面起到了关键作用，也为挖掘农药潜在作用靶标提供了技术支撑[27]。Tsuchiya 教授等开发了一种独脚金内酯选择性激动剂 SPL7，能够以飞摩尔范围内激活高亲和力独脚金内酯受体 ShHTL7，揭示了 ShHTL7 是植物生长调剂的潜在作用靶标[28]。Göpfert 教授等发现吡蚜酮和氟虫吡喹激活 TRPV 通道亚基异聚体，中断昆虫听力和感知能力，导致昆虫无法进食而死亡，揭示了 TRPV 成为杀虫剂潜在作用靶标[29]。杨青教授等解析了大豆疫霉几丁质合酶 PsChs1 的冷冻电镜结构，阐明了几丁质生物合成的机制，从而为精准设计针对几丁质合成酶的新型绿色农药奠定了基础[30]。南京农业大学王源超教授和清华大学柴继杰教授等利用冷冻电镜解析了细胞膜受体蛋白 RXEG1 受体识别病原菌核心致病因子 XEG1 激活植物免疫的作用机制，首次揭示了细胞膜受体蛋白具有激活免疫活性和直接抑制致病因子 XEG1 酶活的双重免疫功能，RXEG1 和 XEG1 为绿色农药的分子设计奠定了基础[31]。浙江大学张传溪教授等通过基因沉默等实验揭示了褐飞虱表皮蛋白质组及功能，并发现了三十二种对褐飞虱胚胎、若虫及成虫生长发育不可或缺的表皮蛋白，这项研究成果为杀虫剂的设计提供了潜在作用靶标[32]。中国农业大学刘俊峰教授等发现水稻中一个 NLR 的嵌入式诱饵结构域 HMA 能识别两个不同的稻瘟菌效应蛋白，揭示了 HMA 是潜在杀菌剂的作用靶标[33]。原创性靶标发现为创制新型绿色农药开辟了一条重要途径。在精准基因组编辑、表观遗传调控、空间多组学、化学生物学和结构生物学的推动下，一些效应蛋白（Effectors）、跨膜的类受体激酶（RLKs）、核苷酸结合结构域和亮氨酸富集重复区受体蛋白（NLRs）的结构被确定，加速了基于靶标的绿色农药创制，为解决农药行业绿色发展卡脖子难题提供了理论和实践基础。

2. 绿色农药作用机制

（1）杀菌剂作用机制

杀菌剂主要是通过抑制病原真菌及细菌生命活动代谢过程中的关键酶，从而影响其正常代谢达到杀菌、抑菌效果。根据杀菌剂的作用机理，可以分为五大类，具体如表 2 所示。①干扰病原菌重要物质的合成及功能来达到杀菌效果。杀菌剂 Cyprodinil 可抑制病原菌细胞中蛋氨酸的生物合成，干扰病原菌生命周期，抑制病原菌穿透[34]；杀菌剂 Pencycuron 通过抑制细胞分裂过程，影响病原菌的菌丝体的生长等[35]。②影响病原菌的呼吸作用。线粒体呼吸链复合体Ⅰ、Ⅱ、Ⅲ以及 ATP 合成酶均是重要的杀菌剂靶标。当上述呼吸链复合体被抑制时，呼吸链电子传递被破坏[36]，能量合成受阻，最终导致病原菌因能量缺失而死亡。③影响病原菌细胞的结构及功能。如 Polyoxin[37] 通过靶向几丁质合成酶，干扰病原菌细胞壁几丁质的生物合成，使芽管和菌丝体局部膨大、破裂，细胞内含物泄出，导致死亡；Fludioxonil 通过影响组氨酸激酶的活性，进而干扰渗透压调节信号传导[38]。Pyroquilon 通过抑制菌丝体黑色素合成，使病原菌丧失侵染能力达到杀菌效果[39]。④诱导寄主植物产生直接防御。Probenazole 及 Tiadinil[40] 等作用于水杨酸相关途径，通过激发植物本身对病害的免疫（抗性）反应来实现防病效果。⑤其他作用机制。部分杀菌剂作用机制尚不明晰，有待进一步研究，如 Chlorothalonil、Dithianon、Cymoxanil 及 Ferimzone 等。

（2）杀虫剂作用机制

杀虫剂是指用于防治害虫的化学制剂。随着科技的进步及人们环境保护意识的提升，发展高效、低毒、低残留、环境友好的杀虫剂迫在眉睫。从分子机制来说，现有杀虫剂的作用靶标通常是涉及害虫生命活动过程中的关键酶或受体蛋白，如氧化磷酸化过程、乙酰胆碱酯酶以及各种离子通道等。根据作用方式，现有的杀虫剂主要分为五类，具体如表 3 所示。①作用于害虫的神经系统。该类杀虫剂通过靶向包括乙酰胆碱酯酶、烟碱型乙酰胆碱受体、鱼尼丁受体等来干扰神经系统的正常传导，从而达到杀虫目的。经典的有机磷类和氨基甲酸酯类杀虫剂是通过抑制昆虫体内神经元释放的乙酰胆碱酯酶，使乙酰胆碱无法水解，在突触后膜大量积累，从而干扰神经冲动的正常传导，诱发神经毒素，导致昆虫死亡[41]。鱼尼丁受体调节剂则是通过激活肌肉鱼尼丁受体，调节钙离子从细胞内释放到细胞质，钙离子无限释放进而导致害虫瘫痪死亡。②作用于昆虫细胞膜的离子通道。该类杀

表 2 杀菌剂分子靶标及其代表性杀菌剂

作用机制		分子靶标	代表性杀菌剂
干扰代谢物质的合成及功能	核酸代谢	RNA 聚合酶Ⅰ（Pol Ⅰ）	甲霜灵
		腺苷脱氨酶（ADA）	二甲嘧酚
		DNA/RNA 合成	噁霉灵、辛噻酮
		DNA 拓扑异构酶Ⅱ型	噁喹酸
	氨基酸和蛋白质合成	蛋白合成	灭瘟素、春雷霉素、链霉素
		甲硫氨酸生物合成	嘧菌胺、嘧霉胺
	有丝分裂和细胞分裂	微管蛋白有丝分裂	多菌灵、甲基硫菌灵、乙霉威、苯酰菌胺
		细胞分裂	戊菌隆
呼吸作用	氧化磷酸化	复合体Ⅰ、Ⅱ、Ⅲ *2	嘧霉胺、嘧菌环胺、萎锈灵、嘧菌酯、氰霜唑
		氧化磷酸化解耦	氟啶胺、嘧菌腙
		ATP 合成氧化磷酸化	三苯基氯化锡
		ATP 合成	硅噻菌胺
影响细胞结构和功能	葡萄糖和细胞壁合成	细胞壁合成	烯酰吗啉
		海藻糖酶和肌醇合成	井冈霉素
		甲壳素合成酶	多抗霉素
	信号转导	早期细胞表达的 G 蛋白	苯氧喹啉
		与渗透作用相关的磷酸单戊酯蛋白致活酶	咯菌腈
	细胞膜	类脂类过氧化作用 NADH 细胞色素 C 还原酶	异菌脲、腐霉利
		作用于磷脂生化合成甲基转移酶	异稻瘟净、敌瘟磷
		类脂过氧化作用	五氯硝基苯、土菌消
影响细胞结构和功能	细胞膜	脂肪酸细胞膜渗透作用	霜霉威、硫菌灵
		黑色素生物合成中的脱氢酶	双氯氰菌胺、氰菌胺
		黑色素生物合成中还原酶	咯喹酮、四氯苯酞
	膜中固醇的生化合成	抑制立体生物合成，阻碍 C14 脱甲基化作用	嗪氨灵、啶斑肟、氯苯嘧啶醇
		抑制 D14、D8、D7 异构酶而影响立体合成	十三吗啉、螺环菌胺
		抑制 3- 氧代还原酶及阻碍 C14 脱甲基化作用	环酰菌胺
寄主植物防御诱导	作用于水杨酸途径（SR）		烯丙苯噻唑
	病程相关蛋白作用		活化酯
	全株系统获得抗性相关		tiadinil
其他			硫黄、代森锰锌、百菌清、哒菌酮、苯菌酮

表 3 杀虫剂分子靶标及其代表性杀虫剂

作用机制	分子靶标	代表杀虫剂
神经系统	乙酰胆碱酯酶	敌敌畏、毒死蜱
	烟碱型乙酰胆碱受体	多杀霉素
		噻虫啉
		杀虫磺、杀螟丹
	鱼尼丁受体	氟虫酰胺、氯虫苯甲酰胺、四氯虫酰胺
离子通道类	钠离子通道	茚虫威
		氯氰菊酯
	γ-氨基丁酸（GABA）门控氯离子通道	氟虫氰
	γ-氨基丁酸门控氯离子通道	溴虫氟苯双酰胺
	谷氨酸门控氯离子通道	阿维菌素
	烟酰胺酶	氟啶虫酰胺
呼吸作用	复合体 I	喹螨醚
	复合体 II	丁氟螨酯
	复合体 III	嘧螨酯
	复合体 IV	磷化物、氰化物
	ATP 合成酶	丁醚脲
	解偶联剂	氟虫胺
生长发育过程	几丁质合成	灭幼脲、
	乙酰辅酶 A 羧化酶	螺虫乙酯
	仿生保幼激素	苯氧威
	蜕皮激素受体	环虫酰肼
其他		杀螨特、溴螨酯、威百亩

虫剂通过阻断各种离子通道（钠离子通道、钙离子通道以及氯离子通道）等，干扰神经系统的正常传导达到防治目的[42]。靶向氯离子通道的杀虫剂可阻断激活的 γ-氨基丁酸门控氯离子通道[43]，导致过度兴奋和痉挛。谷氨酸门控氯离子通道变构调节剂激活谷氨酸门控氯离子通道，引起麻痹。③作用于害虫的呼吸作用。该类杀虫剂主要靶向线粒体呼吸链复合物，通过影响生物体氧化磷酸化过程，干扰能量代谢，最终导致害虫死亡。④作用于昆虫的生长发育。这类作用机制主要包括靶向几丁质合成[44]、乙酰辅酶 A 羧化酶、蜕皮过程及保幼过程等。通过影响虫体的生长发育过程，来达到杀虫效果。几丁质是一种在角质层和营养基质中发现的多糖，其生物合成对昆虫的生长和发育至关重要，但几丁质生物合成受到抑制的作用机理未完全确定。抑制害虫体内脂肪合成过程中的乙酰辅酶 A 羧化酶的活性，从而抑制脂肪的合成，阻断害虫正常的能量代谢，最终导致死亡。⑤其他作

用机制。主要包括现有的未知作用机制杀虫剂及非特异性多位点杀虫剂。

（3）除草剂作用机制

据统计，杂草危害导致每年全球农业产值损失高达13.2%。作为解决粮食杂草危害的最有效工具，除草剂的发展对杂草的防治显得至关重要。现有除草剂的作用机制是通过抑制植物生长必需的关键酶，导致植物出现不同症状的死亡，从而实现杂草防治的目的。根据作用方式不同，除草剂同样可以分为五类，具体如表4所示。①作用于植物的光合作用。该类除草剂通过靶向光系统Ⅱ、光系统Ⅰ、八氢番茄红素去饱和酶以及原卟啉原氧化酶等，影响植物正常的光合作用，导致杂草不能正常生长。Atrazine作用于光系统Ⅱ，阻断光反应过程中的电子传递，影响光合作用[45]；Flurtamone[46]通过抑制八氢番茄红素脱饱和酶，阻碍类胡萝卜素的生物合成；Pyraclonil[47]通过原卟啉原氧化酶，进而抑制亚铁血红素和叶绿素的合成。②作用于植物的呼吸作用。该类除草剂阻断能量或关键代谢物的合成，导致杂草死亡。Dinoseb通过渗透进入线粒体内膜，导致能量代谢过程失控来达到除草目的。③作用于植物体内关键物质的生物合成。这类除草剂通过抑制脂类、氨基酸、蛋白质以及色素等的合成达到防治杂草目的。草铵膦[48]及双丙氨膦可抑制谷氨酰胺合成酶，进而抑制谷氨酰胺合成；Cyclopyrimorate抑制尿黑酸茄尼酯转移酶活性[49]，Aclonifen抑制茄酰二磷酸合酶的活性[50]，都会最终影响质体醌的生物合成，导致植物白化死亡。④作用于植物细胞分裂及生长。氟乐灵及Chlorpropham抑制微管蛋白组装及聚合，最终影响细胞分裂[51]；Diflufenzopyr抑制生长素转运，进而影响杂草生长，达到除草效果[52]。⑤其他作用机制。主要包括现有的未知作用机制除草剂，如Cumyluron、Fosamine、Naproanilide及Pyributicarb等。

3. 绿色农药抗性与代谢机制

（1）杀菌剂抗性与代谢机制

目前多种病原菌对杀菌剂产生了不同程度的抗性，如立枯丝核菌突变体X19-7对SYP-14288、镰刀菌对氰烯菌酯、稻瘟病菌对啶氧菌酯、叶斑病菌对多菌灵、赤霉病菌对氟唑菌酰羟胺、水稻白枯菌对双硫噻唑等，且辣椒疫霉对杀菌剂SYP-14288有多重抗性。病原菌对杀菌剂的外排和解毒代谢是抗药产生的重要因素，辣椒疫霉对SYP-14288的抗性是通过外排和解毒代谢起作用[53]；在禾谷镰刀菌抗药性研究中也发现DHA1转运蛋白与多种抗药性相关[54]。同时，靶标蛋白氨基酸的突变使得杀菌剂与靶标蛋白的亲和力降低，如肌球蛋白中S73L/E276K单点突变改变了结合模式并降低氰烯菌酯和肌球蛋白的结合力，导致镰刀菌产生高水平耐药[55]。SDHB中P226L的替换也导致菌核菌对SDHI类杀菌剂有抗性[56]；同样也发现小麦镰刀菌FgSdhC1的A78V点突变对吡氟甲醚有抗性[57]；除此之外，ATP依赖蛋白酶ClpP及其亚基参与水稻白枯菌对双硫噻唑的抗性[58]，细胞色素P450和谷胱甘肽-S-转移酶基因也被证实参与了真菌对SYP-14288、氟嘧啶、百菌清和苯醚甲环唑等多种杀菌剂的抗性[59]。

表 4　除草剂分子靶标及其代表性除草剂品种

作用机制	分子靶标	代表性除草剂
光合作用抑制剂	光系统 II 的 D-1 蛋白	莠去津
	光系统 I 电子分流器	百草枯、敌草快
	八氢番茄红素去饱和酶（PDS）	吡氟草胺、呋草酮
	原卟啉原氧化酶（PPO）	双唑草腈
	番茄红素环化酶	阿米特罗
呼吸作用抑制剂	解偶联蛋白	2,4- 二硝基酚、地乐酚
生物合成抑制剂（抑制脂类、氨基酸、蛋白质、纤维素、叶绿素、胡萝卜素、核苷酸等合成）	乙酰辅酶 A 羧化酶（ACC）	噁唑酰草胺、氰氟草酯
	脂肪酸硫酯酶（FAT）	环庚草醚
	茄酰二磷酸合酶（SPS）	阿克洛尼芬
	尿黑酸茄尼酯转移酶（HST）	Cyclopyrimorate
	乙酰羟酸合成酶（AHAS）	五氟磺草胺
	二羟基酸脱水酶（DHAD）	
	5- 烯醇丙酮酰莽草酸 -3- 磷酸合酶（EPSPS）	草甘膦
	丝氨酸 / 苏氨酸蛋白磷酸酶（PP）	草藻灭
	咪唑甘油磷酸脱水酶	三唑磷酸
	对羟苯基丙酮酸双加氧酶（HPPD）	硝磺草酮
	谷氨酸合酶（GS）	草铵膦、双丙氨膦
	超长链脂肪酸伸长酶纤维素合酶	砜吡草唑
	二氢乳糖酸脱氢酶（DHODH）	四氟吡咯酯
	抑制纤维素合成	异草胺
生长抑制剂（抑制细胞分裂与伸长）	微管组装	二甲戊灵、氟乐灵
	抑制微管组织	双酰草胺
	生长素模拟物	2,4-D
	生长素运转抑制剂	二氟苯唑吡啶钠
	脱氧 -D- 木酮糖 -5- 磷酸合酶（DXS）	比沙宗、氯马宗
其他	7,8- 二氢蝶酸合成酶	黄草灵

杀菌剂代谢有多种途径，苯醚菌酯在黄瓜中可能有三条代谢途径，腈菌唑在雄性大鼠体内代谢途径包括五种代谢物：RH-9089、RH-9090、RH-9090、M1 和 M2[60]。杀菌剂代谢相关酶活性的变化在杀菌剂的代谢中起到了关键作用，王明华等研究发现 CYP3A1 和羧酸酯酶 1 参与了氟唑菌酰羟胺（PYD）代谢，首次阐明了 PYD 在哺乳动物中的代谢[61]，同时氟环唑在不同省份的土壤降解速度不一样，这与土壤微生物有关[62]，表明微生物降解是杀菌剂代谢的重要因素；有趣的是，预防和治疗性杀菌剂 S- 腺苷 -L- 甲硫氨酸

（SAM）可促进赤霞珠葡萄中杀菌剂的代谢，也观察到 SAM 对杀菌剂甲霜灵和甲基托布津代谢的促进作用[63]。除此之外，光照和微生物加速水中丙硫菌唑降解，且丙硫菌唑在水藻体系中可能的降解途径有十四种 I 相代谢产物和两种 II 相代谢产物，蚯蚓 – 土壤系统中可促进氟唑菌降解为甲氧基化和四种羟基化手性转化产物[64]，这表明杀菌剂的代谢是复杂的，并由多方面共同完成。

（2）杀虫剂抗性与代谢机制

杀虫剂的大量、频繁使用导致农业害虫对多种杀虫剂产生了不同程度的抗药性。褐飞虱对氟啶虫胺腈、烯啶虫胺、噻虫胺等多种杀虫剂产生了不同程度的抗药性；棉铃虫、白蚊伊蚊等对拟除虫菊酯类杀虫剂产生了抗药性；草地贪夜蛾对双酰胺类、多杀菌素等新型农药也产生了抗性[65]。抗性水平从早期的代谢抗性进化到以钠离子通道、乙酰胆碱酯酶、鱼尼丁受体等靶标为代表的突变抗性[66]。同时，氟苯虫酰胺和氯虫苯甲酰胺[67]、多杀菌素和乙基多杀菌素[68]等同类型农药也会产生交互抗性。相关研究表明细胞色素 P450[69]、酸性磷酸酶[70]、乙酰胆碱酯酶过量表达分别是氟啶虫胺腈、烯啶虫胺、噻虫胺、溴氰菊酯、毒死蜱等杀虫剂产生抗性的关键因素之一，羧酸酯酶[71]和尿苷二磷酸 – 糖基转移酶也被证实与烯啶虫胺、噻虫胺抗性有关。除此之外，害虫可通过增强体内解毒酶的活性，提高自身代谢杀虫剂的能力，从而产生抗性。常见的解毒酶包括谷胱甘肽 S 转移酶、细胞色素 P450 氧化酶、羧酸酯酶、糖基转移酶、酸性磷酸酶和 AChE 等，这些酶的过表达使得昆虫对杀虫剂的抗性水平升高。

细胞色素 P450 酶参与众多内源性物质和外源性物质的代谢，在许多内源性分子的合成中起作用，包括类固醇、脂肪酸、类二十烷酸、脂溶性维生素和胆汁酸等；同时，CYP450 是重要的药物 I 相代谢酶[72]。谷胱甘肽 S 转移酶也参与昆虫各种生理代谢活动，且在杀虫剂解毒过程中起着至关重要的作用。

（3）除草剂抗性与代谢机制

根据 HRAC 报道，从 2018 年至今全球在案登记的除草剂抗性案例共有 71 个。目前除草剂抗性主要分为靶标抗性和非靶标抗性，前者指编码除草剂蛋白质靶标基因的突变，影响除草剂在催化结构域或附近的结合，或影响进入结构域。而后者主要指所有降低或消除与靶点蛋白相互作用的活性除草剂浓度的机制，以及允许植物应对靶点抑制的机制，主要包括减少除草剂的吸收和转移，增加除草剂在植物体细胞内的隔离，以及加强除草剂的降解或代谢，使之成为毒性较低的化合物。近年来，众多新的靶点抗性被发现[73-76]，具体见表5。

非靶点抗性是基于代谢的抗性，其中大部分代谢抗性与 P450 酶相关。除此之外还发现 P450 对除草剂代谢是黑麦草对 ACCase 和 ALS 抑制剂产生交互抗性的主要机制和增强嗪草酮、噻磺隆甲酯、甲基二磺隆、苯磺隆、五氟磺草胺及氟噻草胺的代谢而产生抗性[77-79]。P450 和谷胱甘肽转移酶（GST）对甲基二磺隆代谢促进了抗性[80]；醛酮

表 5　除草剂新的靶点抗性位点

抗性植物	靶点	抗性原因	除草剂
羽芒菊	EPSPS	Thr102Ser	草甘膦
黑麦草	微管蛋白	Arg243Met/Lys	2,4-D
黑麦草	微管蛋白	Val202Phe	2,4-D
苏门白酒草	EPSPS	EPSPS2 基因 Pro106Thr	草甘膦
拟南芥	乙酰乳酸合成酶（ALS）	水稻 OsALSC512A Pro171His	双草醚、甲基二磺隆和五氟磺草胺
拟南芥	乙酰乳酸合成酶（ALS）	拟南芥 ALS P197S/R199A/W574S/S653F	磺酰脲和咪唑啉酮
牛筋草	ACCase	Asp2078Gly	ACCase 类除草剂
稗草	ALS	Trp574Arg	五氟磺草胺
棒头草	ACCase	Trp1999Ser	恶唑禾草灵
牛筋草	ACCase 和 EPSPS	ACCase 中 Asp2078Gly 及 EPSPS 的过表达	氰氟草酯和草甘膦
千金子	ACCase	Trp2027Leu	氰氟草酯

还原酶代谢草甘膦并产生抗性[81]，千金子对氰氟草酯非靶标抗性与常见的 p450 和 GST 无关[82]。

除草剂的代谢机制研究主要是基于除草剂抗性、微生物和非靶标生物代谢的研究。除草剂代谢在植物中分三个阶段，但多数由第一阶段 P450 酶开始催化代谢。Rhodococcus sp. JT-3 对禾草灵的代谢研究发现禾草灵首先被代谢成禾草灵酸，并进一步被 Brevundimonas sp. JT-9 代谢成 2-（4-羟基苯氧基）丙酸和 2,4-二氯苯酚，后者被两个 dcm 基因群调控蛋白代谢成 4-氯邻苯二酚[83]。草甘膦对映体在不同土壤和水中的立体选择性降解及代谢产物为 3-甲基亚磷酸基丙酸和 N-乙酰草铵膦[84]。Cupriavidus oxalaticus Strain X32 对苯氧羧酸类除草剂能够快速降解，并发现 tfd 基因群的三个模块参与了催化代谢，初步鉴定为与耐碱有关的单价阳离子 / 质子反转运体编码基因[85]。Chryseobacterium lacus LAM-M5 对烟嘧磺隆降解成的主要物质为 L-苹果酸，敌草隆诱导了大量与生物代谢、解毒和抗氧化有关基因的上调，并鉴定出 15 种由代谢基因产生的敌草隆代谢物，首次发现两个代谢物在第一阶段和五个代谢物在第二阶段产生[86]。杨红等通过 CYP76C6 过表达和 CRISPR/Cas9 敲除技术揭示 CYP76C6 的表达促进了水稻中异丙隆的代谢和去毒性[87]。

（二）新农药分子结构的发现

1. 新农药创制的新理论和新技术

（1）高通量筛选技术

高通量筛选技术（HTS）是指以分子水平和细胞水平的实验方法为基础，以微板形式作为实验工具载体，以自动化操作系统执行实验过程，以灵敏快速的检测仪器采集实验结果数据，以计算机分析处理实验数据，在同一时间检测数以千万的样品，并以得到的相应数据库支持运转的技术体系，是国外在新农药研究过程中采用的新技术。Perugini 团队利用重组二氢吡啶二羧酸合酶（DHDPS）为除草剂靶标酶开发了除草剂创制的体外高通量筛选模式，命中两个化合物作为 DHDPS 微摩尔抑制剂并通过抑制赖氨酸生物合成发挥除草活性[88]。大连理工大学杨青课题组经过攻关和改进，基于亚洲玉米螟来源的四种几丁质酶（OfCht Ⅰ，OfCht Ⅱ，OfChi-h 和 OfHex1）开发出杀虫剂的多靶点高通量筛选策略，建立了通过天然产物库寻找杀虫剂的体外多靶点高通量筛选平台[89]。中国地质大学田熙科等为了准确筛选真实样品中有机磷和氨基甲酸酯类农药，基于多个胆碱酯酶和硫代胆碱传感器开发出高通量光学阵列系统[90]，为开发快速、准确和低成本的农药筛查技术提供了新思路。

（2）计算机辅助虚拟筛选技术

计算机辅助虚拟筛选技术是计算机辅助药物设计中最为关键的技术之一，从含有大量有机化合物的数据库中遴选出可能有效的候选化合物，然后对这些候选化合物进行进一步的实验测试，可以避免高通量筛选对大量化合物的盲目测试，大大降低发现先导化合物的成本，加快新药的研发速度。厦门大学何承勇教授和左正宏教授等共同开发了一种虚拟筛选程序来识别芳基烃受体的潜在配体。采用一种基于结构的方法和两种基于配体的方法对包括七十七种常用农药在内的农药数据集进行虚拟筛选。三种筛选方法共鉴定出七十七种农药为潜在的 AhR 配体，其中十二种为从未报道过的 AhR 激动剂[91]；中国农业大学张莉等根据亚洲玉米螟脱壳所必需的几丁质酶 OfCht Ⅰ 的晶体结构，采用基于结构的虚拟筛选方法，从二十多万种化学物质中获得了 OfCht Ⅰ 的一个化学片段和五个变体化合物作为其抑制剂，生物活性测试结果支持了虚拟筛选的预测[92]；河北农业大学董利利等基于结构的虚拟筛选和合理的分子优化，合成了一系列偶氮氨基嘧啶衍生物作为一类新型的 OfChi-h 抑制剂。对此化合物进行小菜蛾和斑蛾的杀虫活性评价，发现其可作为一种潜在的鳞翅目害虫防治农药进一步开发[93]。

（3）纳米技术

纳米技术促进了农药新剂型、缓释和精准调控的发展。Shi 等合成了阿维菌素苯甲酸酯纳米配方，研究中所使用的胶体给药体系不仅可以提高 EB 的药效和光稳定性，还能克服天然和半合成农药的环境敏感性等缺点，与传统农药相比药效提高了，用量降低了，使用次数减少了[94]；中国地质大学杨琦等采用两步煅烧法制备了一种新型纳米复合材料，为碳基材料在水处理工艺中的应用提供了新的思路，达到了有效处理农药污染废水和农业废弃物资源化利用的目的[95]；浙江工业大学佘远斌等以金纳米颗粒与四（N-甲基-4-吡啶二甲基）卟啉组成的纳米杂化体系为光学探针，可用于食品中多组分农药残留的快速、准确测定[96]；Jayamurugan 等系统地研究了一系列完整有机纳米载体体系，对毒死蜱杀虫剂表现出良好到优秀的农药装载效率，此研究有助于提高农药效率[97]。

（4）RNA 干扰技术

RNA 干扰技术（RNAi）主要通过寄主诱导的基因沉默（HIGS）和喷雾诱导的基因沉默（SIGS）两种方式应用于病虫害防控。HIGS 主要通过在转基因作物中表达出一类针对害虫或病原物的 dsRNA。湖北大学张江等研究发现马铃薯质体介导 RNAi 能高表达 dsRNA 并高效杀死鞘翅目瓢虫科害虫[98]；Vadlamudi 等人以 CP 基因为靶点构建的转基因植株具有抗番木瓜环斑病毒和李痘病毒的功能[99]。而 SIGS 是将体外合成的 dsRNA 直接施用，通过不同的方式传递至有害靶标生物体内沉默目标基因实现病虫害防治。Holeva 等人采用非转基因方法合成的黄瓜花叶病毒 CP 和 2b 基因的 dsRNA 分子接种在烟草和藜麦中后植株产生了对黄瓜花叶病毒的局部和全株抗性[100]。

2. 新型高活性先导化合物的发现

宋宝安院士等以天然产物香草醛等为先导化合物，完成六十个新化合物的设计合成与植物免疫诱抗活性筛选，并发现了香草硫缩病醚和氟苄硫缩诱醚两个候选药物，分别转让给海南正业中农高科股份有限公司及鹤壁全丰生物科技有限公司进行产业化[101, 102]。此外，该团队针对 PVY，设计合成了多个系列的吲哚、喹喔啉和咪唑并 [1,2-α] 吡啶介离子类衍生物等。针对 CMV，设计合成了多个系列的嘌呤核苷、香草醛和甲氧基丙烯酸酯类衍生物等。针对 TSWV，设计合成了多个系列的二硫缩醛类衍生物。针对 ToCV，设计合成了多个系列的二硫缩醛和色酮类衍生物。针对水稻白叶枯病菌（Xoo），设计合成了多个系列的砜类、肉桂酸、异噻唑和香兰素衍生物等[103]。针对柑橘溃疡病菌（Xac），设计合成了多个系列的噁二唑、噻二唑和嘧啶类衍生物等。针对水稻细菌性条斑病菌（Xoc），设计合成了多个系列的肉桂酸、吲哚和甲氧基丙烯酸酯类衍生物等。该团队还发现一系列具有优秀抗菌活性的介离子衍生物，它们都表现出了较好的抑制 Xoo 和 Xoc 活性。

3. 基于手性催化剂构建结构新颖的新型先导化合物

贵州大学池永贵教授等以手性氮杂环卡宾作为催化剂，利用 β- 甲基肉桂醛与 β- 酮基膦酸酯为原料，在氧化条件下发生不对称 [4+2] 环加成反应，高效制备了一系列抗病毒活性的光学纯吡喃酮膦酸酯类手性化合物，并从中筛选出五个对烟草花叶病毒具有优良的治疗和保护作用的手性先导分子[104]。在氧化条件下，利用手性氮杂环卡宾催化剂活化炔醛分子，与脲唑分子发生不对称 [3+2] 环加成反应，高效制备一系列轴手性双环脲唑类抗病毒分子，并从中发现了三个抗马铃薯 Y 病毒活性良好的光学纯轴手性先导分子[105]。为手性农药先导的发现提供了新骨架和高效构建新方法。

4. 基于碎片的农药分子设计

杨光富教授等基于已商品化的药物及农药分子构建了首个具有检索、分析、预测和连接功能一体的生物活性碎片分子在线数据库，建立了基于活性碎片的农药分子设计平台[106]。同时，该课题组基于分子碎片的药物分子设计方法建立了药效团连接碎片虚拟筛选（PFVS）策略，设计并发现了具有反抗性的新型嘧啶 – 水杨酸类分子作为 AHAS 抑制剂[107]；另外，研究人员通过保留三酮药效团，调用 PADFrag 数据库中的药物及农药片段作为碎片，借助 PFVS 策略设计了 1,2,3– 苯并三嗪 –4– 酮衍生物作为高效的 HPPD 抑制剂，并从中发现了三个具有广谱除草活性的候选分子[108]，为新型农药分子的创制提供了新的案例。

5. 来自天然产物的新型先导化合物

植物病害严重影响农作物的生长发育和农产品的质量和产量。天然产物因其来源丰富、价格低廉、不良反应少等特性，已经成为抗病毒药物和杀菌药物的主要研究热点。近年来，随着研究技术的日益先进，大量关于天然产物和抗病毒机制的学术研究成果出现，天然产物的多样性和复杂性为病毒和细菌侵染提供了显著的功效和特异性，是抗病毒剂和杀菌剂的极佳来源。研究天然产物的重点不是直接利用它，而是以其为先导化合物开发活性更优的天然产物替代品。基于天然产物的结构优化已成为开发新型杀菌剂和抗病毒剂的有效途径，对践行新发展理念、推动农药绿色发展具有重要指导意义。

贵州省天然产物化学重点实验室郝小江院士等从轮叶黄花种子中分离鉴定出两个新的马钱子碱型生物碱，具有较强的抗烟草花叶病毒（TMV）活性和对蚕豆蚜有中等的杀虫活性，其 LC_{50} 值分别为 43.15mg/L 和 46.47mg/L[109]。暨南大学赵冰心等从海洋天然产物红藻 Laurencia sp. 中分离得到了新的卤代谢物 – 月桂卤素，并进行了抗菌活性测试[110]。Wang 等从板蓝根的水提物中分离得到十一个新的磺酸盐生物碱结构，经测试其具有普遍抗病毒活性[111]。郝小江院士等从山豆根中分离得到两个新的异黄酮类化合物和八个已知异黄酮类化合物。与宁南霉素相比，化合物具有显著的抗烟草花叶病毒（TMV）活性，已知异黄酮化合物 3'– 羟基黄豆素具有较强的 α– 葡萄糖苷酶抑制活性[112]。中国农业大学凌云教授等以其为先导化合物，将天然产物的活性基团引入农药分子结构的骨架中，设计合成了一系列含天然骨架 1,2,3,4– 四氢喹啉的磺酰肼类化合物，新化合物均普遍具有抗真菌活性，特别是对木霉和核盘菌的抑菌活性较强[113]。汪清民教授等针对一系列海洋天然产物进行了抗植物病毒研究，他们设计、合成并表征了海洋天然产物聚焦平（polycarpine），聚焦嘌呤（polycarpaurines）及其衍生物[114]，并评估了这些生物碱的抗病毒和抗植物病原真菌活性，其中 Polycarpine 衍生物 1g 显示出优异的体内抗 TMV 活性。该课题组制备并鉴定了一系列皮皮里尼碱及其衍生物，并系统研究了这些生物碱对 TMV 的抗病毒活性[115]。化合物中的大多数表现出比利巴韦林更高的抗病毒活性。同年，该课题组从海洋链霉菌的培养液中获得从埃司霉素（essramycin），是第一个分离的三唑并嘧啶天然产物。随后的抗植物病毒研究结果表明埃司霉素具有良好的抗 TMV 和抗植物病原真菌活性。该课题组有效地制备了海洋天然产物 6 – 去溴斑蝥素（6–debromohamacanthin），并选择其作为母体结构。设计、合成了一系列滨斑蝥素衍生物，并对其抗病毒和抗真菌活性进行了研究[116]。这些化合物中的大多数显示出比利巴韦林，宁南霉素更高的抗病毒活性。最近，他合成了海洋红藻中的月桂烯倍半萜成分，抗植物病毒测试结果表明，其中一些月桂烯衍生物具有良好的抗病毒活性。

（三）新农药的创制与应用

1. 杀菌剂的创制与应用

宋宝安院士等发现了新型绿色植物免疫诱抗剂香草硫缩病醚和氟苄硫缩诱醚，完成了香草硫缩病醚中试工艺研究，建成年产300吨的生产装置一套，取得了95%香草硫缩病醚原药登记实验许可。研制出12%寡糖·香草硫缩病醚微乳剂新产品，取得了登记实验许可，并明确了其在辣椒、番茄、水稻和小麦等作物上诱导抗病、促生长的应用技术。截至目前，该产品已完成登记实验，预计2024年获得正式登记。氟苄硫缩诱醚具有优异的抗病、抗逆效果，目前转让给鹤壁全丰生物科技有限公司产业化，已经启动正式登记。此外，该团队创制了具有自主知识产权的新型杀菌剂甲磺酰菌唑、二氯噁菌唑和氟苄噁唑砜等，并解析了它们的作用靶点。沈阳化工大学关丽杰研究员等所创制的苯丙烯菌酮（别称异补骨脂查尔酮），为豆科植物补骨脂种子提取物中的一个重要活性成分，可防治水稻稻瘟病，2019年，1.5%补骨脂种子提取物母药和0.2%补骨脂种子提取物微乳剂获得农业农村部农药正式登记。江苏腾龙生物药业有限公司开发的酚菌酮主要用于防治水稻稻瘟病、纹枯病和小麦白粉病等。山东农业大学和山东中农联合生物科技股份有限公司合作创制了新型琥珀酸脱氢酶抑制剂类杀菌剂氟醚菌酰胺，对葡萄霜霉病、辣椒疫霉病、马铃薯晚疫病、水稻纹枯病和棉花立枯病等多种常见病害高效。杨光富教授等开发的氟/氯苯醚酰胺对水稻纹枯病防效卓越，唑醚磺胺酯对黄瓜霜霉病和水稻纹枯病具有显著防效；氟苯醚酰胺对水稻纹枯病具有防效，同时对白粉病、马铃薯晚疫病具有高效杀菌活性。唑醚磺胺酯具有内吸传导性、耐雨水冲淋、用量低、成本低等特点。氯吲哚酰肼是京博农化科技有限公司与南开大学合作研发的一种新型杀菌剂、创制型抗植物病毒病药剂，为四氢咔啉天然生物碱衍生物。辛菌胺（N，N–二正辛基二乙烯三胺）为菌毒清（二辛基二乙烯三胺甘氨酸盐酸盐）的前体物质，在国内由山东省化工开发中心于1989年研制成功，为广谱杀菌剂，主要用于防治果树、蔬菜及经济作物病害，如苹果锈病、苹果树腐烂病、黄瓜霜霉病、棉花枯萎病、水稻细条病、番茄和辣椒病毒病等。该药剂于2021年3月获得ISO通用名seboctylamine。辛菌胺可以抑制病菌的菌丝生长及孢子萌发、破坏病菌的细胞膜，抑制病菌呼吸，凝固病菌蛋白质，使病菌酶系统发生变性达到抑菌和杀菌作用，具有较好的前景。

2. 杀虫剂的创制与应用

近几年，我国开发的新杀虫剂主要有哌虫啶、环氧虫啶、戊吡虫胍、环氧啉、叔虫肟脲、硫氟肟醚、氯溴虫腈、丁烯氟虫腈、氯氟氰虫酰胺、四氯虫酰胺、异唑虫嘧啶、噁唑氟虫胺和环丙氟虫胺[120]。环氧虫啶是华东理工大学钱旭红院士和李忠教授等开发的新烟碱类杀虫剂，具有杀虫谱广、活性高、毒性低、无交互抗性且作用机理新颖的特点。该杀虫剂对同翅目的大多数害虫，尤其对稻飞虱、蚜虫和粉虱具有非常优异的杀虫活性，同时对鳞翅目、鞘翅目、双翅目的害虫也有效。可用于水稻、蔬菜、果树、小麦、棉花和玉米等农业及园艺，既可用作茎叶处理，也可进行种子处理。环氧虫啶作用于烟碱乙酰胆碱受体，作用机理与三氟苯嘧啶、Flupyrimin 相同，为烟碱乙酰胆碱受体拮抗剂，抑制激动剂与烟碱乙酰胆碱受体（nAChR）的反应，进而使害虫麻痹、死亡。环氧虫啶对哺乳动物具有高安全性，对非靶标生物如水蚤类、鱼类、藻类、土壤微生物和其他植物安全。环氧虫啶原药和 25% 环氧虫啶 WP 于 2018 年 8 月在我国获得农药正式登记。2022 年 3 月，上海生农生化制品公司正式启动环氧虫啶的量产，商品名为稳龙。戊吡虫胍是中国农业大学覃兆海教授等发现的兼具新烟碱类和钠离子通道抑制剂特点的杀虫剂，对桃蚜、桃粉蚜和棉蚜具有较高活性，对蜜蜂毒性仅为吡虫啉的十分之一，现由合肥星宇化学有限责任公司和中国农业大学共同开发。环氧啉是武汉工程大学巨修炼教授等创制的新烟碱类杀虫剂，其杀虫广谱，防治效果与吡虫啉相近，大鼠急性经口毒性为低毒，目前由武汉工程大学和武汉中鑫化工有限公司合作开发。叔虫肟脲是汪清民教授等开发的苯甲酰脲类昆虫生长调节剂，具有很好的杀虫活性，对黏虫的活性是氟铃脲的十八倍。硫氟肟醚是国家南方农药创制中心湖南基地，湖南化工研究院自主创制的拟除虫菊酯类杀虫剂，具有杀虫谱广、作用迅速、低毒、低残留、对非靶标生物安全等特点，能有效防治茶毛虫、茶小绿叶蝉、茶尺蠖、柑橘潜夜蛾和菜青虫等多种害虫。氯溴虫腈，是湖南化工研究院创制的杀虫剂，能有效防治水稻、蔬菜等作物上的斜纹夜蛾、小菜蛾、棉铃虫、稻纵卷叶螟、稻飞虱、茶毛虫等多种害虫，杀虫谱广、作用迅速、对作物安全，具有低毒、低残留、对土壤微生物及蚯蚓等非靶标生物安全等特点。丁烯氟虫腈是大连瑞泽农药股份有限公司创制的苯基吡唑类杀虫剂，具有胃毒、触杀及一定的内吸作用，对鳞翅目、蝇类和鞘翅目害虫有较高的杀虫活性，而对斑马鱼低毒。氯氟氰虫酰胺是浙江省化工研究院有限公司开发的杀虫剂，作用于昆虫鱼尼丁受体，高效低毒，对环境安全。四氯虫酰胺是沈阳化工研究院有限公司创制的杀虫剂，2017 年获得正式登记，对哺乳动物低毒，对鳞翅目害虫防效优异，可用于防治二化螟、稻纵卷叶螟等水稻害虫，以及小菜蛾、菜青虫等蔬菜害虫。异唑虫嘧啶是贵州大学开发的介离子杀虫剂，为烟碱乙酰胆碱受体抑制剂，对稻飞虱防效优异，对蜜蜂等非靶标生物安全，相关专利已授权广西田园生化股份有限公司进行产业化开发。噁唑氟虫胺是清原创新中心开发的 γ- 氨基丁酸（GABA）门控氯离子通道变构调节剂，分属 IRAC（国际杀虫剂抗性行动委员会）group30，作用机理独特，与其他杀虫剂无交互抗性。噁唑氟虫胺兼具胃毒、触杀和一定的内吸作用，速效性高，有杀卵作用，杀虫谱涵盖鳞翅目、鞘翅目、蜱螨目（卵、幼螨、若螨、成螨）、半翅目（蚜虫）、缨翅目（蓟马）等多种害虫。环丙氟虫胺是南通泰禾化工股份有限公司以双酰胺类杀虫剂为先导化合物创制的间二酰胺结构杀虫剂，归类为 IRAC 分类第三十组，与现有杀虫剂无交互抗性。其高效、低毒、杀虫谱广，持效期长，现已进入登记试验阶段，用于防治鳞翅目、鞘翅目和缨翅目害虫等。环丙氟虫胺的研发上市能有效解决二化螟抗性区域无药可用的痛点，市场前景广阔。

3. 除草剂的创制与应用

我国在除草剂新品种创制方面，已建立了涵盖靶标组、分子设计、活性评价、产业化开发与应用等关键技术的创新体系，并成功创制出单嘧磺隆、喹草酮、环吡氟草酮、苯唑氟草酮、三唑磺草酮、双唑草酮等多个具有自主知识产权的绿色除草剂新品种，可有效防除抗性日本看麦娘、马唐等杂草。环吡氟草酮是清原农冠（KingAgroot）自主创制的全新专利化合物，是全球首例 HPPD 抑制剂类麦田禾本科草的除草剂，它对中国麦区广为分布的抗性看麦娘、日本看麦娘、硬草、棒头草、早熟禾、印度和巴基斯坦的抗性小籽藜草，以及欧洲的大穗看麦娘、阿披拉草等杂草都十分高效，且与当前小麦田主流禾本科草除草剂不存在交互抗性。该化合物于 2018 年获得正式登记并上市。双唑草酮是清原农冠自主创制的全新专利化合物，是新一代的 HPPD 抑制剂类小麦田阔叶草除草剂，它对中国乃至世界麦区广为分布的抗性播娘蒿、荠菜、野油菜、繁缕、牛繁缕、麦家公、宝盖草等一年生阔叶杂草均十分高效，且与当前小麦田主流阔叶除草剂不存在交互抗性，该化合物已于 2018 年获得正式登记并上市。三唑磺草酮是清原农冠自主创制的全新 HPPD 抑制剂，是首次将 HPPD 抑制剂安全用于水稻田苗后茎叶喷雾处理。三唑磺草酮与水稻田当前主流禾本科杂草除草剂无交互抗性，能高效解决抗性稗草、千金子、稻稗、稻李氏禾等关键禾本科杂草。该化合物已于 2020 年获得正式登记并上市。苯唑氟草酮是清原农冠自主创制的 HPPD 抑制剂类玉米田内吸传导选择性苯甲酰基吡唑类除草剂，是优秀的 ALS 抑制剂抗性杂草管理方案，与烟嘧磺隆不存在交互抗性，防效优异。它具有优异的玉米安全性和后茬灵活性，以及更广的禾本科杀草谱。该化合物已于 2020 年获得正式登记并上市。喹草酮是由先达股份和华中师范大学杨光富教授合作开发的一个可以用于高粱、玉米、甘蔗和小麦田防除杂草的，超安全、超高效、无交互抗性的具有全新分子骨架的专利除草剂。吡唑喹草酯是先达股份开发的 HPPD 抑制剂类除草剂，与现有的化合物无交互抗性，可以作为抗性管理的替代产品，防除对 ALS 抑制剂、ACCase 抑制剂、激素类除草剂产生抗性的禾本科杂草；能够有效防除抗性千金子、稗草、虮子草、碎米知风草（乱草）、稻李氏禾、双穗雀稗、江稗（菰）等杂草。氟氯氨草酯是清原农冠研发的具有完全自主知识产权的新一代合成激素类灭生性除草剂，其在该类除草剂广泛防除阔叶杂草和莎草科杂草的基础上，还突破性地防除禾本科杂草。2019 年获得全国农药标准化技术委员会正式命名。相比于传统灭生性除草剂，氟氯氨草酯具有更稳定的杀草谱、控草期较长、良好的低温效果稳定性、可以与基因编辑和转基因的抗除草剂作物种子配套使用等特点，它能够有效防除多种草甘膦抗性及耐性杂草如小飞蓬、鸭跖草、田旋花、牛筋草、稻李氏禾、问荆、芦苇等，同时对林地、非耕地难防的小灌木以及藤本类等杂草具有优异防效。氟草啶是清原农冠自主研发的新一代触杀型灭生性除草剂，属于 PPO 抑制剂，它具有超广的杀草谱，作用速度极快，施药当天即可见效，对后茬有较好的灵活性。此外，氟草啶还具有超高活性，将灭生性除草剂的有效成分亩用量降低到了克级别，对环境友好。含该核心成分的首个产品将以"快如风"的品牌在国内上市。2022 年 4 月，氟草啶在柬埔寨完成全球首登。氟嘧啶草醚是常州市信德农业科技以双草醚作为先导化合物自主研发的一种具有除草活性的化学物质，属嘧啶水杨酸类除草剂，为乙酰乳酸合成酶（ALS）抑制剂。溴噁草松是清原农冠最新研发的异噁唑啉酮类除草剂，其为脱氧 –D– 木酮糖磷酸合成酶（DOXP）抑制剂，通过破坏质体类异戊二烯的生物合成，阻碍类胡萝卜素合成，导致易感植株无法正常进行光合作用，从而停止生长而死亡。噁唑草啶是清原农冠研发的最新 DOXP 抑制剂专利化合物，兼具土壤活性和茎叶活性，适用于小麦、水稻、大豆、棉花、大蒜、花生、西瓜、油菜、白菜等众多作物和场景，具有广泛的作物适用性和灵活的后茬安排，有效解决多花黑麦草、猪殃殃、婆婆纳、牛繁缕、野燕麦、稗草、龙葵、反枝苋、马齿苋等关键抗性杂草，与现有主流除草剂无交互抗性，是一款强大的抗性杂草管理方案。噁唑草啶是清原农冠研发的最新 PPO 抑制剂化合物，超高活性触杀型灭生性除草剂，亩用量克级，对抗性小飞蓬、牛筋草活性优异。耐低温、杀草谱广、无抗性，是最新的灭生性除草剂。甲氧嘧草肟是清原农冠研发的最新一代合成激素类专利化合物，有效防除小麦田抗性婆婆纳，也可用于水稻田、玉米田防除水竹叶、鸭舌草、水花生、鸭跖草、饭包草等阔叶类杂草，与 ALS、PPO、PSII 抑制剂等无交互抗性，是一款强大的抗性杂草管理方案。

4. 植物生长调节剂的创制与应用

我国在植物生长调控剂方面创制略显薄弱，主要有冠菌素、谷维菌素等新品种。成都新朝阳作物科学股份有限公司 2017 年获得了包括 5% 的 14– 羟基芸苔素甾醇母药及 0.01% 的 14– 羟基芸苔素甾醇的水剂的正式登记。该甾醇类植物生长调节剂，可以促进植物生长，提高结实率，增加产量、改善品质、抗逆等。极其微小的剂量就可表现出良好的调节效果。该公司与中国农业大学植物生长调节剂教育部工程研究中心充分合作，共同开发的冠菌素，可以促进低温种子萌发、作物抗逆抗病增产、促进转色增糖以及脱叶、生物除草等作用，于 2021 年在国内获得正式登记。东北农业大学开发的新型植物生长调节剂谷维菌素，是源自内生放线菌 NEAU6 发酵产生的核苷类化合物，可促进植物根系分叉，具有抗逆、让植物变粗壮、抗倒伏和抗病的特性，于 2021 年在国内获得登记。

（四）农药抗性与治理的研究进展

1. 农药抗性与治理新理论和新技术

随着农药学科理论和技术飞速发展，近年来我国农药抗性领域出现了许多新理论、新技术和新观点，推动着抗性研究的深入发展，为抗性治理提供了更多创新理论基础。

（1）农药抗性研究进入表观遗传学阶段

RNA 甲基化是表观遗传学研究的重要内容之一，6– 甲基腺嘌呤（m^6A）是真核生物中最常见的 RNA 转录后修饰之一。Yang 等发现 m^6A 能够调节烟粉虱中的细胞色素 P450

基因表达，在抗性品系中，该基因的 5′ 非翻译区发生了突变，突变引入一个 m^6A 位点，从而导致对噻虫嗪产生抗性，这是我国学者首次从表观遗传学角度报道农药抗性[117]。

（2）抗性预测与治理理论模型有新发展

随着大数据应用的迅速发展，从时间和空间等宏观视野研究探讨农药抗性形成与治理新策略，吸引了许多农药学工作者的兴趣。气候变化有可能改变全球害虫的分布及其对杀虫剂的抵抗力，从而威胁全球粮食安全，但其预测模型的建立非常困难。Ma 等使用实验参数和现场测试的模型研究表明，过去五十年的气候变化使小菜蛾（Plutella xylostella）的越冬范围增加了约 240 万平方公里，与仅季节性发生的地点相比，越冬地点的小菜蛾抗性高 158 倍，这也预示气候变化可以在全球范围内促进和扩大迁飞性害虫抗药性，将严重阻碍害虫防控工作的有效性[118]。

（3）农药抗性分子调节机制研究更加深入

发现或阐明了一批与抗性形成和发展紧密相关的调控基因、蛋白和信号途径。Guo 等报道了与小菜蛾 Cry1Ac 抗性相关的 PxmALP 基因转录调控机制，鉴定了其 MAPK 信号通路，该通路通过与 PxmALP 启动子相互作用负调节 PxGATAd 转录因子，从而参与小菜蛾 Bt Cry1Ac 抗性的形成，为研究 Bt 抗性转录调控机制提供了典型案例[119]。

（4）农药抗性形成关键酶研究热度持续不断

P450 基因 CYP321A8 与昆虫对有机磷（毒死蜱）和拟除虫菊酯（氯氰菊酯和溴氰菊酯）等多种杀虫剂的抗药性紧密相关，Hu 等揭示了 CYP321A8 在甜菜夜蛾过表达的机制，转录因子 CncC/Maf 负责抗性种群 CYP321A8 的上调表达；报告基因分析和定点突变分析表明，CncC/Maf 通过结合启动子中的特定位点来增强 CYP321A8 的表达。抗性种群中 CYP321A8 启动子突变产生的其他顺式调节元件促进孤儿核受体 Knirps 的结合，并增强启动子活性，这表明转录因子的过度表达和启动子区的突变两个独立的机制导致促进孤儿核受体结合新的顺式调节元件，进而导致 CYP321A8 在甜菜夜蛾抗性种群中的过度表达。尿苷二磷酸（UDP）- 糖基转移酶（UGTs）可能促进吡虫啉和噻虫嗪在棉蚜体内的解毒过程。

（5）农药抗性与宿主内共生微生物的互作关系研究发展迅速

内共生微生物种类与丰度对宿主昆虫或植物适应性、代谢、免疫系统和基因表达的影响都可能影响农药抗性，掌握其互作规律将加深对农药抗性驱动因素的认识。Li 等发现 Wolbachia 与褐飞虱（Laodelphax striatellus）对噻嗪酮抗性有关，在敏感种群中去除（抑制）Wolbachia 菌后，对噻嗪酮的敏感性增加，但这种现象似乎与飞虱种群的遗传背景有关。昆虫肠道菌与杀虫剂抗性的关系是近年来的研究热点之一。

（6）昆虫迁飞对农药抗性的影响研究成为新热点

害虫季节性长距离迁飞在不同栖息地之间的会遇到不同程度的杀虫剂选择压力，但迁飞对农药抗性演变规律及其潜在机制影响的了解却很少。Yang 等报道认为黏虫（Mythimna separata）对高效氯氟氰菊酯抗性是不稳定的，受到季节性迁徙的影响，由多个

P450 基因的过度表达介导的 P450 活性增强而代谢驱动,P450 活性增加是抗性的主要机制,CYP9A144、CYP9G40 和 CYP6B79 可能与氯氟氰菊酯抗性有关。

（7）农药抗性研究手段交叉学科特征更加突出

主要体现在与计算生物学、蛋白质组学以及各种先进测序技术的有机结合。Zhang 等通过文献挖掘和 String 数据库等,收集了参与黑腹果蝇抗药性分子机制的种子基因及其相互作用蛋白质,共鉴定出 528 种蛋白质和 13514 种蛋白质–蛋白质相互作用,构建了蛋白质相互作用网络,这是首次通过网络生物学方法和工具探索黑腹果蝇的抗药性分子机理。

（8）农药抗性治理新技术新产品不断涌现

Zeng 等通过将二氧化铈（CeO_2）嵌入介孔有机二氧化硅纳米颗粒（MON）中制备获得了一种抑制害虫抗药性基因表达水平的纳米助剂 MON@CeO_2,平均粒径 45.4nm,良好的单分散性和负表面电荷,具有类 SOD 酶活性,可显著抑制褐飞虱体内 ROS 水平,从而抑制抗药性种群 P450 基因（NlCYP6ER1、NlCYP6CW1 和 NlCYP4CE1）的表达,可显著提升烯啶虫胺、氟啶虫胺腈、噻虫胺等杀虫剂对白背飞虱、草地贪夜蛾和棉蚜抗药性种群的毒力,表现出良好的杀虫增效、延缓抗性潜能。

（9）农药抗性快速检测技术逐步成熟形成物化产品

农药抗性治理实践中,迫切需要快速准确评估杀虫剂抗性的诊断工具。Mao 等开发了一种白背飞虱抗药性诊断试剂盒,能够快速检测白背飞虱对吡虫啉、烯啶虫胺、噻虫胺、呋虫胺、噻虫嗪、异丙威和毒死蜱耐药性,检测结果可在一小时内获得,诊断的杀虫剂抗性水平与水稻幼苗浸渍法测定的结果一致。

2. 杀菌剂抗性及治理

植物病害防治过程中,由于杀菌剂的多频次使用,病原菌在药剂的选择压力下通常会产生抗药性,从而表现出对药剂的敏感性下降。尤其是随着现代高活性的选择性杀菌剂的研发和广泛使用,由于其作用靶标位点单一,交互抗药性问题突出,导致病原菌的抗药性问题日趋严重。目前,植物病原菌的抗药性已成为植物化学保护领域最受关注的问题之一。已知产生抗药性的病原菌有卵菌门霜霉目霜霉属、假霜霉属、疫霉属等卵菌和子囊菌门、担子菌门和无性型真菌的数百种真菌。随着使用时间、次数和范围的增加,不同种类的杀菌剂在田间使用时或多或少都有抗性菌株的发现和报道,国际农药协会于二十世纪八十年代成立杀菌剂抗药性委员会 FRAC 来解决杀菌剂抗性问题。虽然杀菌剂的使用会导致病原菌产生抗药性,以及可能会对环境造成污染,但若没有杀菌剂,将有许多作物在现有的环境下不能种植。目前产生抗药性比较严重的杀菌剂主要有:琥珀酸脱氢酶抑制剂（SDHIs）、甲氧基丙烯酸酯类（QoIs）杀菌剂、二甲酰亚胺类杀菌剂（DCFs）、甾醇生物合成抑制剂（SBI）、苯并咪唑类杀菌剂。

（1）杀菌剂抗性发生现状

SDHIs 类杀菌剂作用机制为抑制病原菌线粒体呼吸电子传递链和三羧酸循环中琥珀酸

脱氢酶活性，干扰呼吸作用，阻碍能量产生，从而杀死病原菌。目前，氟吡菌酰胺、异丙噻菌胺、氟唑菌酰羟胺和联苯吡嗪菌胺等，已被广泛用于防治多种作物白粉病、叶斑病、菌核病、灰霉病、赤霉病等真菌病害。药剂与作用靶标琥珀酸脱氢酶单位点结合，病菌靶标位点突变即可对 SDHIs 药剂产生抗药性。国际杀菌剂抗性执行委员会 FRAC 基于不同的 SDHI 交互抗性模式、抗药性变异频率、抗药性水平及适合度等因素，评估 SDHIs 的抗药性风险为中等至高等。因此，随着 SDHIs 药剂的使用时间延长和应用规模扩大，抗性问题也将进一步加重。2021 年，山东农业大学发现山东省黄瓜棒孢叶斑病对啶酰菌胺、氟吡菌酰胺、氟唑菌酰胺和吡唑萘菌胺均已产生了不同程度的抗性，抗性机制主要为 sdh B、sdh C 和 sdh D 亚基上发生单或双氨基酸点突变。氨基酸突变对靶蛋白 SDH 和药剂的结合力的影响不同，导致不同突变型菌株对药剂的抗性程度不同。

QoIs 类杀菌剂作用于呼吸链复合物Ⅲ细胞色素氧化酶 bc1 复合物（泛醌氧化酶）外侧，杀菌基团是其分子上的甲氧基丙烯酸酯活性基团。该类化合物抗菌谱广，对半知菌、子囊菌、担子菌和卵菌都有较好的抗菌活性。由于作用方式单一，QoIs 极易产生抗药性。小麦白粉病菌、赤霉病、叶枯病、大麦网斑病，水稻纹枯病、稻瘟病，大豆褐斑等多种作物病害对该类药剂表现出抗性。在瓜果类作物中，霜霉病抗性问题比较严重。随着药剂的使用范围不断扩大，瓜类白粉病、果树黑星病、瓜果炭疽病等病原菌也对 QoIs 产生抗性。2019 年，南京农业大学对温室中采集到的黄瓜褐斑病菌进行测试，结果表明病原菌对 QoIs 类杀菌剂的抗性高达 100%，且对六种 QoIs 药剂表现出较强的正交互抗性[120]。2021 年，山东农业大学测定了中国不同地区 162 株黄瓜靶斑病菌对吡唑醚菌酯的抗性水平，发现均已产生较高抗性，且抗性菌株适合度比敏感菌株更高，研究者建议推迟或者暂停 QoIs 杀菌剂用于防治黄瓜靶斑病。

DCFs 是一类具有广谱性、保护及持效期长等特点的杀菌剂，对真菌具有较好的防效。在防治油菜菌核病中 DCFs 菌核净、异菌脲是使用较多的杀菌剂。迄今为止，对于 DCFs 的杀菌机制尚未有明确的认识。大多数人认为是 DCFs 诱导菌体产生还原态氧自由基与细胞膜上不饱和脂肪酸发生过氧化反应，导致细胞膜通透性受到影响，影响细胞膜的正常生理功能。不过对于这一假说是否正确，还存在许多不同观点。目前，通过病原体对 DFCs 抗性机制的研究发现，双组分组氨酸激酶（HK）基因与抗药性相关[121]。此外，研究发现 DCFs 抗性菌株对渗透压表现更敏感[122]。DCFs 对菌体的杀菌机制及抗性机制尚未研究清楚，未来这方面的研究依然任重道远。

SBI 类杀菌剂通过干扰甾醇生物合成途径，阻碍病原菌麦角甾醇生物合成，破坏细胞膜的结构和功能来达到抑菌和杀菌。SBI 类杀菌剂内吸性强，杀菌谱广，广泛登记用于白粉病、锈病、菌核病、炭疽病等多种重要作物病害的防治。根据抑制途径不同，FRAC 将 SBI 类杀菌剂分为脱甲基抑制剂（DMI）、Δ14- 还原酶或 Δ8 → Δ7- 异构酶抑制剂、3- 酮还原酶抑制剂、鲨烯环氧酶抑制剂类杀菌剂。DMI 类杀菌剂占 SBI 类杀菌剂 75%，是

SBI 类杀菌剂重要组成部分，其结构中都有一个含氮杂环，氮原子与 C–14α– 脱甲基化酶（CYP51）中的铁红素 – 铁活性中心以配位键结合，进而影响酶活性，导致细胞死亡。目前该类杀菌剂已广泛应用于多种作物病害的防治，对小麦赤霉病、水稻纹枯病、小麦叶锈病和桃褐腐病等均具有良好的防治效果。其中应用最广泛的是三唑类化合物，某些病原真菌开始对此类药剂表现出一定抗性，但是其抗性水平发展较为缓慢。目前，对于人与植物的病原真菌对唑类杀菌剂的抗性机制的报道主要有三种：① CYP51 基因点突变降低了药剂与靶蛋白的亲和力；②唑类杀菌剂靶标基因 CYP51 过量表达；③编码外排泵基因的过量表达[123]。

以多菌灵为代表的苯并咪唑类杀菌剂，是一种高效、低毒、广谱的内吸性杀菌剂，具有治疗和保护双重功效，主要作用机制是干扰病菌的有丝分裂中纺锤体的形成，从而影响细胞分裂。多菌灵、苯菌灵、噻菌灵等常用杀菌剂均属此类药剂。其中，以多菌灵最具有代表性，可用于防治小麦白粉病、葡萄灰霉病以及油菜菌核病等多种植物病害，对担子菌亚门、子囊菌亚门和半知菌亚门等多类病原菌均能起到较好的防治效果。但由于此类杀菌剂具有高度的专化性，防治病原菌作用单一，因此病原菌更容易对此类杀菌剂产生抗性。这类杀菌剂被公认为高抗药性风险类杀菌剂的典型。据统计，目前已有赤霉病菌、核盘菌、灰葡萄孢菌等五十五个属的病原菌对苯并咪唑类杀菌剂产生了抗性。

（2）病原菌的抗药性检测及监测方法

由于病原微生物具有较高的繁殖率，在药剂选择压力下，少数抗药性突变菌株在较短时间内就可能通过侵染和繁殖形成抗药性群体，导致杀菌剂突然失效，防控措手不及，造成重大损失。因此，抗药性群体发展态势监测及早期预警十分重要。快速、灵敏的病原物抗药性诊断检测方法和技术一直是植物病理学重点研究领域。目前已经建立了多种常规生测方法和分子检测技术，适用于不同场景下病原菌抗药性监测。

病原菌对药剂敏感性测定的常规生测方法包括离体测定法和活体测定法。离体测定法主要测定病原菌生长量或孢子萌发率与药剂的效应关系，包括菌落生长速率抑制法、干重法、孢子萌发法、浊度法等。活体测定方法适合专性寄生菌的抗药性检测，是指将病原菌接种到经杀菌剂处理过的植株或叶片等植物组织上，评估药剂处理剂量与发病程度间的效应关系。2019 年，青岛农业大学利用菌丝生长速率法测定了十种杀菌剂对小麦纹枯病菌禾谷丝核菌的毒力，结果表明戊唑醇、氟环唑、烯唑醇、三唑醇、吡唑醚菌酯和丙环唑原药的 EC_{50} 值分别为 0.115、0.158、0.237、0.432、0.652、1.426mg/L，均对禾谷丝核菌表现出较强的抑制活性。2022 年，河北农业大学分别采用菌丝生长速率法和孢子萌发法测定了四霉素和啶酰菌胺对采自云南省宾川县、湖北省武汉市和辽宁省北镇市六十株葡萄灰霉病菌的毒力，结果显示，葡萄灰霉病菌对四霉素和啶酰菌胺的敏感基线分别为 0.245μg/mL 和 1.115μg/mL；六十株葡萄灰霉病菌均对四霉素敏感，而 11.7% 的菌株表现为啶酰菌胺抗性。2021 年，贵州大学采用菌丝生长速率法测定了从贵州省、湖北省、河南省等八个省采集分离的八十五株水稻纹枯病菌对己唑醇、噻呋酰胺、嘧菌酯和苯醚甲环唑的敏感性，水稻纹枯病菌对四种杀菌剂的敏感基线分别为 0.048μg/mL、0.051μg/mL、1.29μg/mL、2.05μg/mL，水稻纹枯病菌对四种杀菌剂的敏感性之间没有显著相关性，且对四种杀菌剂敏感。常规生测方法对病原菌的抗性检测是比较准确和灵敏的，但是过程费时费力，工作量比较大，不适合在田间展开。

随着科学技术的进步，基于核酸检测水平的现代分子检测法开始被应用，此技术主要是通过检测已知的抗性位点来判断抗性发展情况，限制性片段长度多态性 PCR（PCR-RFLP）、等位特异 PCR（AS-PCR）、环介导等温扩增反应（LAMP）和定量 PCR 等分子检测方法被用于病原菌抗药性群体监测。2021 年，青岛农业大学采用实时荧光定量 PCR 和分子对接技术研究了小麦赤霉病菌对去甲基化（DMI）化学药剂引起抗性的原因。研究了 FgCYP51B 靶标基因上 Y123 残基在生长发育、致病性和对去甲基化 DMI 药剂抗性中的作用，结果显示，Y123H 突变导致分生孢子减少并影响子囊孢子发育；此外，该突变降低了对咪鲜胺的敏感性。研究结果将引起人们对小麦赤霉病潜在抗 DMI 突变的更多关注，此技术也可用于田间抗性检测。2020 年，东北农业大学开发了一种快速、灵敏的实时荧光定量 PCR 方法，用于定量检测叶片中黄瓜靶斑病菌并应用于田间监测。2019 年，华中农业大学建立的高度特异性的环介导等温扩增（LAMP）技术，监测和评估灰霉病 B. cinerea 对 QoIs 药剂的抗性发展风险。实验中 LAMP 检测引物是基于抗性基因 MfCYP51 上游过表达的"Mona"元件和上游区域的侧翼序列设计的，有效地区分了位于 MfCYP51 上游的"Mona"元件与基因组其他地方的同源序列，方法的灵敏阈值可达到 10fg。LAMP 技术从敏感基因型中区分耐药基因型所需的时间为八十五分钟，比一般的 PCR 方法缩短了数个小时，增强了 LAMP 技术在快速现场检测方面的实用性[124]。南京农业大学周明国团队正在研发新一代 LAMP 抗药性定量快速分子检测技术，有望将抗药性检测效率再提高一百倍以上，检测成本降低至 1%，未来的定量快速分子检测技术十分令人期待。分子检测技术为植物病原菌的抗药性监测提供了快速、灵敏、准确的优势，可批量检测大批样本，使病原菌的抗药性早期监测和预警成为可能，但需要昂贵的仪器和高级技术人员才能完成，限制了此技术的应用推广。

（3）杀菌剂的抗药性治理

化学防治是农作物病害防治的主要方式，该方法见效时间快，效果显著，操作简单。安全、高效的选择性杀菌剂仍是应急防治农作物病害的主要武器。然而，伴随选择性杀菌剂广泛应用，抗药性问题是植物病害可持续绿色防控面临的严峻挑战。田间出现抗药性主要是因为长期频繁使用同一种作用机制的药剂，病原菌长期受到同一种筛选压力，便容易进化出抗性群体。因此，抗药性治理最重要的措施是合理规范用药，其次是农业防治，生物防治也起到了重要的作用。

在杀菌剂化学防治中，越来越多的农业工作者会考虑药剂作用机制和抗性机制，避免使用 FRAC 中同一个亚类的药剂，明确所用药剂的抗性风险等级，限制同一类作用机制药剂的使用量，而将不同作用机制的药剂混合使用。目前药剂混用多分为交替使用和混合使用两种形式，研究表明混合使用时效果更好。霜脲氰与恶霜灵或代森锰锌的二元、三元混合物时，会产生增效作用，防治效果明显高于单一施药；百菌清与苯菌灵进行混合施用，很好地防治了花生褐斑病，在长达九年的化学药剂田间防治中，从未检测到抗药菌株的出现，有效地遏制了病菌抗药性的形成。2019 年，庐江县农业技术推广服务站将唑·咪鲜胺 EW（15% 戊唑醇和 30% 咪鲜胺）与 50% 嘧菌酯 WG 复配，对小麦拔节期纹枯病的田间防效为 79.07%，与单剂相比，复配杀菌剂对小麦纹枯病的田间药效均表现出防效高、持效期长、药效谱广的特点。2020 年河南科技大学发现 DMI 类杀菌剂叶菌唑（metconazole）与 MBC、SDHI 和二甲酰胺类杀菌剂没有交互耐药性，可探索用于轮换喷雾或混合喷雾使用[125]。

农业防治是病害防治的重要组成部分，可有效减轻病害的严重程度，但其本身不能完全有效控制病害发生。农业防治主要利用"病原、寄主、环境"植物病害三角进行预防。主要措施包括：①进行土壤和种子消毒处理，及时清除病残体，进行土壤深耕，减少初侵染源；②加强肥、水管理，合理施肥，调整氮磷比例，提高寄主植物的抗病性；③及时通风，合理密植，控制大棚内温、湿度，创造良好的光照条件，同时切忌阴雨天气喷雾施药或浇地；④避免连续种植同一作物，适当与非寄主作物轮作。

利用有益生物或其代谢产物来抑制病害发展的方法为生物防治，该防治手段环境友好，逐渐受到国内外研究者的广泛关注。目前的生防资源主要包括真菌、细菌、放线菌等。酵母菌和木霉菌两大种群是主要的拮抗真菌。酵母菌的定殖能力和抗逆能力强，研究发现仙人掌有孢汉逊酵母菌（Hanseniaspora opuntiae）CCMA 0760 代谢化合物 HoFs 对黄瓜棒孢叶斑病菌表现出较强的抑制作用[126]。拟康宁木霉菌（Trichoderma koningiopsis）LA279 是从圭亚那橡胶树（Hevea guianensis）叶部、韧皮部和形成层分离得到的内生菌，提前一周施用可明显减弱棒孢叶斑病菌的侵染症状[127]。棘孢木霉（Trichoderma asperellum）T1 的挥发物在抑制病原菌的同时，还可以激活细胞壁降解酶、几丁质酶、β-1,3-葡聚糖酶和防御响应酶，增强植物体的防御能力[128]。2020 年，华中农业大学发现，广泛存在的双子叶植物菌核病（Sclerotinia sclerotiorum）的病原体，可以在小麦、水稻、大麦、玉米和燕麦中内生生长，对赤霉病、条锈病和稻瘟病起到较好的防治作用[129]。

植物病原菌的抗药性已成为植物化学保护领域最受关注的问题，了解并研究杀菌剂的作用机制和抗性分子机制，不仅可以实现田间科学用药，延缓抗药性发生，而且对开发并丰富杀菌剂种类具有现实意义。通过了解与抗性起源、发展和传播有关的因素，可以在最大程度上实现有效的抗性预防和策略制定。

3. 杀虫剂抗性及治理

杀虫剂抗性的发展与药剂种类、使用频率、使用强度和使用时间密切相关。从整体看，近年来我国抗性研究较多、进展较明显的杀虫杀螨剂防治对象可分为果蔬害螨、粮果蔬害虫以及卫生害虫三大类，抗性和治理研究较多较深入的杀虫杀螨剂类型主要包括双酰胺类、新烟碱类、菊酯类、其他杂环类药剂以及多种传统高效杀虫剂。

（1）杀螨剂抗性及治理研究

主要集中在二斑叶螨（*Tetranychus urticae*）、红蜘蛛等果蔬害螨，药剂包括阿维菌素、哒螨灵、联苯菊酯、联苯肼酯等经典杀螨剂，以及乙螨唑、丁氟螨酯、腈吡螨酯、乙唑螨腈等新型杀螨剂。Liu 等报道了豇豆二斑叶螨对联苯菊酯、联苯肼酯、丁氟螨酯的抗性风险、多重抗性和管理策略，豇豆二斑叶螨成螨对联苯菊酯（十六代）、联苯肼酯（十二代）和丁氟螨酯（十三代）的抗性倍数分别为 31.29、9.38 和 5.81 倍。毒性选择指数试验表明，联苯肼酯对天敌巴氏新小绥螨 *Neoseiulus barkeri* 安全（毒性选择指数 *TSI* 大于 484.85），而联苯菊酯最不安全（*TSI* 为 0.92），三者在田间轮换使用可以延缓其抗性的发展。

（2）菊酯类农药抗性研究

主要集中在卫生害虫。Su 等从 2015 年至 2017 年广州四个登革热病毒传播强度不同的地区采集白纹伊蚊，用 WHO 标准试管法测定发现，白纹伊蚊成虫对溴氰菊酯、氯菊酯、滴滴涕、噁虫威均产生了高抗性，幼虫对吡丙醚、双硫磷和氟铃脲产生了高抗性；在电压门控钠通道基因中发现了 1534 个密码子突变，这些突变与对拟除虫菊酯和滴滴涕的抗性显著相关，并且在该基因中发现了十一个同义突变；使用增效剂胡椒基丁醇可显著降低对溴氰菊酯的抗性，但可能产生对吡丙醚的交叉抗性。Yang 等报道了白纹伊蚊对四氟甲醚菊酯抗性种群对多种拟除虫菊酯农药的多重抗性，抗性种群与甲氧苄氟菊酯、氯氟醚菊酯、Es- 生物烯丙菊酯和溴氰菊酯表现出中等交互抗性，与甲氧苄氟菊酯的交互抗性与钠通道基因 F1534S 突变相关，多功能氧化酶与抗性形成关系密切。You 等发现 P450 基因 CYP6G4 变异是家蝇抗氨基甲酸酯类杀虫剂的最重要驱动因素，CYP6G4 氨基酸突变（110C-330E-360N/S、110C-330E-060S）的组合可以提高对残杀威的抗性；CYP6G4 启动子区的核苷酸变化显著增加了荧光素酶活性，miR-281-1-5p 被证实在转录后下调 CYP6G4 的表达。这些发现表明，P450 蛋白的氨基酸突变、启动子区的突变和后反式调节因子的低表达这三个独立机制是家蝇对农药产生抗性的主要策略。

（3）双酰胺类杀虫剂抗性研究

Huang 等报道了 2016 年至 2018 年我国七个省份二化螟对氯虫苯甲酰胺的抗性状况，通过测序发现具有双酰胺抗性的二化螟鱼尼丁受体四个突变位点分别是 I4758M、Y4667D/C、G4915E 和 Y4891F，Y4667D 突变的果蝇对氯虫苯甲酰胺（1542.8 倍）、溴氰虫酰胺（487.9 倍）和四氯虫酰胺（290.1 倍）均表现出高抗性，M4758I 和 G4915E 同时突变显示出对氯虫苯甲酰胺（153.1 倍）和溴氰虫酰胺高抗性比（323.5 倍），对氟苯虫酰胺（28.9倍）和四氯虫酰胺（25.2 倍）的抗性相对较低。Zuo 等测定野外采集的甜菜夜蛾种群对氯虫苯甲酰胺抗性为 154 倍，并从中鉴定了 RyR 靶位点抗性突变 I4790M。测序表明，抗性种群对 I4743M 突变（对应于 PxRyR 中的 I4790M）是纯合的，而未检测到 G4900E 等位基因（对应于 PxRyR 的 G4946E）。近等基因 4743M 种群对氯虫苯甲酰胺（21 倍）、溴氰虫酰胺（25 倍）和氟苯虫酰胺（22 倍）具有中等抗性水平。遗传分析表明，I4743M 突变双酰胺抗性是常染色体和隐性遗传性状。Jiang 等通过标记辅助回交，得到三个小菜蛾鱼尼丁受体突变种群，对氟苯虫酰胺、氯虫苯甲酰胺、溴氰虫酰胺、四唑虫酰胺和环溴虫酰胺具有中高水平抗性，三种突变体的抗性强度依次为 I4790K（1199 至 2778 倍）、G4946E（39 至 739 倍）、I4790 M（16 至 57 倍），氟苯虫酰胺抗性是常染色体和不完全隐性。Guo 等（2020）测定报道了我国烟粉虱十八个种群对环溴虫酰胺、溴氰虫酰胺、氟啶虫胺腈、氟吡呋喃酮等新型杀虫剂以及传统杀虫剂联苯菊酯、吡虫啉的抗性水平，确定对环溴虫酰胺最敏感，相对敏感基线 LC50 值为 13.5mg/L。Wang 等报道，经过连续五年的监测，2014 年至 2018 年在我国南方采集的三个甜菜夜蛾田间种群都对氯虫苯甲酰胺产生了高抗（220.58 至 2597.39 倍），对多杀霉素、茚虫威和甲氧虫酰肼等仍为中抗到低抗。为了避免抗性快速发展，应在我国南方地区根据甜菜夜蛾的抗性模式，轮流使用抗性水平较低的杀虫剂和不同的栽培模式。Sun 等报道了小菜蛾对溴虫氟苯双酰胺的抗药性机制和适应成本，经过十代筛选，小菜蛾对溴虫氟苯双酰胺无明显抗性，实际遗传力 h^2 为 0.033，表明产生抗性的风险较低。Zhang 等监测了从我国十一个省份采集的斜纹夜蛾田间种群对六种杀虫剂的抗性，发现对氯虫苯甲酰胺、溴氰虫酰胺、氰氟虫腙、三氟甲吡醚产生了显著的抗性，对环虫酰肼低抗，对四唑虫酰胺仍然敏感，氯虫苯甲酰胺、溴氰虫酰胺、氰氟虫腙、三氟甲吡醚、环虫酰肼之间可能有交叉抗性。

（4）新烟碱类杀虫剂抗性监测、治理研究仍是抗性研究重点

为了评估噻虫嗪的抗性风险，Zhang 等经过二十四代室内筛选后，得到了对噻虫嗪具有极高抗性（大于 2325.6 倍）的甜瓜、棉花蚜虫种群，发现噻虫嗪抗性种群对噻虫胺（大于 311.7 倍）和烯啶虫胺（299.9 倍）具有极高的交叉抗性，对呋虫胺（142.3 倍）和啶虫脒的交互抗性高（76.6 倍），对吡虫啉的交叉抗性低（9.3 倍），噻虫嗪抗性种群相对适应度为 0.950，产卵天数和繁殖力显著下降，发育持续时间延长。研究比较噻虫嗪抗性和敏感种群中保幼激素酸 O– 甲基转移酶（JHAMT）、保幼激素结合蛋白（JHBP）、保幼激素环氧化物水解酶（JHEH）、蜕皮激素受体（EcR）、超螺旋蛋白（USP）和维生素原（Vg）的 mRNA 表达水平，发现在抗性种群中 JHEH 和 JHBP 显著过度表达，EcR 和 Vg 表达下调。这些结果表明，连续施用噻虫嗪，棉蚜容易产生极高的抗性，其适应成本和对其他新烟碱类药物的交叉抗性相当高。Gong 等发现，无论是室内敏感种群还是田间自然种群，连续六代暴露于低剂量的烯啶虫胺后，褐飞虱生殖能力和适合度都显著提升，田间种群繁殖力上升更为明显；利用生命表进行种群数量预测，发现该田间种群再次暴露于低剂量的烯啶虫胺后，在六十天内数量激增为对照的 3.4 倍；连续暴露六代后室内敏感种群和田间种群对烯啶虫胺的耐受性或抗药性均增大，对吡虫啉和环氧虫啶产生了交

互抗性，卵黄原蛋白基因和 P450 CYP6ER1 基因的表达量显著上升是其繁殖力以及抗药性增强的分子基础。

麦蚜（*Sitobion avenae* Fabricius）是分布于世界各地的主要小麦害虫之一，对多种杀虫剂产生了抗性。Zhang 等筛选得到了吡虫啉抗性种群（42.7 倍），吡虫啉与啶虫脒、阿维菌素、毒死蜱、氧化乐果之间存在交互抗性，抗性倍数 10.7 至 24.7 倍。通过 dsRNA 喂养沉默 CYP6A14-1、CYP307A1、GST1-1 和 COE2 导致抗性种群对吡虫啉的敏感性增加。

氟啶虫胺腈是一种新型的砜基亚胺类杀虫剂。Wang 等报道了棉蚜对氟啶虫胺腈的抗性机制和摄食行为、生活史等潜在的适应性成本，经过室内汰选获得对氟啶虫胺腈抗性40.19 倍的棉蚜，该抗性种群对新烟碱类、拟除虫菊酯和氨基甲酸酯类杀虫剂产生交叉抗性（抗性比值为 5.62 倍至 35.90 倍），抗性棉蚜更积极寻找食物，繁殖力显著高于敏感种群；发现 25 个 P450 基因在抗性种群中过表达，抑制 CYP6CY13-2 基因的表达可显著提高了抗性棉蚜对氟啶虫胺腈的敏感性。Li 等从田间获得了高度抗氟啶虫胺腈的麦蚜种群（SulR），分别采用叶浸法和生命表法分析了其对七种杀虫剂的抗性，发现 SulR 对氟啶虫胺腈具有高度抗性（抗性倍数 *RR* 为 199.8），对高效氯氰菊酯（*RR* 为 14.5）和联苯菊酯（*RR* 为 42.1）具有中度抗性，但对毒死蜱的抗性较低（*RR* 为 5.7），发育期显著延长，存活率较低，繁殖性能较差，麦蚜在氟啶虫胺腈和拟除虫菊酯药剂之间可能产生多重抗性。

新烟碱类药剂仍是防治烟粉虱的有力武器。Wang 等采用浸叶法测定了新疆五个烟粉虱田间种群对吡虫啉和噻虫嗪抗性水平，发现五个种群均对吡虫啉产生了中等至高水平的抗性（12.26 至 46.07 倍），可能与细胞色素 P450 基因的表达增加有关；多数种群对噻虫嗪仍然敏感；五个 P450 基因 CYP4G68、CYP6CM1、CYP303A1、CYP6DZ7 和 CYP6DZ4的表达水平在抗性田间种群中显著高于敏感种群。Li 等通过浸渍法测定白背飞虱对噻嗪酮、毒死蜱、吡蚜酮具有较高水平的抗药性，对烯啶虫胺、噻虫胺、噻虫嗪、吡虫啉、呋虫胺、异丙威、醚菊酯具有中低水平的抗性水平。

（5）粮果蔬害虫对菊酯类杀虫剂的抗性研究

Zeng 等获得了氰戊菊酯抗性倍数达到 17.30 倍的棉蚜种群（CyR），抗性种群与氟氯氰菊酯、高效氯氰菊酯、吡虫啉和乙酰甲胺磷的交叉抗性增强，使用增效剂胡椒基丁醇可增强对抗性种群的活性，抗性种群中 CYP3 分支中 CYP6CY7、CYP6CY12、CYP6CY21、CYP6CZ1、CYP6DA1 和 CYP6DC1 以及 CYP4 分支中 CYP380C6、CYP380C12、CYP380C44、CYP4CJ1 和 CYP4CJ5 的 mRNA 表达显著提高，通过果蝇转基因技术证实 CYP380C6、CYP6CY1 和 CYP6CY22 与高效氯氰菊酯交互抗性相关。

草地盲蝽（*Lygus pratensis* Linnaeus）是我国北方草地苜蓿的重要害虫。Tan 等在实验室筛选十四代得到高效氯氟氰菊酯抗性 42.555 倍的草地盲蝽种群，该种群对吡虫啉和高效氯氰菊酯呈低交互抗性，对溴氰菊酯呈中等交互抗性，高效氯氟氰菊酯抗性的实际遗传力为 0.339。在为期五年的草地盲蝽抗药性监测中，大多数种群对辛硫磷、灭多威和阿维菌素的抗性水平都很低。Li 等在小菜蛾中鉴定了一个名为 Pxα E8 的 CarE cDNA，在海南和广东两个多抗性田间种群中，Pxα E8 相对表达分别比易感种群高 24.4 倍和 15.5 倍。RNA 干扰敲除 Pxα E8 显著增加了高效氯氰菊酯和辛硫磷 LC$_{50}$ 处理的 HN 种群幼虫的死亡率，分别为 25.3% 和 18.3%。

（6）其他杂环类杀虫剂抗性与治理研究

近年来国内外有不少新颖杂环结构化合物陆续商品化生产并引进国内生产应用，为了指导科学合作，我国许多学者对此类杀虫剂也进行抗性跟踪或抗性风险评估，并提出了许多中肯的应用指导。

三氟苯嘧啶（triflumezopyrim，TFM）是第一种商业化的中离子杀虫剂，属于新型介离子类或两性离子类杀虫剂，亦为新型嘧啶酮类化合物，可以高效抑制烟碱型乙酰胆碱受体，能有效防治褐飞虱（SBPH）和灰飞虱（laodelphax striamellus，Fallen）。Wen 等研究表明，褐飞虱 SBPH 对 TFM 的抗性增加了 26.29 倍，经过 21 代 TFM 的连续选择，抗性的实际遗传力为 0.09。从十六代开始，在无杀虫剂条件下连续饲养五代后，抗性水平下降了 2.05 倍。耐 TFM 的种群对吡虫啉、烯啶虫胺、噻虫嗪、呋虫胺、氟啶虫酰胺、吡蚜酮和虫螨腈没有交叉抗性。P450 基因 CYP303A1、CYP4CE2 和 CYP419A1v2 的表达显著增加。SBPH 具有一定的抗 TFM 风险。TFM 抗性可能是由于 P450 基因过表达调节的 P450 酶活性增加。

双丙环虫酯（afidopyropen）是一种源自烟曲霉，专用于防控刺吸式口器害虫的新型生物杀虫剂，属弦振器官香草素受体亚家族通道调节剂。Wang 等首次报道了烟粉虱（Q 型）对双丙环虫酯的田间抗性，发现海淀种群表现出约 40 倍的抗性，被确认为不完全显性和常染色体遗传，并与氟啶虫胺腈（14.5 倍）有显著的交互抗性，但与溴氰虫酰胺、氟啶虫酰胺、吡虫啉、吡蚜酮和噻虫嗪无明显交互抗性。Wang 等从已对双丙环虫酯产生 86 倍抗性的烟粉虱种群中鉴定了瞬时受体电位（TRP）通道蛋白 Nan 和 Iav，双丙环虫酯处理后 Nan 的表达水平显著增加，基因沉默后表达下调，是首次证实 TRPV Nan 基因的过度表达可能导致烟粉虱对双丙环虫酯产生抗药性。

三氟甲吡醚又称啶虫丙醚，属二氯丙烯醚类结构。Yin 等报道了我国小菜蛾对三氟甲吡醚的抗性监测结果，认为我国南方的小菜蛾田间种群对三氟甲吡醚具有较高的抗性水平，实验室筛选种群对三氟甲吡醚抗性 31.3 倍，田间种群对三氟甲吡醚的抗性 1050.2 倍，对氟虫腈有中等的交互抗性，常染色体不完全隐性遗传。

氰氟虫腙属于新型氨基脲类杀虫剂。Shen 等研究发现，室内筛选获得的氰氟虫腙抗性种群与茚虫威之间存在中等水平的交互抗性，但与多杀菌素、乙基多杀菌素、阿维菌素、高效氯氰菊酯、丁醚脲、氯虫苯甲酰胺、Bt、虫螨腈和氟啶脲均无交互抗性。Wang 等通过两轮单对杂交和标记辅助选择，从野外采集的群体中成功地建立了两个具有纯合 F1845Y 或 V1848I 突变等位基因的小菜蛾种群（1845Y 和 1848I），两个突变种群对茚虫威的抗性分别为 378 倍和 313 倍，对氰氟虫腙的抗性分别为 734 倍和 674 倍，1845Y 种群对茚虫威和氰氟虫腙的抗性是常染色体不完全显性性状遗传，1848I 种群的抗性是常染色体但不完全隐性转半显性模式。

高度重视高效、安全的传统杀虫剂抗性监测，为科学、经济使用传统药剂，通过合理混用、轮用治理抗性提供了重要基础。Wang 等报道了山东省烟粉虱对多种农药的抗性，发现对烟粉虱田间种群成虫阿维菌素最有效，吡丙醚则对烟粉虱卵效果最显著，田间种群对吡蚜酮均还属于敏感，对新烟碱类药物也产生了低至中等抗性，多功能氧化酶和谷胱甘肽 S- 转移酶活性与杀虫剂抗性呈正相关。Meng 等采用局部施药的方法，评估了 2010 年至 2021 我国中部三个省份 46 个二化螟田间种群对三种杀虫剂的敏感性变动趋势，认为二化螟田间种群对三唑磷的抗性水平为中到高（RR 为 25.0 至 41.9 倍），对毒死蜱的抗性水平低到中等（RR 为 9.5 至 95.2 倍），2013 年的芷江种群和 2015 年的信阳种群的抗性率分别为 4.8 倍和 3.4 倍，对阿维菌素为低和中等水平的抗性（RR 为 4.1 至 53.5 倍）。Mao 等评估了 2016 年至 2018 年我国五个省份的二十个二化螟田间种群对七种杀虫剂的敏感性，其中对三唑磷（RR 为 64.5 至 461.3）和毒死蜱（RR 为 10.1 至 125.0）均产生了中到高水平的抗性，对阿维菌素表现出低至中等水平的抗性（RR 为 6.5 至 76.5），对低水平抗药性（RR 为 1.0 至 6.7）的多杀菌素、乙基多杀菌素仍然相对敏感。Li 等报道了 2019 年至 2020 年对全国白背飞虱田间种群抗药性监测结果，采用水稻幼苗浸渍法测定了全国十八个白背飞虱种群对十种杀虫剂的敏感性，测定了酯酶（EST）、谷胱甘肽 S- 转移酶（GST）和细胞色素 P450 单加氧酶（P450）的活性水平，发现白背飞虱对毒死蜱和噻嗪酮产生了高水平的抗性，对吡虫啉、噻虫嗪、呋虫胺、噻虫胺、氟啶虫胺腈、异丙威和醚菊酯表现出低到中等水平的抗性。白背飞虱对烯啶虫胺仍然敏感或抗性低。田间种群中的 EST 活性与烯啶虫胺、噻虫嗪和噻虫胺的 LC50 值显著相关。Zeng 等分析了 2003 年至 2020 年监测数据，发现最初的四年内，我国灰飞虱田间种群即已出现了高水平的噻嗪酮抗性，但此后十年内抗性水平保持稳定，即使在没有噻嗪酮选择压力的情况下也持续存在。进一步研究表明，灰飞虱对噻嗪酮的抗性具有常染色体和不完全显性的抗性遗传，抗性由多个基因控制，没有明显的适应度成本（相对适应度为 0.8707）；分别于 2014 年（引入噻嗪酮八年后）、2016 年（三年后）、2017 年（四年后）和 2019 年（十九年后）首次检测到对吡蚜酮、呋虫胺、氟啶虫胺腈和噻虫嗪的低水平抗性，所有种群对毒死蜱的抗性水平都处于中等水平，未检测到烯啶虫胺和三氟苯嘧啶的抗性。

4. 除草剂抗性及治理

（1）除草剂抗性现状

截至 2022 年，全球已经报道了 266 种杂草 513 个生物型对 21 类除草剂产生了抗药性，几乎涵盖所有不同作用靶标的除草剂。从中国农药信息网的统计数据来看，我国农药有效期内正式登记的除草剂一万多项，我国生产的除草剂原药已超过四十种。除草剂的广泛及不合理使用都导致了田间杂草对除草剂的敏感性越来越低，其抗药性杂草的报道频率呈现出逐年增加的趋势。我国抗药性杂草已经覆盖十三种作物，抗药性杂草发生数量基本与作物种植面积正相关，主要集中在水稻、小麦、大豆、玉米、油菜、棉花、果园及花生作物上。

目前，我国水稻田抗药性杂草数量在 44 例以上，远高于国际抗除草剂杂草数据库（http://www.weedscience.org）统计的十一例。抗药性杂草广泛分布于我国各个水稻种植区，稗草是水稻田第一大恶性杂草，报道最多的是其对二氯喹啉酸的抗药性，最高抗性达到718 倍；稗草对五氟磺草胺产生了最高 1279 倍的抗药性；国内先后也报道了稗草对丁草胺、丙草胺、精噁唑禾草灵、双草醚、噁嗪草酮、氰氟草酯、二甲戊灵产生了较严重的抗性。千金子对我国直播水稻田的危害仅次于稗草，水稻田千金子苗后防除的主流药剂是ACCase 抑制剂类除草剂中的氰氟草酯和噁唑酰草胺，由于氰氟草酯长期大量的使用，多地水稻田千金子已对氰氟草酯产生严重的抗药性。2019 年报道的华东地区有些水稻田千金子对氰氟草酯产生了抗药性，最高抗性指数达到 30 倍。最近在上海市千金子发生严重地区水稻田采集的 51 个千金子种群中，有八个千金子种群对氰氟草酯为抗性种群，六个种群为发展中抗性种群；有四个千金子种群对噁唑酰草胺为高抗性种群，五个种群为发展中抗性种群；精噁唑禾草灵有六个种群为抗性种群，有两个种群为发展中抗性种群。水稻田中阔叶杂草的抗药性问题也非常严重，鸭舌草、雨久花、野慈姑、慈姑、蒙特登慈姑、耳叶水苋、眼子菜、萤蔺等均有对 ALS 抑制剂类除草剂苄嘧磺隆、吡嘧磺隆产生了严重的抗药性，最高抗性指数达到 77[130]。莎草科杂草异型莎草对苄嘧磺隆和吡嘧磺隆、五氟磺草胺、双草醚和甲咪唑烟酸等 ALS 抑制剂的抗性倍数最高已经分别高达 145、4462、831、154 和 1293 倍[131]。

据全球抗性杂草统计网站，小麦田抗药性杂草中对 ALS 抑制剂类除草剂产生抗性的杂草数量高达 68 种[1]，这与 ALS 抑制剂类除草剂作用位点单一，在小麦田中被长期大量、重复使用密切相关。我国麦田主要杂草为看麦娘、日本看麦娘、播娘蒿、猪殃殃、野燕麦、多花黑麦草、节节麦等。从 2006 年至今，我国陆续报道了看麦娘对高效氟吡甲禾灵、精喹禾灵、甲基二磺隆和精噁唑禾草灵产生了显著的抗性。目前，我国小麦田日本看麦娘的防治主要依赖于精噁唑禾草灵和甲基二磺隆。在 2016 年安徽小麦地发现了日本看麦娘种群 AH-15 对精噁唑禾草灵和甲基二磺隆产生了抗性，抗性指数分别为 95.96 倍和 39.87 倍[132]。在最近的调查测试结果显示，在安徽省天长市日本看麦娘发生严重区域冬小麦田采集了十个种群，十个种群对精噁唑禾草灵均产生了高水平抗性，抗性指数在30.50 ~ 58.55。另外，近几年，主产区河南小麦田主要杂草播娘蒿、荠菜对苯磺隆抗药性呈中抗以上水平，日本看麦娘对炔草酯产生高抗，多花黑麦草对炔草酯产生中抗，节节麦对甲基二磺隆产生低抗。近三年来多花黑麦草发生面积占主产区冬小麦种植面积的 30%以上，严重地块高达 90% 以上；最近，中国两个省（江苏和河南）的多花黑麦草种群首次发现对精噁唑禾草灵具有抗性。通过对三个抗性种群（HZGX-2、HZYC-4、HZYC-5）的研究，确定了多花黑麦草四个突变基因（命名为D2078G、C2088R、I1781L、I2041N）和抗性有关[133]。

（2）除草剂抗性原因及抗性机制分析

在中国，以下八类除草剂是最容易产生抗性的除草剂类别，分别是乙酰乳酸合成酶（ALS）抑制剂、乙酰辅酶A羧化酶（ACCase）抑制剂、合成生长素除草剂、5-烯醇丙酮酰莽草酸-3-磷酸合成酶（EPSPS）抑制剂、原卟啉原氧化酶（PPO）（也称为原卟啉原IX氧化酶）抑制剂、光系统I（PSI）电子转向剂、光系统II（PSII）抑制剂和长链脂肪酸（LCFA）抑制剂，现占中国已产生抗性的97%[134]。其中，对ALS抑制剂产生抗性的杂草占比最多，排名第二的是ACCase抑制剂产生抗性的杂草。除此之外，交互抗性与多抗性在抗性杂草的进化中是普遍存在的，已经证实多种抗性杂草对ALS抑制剂、ACCase抑制剂等除草剂产生了交互抗性或多抗性[135]。

杂草对ALS抑制剂产生的靶标抗性大多是由于ALS基因的一个或多个位点发生突变导致的。目前已证实有八个氨基酸位点能够发生突变，可发生29个不同的氨基酸替换，具体基因和突变氨基酸如下：Ala-122-Thr/Val/Tyr/Ser/Asn，Pro-197-Thr/His/Arg/Leu/Gln/Ser/Ala/Ile/Asn/Glu/Tyr，Ala-205-Val/Phe，Asp-376-Glu，Arg-377-His，Trp-574-Leu/Gly/Met/Arg，Ser-653-Thr/Asn/Ile和Gly-654-Val/Asp。其中，在我国，在十种杂草中发生有五个基因突变十三个氨基酸取代的抗性，为ALS抑制剂提供已知的靶标抗性机制。在最近两年的抗苄嘧磺隆湖南异型莎草抽样种群中有80%为产生靶标基因突变，广西异型莎草抽样种群中有20%为产生靶标基因突变，包括第574位氨基酸由色氨酸（Trp）突变为亮氨酸（Leu），抗性指数最高超过了1309；第197位氨基酸由脯氨酸（Pro）分别突变为亮氨酸（Leu）、丝氨酸（Ser）、精氨酸（Arg）和丙氨酸（Ala）；376位氨基酸由天冬氨酸（Asp）突变为谷氨酸（Glu）；部分异型莎草抗性种群对ALS抑制剂五氟磺草胺产生了交互抗性，对激素类除草剂二甲四氯产生多抗性，不过对光系统II（PSII）电子传递抑制剂灭草松敏感[136]。

ACCase抑制剂是通过抑制脂肪酸合成中的关键酶ACCase来控制禾草科杂草。同样，ACCase抑制剂的耐药机制一般属于靶标抗性。密码子位置共有十个突变：1734、1738、1739、1781、1999、2027、2041、2078、2088和2096，由显性等位基因决定，可发生十七个不同的氨基酸替换而产生抗性，最常见的突变位于残基1781。抗性杂草涉及的具体突变基因和突变氨基酸如下：Arg-1734-Gly；Met-1738-Leu；Thr-1739-Ser；Ile-1781-Leu，-Val，-Thr；Trp-1999-Cys，-Leu，-Ser；Trp-2027-Cys；Ile-2041-Asn，-Val，-Thr；Asp-2078-Gly；Cys-2088-Arg和Gly-2096-Ala，-Ser。在我国的种植系统中，至少有七种杂草进化出了对目标位点ACCase的抗性：稗草、日本看麦娘、看麦娘、菵草、耿氏硬草、千金子、棒头草。近期在安徽省天长市日本看麦娘十个抗精噁唑禾草灵种群中（抗性指数在 30.50 ~ 58.55），有八个种群发生了第 1781 位异亮氨酸（Ile）到亮氨酸（Leu）突变，两个种群发生了第 2027 位色氨酸（Trp）到半胱氨酸（Cys）突变。

在中国，至少已有十二种杂草对合成生长素类除草剂产生了抗性，比如二氯喹啉酸、二甲四氯、2,4–D 丁酯和氯氟吡氧乙酸。二氯喹啉酸在中国水稻生产中被广泛用于除草，是最容易产生抗性的合成生长素类除草剂，它的密集使用已使八种稗属杂草对它产生了显著的抗性。湖南省农业科学院柏连阳团队发现普通稗受二氯喹啉酸处理后，敏感生物型中 ACO1 基因的表达量显著上调，而抗性生物型中该基因的表达量没有显著变化，推测 ACO 位点突变引起的酶活性变化可能是该型稗草产生抗性的原因[137]。南京农业大学董立尧课题组对西来稗中的多个 ACS 和 ACO 基因表达量进行分析，结果表明这些基因的表达量在抗敏性材料中存在差异。敏感生物型（JNNX–S）受二氯喹啉酸的刺激后，基因 EcACS–like、EcACS7 和 EcACO1 表达量显著提高；而在两个抗性生物型（R1 和 R2）中，12 ~ 24 小时内这几个基因的表达量基本没有变化[138]。由于激素类除草剂的作用机理复杂，激素类除草剂的作用靶点尚未明确，迄今为止，对二甲四氯、2,4–D 丁酯和氯氟吡氧乙酸等激素类除草剂产生抗性杂草的抗性机制尚不清楚，对其抗性机制的研究一直是难点。

除了基因突变导致的氨基酸替代的靶标抗性（TSR）外，各种形式的非靶标抗性（NTSR）机制也导致了杂草对 ALS、ACCase、生长素等除草剂的抗性。这些 NTSR 机制包括代谢增加、除草剂吸收减少和除草剂分子转运受损。P450s、ABC 转运蛋白、GST 以及超氧化物歧化酶、过氧化氢酶和过氧化物酶等保护酶等，都有可能在杂草 NTSR 中发挥重要作用。2021 年扬州大学袁树忠课题组在研究对氰氟草酯产生抗性的千金子时，发现一种没有发生靶标基因突变而抗性水平达到 191.6 的 YZ–R 千金子种群，氰氟草酯在此种群和非抗性千金子种群中的代谢速率明显不同，抗性杂草对氰氟草酯的降解速率显著大于非抗性杂草，结果表明 YZ–R 群体对氰氟草酯耐药性是由于基于非靶点的除草剂代谢增强所致[139]。2021 年，文马强等研究也发现，千金子抗性种群对氰氟草酯产生抗性可能与谷胱甘肽 S–转移酶（GSTs）、超氧化物歧化酶、过氧化物酶及过氧化氢酶的活力增强有关[22]。与靶标抗性（TSR）机制相比，非靶标抗性（NTSR）具有更大的复杂性和多样性，其抗性机制尚不清楚。GST– 和 P450 介导的代谢耐药已被认为是 NTSR 的主要机制。对非靶标抗性的深入研究发现，有一些由代谢抗性引起的除草剂抗性水平甚至远高于部分靶标突变引起的抗性。

（3）除草剂抗性治理

我国杂草抗性治理管理策略包括早期预防管理、化学药剂防治、栽培种植管理、生物治理措施、物理治理措施。在这些抗性管理策略中，大约 46% 是化学防治的，25% 是种植模式管理，18% 是生物防治，5% 是物理防控。其中，化学药剂措施是中国管理除草剂抗性的主要措施。

化学管理主要包括新型除草剂的开发、除草剂轮转合理使用、除草剂增效剂的研制、新配方或新助剂的使用。当抗性机制是靶标抗性时，新型除草剂的使用、除草剂轮用及除草剂混用通常在延迟抗性中发挥关键作用。令人遗憾的是，在过去的三十年里，国内及国际领域还没有研发出一种具有全新的作用方式的商业除草剂，这促使了种植者和除草剂公司更多从新型除草剂转向多种除草剂混合物，这在管理抗性方面比除草剂轮转使用更有效。我国开发了一系列混合药剂，如五氟磺草胺与丙草胺或噁草酮或乙氧磺隆或嘧草醚或苄嘧磺隆复配。硝磺草酮与精噁唑禾草灵或氯氟吡氧乙酸混配，氰氟草酯与双草醚或恶唑酰草胺或嘧啶肟草醚混配，吡嘧磺酮与丙草胺或噁嗪草酮混配，这些复配制剂用于控制水稻杂草。当除草剂轮转和复配除草剂同时使用时，交叉抗性和多重抗性会被延缓或缓解。当杂草出现 NTSR 时，增效剂的应用、配方的改变和新佐剂的使用也有助于通过增加目标部位除草剂成分的浓度来管理除草剂抗性。在我国，一系列新配方（微胶囊、离子液体等）[140] 和新助剂（聚氧乙烯十二基醚 / 辛基聚氧丙烯醚、KAO® 系列 A–134 助剂）已应用于对抗除草剂抗性。

栽培种植管理方面，多年来，为了提高作物的竞争力，最大限度地提高作物的生长，减少杂草的萌发和出苗，实施多样化栽培管理，如通过作物轮作和间作、品种选择、水肥使用、合适的种植时机和种植密度相结合，使用化感作物和薄膜覆盖等栽培管理措施在中国也取得一定的成效。这些方法有助于抑制杂草的出现和生长，从而降低杂草的种子产量，减少土壤种子库。在我国农业生产中，作物轮作通常采用禾本科作物（如玉米、小麦、水稻）与阔叶作物（如大豆、棉花、油菜）轮作，或湿地作物（如水稻）与旱地作物（如小麦）轮作。这些防治措施破坏了杂草的生命周期，并根据每种作物的生长特征改变了周围的杂草群落。这些策略对杂草抗性管理很重要。然而，这些模式并不能完全、有效控制杂草的生长。

在生物防治方面，利用草食动物、昆虫和病原微生物等杂草天敌的经典生物学方法，已被证明是我国杂草防治的有效策略。我国在稻田里饲养鱼、鸭、鹅和其他食草动物，水稻生产取得了相当大的成功。目前，大量研究从微生物中开发生物除草剂，包括细菌、真菌和放线菌衍生的产品。然而，由于这些生物制剂的作用条件和潜在的不足，大部分没有大规模生产。湖南农业科学院柏连阳团队研制了一种新型生物有机肥，由厨房垃圾、玉米秸秆、木材残渣、稻草、烟草秸秆、草灰、鸡和羊粪组成，不仅能提供生物防治高抗性杂草，也为作物提供营养。该肥料能有效控制稻田杂草稗草和阔叶杂草鸭舌草，平均杂草抑制率超过 80%，同时水稻产量较对照提高 16.3% ~ 29.8%。

我国抗性杂草的物理管理包括冬季深耕、种植前清洗作物种子、作物生长过程中的耕作、作物收获时破坏杂草种子，以及使用机械设备或人工机械收割机等。物理管理是有益的。防止杂草种子进入土壤，可使杂草种子从土壤中迅速流失。据文献报道，人工除草和机械除草可以防止超过 95% 的杂草种子进入土壤，从而大大减少杂草。一般来说，耕种除草的重点是在杂草生长的早期阶段，通过耙、犁地或其他技术，将小杂草埋藏起来，使杂草死亡。然而，耕作可能并不是一个理想的方法，它是劳动密集型，劳动力成本高，特别是在使用犁的时候会造成水土流失。

现行的各种抗除草剂管理策略都有其各自的优势和局限，因此，建立化学、栽培模式、生物和物理策略相结合的综合除草剂抗性管理体系是当务之急。我国综合抗除草剂管理系统并没有被广泛采用，主要原因是化学防治更容易使用、更有效，成本更低，而且劳动强度也低，在短期内仍然具有显著优势。大多数综合抗除草剂管理系统都将除草剂与农业措施结合使用，与化学措施相比增加成本。此外，大多数农民对持续和广泛使用除草剂所导致的抗性进化知之甚少。

三、国内外发展比较

（一）我国新农药创制能力不断提高

在国家相关部门的支持下，我国的新农药创制事业得到了前所未有的发展，取得了极大的突破。特别是近十年来，我国农药创制研究者在新农药的基础研究方面开展了大量的研究工作，在农药靶标的发现、作用机制的研究、新农药先导发现平台等方面取得了重大的研究进展，创制出一批高效、安全、环境友好型新品种、新制剂，在农业病虫草害防控中发挥积极作用。我国的新化合物合成能力已达到每年三万个，筛选能力达到每年六万个。在杀菌抗病毒剂创制方面，创制出毒氟磷、丁香菌酯、氰烯菌酯、噻唑锌、丁吡吗啉、氟唑活化酯、甲噻诱胺、甲磺酰菌唑、苯噻菌酯、氯苯醚酰胺、氟苯醚酰胺、二氯噁菌唑、氟苄噁唑砜、香草硫缩病醚、氟苄硫缩诱醚等多个具有自主知识产权的绿色新农药，具有很好的防治效果，对我国绿色农药的创新研究具有极大的推动作用。在杀虫剂和杀线虫剂创制方面，我国战略目标转向高活性、易降解、低残留及对非靶标生物和环境友好的药剂研究，并在新理论、新技术和产品创制上取得了系列进展，创制出哌虫啶、环氧虫啶、戊吡虫胍、环氧啉、叔虫肟脲、硫氟肟醚、氯溴虫腈、丁烯氟虫腈、氯氟氰虫酰胺、异唑虫嘧啶、氯虫酰胺和噁线乙醚等新型农药。在除草剂方面，建立了基于活性小分子与作用靶标相互作用研究的农药生物合理设计体系，形成了具有自身特色的新农药创制体系，构建了杂草对除草剂的抗性机制及反抗性农药分子设计模型，创制出环吡氟草酮、喹草酮和吡唑喹草酯等新品种。在有害生物抗药性方面，植物病害化学防治的科技水平得到快速提高，药剂的作用靶标、病原菌和杂草抗药性分子机制取得明显进展。同时，在重要害虫杂草抗药性的基础理论、抗药性监测与治理研究等方面取得了长足进展。现在我国新农药创制体系不断完善，创新能力和竞争力不断提高，引导农药工业以企业为主体的技术创新格局正在形成，技术创新活动由国家行为转向企业行为的基础正在确定，我国已成为世界上具有新农药创制能力的国家。

（二）关键核心技术

靶标、分子设计等前沿和核心技术研究日新月异，农药新产品创制方面不断取得突破，农药产业的技术水平、规模不断提升。发达国家投入巨大的人力、物力，积极抢占农药与生物制剂的前沿制高点。然而，我国农药相关研究缺乏核心竞争技术，主要集中的农药研发的初级阶段，长期以来以跟踪模仿为主，缺乏自主创新，产品更新换代缓慢。国内除少数技术能达到国际水平外，大部分技术与发达国家存在一定的差距，最前沿的核心技术基本上都掌握在发达国家的企业手中。国外农药研发主要由几大巨型跨国集团主导，追求全面发展，而我国新农药研发力量长期以来主要集中在科研院所和大学。虽然有少数企业开发新农药品种，也拥有专利产品，但仍缺乏大宗自主产品。新靶标及化学实体的持续创新依然是绿色农药创制的重要途径，农药品种和技术都发生了新的变化，以靶标导向的高效低毒、低风险新产品创制取得了重要进展。2005 年至 2020 年，国际上新开发了作用于二十个靶标的绿色农药 56 个，并有不少性能优异、面向生态安全的品种作为长远储备。随着新的生物技术的引领、生物信息技术的应用、多学科的交叉渗透，国际农药研究不断创新。特别是功能基因组学、蛋白质组学、结构生物学、基因编辑技术与新农药创制研究的结合日益紧密。高性能计算、大数据以及人工智能等新兴技术应用于新农药创制研究，极大地提高了农药创制效率。此外，世界农药科技的发展已经进入新时代，多学科之间的协同与渗透、新技术之间的交叉与集成、不同行业之间的跨界与整合已经成为新一轮农药科技创新浪潮的鲜明特征。围绕解决我国主要作物病虫草害防治药剂品种与剂型老化、原创性靶标少、抗药性加剧、新剂型短缺等实际问题，创制高效低风险小分子农药替代品种、发现原创性分子靶标、发展绿色防控技术、加强技术集成创新是我国实施农药"减施增效和提质"的关键。并且，加快高效低风险小分子农药的创新研究，原创性靶标的发现，RNA 干扰技术、CRISPR/Cas9 基因编辑技术和生物信息学技术的应用将是我国应对作物病虫草害的重要手段和实现我国农药减量使用的有效途径。长期以来，我国学者在新农药创制理论方面的研究相对薄弱，没有足够的发言权，很少有为国际学术界所广泛认可的主流理论。近年来，我国科学家围绕农作物重大病虫草害，以作物健康为中心，绿色发展和农药减量为前提，开展了绿色新农药的创制。在杀菌抗病毒方面，开展以超高效、调控和免疫为特征的分子靶标导向的新型杀菌抗病毒药剂的创新研究。针对水稻、蔬菜和烟草等主要农作物上的病害，建立了基于分子靶标的筛选模型，开展了杀菌抗病毒作用靶标及反应机理研究，发展了基于靶标发现先导化合物的新思路。目前，我们在杀菌抗病毒新靶标、先导发现理论和方法等方面取得显著的成绩，提出了多个原创性的模型和方法，产生了显著的国际影响。随着生命科学技术、计算机技术等新兴技术的快速发展，农药科技创新也面临着新的机遇与挑战，绿色农药是农药发展的必然趋势，使用先进技术是绿色农药的重要保障。随着科学技术的发展和环境生态保护的要求，农药工业未来的发展趋势是绿色化、低残留或对环境生态的影响较小并可在短期内修复。农药的使用技术也由粗放使用到精准、智能化使用的方向发展。充分利用相关学科的最新成果，特别是分子生物学技术、生物化学、结构生物学、计算化学及生物信息学等成果，以农药活性分子与作用靶标的相互作用研究为切入点，开展分子靶标导向的绿色化学农药的生物合理设计已成为研究的热点。基因工程技术有了长足的发展，基因工程产品进入实用化，基因工程在农药行业显现了强大的生命力。农药相关的多尺度环境与生态安全研究得到普遍关注。这些新农药的发展趋势均与农药靶标的化学生物学研究紧密关联，因此，把握国际农药科技创新发展动向，聚焦重大病虫草，深入、系统地开展多领域、多学科交叉的农药靶标的化学生物学研究是引领我国农药创新发展的必由之路。我国科学家在抗药性研究方面的硬件和软件均不比国外发达国家差。害虫抗药性研究的差距主要还是受一些思路和大的政策影响较多，主要表现在抗药性研究中的一些细节性的问题考虑不周，或者说做得不仔细，这与以完成任务为主导的项目规划有直接的关系；另外就是跟踪研究占了绝对的比例，许多研究都是模仿发达国家，国内学者之间相互模仿的研究也比较普遍，这样不可避免地大幅度减少了原创性的研究。随着高新技术的发展，新类型杀虫剂抗药性、抗药性基因分子调控、"微效"抗药性基因作用及其分子机制、抗药性基因互作以及对抗药性水平的贡献、精准抗药性基因频率的早期检测和治理技术等方面将成为杀虫剂抗性研究领域的新的生长点。

（三）其他方面

我国农药企业在新农药的创制方面能力极弱，我国拥有两千余家农药企业，但真正投身到新农药创制的企业只有极少数。大多数企业静不下心或不愿投入更多的经费搞新农药的创制研究，而是一味地争抢专利，但滞后的技术使企业并没有竞争优势。我国原始创新的结构偏少，大多结构均是基于国外已有品种的化学结构，即使在某些方面比先导结构有优势，但这些产品在市场上的竞争力量也较薄弱。创制品种能够获得登记也是新农药创制研究者期望的最终目标，当前尽管已有多个产品具有产业化前景，但由于登记实验费用以及企业对将来市场的忧虑，与科研院所合作的企业往往不愿投入资金去登记，导致许多临时转正式的登记工作没有及时跟上。创制产品的应用技术开发跟不上。当前，一些科研院所只注重实验室创制，在此基础上虽然发表了许多优秀的论文，为新农药的创制奠定了基础，也有些科研成果进行产业转化，但不注重后期应用技术开发，特别是不太注重后期推广示范应用。这是我国自主产品市场占有率极低的原因之一。

四、存在的主要问题、发展趋势与对策建议

我国农药创制经历了低效高毒、高效高毒、高效低毒、绿色农药的过程。现代农药创制更加关注农产品质量安全和生态环境安全，以高效低风险农药逐步替代传统农药是当今

农药发展的必由之路。高效低风险化学调控剂、生物源农药、免疫激活剂是未来发展的主要方向，未来农药要符合活性高、选择性高、农作物无药害、无残留、制备工艺绿色的要求。未来绿色农药的创制需要多学科的合作，涉及化学、化工、生物、农学、植保、昆虫毒理、植物生理、毒性、环境和生态、计算机信息处理、经济、市场等，需要在新的生物技术引领、生物信息技术应用，以及多学科交叉跨界中协同推进。

随着生命科学技术、计算机技术、冷冻电镜技术等新兴技术的出现，绿色农药的创制也呈现多样化的发展趋势。①开展分子靶标导向的绿色农药活性小分子的设计已成为当前农药创制的研究热点。充分利用相关学科的最新研究成果，特别是结合结构生物学、生物化学、计算化学及生物信息学等多方面的知识，以农药活性分子与作用靶标的相互作用研究为核心，探索具有靶向性强、分子设计合理的农药小分子是当前新型绿色农药创制的主流。②探索全新的作用机制是解决杀菌剂抗性问题的关键技术手段。当前，杀菌剂创制的核心难点在于当前杀菌剂的作用位点单一。因此，开展全新作用靶标及作用机制的新农药创制是重中之重。结合结构生物学等相关学科的前沿基础研究，探索全新作用靶标的新农药创制展现出强大的生命力。包括真菌几丁质合成酶、裂解性多糖单加氧酶、靶向超长链脂肪酸合成机制及以调节病原菌侵染等抗毒力策略等的探索也为新农药的创制提供了新靶标和新策略。③探索具有全新结构的原创品种，实现创制品种由量向质的根本性转变，突破创制品种市场份额瓶颈、创制新型杀菌剂。新结构的发现，可利用天然产物的结构优势，结合虚拟筛选、高通量筛选等筛选策略，加速寻找具有超高生物活性的新农药小分子，辅以活性蛋白质表达谱（ABPP）、多组学技术、单晶衍射技术等重要技术手段，揭示新农药的作用机制。④培育具有特殊抗病品种的新作物。许多植物能自身产生防御肽，抑制病原菌在寄主植物中的定殖和繁殖。⑤研究以寄主诱导的基因沉默技术为主导的植物抗病新策略。以病原菌生长发育、产孢繁殖、侵染或致病过程中的关键基因为靶点，在寄主中表达针对靶基因的RNAi构建体，在病原菌侵染植物的过程中，干扰病原菌靶基因的表达，从而有效抑制病原菌的侵染和繁殖。⑥植物免疫激活剂具有广谱的抗病、抗逆能力，是新农药创制的重要研究方向。植物免疫激活剂主要通过增强植物生理功能，增加植物对致病因子的抵抗力，从而提高植物的诱导抗性。这种免疫具有预防性、系统性、稳定性、相对性、安全性等一系列优点，可以解决化学防治带来的病原菌抗药性、环境污染和对人畜副作用等问题，有利于加速实现农产品无害化生产。

参考文献

[1] Fungicide Resistance Action Committee. Fungal Control Agents Sorted by Cross Resistance Pattern and Mode of Action

［C］. 2022.

［2］ Insecticide Resistance Action Committee. IRAC Mode of Action Classification ［C］. 2022.

［3］ The Global Herbicide Resistance Action Committee. HRAC Mode of Action Classification ［C］. 2022.

［4］ Sheard L, Tan X, Mao H, Withers J, et al. Jasmonate Perception by Inositol–Phosphate–Potentiated COI1–JAZ Co–receptor ［J］. Nature, 2010, 468: 400–405.

［5］ Yao R, Ming Z, Yan L, et al. DWARF14 is a Non–canonical Hormone Receptor for Strigolactone ［J］. Nature, 2016, 536: 469–473.

［6］ Yin P, Fan H, Hao Q, et al. Structural Insights into the Mechanism of Abscisic Acid Signaling by PYL Proteins ［J］. Nat Struct Mol Biol, 2009, 16: 1230–1236.

［7］ Cao M, Chen R, Li P, et al. TMK1–Mediated Auxin Signalling Regulates Differential Growth of the Apical Hook ［J］. Nature, 2019, 568: 240–243.

［8］ Chen Z, Zeng M J, Song B A, et al. Dufulin Activates HrBP1 to Produce Antiviral Responses in Tobacco ［J］. Plos One, 2012, 7: 3944–3949.

［9］ Shi J, Yu L, Song B A. Proteomics Analysis of Xiangcao Liusuobingmi–Treated Capsicum Annuum L Infected with Cucumber Mosaic Virus ［J］. Pestic Biochem Physiol, 2018, 149: 113–122.

［10］ Chen B, Long Q, Zhao Y Wu Y, et al. Sulfone–Based Probes Unraveled Dihydroli Poamide S–succinyl Transferase as an Unprecedented Target in Phytopathogens ［J］. J Agric Food Chem, 2019, 67: 6962–6969.

［11］ Hao G F, Wang F, Li H, et al. Computational Discovery of Picomolar Qo Site Inhibitors of Cytochrome bc1 Complex ［J］. J Am Chem Soc, 2012, 134: 11168–11176.

［12］ Zhao B, Fan S, Fan Z, et al. Discovery of Pyruvate Kinase as a Novel Target of New Ungicide Candidate 3–(4–Methyl–1,2,3–Thiadiazolyl) –6–Trichloromethyl– ［1,2,4］ –Triazolo– ［3,4–b］［1,3,4］ –Thiadizole ［J］. J Agric Food Chem, 2018, 66: 12439–12452.

［13］ Zhou Z H, Duan Y B, Zhou M G. Carbendazim–Resistance Associated Beta（2）–Tubulin Substitutions Increase Deoxynivalenol Biosynthesis by Reducing the Interaction Between Beta（2）–Tubulin and IDH3 in Fusarium Graminearum ［J］. Environ Microbiol, 2020, 22: 598–614.

［14］ Zhou Y, Zhou X E, Gong Y, et al. Structural Basis of Fusarium Myosin I Inhibition by Phenamacril ［J］. Plos Pathog, 2020, 16: e1008323.

［15］ Ridgway N D, Dawson P A, Ho Y K, et al. Translocation of Oxysterol Binding Protein to Golgi Apparatus Triggered by Ligand Binding ［J］. J Cell Biol, 1992, 116: 307–319.

［16］ Wang J G, Lee P K M, Dong Y, et al. Crystal Structures of Two Novel Sulfonylurea Herbicides in Complex with Arabidopsis Thaliana Acetohydroxyacid synthase ［J］. FEBS J, 2009, 276: 1282–1290.

［17］ Lin H Y, Chen X, Dong J, et al. Rational Redesign of Enzyme Via the Combination of Quantum Mechanics/ Molecular Mechanics, Molecular Dynamics, and Structural Biology Study ［J］. J Am Chem Soc, 2021, 143: 15674–15687.

［18］ Campe R, Hollenbach E, Kämmerer L, et al. A New Herbicidal Site of Action: Cinmethylin Binds to Acyl–ACPThioesterase and Inhibits Plant Fatty Acid Biosynthesis ［J］. Pestic Biochem Physiol, 2018, 148: 116–125.

［19］ Liu T, Zhang H, Liu F, et al. Structural Determinants of An Insect β–N–Acetyl–D–Hexosaminidase Specialized as a Chitinolytic Enzyme ［J］. J Biol Chem, 2011, 286: 4049–4058.

［20］ Wang D M, Xie X, Gao D, et al. Dufulin Intervenes the Viroplasmic Proteins as the Mechanism of Action Against Southern Rice Black–Streaked Dwarf virus ［J］. J Agric Food Chem, 2019, 67: 11380–11387.

［21］ Li X Y, Song B A, Chen X, et al. Crystal Structure of a Four–Layer Aggregate of Engineered TMV CP Implies the Importance of Terminal Residues for Oligomer Assembly ［J］. Plos One, 2013, 8: e77717.

［22］ Qiao X, Zhang X, Zhou Z, et al. An Insecticide Target in Mechanoreceptor Neurons ［J］. Sci Adv, 2022, 8:

eabq3132.

［23］ Li X Y, Chen K, Gao D, et al. Binding Studies Between Cytosinpeptidemycin and the Superfamily 1 Helicase Protein of Tobacco Mosaic Virus ［J］. RSC Adv, 2018, 8: 18952-18958.

［24］ Wang C, Yan Y L, Huang M, et al. Myricetin Derivative LP11 Targets Cucumber Mosaic Virus 2b Protein to Achieve in Vivo Antiviral Activity in Plants ［J］. J Agric Food Chem, 2022, 70: 15360-15370.

［25］ Bai Q, Jiang J M, Luo D, et al. Cysteine Protease Domain of Potato Virus Y: The Potential Target for Urea Derivatives ［J］. Pestic Biochem Physiol, 2022, 189: 105309.

［26］ Wang L, Huang M X, Wu Z L, et al. Methyl Eugenol Binds Recombinant Gamma-Aminobutyric Acid Receptor-Associated Protein From the Western Flower Thrips Frank Liniella occidental ［J］. J Agric Food Chem, 2022, 70: 4871-4880.

［27］ Giudice G, Moffa L, Varotto S, et al. Novel and Emerging Biotechnological CropProtection Approaches ［J］. Plant Biotechnol J, 2021, 19: 1495-1510.

［28］ Uraguchi D, Kuwata K, Hijikata Y, et al. A Femtomolar-Range Suicide Germination Stimulant for the Parasitic Plant Striga Hermonthica ［J］. Science, 2018, 362: 1301-1305.

［29］ Nesterov A, Spalthoff C, Kandasamy R, et al. TRP Channels in Insect Stretch Receptors as Insecticide Targets ［J］. Neuron, 2015, 6, 86: 665-671.

［30］ Chen W, Cao P, Liu Y, et al. Structural Basis for Directional Chitin Biosynthesis ［J］. Nature, 2022, 610: 402-408.

［31］ Sun Y, Wang Y, Zhang X, et al. Plant Receptor Like Protein Activation by a Microbial Glycoside Hydrolase ［J］. Nature, 2022, 610: 335-342.

［32］ Pan P L, Ye Y X, Lou Y H, et al. A Comprehensive Omics Analysis and Functional Survey of Cuticular Proteins in the Brown Planthopper ［J］. Proc Natl Acad Sci, 2018, 115: 5175-5180.

［33］ Guo L, Cesari S, Guillen K, et al. Specific Recognition of Two MAX Effectors by Integrated HMA Domains in Plant Immune Receptors Involves Distinct Binding Surfaces ［J］. Proc Natl Acad Sci, 2018, 115: 11637-11642.

［34］ Orton F, Rosivatz E, Scholze M, et al. Widely Used Pesticides with Previously Unknown Endocrine Activity Revealed as in Vitro Antiandrogens ［J］. Environ Health Persp, 2011, 119 (6): 794-800.

［35］ Buysens C, Dupre D B H, Declerck S. Do Fungicides Used to Control Rhizoctonia Solani Impact the Non-Target Arbuscular Mycorrhizal Fungus Rhizophagus Irregularis ［J］. Mycorrhiza, 2015, 25 (4): 277-288.

［36］ Liu L, Zhu B, Wang G X. Azoxystrobin-Induced Excessive Reactive Oxygen Species (ROS) Production and Inhibition of Photosynthesis in the Unicellular Green Algae Chlorella Vulgaris ［J］. Environ Sci Pollut Res Int, 2015, 22 (10): 7766-7775.

［37］ Osada H. Discovery and Applications of Nucleoside Antibiotics Beyond Polyoxin ［J］. J Antibiot, 2019, 72 (12): 855-864.

［38］ Atukuri J, Fawole O A, Opara U L. Effect of Exogenous Fludioxonil Postharvest Treatment on Physiological Response, Physico-Chemical, Textural, Phytochemical and Sensory Characteristics of Pomegranate Fruit ［J］. J Food Meas Charact, 2017, 11 (3): 1081-1093.

［39］ Billard A, Fillinger S, Leroux P, et al. Strong Resistance to the Fungicide Fenhexamid Entails a Fitness Cost in Botrytis Cinerea, as Shown by Comparisons of Isogenic Strains ［J］. Pest Manag Sci, 2012, 68 (5): 684-691.

［40］ Maeda T, Ishiwari H. Tiadinil. A Plant Activator of Systemic Acquired Resistance, Boosts the Production of Herbivore-Induced Plant Volatiles that Attract the Predatory Mite Neoseiulus Womersleyi in the Tea Plant Camellia Sinensis ［J］. Exp Appl Acarol, 2012, 58 (3): 247-258.

［41］ Cartereau A, Taillebois E, Le Questel J Y, et al. Mode of Action of Neonicotinoid Insecticides Imidacloprid and

Thiacloprid to the Cockroach Pame α 7 Nicotinic Acetylcholine Receptor ［J］. Int J Mol Sci, 2021, 22（18）: 9880.

［42］ Smith T J, Soderlund D M. Action of the Pyrethroid Insecticide Cypermethrin on Rat Brain IIa Sodium Channels Expressed in Xenopus Oocytes ［J］. Neurotoxicology, 1998, 19（6）: 823–832.

［43］ Lahm G P, Cordova D, Barry J D, et al. 4–Azolylphenyl Isoxazoline Insecticides Acting at the GABA Gated Chloride Channel ［J］. Bioorg Med Chem Lett, 2013, 23（10）: 3001–3006.

［44］ Zhu W, Duan Y, Chen J, et al. SERCA Interacts with Chitin Synthase and Participates in Cuticular Chitin Biogenesis in Drosophila ［J］. Insect Biochem Molec, 2022, 145: 103783.

［45］ Sun J, Ma X L, Wang W, et al. The Adsorption Behavior of Atrazine in Common Soils in Northeast China ［J］. B Environ Contam Tox, 2019, 103（2）: 316–322.

［46］ Sandmann G, Ward C E, Lo W C, et al. Bleaching Herbicide Flurtamone Interferes with Phytoene Desaturase ［J］. Plant Physiol, 1990, 94（2）: 476–478.

［47］ Dimaano N G, Yamaguchi T, Fukunishi K, et al. Functional Characterization of Cytochrome P450 CYP81A Subfamily to Disclose the Pattern of Cross–Resistance in Echinochloa Phyllopogon ［J］. Plant Mol Biol, 2020, 102: 403–416.

［48］ Velini E D, Trindade M L B, Alves E, et al. Eucalyptus ESTs Corresponding to the Enzyme Glutamine Synthetase and the Protein D1, Sites of Action of Herbicides that Cause Oxidative Stress ［J］. Genet Mol Biol, 2005, 28: 555–561.

［49］ Shino M, Hamada T, Shigematsu Y, et al. In Vivo and in Vitro Evidence for the Inhibition of Homogentisate Solanesyltransferase by Cyclopyrimorate ［J］. Pest Manag Sci, 2020, 76（10）: 3389–3394.

［50］ Kahlau S, Schroder F, Freigang J, et al. Aclonifen Targets Solanesyl Diphosphate Synthase, Representing a Novel Mode of Action for Herbicides ［J］. Pest Manag Sci, 2020, 76（10）: 3377–3388.

［51］ Boivin M, Bourdeau N, Barnabe S, et al. Sprout Suppressive Molecules Effective on Potato（Solanum Tuberosum） Tubers during Storage: a Review ［J］. Am J Potato Res, 2020, 97（5）: 451–463.

［52］ Grossmann K, Caspar G, Kwiatkowski J, et al. On the Mechanism of Selectivity of the Corn Herbicide BAS 662H: a Combination of the Novel Auxin Transport Inhibitor Diflufenzopyr and the Auxin Herbicide Dicamba ［J］. Pest Manag Sci, 2002, 58（10）: 1002–1014.

［53］ Dai T, Wang Z, Cheng X, et al. Uncoupler SYP–14288 Inducing Multidrug Resistance of Phytophthora Capsici Through Overexpression of Cytochrome P450 Monooxygenases and P–glycoprotein ［J］. Pest Manag Sci, 2022, 78: 2240–2249.

［54］ Ma T L, Li Y Q, Lou Y, et al. The Drug H+ Antiporter FgQdr2 is Essential for Multiple Drug Resistance, Ion Homeostasis, and Pathogenicity in Fusarium Graminearum ［J］. J Fungi, 2022, 8: 1009.

［55］ Ren W, Liu N, Hou Y, et al. Characterization of the Resistance Mechanism and Risk of Fusarium Verticillioides to the Myosin Inhibitor Phenamacril ［J］. Phytopathology, 2020, 110: 790–794.

［56］ Wang Q, Mao Y, Li T, et al. Molecular Mechanism of Sclerotinia Sclerotiorum Resistance to Succinate Dehydrogenase Inhibitor Fungicides ［J］. J Agric Food Chem, 2022, 70: 7039–7048.

［57］ Shao W, Wang J, Wang H, et al. Fusarium Graminearum FgSdhC1 Point Mutation A78V Confers Resistance to the Succinate Dehydrogenase Inhibitor Pydiflumetofen ［J］. Pest Manag Sci, 2022, 78: 1780–1788.

［58］ Ni Y, Hou Y, Kang J, et al. ATP–Dependent Protease ClpP and Its Subunits ClpA, ClpB, and ClpX Involved in the Field Bismerthiazol Resistance in Xanthomonas Oryzae Pv Oryzae ［J］. Phytopathology, 2021, 111: 2030–2040.

［59］ Cheng X K, Dai T, Hu Z, et al. Cytochrome P450 and Glutathione S–Transferase Confer Metabolic Resistance to SYP–14288 and Multi–Drug Resistance in Rhizoctonia Solani ［J］. Front Microbio, 2022, 13: 806339.

［60］ Hao W, Hu X, Zhu F, et al. Enantioselective Distribution, Degradation, and Metabolite Formation of Myclobutanil and Transcriptional Responses of Metabolic-Related Genes in Rats ［J］. Environ Sci Technol, 2018, 52: 8830-8837.

［61］ Wang Z, Li R, Wu Q, et al. Enantioselective Metabolic Mechanism and Metabolism Pathway of Pydiflumetofen in Rat Liver Microsomes: In Vitro and In Silico Study ［J］. J Agric Food Chem, 2022, 70: 2520-2528.

［62］ Esmat A, Bei G B, Li L, et al. Enantioselective Bioactivity, Toxicity, and Degradation in Different Environmental Mediums of Chiral Fungicide Epoxiconazole ［J］. J Hazard Mater, 2019, 386: 121951.

［63］ Xing S, Shi L, Liu G, et al. S-Adenosyl-l-Methionine Promotes Metabolism of Fungicides in Cabernet Sauvignon (Vitis vinifera L.) Berries ［J］. J Agric Food Chem, 2020, 68: 12413-12420.

［64］ Xue P F, Liu X W, Jia H, et al. Environmental Behavior of the Chiral Fungicide Epoxiconazole in Earthworm-soil System: Enantioselective Enrichment, Degradation Kinetics, Chiral Metabolite Identification, and Biotransformation Mechanism ［J］. Environ. Internat, 2022, 167: 107442.

［65］ Yang X D, Zhou Y L, Sun Y A, et al. Multiple Insecticide Resistance and Associated Mechanisms to Volatile Pyrethroid in an Aedes albopictus Population Collected in Southern China ［J］. Pest Biochem Physiol, 2019, 154: 46-59.

［66］ Tian K, Feng J, Zhu J, et al. Pyrethrin-Resembling Pyrethroids Are Metabolized More Readily Than Heavily Modified Ones by CYP9As From Helicoverpa armigera ［J］. Pest Biochem Physiol, 2021, 176: 104871.

［67］ Qing M Z, Gao Z H, Xu Y L. Research Progresses in the Resistance Mechanisms of Fall Armyworm Spodoptera Frugiperda to Insecticides ［J］. J Plant Protect, 2020, 47: 692-697.

［68］ Peng C, Yin H, Liu Y, et al. RNAi Mediated Gene Silencing of Detoxifification Related Genes in the Ectropis Oblique ［J］. Genes, 2022, 13: 1141.

［69］ Lu K, Li Y M, Xiao T X, et al. The Metabolic Resistance of Nilaparvata Lugens to Chlorpyrifos Is Mainly Driven by the Carboxylesterase CarE17 ［J］. Ecotoxicol Environ Safety, 2022, 241: 113738.

［70］ Ding Q, Xu X, Sang Z T, et al. Detoxifification Carboxylesterase Boest1 From Bradysia Odoriphaga Yang et Zhang (Diptera: Sciaridae) ［J］. Pest Manag Sci, 2022, 78: 591-602.

［71］ Wu S, He M R, Xia F J, et al. The Cross-Resistance Pattern and the Metabolic Resistance Mechanism of Acetamiprid in the Brown Planthopper, Nilaparvata Lugens (Stål) ［J］. Int J Mol Sci, 2022, 23: 9429.

［72］ Zhang Z Q, Pei P, Zhan M, et al. Chromosome-Level Genome Assembly of Dastarcus Helophoroides Provides Insights into CYP450 Genes Expression Upon Insecticide ［J］. Pest Manag Sci, 2022, 78: 591-602.

［73］ Li J, Peng Q, Han H, et al. Glyphosate Resistance in Tridaxb Procumbens Via a Novel EPSPS Thr-102-Ser Substitution ［J］. J Agric Food Chem, 2018, 66: 7880-7888.

［74］ Chen J, Chu Z, Han H, et al. Val-202-Phe α-Tubulin Mutation and Enhanced Metabolism Confer Dinitroaniline Resistance in a Single Lolium Rigidum Population ［J］. Pest Manag Sci, 2020, 76: 645-652.

［75］ Fang J, Zhang Y, Liu T, et al. Target-Site and Metabolic Resistance Mechanisms to Penoxsulam in Barnyardgrass (Echinochloa Crus-galli (L.) P. Beauv) ［J］. J Agric Food Chem, 2019, 67: 8085-8095.

［76］ Deng W, Yang Q, Chen Y, et al. Cyhalofop-butyl and Glyphosate Multiple-Herbicide Resistance Evolved in an Eleusine Indica Population Collected in Chinese Direct-Seeding Rice ［J］. J Agric Food Chem, 2020, 68: 2623-2630.

［77］ Zhao N, Jiang M, Li Q, et al. Cyhalofop-Butyl Resistance Conferred by a Novel Trp-2027-Leu Mutation of Acetyl-CoACarboxylase and Enhanced Metabolism in Leptochloa Chinensis ［J］. Pest Manag Sci, 2022, 78 (3): 1176-1186.

［78］ Ma H, Lu H, Han H, et al. Metribuzin Resistance Via Enhanced Metabolism in a Multiple Herbicide Resistant Lolium Rigidum Population ［J］. Pest Manag Sci, 2020, 76: 3785-3791.

［79］ Yang Q, Li J, Shen J, et al. Metabolic Resistance to Acetolactate Synthase Inhibiting Herbicide Tribenuron‐Methyl in Descurainia Sophia L. Mediated by Cytochrome P450 Enzymes ［J］. J Agric Food Chem, 2018, 66: 4319‐4327.

［80］ Zhang D, Li X, Bei F, et al. Investigating the Metabolic Mesosulfuron‐Methyl Resistance in Aegilops Tauschii Coss. By Transcriptome Sequencing Combined With the Reference Genome ［J］. J Agric Food Chem, 2022, 70: 11429‐11440.

［81］ Pan L, Yu Q, Han H, et al. Aldo‐keto Reductase Metabolizes Glyphosate and Confers Glyphosate Resistance in Echinochloa colona ［J］. Plant Physiol, 2019, 181 (4): 1519‐1534.

［82］ Deng W, Yang M, Li Y, et al. Enhanced Metabolism Confers a High Level of Cyhalofop‐Butyl Resistance in a Chinese Sprangletop (*Leptochloa chinensis* (L.) Nees) Population ［J］. Pest Manag Sci, 2021, 77 (5): 2576‐2583.

［83］ Zhang H, Yu T, Li J, et al. Two Dcm Gene Clusters Essential For the Degradation of Diclofop‐methyl in a Microbial Consortium of Rhodococcus sp. JT‐3 and Brevundimonas sp. JT‐9 ［J］. J Agric Food Chem, 2018, 66: 12217‐12226.

［84］ Jia G, Xu J, Long X, et al. Enantioselective Degradation and Chiral Stability of Glufosinate in Soil and Water Samples and Formation of 3‐Methylphosphinicopropionic Acid and N‐Acetyl‐glufosinate Metabolites ［J］. J Agric Food Chem, 2019, 67: 11312‐11321.

［85］ Xiang S, Lin R, Shang H, et al. Efficient Degradation of Phenoxyalkanoic Acid Herbicides by the Alkali‐Tolerant Cupriavidus Oxalaticus Strain X32 ［J］. J Agric Food Chem, 2020, 68: 3786‐3795.

［86］ Wang X D, Zhang C Y, Yuan Y, et al. Molecular Responses and Degradation Mechanisms of the Herbicide Diuron in Rice Crops ［J］. J Agric Food Chem, 2022, 70: 14352‐14366.

［87］ Zhai X Y, Chen Z J, Liu J, et al. Expression of CYP76C6 Facilitates Isoproturon Metabolism and Detoxification in Rice ［J］. J Agric Food Chem, 2022, 70: 4599‐4610.

［88］ Soares da Costa T P, Hall C J, Panjikar S, et al. Towards Novel Herbicide Modes of Action by Inhibiting Lysine Biosynthesis in Plants ［J］. eLife, 2021, 10: 69444‐69461.

［89］ Li W, Ding Y, Qi H, et al. Discovery of Natural Products as Multitarget Inhibitors of Insect Chitinolytic Enzymes Through High‐Throughput Screening ［J］. J Agric Food Chem, 2021, 69: 10830‐10837.

［90］ Chen L, Tian X, Li Y, et al. Broad‐Spectrum Pesticide Screening by Multiple Cholinesterases and Thiocholine Sensors Assembled High‐throughput Optical Array System ［J］. J Hazard Mater, 2021, 402: 123830‐123839.

［91］ Zhu K, Shen C, Tang C, et al. Improvement in the Screening Performance of Potential Aryl Hydrocarbon Receptor Ligands by Using Supervised Machine Learning ［J］. Chemosphere, 2021, 265, 129099.

［92］ Dong Y, Jiang X, Liu T Ling Y, et al. Structure‐Based Virtual Screening, Compound Synthesis, and Bioassay for the Design of Chitinase Inhibitors ［J］. J Agric Food Chem, 2018, 66: 3351‐3357.

［93］ Dong L, Shen S, Jiang X, et al. Discovery of Azo‐aminopyrimidines as Novel and Potent Chitinase of Chi‐h Inhibitors Via Structure‐Based Virtual Screening and Rational Lead Optimization ［J］. J Agric Food Chem, 2022, 70: 12203‐12210.

［94］ Shoaib A, Waqas M, Elabasy A, et al. Preparation and Characterization of Emamectin Benzoate Nanoformulations Based on Colloidal Delivery Systems and Use in Controlling Plutella Xylostella (L.) (Lepidoptera: Plutellidae) ［J］. RSC adv, 2018, 8: 15687‐15697.

［95］ Liang X, Zhao Y, Guo N, et al. Heterogeneous activation of Peroxymonosulfate by Co3O4 Loaded Biochar for Efficient Degradation of 2,4‐Dichlorophenoxyacetic Acid ［J］. Colloids Surf A Physicochem Eng Asp, 2021, 627, 127152.

［96］ Chen H, Shi Q, Fu H, et al. Rapid Detection of Five Pesticide Residues Using Complexes of Gold Nanoparticle and Porphyrin Combined with Ultraviolet Visible Spectrum [J]. J Sci Food Agric, 2020, 100: 4464-4473.

[97] Mahajan R, Selim A, Neethu K M, et al. A Systematic Study to Unravel the Potential of Using Polysaccharides Based Organic-Nanoparticles Versus Hybrid-Nanoparticles for Pesticide Delivery [J]. Nanotechnology, 2021, 32: 475704.

[98] Xu W, Zhang M, Li Y, et al. Complete ProtectionFrom Henosepilachna Vigintioctopunctata by Expressing Long Double-Stranded RNAs in Potato Plastids [J]. J Integr Plant Biol, 2022.

[99] Vadlamudi T, Patil B L, Kaldis A, et al. DsRNA-Mediated Protection Against Two Isolates of Papaya Ringspot Virus Through Topical Application of DsRNA in Papaya [J]. J Virol Methods, 2020, 275: 113750-113756.

[100] Holeva M C, Sklavounos A, Rajeswaran R, et al. Topical Application of Double-Stranded Rna Targeting 2b and CP Genes of Cucumber Mosaic Virus Protects Plants Against Local and Systemic Viral Infection [J]. Plants, 2021, 10: 963-981.

[101] Zhang J, Zhao L, Zhu C, et al. Facile Synthesis of Novel Vanillin Derivatives Incorporating a Bis (2-hydroxyethyl) Dithhioacetal Moiety as Antiviral Agents [J]. J Agric Food Chem, 2017, 65: 4582-4588.

[102] Shi J, He H, Hu D, et al. Defense Mechanism of Capsicum Annuum l. Infected with Pepper Mild Mottle Virus Induced by Vanisulfane [J]. J Agric Food Chem, 2022, 70: 3618-3632.

[103] Li P, Hu D Y, Xie D D, Design, Synthesis, and Evaluation of New Sulfone Derivatives containing a 1,3, 4-Oxadiazole Moiety as Active Antibacterial Agents [J]. J Agric Food Chem, 2018, 66: 3093-3100.

[104] Sun J, He F, Wang Z, et al. Carbene-Catalyzed Enal γ-carbon Addition to α-Ketophosphonates for Enantioselective Access to Bioactive 2-pyranylphosphonates [J]. Chem Commun, 2018, 54: 6040-6043.

[105] Jin J, Huang X, Xu J, et al. Carbene-catalyzed Atroposelective Annulation and Desymmetrization of Urazoles [J]. Org Lett, 2021, 23: 3991-3996.

[106] Yang J F, Wang F, Jiang W, et al. PADFrag: A Database Built for the Exploration of Bioactive Fragment Space for Drug Discovery [J]. J Chem Inf Model, 2018, 58: 1725-1730.

[107] Qu R Y, Yang J F, Chen Q, et al. Fragment-Based Discovery of Flexible Inhibitor Targeting Wild-type Acetohydroxyacid Synthase and P197L Mutant [J]. Pest Manag Sci, 2020, 76: 3403-3412.

[108] Yan Y C, Wu W, Huang G Y, et al. Pharmacophore-Oriented Discovery of Novel 1,2,3-Benzotriazine-4-one Derivatives as Potent 4-Hydroxyphenylpyruvate Dioxygenase Inhibitors [J]. J Agric Food Chem, 2022, 70: 6644-6657.

[109] Zhang P, Zou J B, An Q, et al. Two new cytisine-type alkaloids from the seeds of Thermopsis lanceolata [J]. J Asian Nat Prod Res, 2022, 24, 1141-1149.

[110] Wang Z C, Wang Y, Huang L Y, et al. Two New Halogenated Metabolites From the Red Alga Laurencia sp [J]. J Asian Nat Prod Res, 2023, 25: 61-67.

[111] Wang W, Xu C B, Lei X Q, et al. Sulfonated alkaloids from an aqueous extract of Isatis indigotica roots [J]. J Asian Nat Prod Res, 2022, 6: 503-517.

[112] Chen D J, Yuan S, Zhang P, et al. Two New Isoflavones From the Roots of Sophora Tonkinensis [J]. J Asian Nat Prod Res, 2023, 25: 163-170.

[113] Zhang X M, Xu H, Su H F, et al. Design, Synthesis, and Biological Activity of Novel Fungicides Containing a 1,2,3,4-Tetrahydroquinol [J]. J Agric Food Chem, 2022, 70: 1776-1787.

[114] Guo P B, Wang Z W, Li G, et al. First Discovery of Polycarpine, Polycarpaurines A and C, and Their Derivatives as Novel Antiviral and Antiphytopathogenic Fungus Agents [J]. J Agric Food Chem, 2016, 64: 4264-4272.

[115] Liu B, Li R, Li Y A, et al. Discovery of Pimprinine Alkaloids as Novel Agents against a Plant Virus [J]. J Agric Food Chem, 2019, 67: 1795-1806.

［116］ Wang T N, Yang S, Li H Y, et al. Discovery, Structural Optimization, and Mode of Action of Essramycin Alkaloid and Its Derivatives as Anti-Tobacco Mosaic Virus and Anti-Phytopathogenic Fungus Agents［J］. J Agric Food Chem, 2020, 68: 471-484.

［117］ Yang X, Wei X, Yang J, et al. Epitranscriptomic Regulation of Insecticide Resistance［J］. Sci Adv, 2020, 7: eabe5903.

［118］ Ma C S, Zhang W, Peng Y, et al. Climate Warming Promotes Pesticide Resistance through Expanding Overwintering Range of a Global Pest［J］. Nat Commun, 2021, 12: 5351.

［119］ Guo L, Cheng Z, Qin J, et al. MAPK-mediated Transcription Factor GATAd contributes to Cry1Ac Resistance in Diamondback Moth by Reducing PxmALP Expression［J］. Plos Gen, 2022, 18: e1010037.

［120］ Duan Y, Xin W, Lu F, et al. Benzimidazole- and QoI-resistance in Corynespora Cassiicola Populations From Greenhouse-Cultivated Cucumber: an Emerging Problem in China［J］. Pestic Biochem Physiol, 2019, 153: 95-105.

［121］ Li J, Kang T, Talab K M A, et al. Molecular and Biochemical Characterization of Dimethachlone Resistant Isolates of Sclerotinia Sclerotiorum［J］. Pestic Biochem Physiol, 2017, 138: 15-21.

［122］ Firoz M J, Xiao X, Zhu F X, et al. Exploring Mechanisms of Resistance to Dimethachlone in Sclerotinia Sclerotiorum［J］. Pest Manag Sci, 2016, 72: 770-779.

［123］ Dudakova A, Spiess B, Tangwattanachuleeporn M, et al. Molecular Tools For the Detection and Deduction of Azole Antifungal Drug Resistance Phenotypes in Aspergillus Species［J］. Clin Microbiol Rev, 2017, 30: 1065-1091.

［124］ Chen S, Schnabel G, Yuan H, et al. Detection of the genetic element "Mona" associated with DMI resistance in Monilinia fructicola［J］. Pest Manag Sci, 2019, 75 (3): 779-786.

［125］ Liu S, Fu L, Chen J, et al. Baseline sensitivity of Sclerotinia Sclerotiorum to metconazole and the analysis of cross-resistance with carbendazim, dimethachlone, boscalid, fluazinam, and fludioxonil［J］. Phytoparasitica, 2021, 49 (1): 123-130.

［126］ Ferreira-Saab M, Formey D, Torres M, et al. Compounds Released by the Biocontrol Yeast Hanseniaspora Opuntiae Protect Plants Against Corynespora Cassiicola and Botrytis Cinerea［J］. Front Microbiol, 2018, 9: 1596.

［127］ Pujade-Renaud V, Déon M, Gazis-Seregina R, et al. Endophytes From Wild Rubber Trees as Antagonists of the Pathogen Corynespora Cassiicola［J］. Phytopathology, 2019, 109: 1888-1899.

［128］ Wonglom P, Ito S I, Sunpapao A. Volatile Organic Compounds Emitted From Endophytic Fungus Trichoderma Asperellum T1 Mediate Antifungal Activity, Defense Response and Promote Plant Growth in Lettuce (*Lactuca sativa*)［J］. Fungal Ecol, 2020, 43: 100867.

［129］ Tian B, Xie J, Fu Y, et al. A Cosmopolitan Fungal Pathogen of Dicots Adopts an Endophytic Lifestyle on Cereal Crops and Protects Them From Major Fungal Diseases［J］. The ISME J, 2020, 14: 3120-3135.

［130］ Wei S H, Li P S, Ji M, et al. Target-site resistance to bensulfuron-methyl in Sagittaria trifolia L. populations［J］. Pestic Biochem Physiol, 2015, 124: 81-85.

［131］ Li Z, Li X J, Chen J C, et al. Variation in mutations providing resistance to acetohydroxyacid synthase inhibitors in Cyperus difformis in China［J］. Pestic Biochem Physiol, 2020, 166: 104571.

［132］ Bi Y L, Liu W T, Guo W L, et al. Molecular basis of multipleresistance to ACCase-and ALS-inhibiting herbicides in Alopecurus japonicus from China［J］. Pestic Biochem Physiol, 2016, 126: 22-27.

［133］ Zhang P, Zhang Y, Chen X, et al. Cross resistance patterns to acetyl-CoA carboxylase inhibiting herbicides associated with different mutations in Italian ryegrass from China［J］. Crop Prot, 2020, 143 (1): 105479.

［134］ Liu X Y, Merchant A, Xiang S H, et al. Managing herbicide resistance in China［J］. Weed Sci, 2020, 69:

4–17.

[135] Deng W, Yang M, Duan Z W, et al. Molecular basis of resistance to bensulfuron–methyl and cross–resistance patterns to ALS–inhibiting herbicides in Ludwigia prostrata [J]. Weed Technol, 2021, 35: 656–661.

[136] Mengge H, Di L, Fengyan Z, et al. Comparative analysis of resistance to ALS–inhibiting herbicides in smallflower umbrella sedge (Cyperus difformis) populations from direct–seeded and puddled–transplanted rice systems [J]. Weed Sci, 2022, 70 (2): 174–182.

[137] Peng Q, Han H, Yang X, et al. Quinclorac resistance in Echinochloa crus–galli from China [J]. Rice Sci, 2019, 26: 300–308.

[138] Gao Y, Li J, Pan X, et al. Quinclorac resistance induced by the suppression of the expression of 1–aminocyclopropane–1–carboxylic acid (acc) synthase and acc oxidase genes in echinochloa crus–galli var. Zelayensis [J]. Pestic Biochem Physiol, 2018, 146, 25–32.

[139] Deng W, Yang M T, Li Y, et al. Enhanced metabolism confers a high level of cyhalofop–butyl resistance in a Chinese sprangletop (Leptochloa chinensis (L.) Nees) population [J]. Pest Manag Sci, 2021, 77 (5): 2576–2583.

[140] Tang G, Niu J, Zhang W, et al. Preparation of acifluorfen–based ionic liquids with fluorescent properties for enhancing biological activities and reducing the risk to the aquatic environment [J]. J Agric Food Chem, 2020, 68: 6048–6057.

撰稿人：宋宝安　李向阳　吴　剑　陈　卓　郝格非　宋润江
钟国华　杨文超　甘秀海　金智超　李圣坤　吴志兵
姜耀甲　张钰萍　陈沫先　张　建　周　翔　李停停

生物防治学科发展报告

一、引言

生物防治是农业可持续发展模式的重要内容，生物防治学科为农业可持续发展提供重要的科学支撑。近年来，我国已进入加快推进农业可持续发展的历史阶段，这为生物防治学科的发展提供了新的机遇，同时也对生物防治学科的发展提出了更高的要求。

生物防治通常的研究对象为作物害虫、植物病害及植物线虫。近年来，植物免疫研究和应用成为国内外的研究热点。目前，无论是基础研究深度、产品研发水平，还是产业应用规模，我国都处于国际先进水平。

进入"十三五"以来，我国启动了"国家重点研发计划"。2017年有六个与生物防治相关的项目启动，分别是"活体生物农药增效及有害生物生态调控机制""作物免疫调控与物理防控技术及产品研发""天敌昆虫防控技术及产品研发""新型高效生物杀虫剂研发""新型高效生物杀菌剂研发""新型高效植物生长调节剂和生物除草剂研发"。经过几年的努力，取得了一系列原创性科研成果，研发了一系列拥有自主知识产权的生物防治产品并实现规模化生产和应用，为我国化学农药的减施、作物病虫害的生物防控做出了重要贡献，同时还凝练了一支有国际影响的生物防控研究队伍，提升了我国作物病虫害生物防控的国际地位和竞争力，为我国农业生产可持续发展提供了强有力的支撑。浙江大学领衔的"优势天敌昆虫控制蔬菜重大害虫的关键技术及应用"成果获2020年度国家科学技术进步奖二等奖。

二、学科发展现状

（一）作物害虫生物防治

1. 天敌昆虫（含捕食螨）的研究和应用

1）寄生性天敌

（1）种类及多样性

我国寄生蜂种类丰富，是农林害虫生物防治的重要天敌资源。过去几年我国寄生性天敌资源得到了进一步发掘。王竹红等[1]在海南和福建采集的九里香和柑橘上发现有柑橘木虱（*Diaphorina citri*）初寄生蜂两种，分别为亮腹姬小蜂（*Tamarixia radiate*）和阿里食虱跳小蜂（*Diaphorencyrtus aligarhensis*）。任少鹏等[2]对宁波余姚果园里的寄生蜂种类进行了系统调查研究，发现日本开臂反颚茧蜂（*Asobara japonica*）和食果蝇毛锤角细蜂（*Trichopria drosophilae*）为斑翅果蝇优势种。唐璞等[3]对我国草地贪夜蛾寄生蜂进行了总结，已记载有分布的种类十六种，其中茧蜂科七种，姬蜂科四种，姬小蜂科两种，赤眼蜂科两种，赤眼蜂科两种。在广州及香港发现野外两种卵寄生蜂可寄生草地贪夜蛾，包括夜蛾黑卵蜂（*Telenomus remus*）和螟黄赤眼蜂（*Trichogramma chilonis*）[4]。在广西田间发现两种草地贪夜蛾幼虫寄生蜂，为棉铃虫齿唇姬蜂（*Campoletis chlorideae*）和斜纹夜蛾侧沟茧蜂（*Microplitis prodeniae*）[5]。邢秉琳等[6]在海南省各市县开展三叶草斑潜蝇寄生蜂资源普查时发现一种新的三叶草斑潜蝇（*Liriomyza trifolii*）幼虫寄生蜂斑潜蝇亮蝇茧蜂（*Phaedrotoma* sp.）。新发现三江源草原毛虫金小蜂（*Pteromalus sanjiangyuanicus*）在三江源自然保护区核心区寄生青海草原毛虫[7]。新发现天山食蚧蚜小蜂（*Coccophagus tianshanensis*）是新疆西天山野果林重要害虫杏树鬃球蚧的新天敌[8]。

（2）水稻害虫寄生蜂控害作用

我国南方稻区半翅目害虫寄生蜂种类十分丰富，其中以缨小蜂科（Mymaridae）和螯蜂科（Dryinidae）种类和数量最多[9]。绿色防控区田埂上种植芝麻、大豆等蜜源植物，为寄生蜂提供食料，使得缨小蜂等的数量明显高于自防区，提高寄生蜂对稻飞虱等害虫的控制能力[10]。对于寄生幼虫的稻螟小腹茧蜂等优势寄生蜂，应重点发掘在二化螟越冬滞育期间（10月至翌年3月）对幼虫种群基数的控害潜力，以降低田间二化螟有效的越冬基数[11]。

（3）烟粉虱寄生蜂控害作用

近年来国内对烟粉虱寄生蜂研究较多的种类主要有丽蚜小蜂（*Encarsia formosa*）、浅黄恩蚜小蜂（*Encarsia sophia*）、海氏桨角蚜小蜂（*Eretmocerus hayati*）等。邵越[12]发现种间竞争导致丽蚜小蜂（*Encarsia formosa*）的单雌寄生率显著降低，而对海氏桨角蚜小蜂（*Eretmocerus hayati*）无显著影响。王卓[13]发现释放前经历适度饥饿可以明显提高浅黄恩蚜小蜂寄生和取食粉虱若虫的能力。

（4）蚜虫寄生蜂控害作用

潘明真等[14]综述了蚜虫寄生蜂在蚜虫生物防治中的应用的研究进展，目前记载的蚜虫寄生蜂包括蚜茧蜂科 26 属 173 种和蚜小蜂科两属 23 种。蚜虫寄主植物的种类和品种会间接影响蚜虫寄生蜂的适合度，进而影响寄生蜂的控害效果，烟蚜茧蜂对辣椒上寄生桃蚜（*Myzus persicae*）的适合度最高，而对甘蓝上寄生桃蚜的适合度最低[15]。CO_2 浓度对蚜虫寄生蜂有不同的影响，随着 CO_2 浓度升高，烟蚜茧蜂的繁殖力、寄生率和羽化率降低，雌性后代比例升高，发育速率加快[16]；而燕麦蚜茧蜂发育速率、寄生率和雌性后代比例均随 CO_2 浓度升高而降低[17]。

（5）蔬菜害虫寄生蜂控害作用

菜蛾盘绒茧蜂（*Cotesia vestalis*）是世界性蔬菜害虫小菜蛾（*Plutella xylostella*）的一类优势寄生蜂。该寄生蜂携带多种寄生因子，包括毒液和多分 DNA 病毒，对寄主的代谢、免疫及发育等进行调控，最后成功完成寄生[18-20]。万氏潜蝇姬小蜂（*Diglyphus wani*）是危害多种蔬菜的潜叶蝇类害虫的重要寄生蜂，为抑性外寄生蜂[21]。该寄生蜂能快速地繁殖种群，高效防治害虫，是我国田间潜叶蝇害虫的优势寄生蜂[22]。斜纹夜蛾侧沟茧蜂（*Microplitis prodenia*）对斜纹夜蛾（*Spodoptera litura*）和甜菜夜蛾（*Spodoptera exigua*）两种害虫幼虫均具有较高的寄生效率[23]。

（6）林果类害虫寄生蜂控害作用

橡胶树害虫橡副珠蜡蚧（*Parasaissetia nigra*）主要危害橡胶树，蓝色长盾金小蜂（*Scutellista caerulea*）是其外寄蜂，33℃时其寄生效能最大；日本食蚧蚜小蜂（*Coccophagus japonicus*）则是其内寄生蜂，更偏好三龄寄主，在 24℃时寄生效能最大[24, 25]。在橘小实蝇危害的番石榴园中人工释放前裂长管茧蜂（*Diachasmimorpha longicaudata*）可以显著降低田间害虫数量[26]。蝇蛹俑小蜂对控制南亚果实蝇作用明显，对瓜实蝇的寄生率可以达到 58%[27-29]。始刻柄茧蜂（*Atanycolus initiator*）是油松蛀干害虫的优势寄生性天敌，可以寄生包括天牛、象甲、小蠹虫、吉丁虫等多种蛀干害虫[30]。

（7）赤眼蜂的控害作用及应用

我国学者在赞比亚采集到两种寄生草地贪夜蛾卵的寄生蜂，经鉴定为 *Trichogrammatoidea lutea*（Girault）和 *Trichogramma mwanzai*（Schulten 和 Feijen）。这两种寄生蜂均能寄生各日龄的草地贪夜蛾卵并顺利完成发育，且 *T. lutea* 的寄生率最高；*T. mwanzai* 的发育时间最短[31]。紫外光处理的梨小食心虫卵可显著降低暗黑赤眼蜂的寄生率[32]。

目前利用柞蚕卵成功实现大规模商业饲养的赤眼蜂蜂种仅有松毛虫赤眼蜂和螟黄赤眼蜂。国内学者用多种赤眼蜂组合进行了共寄生测试，并开发了多种基于柞蚕卵为中间寄主的一卵多蜂产品，从而降低了很多优势蜂种的生产成本。例如，利用松毛虫赤眼蜂和玉米螟赤眼蜂共寄生柞蚕卵，该方法实现了柞蚕卵正常繁育玉米螟赤眼蜂[33]。近年来对体外培育赤眼蜂的低温贮存技术和耐寒机制展开研究。明确了人工卵繁殖的松毛虫赤眼蜂最适宜冷藏温度为13℃，最佳贮存期为预蛹期，最长贮存期为四周[34]。

另外，田间生态环境的多样性，能造就更加稳定的栖境，进而提高赤眼蜂的防治效果。有研究表明赤眼蜂取食含糖食物后，能增加赤眼蜂的寿命和繁殖力，对赤眼蜂的种群延续也有促进作用[35]。但是，目前关于蜜源植物的田间实验报道还较少，需要进一步的研究测试和筛选出合适的蜜源植物。

（8）寄生蜂对寄主的调控作用

为提高寄生蜂在农业害虫生物防治中的寄生效率，科研工作者对寄生蜂调控寄主生理和生长发育进行了研究。Yang 等[36]发现蝇蛹金小蜂毒液蛋白 Kazal 型丝氨酸蛋白酶抑制剂能降低寄主黑腹果蝇血淋巴中晶细胞的数量，抑制寄主血淋巴黑化。Wang 等[37]发现蝶蛹金小蜂（*Pteromalus puparum*）寄生引起寄主脂质水平变化，导致寄主菜粉蝶脂肪体中高度不饱和、可溶性三酰甘油酯（TAGs）水平升高。王知知等[18]发现菜蛾盘绒茧蜂（*Cotesia vestalis*）的 miRNA 能够跨界调节寄主蜕皮素受体（EcR）的表达来抑制宿主的生长。菜蛾盘绒茧蜂畸形细胞分泌 trypsin inhibitor-like 蛋白也可以抑制寄主小菜蛾血淋巴的酚氧化酶原激活[38]。菜蛾盘绒茧蜂的多分 DNA 病毒的基因 CvBV-7-1 能降低宿主小菜蛾酚氧化酶活性，抑制黑化包囊[19]。另外，菜蛾盘绒茧蜂携带的多 DNA 病毒不仅需要自身编码的重组酶，而且需要招募鳞翅目寄主的反转录病毒整合酶才能将自身基因组全部整合到寄主基因组中[39]。菜蛾盘绒茧蜂寄生还能够引起寄主小菜蛾体内脂含量的显著降低，并且是由寄主肠道中脂合成水平减弱引起的[40]。小环腹瘿蜂属两种寄生蜂（*Leptopilina heterotoma*，Lh 和 *L. boulardi*，Lb）通过水平基因转移分别获得不同的毒液蛋白，分别抑制免疫反应和逃避免疫反应[41]。布拉迪小环腹瘿蜂（Lb）也能通过调控寄主肠道微生物醋酸杆菌（*Acetobacter pomorun*）促使寄主积累脂质，满足寄生蜂幼虫生长发育[42]。陈壮美等[43]发现斯氏侧沟茧蜂（*Microplitis similis*）可显著抑制草地贪夜幼虫的生长和取食。寄生蜂还能调控宿主的行为，但目前相关研究较少。Chen 等[44]发现小环腹瘿蜂毒液蛋白 EsGAP 参与调控寄主的逃逸行为，引起寄主幼虫中枢神经系统内的活性氧（ROS）水平升高，导致寄主出现逃逸行为，从而避免种内竞争的新机制。

2）捕食性瓢虫

采用 illumina、10 倍 Genomics 和 Hi-C 技术获得了异色瓢虫高质量版本的染色体水平基因组，与其他鞘翅目昆虫进行染色体共线性分析，成功鉴定了 X 染色体序列和部分 Y 染色体序列，异色瓢虫基因组的破译为后续其生理机制解析及种质资源改良等研究提供了基础数据。以异色瓢虫基因组信息为基础，针对其色斑多样性形成的生理机制开展了细致的研究，利用基因沉默技术（RNAi）研究明确了多巴胺黑色素是异色瓢虫鞘翅黑色素合成途径。此外，研究明确了昆虫表皮骨化的天冬氨酸 -β- 丙氨酸 -NBAD 途径可以调控异色瓢虫体壁黑色斑点的数量和大小。基因组的证据表明免疫功能加强使瓢虫食肉。瓢虫的食性进化不仅与化学感受、消化、解毒，还可能与免疫功能的改变相关。免疫功能的强化可能是瓢虫成功适应富含共生菌的猎物的关键，也可能造就了它们颇高的食性可塑性。捕食性瓢虫对猎物的适应机制研究发现免疫系统的增强可有助于小短角瓢虫应对吹绵蚧表面或肠道内的微生物引起的不利影响。这些差异可能表明不同瓢虫类群在取食猎物时存在物种特异性的免疫响应机制。

研究发现新烟碱类杀虫剂可以延长捕食性瓢虫的幼虫发育历期，缩短成虫寿命，降低生殖力，降低其种群适合度进而影响其控害效果。亚致死剂量的菊酯类杀虫剂可以起到促进瓢虫增殖的作用。据此，提出在使用新烟碱类杀虫剂进行害虫防治时应避开捕食性瓢虫的定殖期。

研究发现捕食性瓢虫的捕食能力可随环境条件的波动变化而改变，例如在低温和短光周期条件下，黄底型异色瓢虫捕食能力均显著高于黑底型。这为不同环境条件下捕食性瓢虫释放策略的制订提供理论依据。研究发现化学信息素水杨酸甲酯和伴生植物会产生交互作用，合理的田间空间布局可以提高龟纹瓢虫的迁移数量，有效控制了苹果黄蚜的危害，为保护型生物防治技术的应用提供新思路。研究发现功能植物金盏菊有降低捕食性瓢虫异色瓢虫和龟纹瓢虫的种内和种间捕食作用。在设施温室中，花粉资源充足，异色瓢虫和龟纹瓢虫的数量也随着增加，其潜在作用机理主要体现在瓢虫生殖力提高以及减少集团内捕食效应。功能植物的辅助应用可显著提高捕食性瓢虫对设施番茄上蚜虫的控害作用。

3）捕食螨

（1）捕食螨天敌资源新种的调查与鉴定

中国、西班牙、比利时、土耳其、伊朗、印度尼西亚、马尔代夫、印度等多个国家报道了巨须螨、植绥螨等新种二百余个，其中我国发现植绥螨十个新种，吸螨两个新种。

（2）捕食螨的生态学研究

研究发现，增加叶片叶绿素和果实产量设置的 LED 灯可通过改变植物气味挥发谱而影响叶螨和捕食螨天敌的互作关系，利用远红外线可以增强捕食螨的种群数量等。研究发现，生态系统中微生物群落对捕食螨天敌作用极大。如植物病原菌会对害螨和捕食螨不利，为害二者的互作关系；温室中捕食螨天敌的共生菌群受植物根际和叶际微生物群落影响较大，但却是增加温室生态系统微生物种类、促进流动和扩散的主要生物动力[45]。

（3）捕食螨天敌应用技术研究

使用较多的捕食螨种类是智利小植绥螨、加州新小绥螨、安德森钝绥螨、伪新小绥螨、檬钝近走螨等十余个商品化天敌。捕食螨与其他生防产品协同使用存在诸多问题。如利用球孢白僵菌和捕食螨联合防治二斑叶螨，生防真菌对天敌的存活和产卵均有害，部分植物源农药也对捕食螨存活有影响，目前备受关注的纳米农药也在捕食螨研究中有所涉及，如多种纳米材料复配杀虫、杀螨剂，包括甲螨酯、阿维菌素、灭螨菌素、抗蚜威对捕食螨急性与慢性致死作用的剂量与作用机制将成为未来重要的研究方向[46]。

4）其他捕食性天敌昆虫

（1）蠋蝽

在蠋蝽的人工繁育技术，研究方向集中于天然猎物和人工饲料繁育蠋蝽。分别用牛奶和鸡蛋、柞蚕蛹等为主要生物成分的人工饲料开展优化研究，筛选出可满足蠋蝽若虫发育的人工饲料配方一种，用于扩繁时的表现是体重增加、成虫获得率提高、产卵量增加等[47, 48]。在大规模扩繁方面，我国学者建立了中试生产线，优化替代寄主和人工饲料扩繁工艺，制定生产操作规程，制定产品质量标准，在贵州遵义建立了天敌昆虫扩繁中心，年扩繁蠋蝽七千万头。在释放利用方面，唐艺婷等[49]测定了蠋蝽五龄幼虫对草地贪夜蛾的捕食作用，结果显示蠋蝽对草地贪夜蛾具有较好的控害能力；蠋蝽对小菜蛾、斜纹夜蛾等鳞翅目昆虫、荔枝蝽和绿盲蝽等半翅目昆虫以及榆兰叶甲等鞘翅目昆虫均具有较好的控害潜力[50, 51]。

（2）小花蝽

在互作机理方面，我国学者研究发现，东亚小花蝽在三种植物上的预侵染均会降低西花蓟马和烟粉虱的适合度，但是存在不同程度的差异。与对照相比，东亚小花蝽在番茄上的预侵染会显著降低西花蓟马的存活率，而在豇豆上的预侵染会显著降低烟粉虱的存活率[52]。在高效利用技术方面，山东省农科院植保所等单位联合，从八种新烟碱类杀虫剂中，筛选出对靶标害虫西花蓟马毒性大，而对捕食性天敌昆虫东亚小花蝽毒性相对较小，且环境评估低风险的两种药剂啶虫脒和氟吡呋喃酮[53]。

（3）草蛉

室内捕食功能评价实验表明丽草蛉对多种害虫具有良好防控效能[54]。研究表明，丽草蛉三龄幼虫对草地贪夜蛾卵及低龄幼虫同样具有较高的捕食能力[55]。南俊科等[56]发现丽草蛉三龄幼虫对美国白蛾卵和低龄幼虫均具有较好的捕食能力。

5）天敌规模化生产、天敌应用技术和推广示范

（1）产业化现状

目前，我国的天敌生产企业分布较为集中，以东部沿海辐射全国，主要分布于吉林、北京、天津、河北、山东、浙江、福建、广东、广西、贵州等省份。生产上常用的天敌昆虫主要分三大类：①防治鳞翅目昆虫的卵寄生蜂，如赤眼蜂、周氏啮小蜂；②防治鞘翅目蛀干害虫天牛、吉丁虫的肿腿蜂，花绒寄甲；③防治果树、蔬菜的蚜虫、红蜘蛛的瓢虫和捕食螨。

（2）寄生性天敌释放技术

目前，应用面积最广的天敌是赤眼蜂，在东北地区主要是淹没式大规模应用松毛虫赤眼蜂（*Trichogramma dendrolimi*）防治亚洲玉米螟（*Ostrinia furnacalis*），每公顷可释放二十二万五千只赤眼蜂防治第一代亚洲玉米螟近 70% 种群，后每公顷使用七万五千至十五万只防治二代亚洲玉米螟，确保了玉米产量[57]。随着国家行业标准《释放赤眼蜂

防治害虫技术规程第 1 部分：水稻田》（NY/T 3542.1—2020）的公布实施，利用赤眼蜂对水稻螟虫的控制技术更加规范、完善。2014 年至 2019 年间吉林省利用混合释放松毛虫赤眼蜂和稻螟赤眼蜂（*T. japonicum*），防治水稻二化螟的面积从一千三百公顷增加到七万三千三百公顷[57]。利用螟黄赤眼蜂（*T. chilonis*）防治甘蔗螟虫的面积每年也可达到十万公顷，每公顷释放五六次约七万五千只赤眼蜂，可以增产 20%[57]。

（3）捕食性天敌释放技术

捕食性天敌中最具规模化繁育的为捕食螨，前应用较为成功的捕食螨主要种类包括斯氏钝绥螨（*Amblyseius swirskii*）、胡瓜新小绥螨（*Neoseiulus cucumeris*）、智利小植绥螨（*Phytoseiulus persimilis*）、巴氏新小绥螨（*Neoseiulus barkeri*）和加州新小绥螨（*Neoseiulus californicus*）。近年来，利用捕食螨携菌体技术日益发展，结合化学农药施用，构建了捕食螨、生防菌株与化学农药结合使用的害虫害螨防控新策略，在二十二个省的主要经济作物上应用获得成功[58]。

（4）多种天敌联合释放技术

基于农业生态系统中害虫多虫态、多害虫发生控害情况，许多研究探索联合释放天敌取得良好效果，比如丽蚜小蜂与东亚小花蝽联合防治烟粉虱、白粉虱，其控制效果优于单一天敌；茄子表面释放巴氏新小绥螨，根系周围释放剑毛帕厉螨，两者组成立体防护网防治蓟马；巴氏新小绥螨捕食蓟马的卵和幼虫，剑毛帕厉螨攻击蓟马的蛹和成虫[59]。

（5）天敌的保护和助增技术

从不同尺度、空间配置和布局改进农作物单一化种植环境，以改善适宜天敌的生态环境，为天敌提供避难所，保护田间天敌种群，有助于增加天敌的自然控害作用。比如在麦田 - 玉米田系统中，种植蛇床草（*Cnidium monnieri*）可以起到保护麦田前期天敌且可作为将麦田天敌转移过渡到玉米田的"桥梁"[60]。设施间种植波斯菊等蜜源植物带有助于天敌种群诱集并定殖形成"天敌库源"并对临近温室的害虫防治也有增益效果[61]。茶园常年种植长节耳草（*Hedyotis uncinella*）、间作罗勒（*Ocimum basilicum*）和紫苏（*Perilla frutescens*）等芳香植物和黄金菊（*Euryops pectinatus*）等显花植物给天敌提供转换寄主和庇护所的同时，也可以引诱天敌并为其种群发展提供所需的花粉及花蜜等食物补充[62]。

2. 微生物杀虫剂的研究和应用

1）细菌杀虫剂

（1）杀虫机理相关的基础研究

2022 年 6 月，华中农业大学在《通讯 - 生物》上发表了"*C. elegans* monitor energy status via the AMPK pathway to trigger innate immune responses against bacterial pathogens"，发现典型的成孔毒素苏云金芽孢杆菌 Cry5Ba 通过触发钾离子泄漏引起线粒体损伤和能量失衡。

（2）新基因发掘与应用相关的应用基础研究

2022 年 8 月，中国农业科学院植物保护研究所与华中农业大学合作在《通讯 - 生物》

上发表了 "The crystal structure of Cry78Aa from *Bacillus thuringiensis* provides insights into its insecticidal activity"。该研究解析了对刺吸式害虫稻飞虱高毒力的 Bt 杀虫蛋白 Cry78Aa 的晶体结构，发现该蛋白的杀虫活性与半乳糖等碳水化合物的结合密切相关。2023 年 1 月，中国农业科学院植物保护研究所在《农业食品化学杂志》上发表了 "Cry51Aa proteins are active against *Apolygus lucorum* and show a mechanism similar to pore formation model"。研究揭示了气溶素样 β 成孔蛋白的新型 Bt 蛋白 Bt Cry51Aa1 和 Cry51Aa2 对棉花新发害虫绿盲蝽（*Apolygus lucorum*）的活性及其作用机制。

（3）关键核心技术研发与应用

中国农业科学院植物保护研究所张杰牵头的项目利用苏云金杆菌 G033A 研发了我国首例基因工程生物杀虫剂（农药登记证号：PD20171726，商品名：禁卫军），该产品也是我国首个对鞘翅目害虫有效的 Bt 产品，可用于防治番茄棉铃虫、甘蓝小菜蛾、萝卜黄条跳甲、玉米草地贪夜蛾等，目前已围绕水稻、花生、玉米等作物害虫防控在广州、湖北、山东等地累计推广二十余万亩，辐射近四十万亩，示范区防效达 85% 以上。华中农业大学孙明教授团队筛选出了含有杀线虫晶体蛋白、杀线虫蛋白酶和杀线虫小分子活性物质的对植物线虫具有高活性的 Bt 菌株 HAN055，并利用该菌株研制出了 200 亿 CFU/g 的 Bt 制剂 HAN055 可湿性粉剂（农药登记证号：PD20211358，注册商标"壁垒"）。该产品对根结线虫和大豆孢囊线虫常年防效可达 55.6% ~ 82.7%，是国际上第一个获得登记并商业化的防线虫 Bt 制剂，目前已在海南、河北、黑龙江、山东、湖北等地开展推广应用。

2）真菌杀虫剂

（1）杀虫真菌基础研究进展

昆虫病原真菌产孢调控机制　近五年来，有关昆虫病原真菌正常产孢的调控研究明显增多，并鉴定了一批与真菌正常产孢相关的基因。分别敲除正常产孢调控途径的核心基因 *brlA* 或 *abaA* 后，球孢白僵菌几乎不产生分生孢子[63]，Zn（Ⅱ）2Cys6 转录因子基因 *BbTpc1* 的敲除突变体的产孢量减少了近 40%[64]。敲除转录因子基因 *MrSte12* 后影响莱氏绿僵菌（*M. rileyi*）在麦芽糖培养基上的产孢能力严重受损[65]，GATA 型转录因子基因 *MrNsdD* 的敲除菌株的产孢量与野生型菌株相比降低了 65% 以上[66]，跨膜蛋白基因 *MrMid2* 敲除突变体的产孢量显著降低[67]。在罗伯茨绿僵菌（*Metarhizium robertsii*）中，与野生菌株相比，APSES 型转录因子基因 *MrStuA* 的敲除菌株产孢量降低 90% 以上[68]，G 蛋白 α 亚基因 *MrGPA1* 的敲除菌株产孢量减少了 47%[69]，肌动蛋白调节激酶基因 *MrArk1* 敲除菌株的产孢量减少 58%[70]，聚泛素基因 *MrUBI4* 敲除菌株的产孢量降低了 61%[71]。在蝗绿僵菌（*M. acridum*）中，与野生型菌株相比，C2H2 转录因子基因 *MaCreA* 的敲除菌株在 1/4SDAY 培养基上的产孢量降低了 95% 以上[72]，转录因子基因 *MaVib-1* 敲除菌株产孢量显著降低，产孢时间提前[73]，转录因子基因 *MaPacC* 的敲除菌株产孢量降低了 50%[74]，腺苷酸形成还原酶基因（*MaAfr^IV*）敲除菌株在寄主体表的产孢能力几乎丧失[75]。

昆虫病原真菌抗逆的分子机制　近五年来，关于昆虫病原真菌抗逆机制的挖掘包括真菌对紫外、高温、金属阳离子和 pH、细胞壁干扰、氧化、高渗等胁迫条件适应的研究。在蝗绿僵菌（*M. acridum*）中，几丁质酶 CTS1[76]、C2H2 锌指蛋白 MaNCP1[77]、氮代谢阻遏途径中的核心蛋白 MaNmrA[78]、锚定蛋白 MaOPY2[79]、HOG-MAPK 通路中的一种保守的传感器激酶 MaSln1[80]、转录因子 Mavib-1[81] 和 MaSom1[82]、GATA 转录因子 MaAreB[83] 对真菌抵御紫外湿热均有重要贡献。在球孢白僵菌（*B. bassiana*）中，Ⅲ类组蛋白去乙酰化酶基因 *BbSirT2*[84]、Zn2Cys6 转录因子基因 *BbCmr1*[85]、hsp70 蛋白基因 *Bblsh1*[86]、脯氨酸轮氨酸酶基因 *Bbfpr3*[87]、海藻糖-6-磷酸磷酸酶基因 *BbTPP*[88]、Rho GTPases 家族蛋白基因 *Bbcdc42*[89] 敲除后，真菌对紫外湿热耐受性降低。在罗伯茨绿僵菌（*M. robertsii*）中，线粒体中的 G 蛋白亚基 MrGpa1[69]、转录因子 MrStuA[70]、聚泛素 MrUBI4[71] 的敲除菌株紫外和高温耐受性均显著降低。

昆虫病原真菌侵染致病机制　在蝗绿僵菌（*M. acridum*）中，疏水蛋白基因 *MaHyd3*、*MaHyd4* 和 *MaHyd5* 因荧光增白剂敏感蛋白 MaCwh1 和 MaCwh43 的缺失而下调[90]。在转录因子 *MaCrz1* 突变体中，两个 *MaHyds* 基因的表达显著降低，*MaCwh1* 和 *MaCwh43* 的表达随着 MaCrz1 的破坏而降低，说明 MaCrz1 可能通过 MaCwhs 部分调控 *MaHyd* 的表达[90, 91]。在罗伯茨绿僵菌中，*MrHyd4* 的表达受转录因子 MrCre1 调控，该转录因子在罗氏绿僵菌萌发和附着形成宿主表面过程中由组蛋白赖氨酸甲基转移酶 MrKMT2 介导[92]。蝗绿僵菌几丁质合成酶家族中的 MaChs Ⅲ、MaChs Ⅴ 和 MaChs Ⅶ 在维持细胞壁疏水表面过程中发挥重要作用[93]。

杀虫真菌遗传改良　近五年来，杀虫真菌的遗传改良也取得了较大的研究进展。过表达蛋白酶基因 *CJPRB* 和 *CJPRB1* 以及三肽基肽酶基因 *CJCLN2-1* 的爪哇虫草菌（*Cordyceps javanica*），与野生型菌株相比，对美国白蛾（*Cordyceps javanica*）的侵染速度加快，毒力显著提高[94]。在蝗绿僵菌中超表达 cAMP/PKA 通路中的关键转录因子基因 *MaSom1*，蝗绿僵菌的产孢速度显著加快、孢子对紫外和湿热的耐受性显著增强、对蝗虫毒力显著提高[82]。

（2）杀虫真菌农药应用研究进展

生产菌株资源与选育　近五年来国内登记的专一菌株主要为防治线虫的厚孢轮枝菌（*Verticiuium chlamydmydosporium*）、淡紫拟青霉（*Paecilomyces lilacinus*）等菌株。2018年云南微态源生物科技有限公司采用厚孢轮枝菌菌株登记防治根结线虫；2021年，河北中保绿农作物科技有限公司、山东惠民中联生物科技有限公司、河北上瑞生物科技有限公司、柳州市惠农化工有限公司等公司分别采用四个不同的淡紫拟青霉菌株登记杀线虫剂（中国农药信息网）。自 2018 年以后，国内登记的广谱杀虫真菌菌株十多个，主要为金龟子绿僵菌和球孢白僵菌，分别由重庆聚立信生物工程有限公司、河北中保绿农作物科技有限公司、吉林省八达农药有限公司等十五家企业登记。重庆大学夏玉先教授提出了筛选针对一种作物（水稻）全部主要害虫选育广谱杀虫而不伤天敌的新型菌株选育策略，在该策略指导下该团队从一千多个菌株中筛选出广谱杀虫真菌菌株"绿僵菌 CQMa421 菌株"，可以侵染七个目和线虫等一百多种害虫，对天敌安全，为目前国内外杀虫谱最广的生产菌株。2019 年还发现该菌株对一些病原真菌，如灰霉菌、晚疫病、镰刀菌、立枯丝核菌、纹枯菌、稻瘟菌等二十多种真菌性病害具有良好的广谱拮抗作用[95, 96]。另外，浙江大学冯明光教授团队从感病螨中分离得到广谱球孢白僵菌 ZJU435，能防治鳞翅目、直翅目、半翅目和螨类等害虫，2020 年由重庆聚立信生物工程有限公司在防治粉虱上登记。

制剂研究进展　杀虫真菌有效杀虫成分为活体菌丝或孢子，传统杀虫真菌制剂主要为粉剂、可湿性粉剂颗粒剂等。2018 年，重庆大学夏玉先教授团队和重庆聚立信生物科技有限公司在研究杀虫真菌保护膜工艺的基础上，开发出金龟子绿僵菌 CQMa421 可湿性粉剂，该制剂常温（20～25℃）条件下储藏保证期一年以上，对水稻主要害虫的防效与可分散油悬浮剂一致。石晓珍利用凝胶包埋绿僵菌孢子制成了凝胶颗粒制剂；将颗粒剂粒径控制在 60～200 目（297～74 微米）范围，能均匀分布在田间，并能克服粉剂易于飞扬扩大污染的缺点[97]。

（3）杀虫真菌农药产业化

杀虫真菌作为重要的生防资源，在作物病虫害防治中具有重要的应用潜力，部分产品已广泛应用于主要病虫害防治。如我国的聚立信生物工程有限公司采用的固态发酵技术，所生产的金龟子绿僵菌 CQMa421 系列产品，年产能达上千吨。山东和众康源生物科技有限公司将多种木霉作为饲料发酵菌剂进行商业化生产。江西天人生态股份有限公司、山西科谷生物农药有限公司、湖北省阳新县泰鑫化工有限公司、山西绿海农药科技有限公司等对球孢白僵菌进行大规模生产，包括颗粒剂、油悬浮剂、水分散粒剂、可湿性粉剂，用于多种病虫害的防治。

3）病毒杀虫剂的研究和应用

（1）昆虫病源病毒资源的发掘

目前全球报道的昆虫病原病毒有一千多种，近五年新发现的有四十多种（见表 1）。其中杆状病毒三十六种（NPV 三十种，GV 六种），CPV 两种，囊泡病毒一种，浓核病毒两种。对于新进入侵非洲和亚洲的草地贪夜蛾，其病原病毒在美洲的阿根廷、墨西哥，巴西，非洲的尼日利亚和亚洲的中国都有新毒株发现[98-101]。这些昆虫病原病毒的发掘，为研发新的病毒杀虫剂提供了优质资源。

（2）病毒杀虫作用机制的研究

近年来，在病毒与宿主相互作用，与病毒毒力相关的分子机制以及病毒的遗传多样性等方面取得了较大进展。

表 1　全球分离的昆虫病原病毒（2018—2022）

病毒名称	宿主	作物	国家或地区
Antheraea proylei NPV	普利柞蚕	桑树	印度
Anticarsia gemmatalis MNPV	黎豆夜蛾	大豆	巴西
Apocheima cinerarius NPV	春尺蠖	林木	中国
Artaxa digramma NPV	半带黄毒蛾	林木	中国
Biston suppressaria NPV	油桐尺蛾	茶树	巴西
Chrysodeixis chalcites NPV	金黄双斑点飞蛾	香蕉	西班牙
Cryptophlebia peltastica NPV	荔枝蠹蛾	园艺	南非
Cyclophragma Undans NPV	波纹杂毛虫	林木	中国
Daphnis nerii CPV	夹竹桃天蛾	夹竹桃	中国
Dendrolimus kikuchii NPV	思茅松毛虫	松	中国
Ectropis obliqua NPV	灰茶尺蠖	茶	中国
Erannis ankeraria NPV	落叶松尺蠖	林木	中国
Erinnyis ello CPV2	木薯天蛾	木薯	巴西
Helicoverpa armigera MNPV	棉铃虫	棉花	中国
Helicoverpa armigera NPV	棉铃虫	棉花	巴西
Helicoverpa armigera NPV	点实夜蛾	园艺	土耳其
Helicoverpa armigera densovirus	棉铃虫	棉花	中国
Heliothis virescens ascovirus-3j	斜纹夜蛾	蔬菜	日本
Hyphantria cunea GV	美国白蛾	林木	土耳其
Hyphantria cunea NPV	美国白蛾	林木	中国
Junonia coenia densovirus	鹿眼蛱蝶	林木	中国
Malacosoma Neustria NPV	天幕毛虫	果树	土耳其
Mocis latipesNPV	条纹草地蛾	禾本科作物	巴西
Mythimna unipuncta GV	美洲一星黏虫	粮食作物	美国
Oxyplax ochracea NPV	斜纹刺蛾	园艺	中国
Oxyplax ochracea NPV	扁刺蛾	园艺	中国
Palpita vitrealis NPV	茉莉花蛾	园艺	埃及
Phthorimaea operculella GV	马铃薯块茎蛾	马铃薯	也门、希腊等
Plutella xylostella GV	小菜蛾	蔬菜	中国
Pseudaletia separate GV	东方黏虫	经济作物	中国
Rachiplusia nu NPV	大豆尺蠖	大豆	阿根廷
Spilosoma obliqua NPV	尘污灯蛾	黄麻	印度

续表

病毒名称	宿主	作物	国家/地区
Spodoptera exempta NPV	莎草黏虫	禾本科作物	坦桑尼亚
Spodoptera exigua MNPV	甜菜夜蛾	蔬菜	中国
Spodoptera frugiperda GV	草地贪夜蛾	玉米	阿根廷
Spodoptera frugiperda NPV	草地贪夜蛾	玉米	墨西哥、巴西、阿根廷、尼日利亚、中国
Spodoptera littoralis NPV	海灰翅夜蛾	棉花	埃及
Spodoptera ornithogalli NPV	黄条灰翅夜蛾	经济作物	哥伦比亚
Theretra japonica NPV	雀纹天蛾	园艺	中国
Trabala vishnou gigantina NPV	栎黄枯叶蛾	林木	中国
Trichoplusia ni NPV	粉纹夜蛾	蔬菜	土耳其
Troides aeacus NPV	金裳凤蝶	林木	中国台湾

病毒与宿主相互作用　近年来对杆状病毒的包涵体释出病毒（ODV）囊膜表面的病毒口服感染因子（PIFs）复合物介导 ODV 与微绒毛膜的结合和融合方面的研究取得重要进展[102]。通过晶体学手段解析得到 PIF5 胞外域分辨率为 2.2Å 的晶体结构，这是首个报道的杆状病毒口服感染因子结构[103]。NPV 感染美国白蛾后，在感染组中鉴定出 272 个差异表达基因（DEG），其中 162 个上调基因和 110 个下调基因。分析表明，丝裂原激活蛋白激酶（MAPK）信号通路可能与美国白蛾幼虫对病毒胁迫的反应中的分子修饰有关[104]。

与病毒毒力相关的分子机制　病毒的毒力是其作为杀虫剂的一个重要特征。棉铃虫 NPV 的结构蛋白 ODV-E66 具有软骨素酶活性，它能够降解宿主中肠围食膜而促进病毒的感染[105]。在茶尺蠖 NPV 的高毒力和低毒力分离株感染灰茶尺蠖后，宿主体内氨基酸合成途径和核糖体途径相关基因的差异表达的数量显著不同[106]。

病毒的遗传多样性　在十三种鳞翅目昆虫和一种杆状病毒中共鉴定出十八种相关 SINEs。这些 SINEs 的反转录活性和拷贝数在不同宿主谱系之间差异很大，宿主-寄生虫相互作用促进杆状病毒与其鳞翅目宿主之间 SINEs 的水平转移[107]。

（3）病毒杀虫剂新的应用技术改进

剂型的改进　利用海藻酸钙作为微胶囊壳体，并利用壳聚糖、乳清蛋白和聚多巴胺对海藻酸钙进行修饰[108]。

病毒增效剂的改进　为了提高杆状病毒的杀虫活性，将多巴胺、辣木属植物提取物、大豆黄酮类化合物、甲基阿维菌素、印楝素等加入病毒制剂中，可以提高病毒的杀虫效果[109]。

杆状病毒的遗传改良　可以将外源基因插入病毒基因组以提高杆状病毒的杀虫活性，例如将黄地老虎 GV 的增效蛋白 En3，蛋白激酶 PK2，针对 Bantam 基因的小 RNA 插入 AcMNPV 基因组，可以显著提高它们对甜菜夜蛾的活性[110-112]；也可以构建一种含有杆状病毒膜融合蛋白 GP64 的重组病毒，在磷酸三苯脂的作用下，显著提高了 AcMNPV 对草地贪夜蛾的杀虫活性[113]。

（二）植物病害生物防治

植物病害生物防治是指引入或利用自然界对植物有益的微生物，利用其抗生、重寄生、竞争、捕食和溶菌等生防作用，直接作用于病原物，对病原物的生存或活动产生影响；利用有益微生物的保护、诱导抗病性及促生作用，增强植物的抗病性；利用微生物多样性和植物微生态系的调控作用，改善生态环境，从而实现绿色及可持续防控植物病害的目标。

（1）植物病害生防细菌资源

基于"新方法、新菌种、新基因、新用途"的微生物资源发掘途径，从特殊生境筛选新的生防细菌资源已成为研究的热点[114, 115]。植物根际促生细菌（PGPR）、植物内生细菌和海洋细菌等，包括荧光假单胞菌、芽孢杆菌等二十多个属，具有很强的定殖能力和独特的微生态调控功能，已在小麦纹枯病、油菜菌核病、辣椒疫病和果实采后病害等防治方面显示出良好的应用前景[116-120]。

（2）植物病害生防细菌生防机制

生防细菌发挥生防作用的途径是多种生防机制共同作用的结果。PGPR 可通过其自身的代谢产物或定殖优势直接或间接对植物产生有益的影响，如通过固氮作用、合成铁载体协助宿主植物从土壤中吸收铁离子、合成或促进植物合成生长激素、促进植物根系对多种无机离子的吸收、促进植物根际或叶围污染物质的降解等方式提高植物的抗病性[121-123]。PGPR 的群体感应信号分子 AHL、挥发性物质和次级代谢产物如表面活性素等可以作为激发子介导植物产生各种防卫反应[124-128]。

（3）高通量测序等新技术在生防细菌研究中的应用

宏基因组等高通量测序技术在微生物资源研究，包括免培养微生物在内的物种资源和挖掘未知生防细菌资源提供了理论依据和方法。基因组学、转录组学、蛋白质组学、代谢组学等为生防机理研究提供了更全面和深入的技术支撑[129-131]。

（4）主要代表性研究成果

植物益生菌根际定殖精准调控信号分子研究。PGPR 根际定殖过程包括根际趋化、根表黏附和定殖成膜三个步骤；明确了定殖过程中抑制根系局部免疫反应的信号分子；发现分子信号在调控合成菌群核心物种丰度与功能中的巨大潜力[132-138]。

根际微生物铁载体介导根际菌群与土传病原青枯菌的铁营养竞争。铁是根际的核心稀缺资源，铁载体介导的根际细菌与青枯菌之间的铁竞争，是预测土壤微生物群落中细菌—青枯菌共存模式、决定病原菌是否入侵成功以及对宿主植物造成破坏的普遍机制[139, 140]。

谷维菌素的研发方面，从中药重楼的内生链霉菌 NEAU6 的代谢物中发现了谷维菌素，其特点是环境安全性风险低、作物安全性高，促进作物健康生长，是我国具有自主知识产权、广阔市场前景的全新植物生长调节剂[141]。

（三）植物线虫生物防治

植物寄生线虫种类 4100 多种，每年在全球作物上造成的产量损失 8.8%～14.6%，经济损失约 1370 亿美元；其在农林上的危害已成为仅次于真菌病害的第二大类病害[142]。生物防治是控制植物线虫病的有效手段之一。植物线虫生物防治狭义上是指在环境中人为引入能拮抗线虫的活体生物或创造条件利于线虫天敌自然发生而减少病原线虫的种群数量和危害程度[143]。广义上，植物线虫生物防治包括利用生物活体或其活性代谢产物控制植物线虫病。植物线虫生物防治学科的定位和内容主要聚焦于生防生物资源的发掘与防效评价、活性代谢产物鉴定及其生物合成与化学合成、生防资源的生防机制、"生防资源 - 线虫 - 作物"分子互作、生防菌基因工程改造、生防产品开发与应用。

1. 杀线虫天然代谢产物及代谢调控

2010 年至 2021 年发表的天然杀线虫代谢产物共 344 个，40% 来自微生物、60% 来自植物；其中 2018 年至 2021 年发表的活性化合物 130 个，47 个活性化合物（36.2%）来自我国学者的研究[144]。我国学者的主要贡献有以下四类。第一类化合物：多酮类化合物。我国学者从基因工程菌 Streptomyces avermitilis TM24 报道了杀线虫大环内酯化合物十种；其中某些化合物对松材线虫的 LD_{50} 小于 5μg/mL[145]；从基因工程菌 S. avermitilis AVE-H39 中发现系列阿维菌素衍生物，25-ethyl ivermectin，25-methyl ivermectin 配合使用时对线虫的活性比阿维菌素高 4.6 倍[146]。第二类化合物：萜类化合物和类固醇。近年来报道的这类杀线虫化合物主要来自植物，从牛尾蒿中分离的倍半萜烯对 M. incognita 的 LD_{50} 为 38.43μg/mL[147]；从臭蚤草中发现的癸烷倍半萜苷对 M. incognita 的 LD_{50} 为 25.42μg/mL[148]。第三类化合物：非核糖体多肽聚酮化合物。这类杀线虫化合物主要分离自微生物，从真菌 Trichothecium roseum 中发现的化合物 trichomide D 和 destruxin A5 对胞囊线虫的 LD_{50} 分别为 94.9μg/mL 和 143.6μg/mL[149, 150]；从细菌 Pseudomonas putida 和 P. simiae 中分离到的化合物 cyclo（L-Pro-L-Leu）能抑制 M. incognita 卵孵化[151]；从细菌 Xenorhabdus budapestensis 发现了七个杀线虫活性 LD_{50} 小于 50μg/mL 的线性肽化合物，其中 rhabdopeptide-J 的活性最好（LD_{50} 为 27.8μg/mL）[152]。第四类化合物：芳烃及有机酸类化合物。从茜草中分离的醌类化合物对 M. incognita 的 LD_{50} 为 35.22μg/mL[153]；从日本曲霉分离的 1,5- 柠檬酸二甲基盐酸盐酯在 1250mg/mL 浓度下对 M. incognita 的致死率达 91.7%[154]。从真菌 Arthrobotrys oligospora 中发现化合物 2（5H）-furanone 在浓度 250μg/mL 强吸引线虫；呋喃 -2- 基甲醇在浓度 50μg/mL 下对线虫有排斥作用；化合物 5- 甲基呋喃 -2- 羧基醛对秀丽隐杆线虫的 LC50 为 369μg/mL；麦芽糖醇在浓度为 2.5μg/mL 下，促进 A. oligospora 菌网增加 30%[155]。A. oligospora 中一类特有的 PKS/TPS

杂合生源少孢素类化合物 Arthrobotrisins 显著提高和促进真菌在多种不同类型土壤中的定殖和生长[154, 156, 157]。从 *A. oligospora* 中发现化合物 farnesyltoluquinol 在 12.5μg/mL 下对线虫有较好的抑制率[158]。

杀线虫代谢产物代谢调控与生物合成的研究主要集中在 *S. avermitilis* 产生的阿维菌素及其衍生物，我国学者在这方面做出了突出贡献[159]。将 *bicA*、*ecaA* 克隆到基因工程菌 A229 中可使阿维菌素 B1a 组分的效价提高到 8100μg/mL[160]；Wang 等[161]设计的动态降解三酰甘油策略能使 B1a 的效价提高了 50%，从 6200μg/mL 增加到 9310μg/mL。在 *S. avermitilis* 野生型中过表达 *sav-4189*、*soxR*、*zur* 基因可使阿维菌素的产量分别提高 2.5 倍[162]、2.4 倍[163]和 120%[164]；过表达基因而将抑制阿维菌素产量的基因 *ohRr* 敲除后阿维菌素的产量可比野生型提高两倍[165]。*S. avermitilis* 中的热激因子 HspR 调控阿维菌素的产量，敲除或过表达 *hspR* 基因时，阿维菌素的产品分别降低 43% 和提高 154%[166]。

2. 生防微生物侵染线虫的分子机制

捕食线虫真菌是自然界中调控线虫种群平衡的主要微生物，这类真菌可形成捕器捕食线虫，捕器的形成和形态发育与真菌的生防能力密切相关[167]。*A. oligospora* 能够产生三维菌网捕器捕杀线虫，*A. oligospora* 基因组中存在七种 RGSs，通过基因敲除和表型分析，发现 RGSs 在 *A. oligospora* 的生长、发育和分化过程中发挥着重要的功能。敲除 RGS1 的编码基因 *AoFlbA* 后，突变菌株（ΔAoFlbA）丧失产生分生孢子和捕食器官的能力；同时突变菌株菌丝细胞中的环磷酸腺苷含量显著升高，说明 RGSs 通过调节 cAMP 的含量调控 G 蛋白信号下游的激酶途径[168]。RIC8 的作用与 RGS 相反，它能使与 G 蛋白 α 亚基结合的 GDP 磷酸化形成 GTP，从而使失活状态的 G 蛋白 α 亚基成为活化状态。RIC8 能够与 G 蛋白的 α 亚基互作，敲除 Ric8 基因将导致突变菌株丧失产生捕器和捕杀线虫的能力[169]。cAMP-PKA 是 G 蛋白信号下游主要的调控通路，发现腺苷酸环化酶和蛋白激酶 A（PKA）对于 *A. oligospora* 的菌丝生长、产孢、捕器发育和压力耐受能力发挥重要的调控作用[170]。MAPK 也是真菌中重要的信号调控通路，在丝状真菌中保守的 MAPK 主要包括三条调控通路 Fus3、Hog1 和 Slt2。研究发现 Slt2 与 *A. oligospora* 的菌丝生长、捕器形成和产孢能力密切相关，突变菌株丧失了产孢和形成捕器的能力[171, 172]。通过对细胞壁完整性调控通路的主要调控蛋白 PKC、SLT2 和 SWI6 的编码基因敲除和表型分析，发现它们在菌丝生长、产孢、压力耐受、捕食器官形成和捕杀线虫能力等方面发挥重要的调控作用[172]。

Rab-7A 在 *A. oligospora* 的生长发育过程中发挥重要的调控功能，突变菌株不能产生捕器和分生孢子[173]。*A. oligospora* 中 Ras 和 Rho GTPases 对 *A. oligospora* 的菌丝生长捕食器官形成和捕杀线虫能力等方面发挥调控作用[174, 175]。自噬基因 AoATG5 不仅参与 *A. oligospora* 的生长、产孢、自噬小体的形成；同时还参与细胞核数量、捕食器官形成和形态发育及线虫捕杀能力的调控[176]。捕食线虫真菌产生的捕食器官中含有大量的电子致密体，敲除过氧化物酶体合成蛋白 PEX1 和 PEX16 的编码基因，导致菌株的生长迟缓、不能形成捕食器官，产孢能力也显著下降[177]。综上，捕食器官的形成机制非常复杂，有多种信号途径和细胞过程参与捕器的形成和对线虫捕食能力的调控。

3. 线虫生物农药的开发与应用

在中国农药信息网上，以"线虫"为防治对象检索 2018 年至 2023 年登记的杀线虫农药共 118 种；其中，以噻唑膦、阿维菌素为单剂或混剂的农药数量最多，分别为 62 种（占 52.5%）和 53 种（44.9%）；以活体微生物为有效成分仅十种（8.5%），这十种活体微生物农药中，淡紫拟青霉（*P. lilacinus*）五种、厚孢轮枝菌（*V. chlamydosporium*）一种、蜡质芽孢杆菌（*B. cereus*）一种、坚强芽孢杆菌（*B. firmus*）一种、杀线虫芽孢杆菌（*B. nematocida*）一种、苏云金杆菌（*B. thuringiensis*）一种。此外，以氨基寡糖素、印楝素分别登记的杀线虫农药各一种。以上数据表明，目前我国的杀线虫剂市场仍以噻唑膦、阿维菌素和氟吡菌酰胺（拜耳股份公司 2012 年登记）为主；线虫生物农药整体表现出登记数量少、生防菌种类少、剂型单一、生防机制不明等弊端。杀线虫芽孢杆菌（*B. nematocida*）B16 粉剂是近年来作用机制最为清晰的线虫生物农药新产品之一，由云南大学登记，母药为每克一百亿 CFU（PD20211349）、制剂为每克五亿 CFU（PD20211362），登记对象为番茄根结线虫病。

（四）植物免疫机制

1. 植物免疫机制研究进展

剖析植物免疫系统的运作机制，对于开发新型植物免疫调节剂及从作物角度理解指导生物防治工作具有重要意义。国内植物免疫学研究领域的众多知名学者，曾联合撰写了《植物免疫研究与抗病虫绿色防控：进展、机遇与挑战》一文，对我国近二十年来在植物免疫学领域的研究进行了系统的梳理。从各项数据来看，我国在植物免疫学研究的多个领域已跻身世界先进行列，在少数方向处于世界领先水平，为农作物绿色防控技术的发展提供了重要的理论基础和科学依据[178]。近五年来，我国在该领域的研究继续保持着良好的发展态势，成绩斐然[179-209]。如南京农业大学王源超团队首次报道了细胞膜受体蛋白具有"免疫识别受体"和"抑制子"的双重功能[195]；中科院遗传所周俭民团队和清华大学柴继杰团队合作首次揭示了植物中的抗病小体 ZAR1[179]；中科院分子植物中心辛秀芳团队首次正面揭示了植物两大类免疫通路 PTI（pattern-triggered immunity）和 ETI（effector-triggered immunity）的协同作用模式[205]等。

2. 植物免疫诱导剂研究进展

如火如荼的植物免疫基础研究也推动了包含植物免疫诱导剂创制在内的应用研究的发展，目前研究较多的植物免疫诱导剂可分为糖类、蛋白类、小分子类三类。

（1）糖类植物免疫诱导剂

近五年来，国内研究团队在糖类诱抗分子相关研究上的持续深入，拓展了我国在糖类植物免疫诱导剂制备上的选择范围和研发方向[210-215]。中科院微生物所刘俊团队发现 3'-β-D- 纤维二糖基 – 葡萄糖和 3'-β-D- 纤维三糖基 – 葡萄糖是两种新型 DAMPs（Damage-associated molecular patterns）分子，可诱发水稻免疫响应[210]。上海交通大学叶文秀团队与国外科研团队合作揭示了几丁寡糖通过引起植物气孔关闭来抵御病菌入侵的诱抗新机制[213]。中科院大连化物所尹恒团队首次发现了寡糖可通过非规范模式调节植物蛋白 N- 糖基化修饰，从而改善植物在 N- 糖基化受损时的抗病能力，从糖生物学角度为糖类分子的诱抗机制研究提供了新思路[214, 215]。

（2）蛋白类植物免疫诱导剂

新型蛋白类激发子的发现、鉴定，不仅加深了人们对植病互作过程中分子机制的认知，也为蛋白类植物免疫诱导剂的研发提供了广阔前景。王源超团队发现，大豆疫霉菌的质外蛋白酶 AEP1 是一个典型的 PAMP（Pathogen-associated molecular pattern）[216]。中国农科院植保所邱德文团队发现，黄萎病菌的果胶酸裂解酶 VdPEL1，可激发多种植物的免疫响应[217]。西北农林科技大学黄丽丽团队发现，苹果腐烂病菌中的小分子蛋白 VmE02 能够诱导多种植物的免疫响应[218]。江苏省农业科学院刘永锋和南京农业大学马振川团队合作发现，稻曲病菌中的磷脂酰肌醇铆定蛋白 SGP1 能够激发水稻免疫响应，增强水稻的广谱抗性[219]。目前，关于蛋白类免疫激活剂的制备还停留在常规的蛋白表达工程菌发酵阶段，合成生物学新技术的介入还有所不足。

（3）小分子类植物免疫诱导剂

国内学者在新型小分子类免疫诱导剂研发上开展的系列工作，和糖类、蛋白类分子的相关工作一道，为我国绿色农业的发展提供了重要的理论指导。贵州大学宋宝安院士团队以吲哚类和巯基类化合物为原料，合成了二十余种具有植物诱抗活性的小分子化合物[220]。山东农业大学丁新华团队发现，宛氏拟青霉发酵提取物"智能聪（ZNC）"可诱发植物产生强烈的免疫响应、增强植物抗性[221, 222]。山西农业大学张淑娟团队发现，褪黑素预处理可激发葡萄免疫响应，提高葡萄果实对灰霉菌的抗性，延长果实的保鲜时间[223]。

3. 植物免疫诱导剂产品研发及应用进展

我国学者近年在植物免疫分子机制、各类植物免疫诱导剂挖掘及制备技术等研究领域做出了卓越贡献，为植物免疫诱导剂产品研发及应用打下了坚实的理论基础。

（1）产品登记及产业化

据统计，2018 年至 2023 年，我国新登记具有免疫诱导功能的农药 89 个（见表 2），其中以糖类生物农药居多。值得一提的是，除了已经登记的上述产品外，还包括多种寡糖、维大力（蛋白类激发子）、智能聪（微生物提取物）等尚未登记的同时具有促进生长与免疫诱导功能的产品，也在农业生产中得到了有效的应用。

表2　2018 年至 2023 年新登记的具有免疫诱导功能的农药

农药名称	新增数量
氨基寡糖素	26
香菇多糖	10
寡糖·噻唑膦	9
几丁聚糖	5
春雷·寡糖素	4
低聚糖素	4
寡糖·吗呱	3
酰氨寡糖素醋酸盐	2
几丁寡糖素醋酸盐	2
几丁聚糖·氯化胆碱	2
毒氟磷	2
寡糖·噻霉酮	1
寡糖·肟菌酯	1
24- 表芸·寡糖	1
氨基寡糖素·氟啶胺	1
氨基寡糖素·氰霜唑	1
吡唑酯·寡糖素·噻呋	1
氨基寡糖素·宁南霉素	1
氨基寡糖素·辛菌胺	1
氨基寡糖素·喹啉铜	1
寡糖素·联苯·噻虫胺	1
氨基寡糖素·噁霉灵	1
寡糖·吡唑酯	1
28- 高芸·寡糖	1
井冈·低聚糖	1
几糖·嘧菌酯	1
几丁聚糖·氯吡脲	1
葡聚烯糖	1
氨基寡糖素·噻苯隆	1
毒氟·吗啉胍	1
吡唑醚菌酯·毒氟磷	1
总计	89

注：数据来源于中国农业农村部农药信息网（http://www.chinapesticide.org.cn/）

（2）剂型与应用技术研究进展

在前期植物免疫诱抗剂叶面喷施等常规应用技术的基础上，近五年，国内团队也对这些制剂的施用方式进行了包括种子处理[224, 225]、土壤处理[226]、复配混用[227]、果实采后浸泡处理[228, 229]等在内的系列摸索，以力求发挥出相关药剂的最佳效果。此外，在农药施用设备方面，随着农业装备现代化的不断推进，植保无人机（UAV）近年来一直处于快速发展阶段，因其作业效率高、地形适应性广、适用安全等特点，被广泛应用于农林病虫害杂草的防控。

（3）实际田间应用情况

国内学者研发的包含糖类、蛋白类、小分子类农药在内的多种植物免疫诱导剂，已被广泛地应用于我国农业生产的各个领域，为我国农业发展创造了巨大的经济效益，如表3所示。

表3　2018年至2023年部分糖类、蛋白类、小分子类农药制剂成功应用案例

药剂	作物	地区	参考文献
糖类植物免疫诱导剂	小麦	河北保定	[230]
	黑枣	河北廊坊、山东泰安	[231]
	辣椒	河南濮阳	[232, 233]
	马铃薯	贵州毕节、河北承德	[234, 235]
	白菜	贵州六盘水	[236]
	番茄	辽宁丹东	[237]
	葡萄	辽宁本溪	[238]
	柑橘	广西桂林	[239]
	芦笋	山东泰安	[240]
	樱桃	山东潍坊	[241]
	罗汉果	湖南郴州	[242]
	香蕉	海南澄迈	[243]
	桃树	上海浦东	[244]
	茶树	福建三明	[245]
蛋白类植物免疫诱导剂	水稻	江苏盐城	[246]
	小麦	江苏宿迁、河北邯郸	[247, 248]
	油菜	甘肃张掖	[249]
	苹果	甘肃平凉	[250]
	番茄	陕西宝鸡	[251]
	猕猴桃	江西宜春	[252, 253]
	葡萄	河北张家口	[254–256]
	甘薯	北京大兴	[257]

续表

药剂	作物	地区	参考文献
小分子类植物免疫诱导剂	水稻	广西贵港	[258, 259]
	火龙果、黄瓜、丝瓜	广西南宁	[260, 261]
	蚕豆	甘肃临夏	[262]

（五）昆虫性信息素

成虫在性成熟时性腺释放的引诱异性的化合物，具有种的特异性，称为昆虫性信息素，即性诱剂。昆虫性信息素一般采用诱捕、诱杀和交配干扰应用于种群监测和害虫防控中。研究范围包括从气味分子、嗅觉基因、嗅觉编码到行为，例如性信息素化学结构鉴定、周缘和中枢神经生理和行为反应机制、田间配比优化及其防控效果评价，以及遗传和进化等。这些分子生物学研究有助于鉴定活性化合物，即逆向化学生态学方法[263]。化学结构鉴定主要在鳞翅目、鞘翅目、半翅目、同翅目等种类，其详细数据库可以从 https://www.pherobase.com/ 检索。

性信息素识别的分子机制从传统的种内拓宽至种间性信息素的识别[264]。天敌对寄主性信息素的识别[265]和寄生蜂种内性信息素的鉴定及其嗅觉识别的分子机制[266]有了新的进展，其突破为更好地监测和利用自然天敌提供了潜在的新技术和思路。性信息素的绿色化学合成有了快速发展[267]。如何解决性信息素的变异及嗅觉适应性，在生产中是一个难题。对于非迁飞性害虫的诱捕，采用多配比诱芯组合的方法[268]。为解决迁飞性害虫性诱监测，性诱智能测报系统采用双通道同时监测不同虫源地害虫的种群动态[269]。性诱测报制订有农业部行业标准（NY/T 3253—2018 和 NY/T 2732—2015）。至今已正式登记了十三个昆虫性信息素。

（六）新方法和新技术的研究和应用

近年来，新方法和新技术在生物防治学科中的研究和应用不断增多，主要包括基因编辑与基因驱动、纳米材料与 RNAi 技术、酶抑制技术等。近五年在基因编辑与基因驱动、纳米材料与 RNAi 技术方面的研究与应用进展总结如下。

利用 CRISPR/Cas9 系统已经成功鉴定并解析多种参与昆虫翅型发育[270-272]、胚胎发育[273]和幼虫生长发育[274, 275]等的相关基因功能。在昆虫信息素[276]、气味结合蛋白[277]和性别决定机制[278]等方面也取得了重要进展。CRISPR/Cas9 基因编辑系统在家蚕抗病毒方面也有应用，成功构建了抗 BmNPV 家蚕品系，该品系对 BmNPV 感染的抵抗力显著高于野生型家蚕[279, 280]。CRISPR/Cas9 基因编辑系统也被应用于降低害虫抗药性和农药作用位点鉴定等方面。敲除棉铃虫中解毒酶基因簇 *HaCYP6AE* 降低了棉铃虫的抗药性，杀虫剂处理后显著降低棉铃虫的存活率[281]。敲除 *HanAChRα6* 后棉铃虫对多杀菌素和乙基多杀菌素的抗性增高，而敲除 *HanAChRα7* 后对棉铃虫的抗药性无显著影响[282]。此外，Muhammad 等[283]基于靶向 *Pxyellow* 基因的研究成功驱动 EGFP 在小菜蛾中表达，构建了小菜蛾 CRISPR/Cas9 基因驱动体系。CRISPR/Cas9 基因驱动系统在害虫防治应用上展现了巨大的潜力，将是未来害虫防治的主要手段，有助于解决害虫抗药性和化学农药使用带来的环境污染等问题。基因驱动的效果已经得到了很好的验证，相信随着研究的进一步深入，该项技术存在的问题能得到有效解决并广泛应用。

基于 RNAi 的病虫害防治策略长期以来是植物保护学工作者的研究热点，领域内专家发表了一系列综述[284]，最近还出版了一本专著《RNA 干扰——从基因功能到生物农药》[285]。目前，大量的潜在 RNAi 靶基因不断被筛选，为病虫害的遗传学防治提供了丰富的候选靶标。但 RNAi 在病虫害防治方面的应用还处于起步阶段，靶标有害生物的 dsRNA 吸收效率低，同时免疫系统会阻止外源 dsRNA 进入自身细胞并将其降解，从一定程度上降低了基因的干扰效率[286, 287]。近五年来，纳米技术在农业领域发展迅猛，推动了传统农业在交叉学科领域的不断深化发展。以纳米材料为载体高效携带外源核酸，诱导基因转化和实现高效 RNAi 已成为国内外研究的热点。在农业领域，纳米粒子可以经过修饰作为一种药物载体，快速包裹药物分子，提高大颗粒、难容农药分子的分散性和穿透力，提升农药分子的附着力和利用率，因此，利用纳米粒子开发新型农药已成为国内外的研究热点[288]。目前应用较为成熟的核酸型纳米载体包括壳聚糖、脂质体、层状双氢氧化物、聚乙烯亚胺、聚酰胺－胺树枝状聚合物等。在植物病害防控领域，筛选获得了可靶向疫霉菌 CesA3 和 OSBP1 关键区域的 CesA3-/OSBP1-dsRNAs，制备了聚乙二醇异丙烯酸酯（PEGDA）功能化的碳点纳米颗粒（CDs），其可以通过静电结合等作用力高效装载 dsRNA，能有效防治辣椒疫霉侵染[289]。在害虫防控领域，利用壳聚糖和脂质体递送 dsRNA 饲喂二化螟幼虫，致死率分别达到 55% 和 32%[290]；利用成本低廉的农用型纳米载体创制了一种纳米载体介导的 dsRNA 经皮递送系统，将纳米载体/dsRNA 复合物点滴于靶标有害生物，即可实现高效的 RNAi[291]；还构建了一个由聚乙二醇和壳聚糖组成的载体系统，喷施该载体包裹的褐飞虱几丁质合成酶基因 A 的 dsRNA，褐飞虱的死亡率达 65%[292]。目前，廉价、绿色、高效的 RNA 农药载体创制刚刚起步，优良的纳米载体的创制涉及材料学、化学、生物学科的深度融合。在 RNA 生物合成领域，虽然在一定程度上解决了 dsRNA 生产成本高昂的难题，但 RNA 农药的防效偏低，仍然与化学、植物源农药存在差距，提升靶标有害生物的防控效果，需要进一步挖掘关键 RNAi 靶标基因，同时对 RNAi 的脱靶效应进行评价，以保证 RNA 农药的生物安全性。

三、国内外发展比较

我国目前捕食螨研究与国外的差距主要表现在以下几个方面：①研究多在低水平重复前人工作，创新性不足。②新方法与新技术在捕食螨研究中运用不足。③缺乏协同性害虫防治策略的系统性研究。

我国的细菌杀虫剂基础研究水平基本与国外相比处于并跑阶段。世界范围内细菌杀虫剂（主要 Bt）的基础研究均进入了深水区，在该环境下想提出新理论、新机制比较困难。因此，新思路和新技术的运用显得尤为关键。2020 年西班牙玛格丽塔·萨拉斯生物研究中心（Centro de Investigaciones Biológicas Margarita Salas）研究团队使用冷冻电镜，首次解析了 Bt Vip3 蛋白的孔洞结构，解决了二十年悬而未决的问题。杀虫蛋白结构的解析可以破解很多关键技术难题，因此我国在新技术的运用和新思路的打开方面仍然有待加强。我国微生物杀虫剂产品开发水平迅速提高。除了上述 Bt 产品外，湖北省生物农药工程研究中心将开发的一款对叶螨高活性的微生物杀螨剂死亡谷芽孢杆菌，于 2022 年 4 月以五千万元的价格成功转让给企业。但我国微生物杀虫剂研发主要依靠科研院所和高校等科研单位，研发效率、财力、人力和物力均无法与国外跨国大公司相提并论。此外，由科研单位而非企业牵头的微生物杀虫剂开发可能存在创新研发与产业化联系不紧，导致产品转化难的问题。抗虫作物是杀虫微生物（主要为 Bt）杀虫基因的主要出口，但国际上应用在农作物中的抗虫基因主要掌握在跨国公司手中。我国的 Bt 杀虫基因的发掘技术和能力已经逐步超过国际上其他国家，成为国际上发掘 Bt 杀虫新基因最多的国家。但这些新基因仍与已知基因相似性高，或杀虫活性没有已知基因强。国外将很大精力放在非 Bt 杀虫基因的寻找上，而我国在该领域成果不多，尚处于探索阶段。

我国在杀虫真菌菌种资源库，杀虫真菌分子改良与工程菌构建，杀虫真菌产孢、抗逆、毒力相关功能基因挖掘等方面取得重要进展，特别是在杀虫真菌农药的应用技术和产业化方面已达到国际领先水平，基本解决了重要害虫无生物农药可用的难题。但是，迄今仍未有分子育种技术改良的生产菌株投入应用，杀虫慢、田间防效稳定性差、储藏期短、成本较高等问题仍然突出，重点围绕杀虫真菌农药"管用""好用""用得起"等方面，加大重要生防性状形成机理研究的力度，尤其是杀虫真菌活性物质代谢及调控机制、与寄主昆虫特异互作的分子机理以及杀虫真菌产孢及多抗逆性调控的分子机理等方面的基础研究，建立无外源 DNA 转化体系，为充分挖掘杀虫真菌的生防潜力奠定基础，以满足规模生产和大面积应用的要求，促进杀虫真菌产业的高质量发展。

中国科学院武汉病毒研究所胡志红和王曼丽团队在杆状病毒口服感染的分子机制以及昆虫抗病毒天然免疫反应机制方面的研究处于国际前沿水平。杆状病毒系统发育学走向全基因组深度分析是大势所趋，杆状病毒分离株基因组的嵌合是否会显著影响其作为病原体的适应性是值得关注的科学问题，这一方面国内外学者都在积极跟进。在宿主对杆状病毒的抗性方面，德国 Julius Kühn-Institut（JKI）的 Jehle 教授团队在苹果蠹蛾对 GV 的抗性机制方面的研究处于领先水平。我国西南大学在家蚕抗 NPV 的机制方面也做出了大量的工作。在病毒类生物农药的研发方面，全球 2017 年至 2022 年报道的病毒分离株 45 个，中国科学家发现的占十七个（表 1），可见我国在昆虫病源病毒资源的发掘方面处于领先地位。2017 年至 2022 年全球在杆状病毒杀虫剂方面的专利有 101 项，其中国外专利十六项，而我国的相关专利约 85 项。国外引起关注的专利包括：利用哌替啶噻唑（WO2022130188-A1），磷酸镁和磷酸钙（WO2022053640-A1），酰脲衍生物（WO2022004673-A1），二酰胺、甲二胺、异噁唑啉（WO2022034611-A1），甲氧基丙烯酸酯（WO2017017234）加入病毒生物农药，以提高其杀虫效果；利用石蜡作为壳包裹病毒颗粒提高病毒制剂抗紫外能力（US2021015106）；针对杆状病毒凋亡抑制基因 RING 区的 18nt 反义 DNA 片段（RU2016122543-A）作为杀虫活性成分。我国在杆状病毒杀虫剂方面的专利主要涉及以下六个方面。①新发现病毒的应用，如抗草地贪夜蛾病毒杀虫剂（CN112342199B），防治螟虫广谱杆状病毒生物农药（CN106417378B），黄杨绢野螟核型多角体病毒（CN111117971A），草原毛虫核型多角体病毒（CN110669737A）等。②剂型的创制与改进，如美国白蛾核型多角体病毒水分散粒剂（CN107637591A），昆虫核型多角体病毒干悬浮剂（CN106857505B），美国白蛾核型多角体病毒乳浊液（CN110055226A）等。③与其他农药联合使用，如将病毒与甲维盐（CN109769857A），白僵菌（CN108739865A、CN108617695A），氟氯虫双酰胺（CN109845746A），氯虫苯甲酰胺（CN109805031A），甲氧虫酰肼（CN106417382A），雷诺丁受体或二酰胺（US201514730597）等混用。④在病毒制剂中加入增效剂，如山奈酚（CN113973826B）、染料木素（CN113994966A）、香豆素（CN113994967A）、大蒜素（CN113973825A）、蜕皮酮（CN111727980B）等。⑤生产、加工、使用方法，如核型多角体病毒野外扩增装置（CN215123637U），斜纹夜蛾核型多角体病毒粉剂配方及其传播方法（CN109964928A），棉铃虫核型多角体病毒自传播装置及方法（CN108174833B）等。⑥其他与昆虫病毒相关的技术，如棉铃虫蛹卵巢细胞系（CN112695010B），东方黏虫蛹卵巢细胞系（CN112760277B）的构建，包装大量外源蛋白的重组质粒（CN106701826B），检测核型多角体病毒的 PCR 引物、试剂盒（CN110578018B、CN110484657A、CN105950782B、CN109295258A、CN106755569B、CN105648113B、CN106350610A）等。

在病毒类生物农药的应用方面，到 2022 年，我国登记的病毒杀虫剂有十一种，62 个产品，比 2017 年多一个品种，产品数量则减少了三个（见表 4）。2023 年初，草地贪夜蛾专一性的病毒母药和悬浮剂，以及广谱的芹菜夜蛾病毒杀虫剂母药和悬浮剂获得了登记，丰富了我国病毒杀虫剂的品种。

表 4　我国登记注册的病毒杀虫剂五年发展对比

病毒名称	剂型	2017 产品数量	2022 产品数量
棉铃虫核型多角体病毒	母药、水分散粒剂、悬浮剂、可湿性粉剂 #	26	22
甘蓝夜蛾核型多角体病毒	母药、悬浮剂、可湿性粉剂、颗粒剂 *	5	6
苜蓿银纹夜蛾核型角体病毒	母药、悬浮剂	5	6
甜菜夜蛾核型多角体病毒	母药、悬浮剂、水分散粒剂	7	10
斜纹夜蛾核型多角体病毒	母药、悬浮剂、水分散粒剂、可湿性粉剂	6	9
茶尺蠖核型多角体病毒	母药、悬浮剂 #	3	1
菜青虫颗粒体病毒	母药 *、悬浮剂 #、可湿性粉剂 #	2	1
松毛虫质型多角体病毒	母药、可湿性粉剂、松质·赤眼蜂杀虫卡 #	3	2
小菜蛾颗粒体病毒	悬浮剂	1	1
黏虫颗粒体病毒	可湿性粉剂 #	1	0
稻纵卷叶螟颗粒体病毒	悬浮剂 *	0	1

* 表示 2022 年没有的剂型；# 表示 2022 年新增剂型。

2022 年美国登记的病毒杀虫剂有十三种，十四个产品，比 2017 年多两个品种，产品数量则增加了十八个（见表 5）。2022 年加拿大登记的病毒杀虫剂有十种，十二个产品，比 2017 年多四个品种，产品数量则增加了四个（见表 6）。

可以看出，我国在病毒类生物农药的品种和产品数量与发达国家相当，相关的专利数量全球领先，但产品质量控制和应用技术方面亟待加强。

在植物病害生防细菌方面与国外研究差距主要有：①生防细菌资源的源头创新仍然以芽孢杆菌和假单胞菌居多，从湿地、高（低）温、高盐（碱）以及深海等特殊生境筛选生防细菌资源的研究报道较少；在筛选技术方面，国内仍然以传统的分离培养技术为主。与国外的差距明显。②生防细菌的遗传改良和有益基因利用等方面需要加强。目前真正能规模化生产并应用的菌株（产品）较少，研究与开发各环节缺乏协同攻关，生防自身存在的缺陷如遗传稳定性差、效价低、防治谱窄、防效不稳定等是制约菌剂研制和推广应用的内在因素。通过分子生物学技术对生防细菌进行遗传改造，可增强生防细菌的遗传稳定性、环境适应性以及代谢活性物质的产生能力等，国外已有多个成功的案例，但我国在这方面还处在探索阶段。

植物线虫生防细菌方面，国内外报道的线虫生防菌种类新种类不多。云南大学的中国西南野生生物库微生物分库是国际上唯一以线虫生防菌为主体的菌种库，保藏的线虫生防微生物种类和数量占全国的 90%、全球的 32.5%，包括线虫生防微生物新属五个新种 75 个；同时，还保藏了线虫生防微生物中发现活性化合物 586 个，包括新化合物 152 个，新骨架化合物 28 个，是全球最大的线虫生防微生物资源库。在杀线虫天然代谢产物及代

表 5　美国注册的病毒杀虫剂五年发展对比（EPA，2022）

病毒名称	防治对象	2017 产品数量	2022 产品数量
Helicoverpa zea NPV	美洲棉铃虫	1	4
Orgyia pseudotsugata NPV	黄杉毒蛾	1	1
Lymantria dispar NPV	舞毒蛾	1	2
Helicoverpa armigera NPV	棉铃虫	1	1
Neodiprion sertifer NPV	欧洲松叶蜂	1	2
Cydia pomonella GV	苹果蠹蛾	3	9
Agrotis ipsilon NPV	小地老虎	1	1
Plodia interpunctella GV	印度谷螟	2	2
Spodoptera exigua NPV	甜菜夜蛾	1	2
Harrisina brillians GV	葡萄长须卷蛾	1	1
Spodoptera frugiperda NPV	草地贪夜蛾	1	3
Autographa californica MNPV	粉纹夜蛾	0	3
Chrysodeixis includes NPV	黄豆银纹夜蛾	0	1

表 6　加拿大注册的病毒杀虫剂（PMRA，2016）

病毒名称	防治对象	2017 产品数量	2022 产品数量
Autographa californica MNPV	粉纹夜蛾	1	1
Cydia pomonella GV	苹果蠹蛾	2	2
Neodiprion lecontei NPV	红头松叶蜂	1	1
Orgyia pseudotsugata NPV	黄杉毒蛾、古毒蛾	2	2
Lymantria dispar MNPV	舞毒蛾	1	1
Neodiprion abietis NPV	香脂冷杉叶蜂	1	1
Lacanobia oleracea NPV	草安夜蛾	0	1
Choristoneura rosaceana NPV	斜斑叶蛾	0	1
Helicoverpa armigera NPV	棉铃虫	0	1
Choristoneura occidentalis NPV	西枞色卷蛾	0	1

谢调控方面，2010 年至 2021 年间发表的天然杀线虫代谢产物共 344 个，其中 2018 年至 2021 年发表的活性化合物 130 个，47 个活性化合物（36.2%）来自我国学者的研究[144]。杀线虫化合物的生物调控目前国内外主要聚焦在阿维菌素及其衍生物的代谢调控，从文献分析来看，这方面一半的工作是我国学者报道的。我国学者在此领域的研究处于领先水平。在生防微生物侵染线虫的分子机制方面，近年来云南大学线虫生防团队完成了这一领

域代表性的成果。研究了捕食线虫真菌模式种 *A. oligospora* 捕器形成、生长、发育和分化过程等与捕食线虫活性密切相关的基因及其信号途径，代表了这一领域的领先水平。将这些研究结果应用到基因工程菌改造并加以应用是将来需要加强的工作。整体而言，线虫生物农药在国际杀线虫农药市场上的份额很低，不大于 10%，绝大多数国家不大于 5%。与美国等发达国家相比，我国线虫生物农药整体表现出登记数量少、生防菌种类少、剂型单一、生防机制不清楚、防治靶标少等不足。

从上述基础研究与产业应用各项数据来看，对于植物免疫机制研究，我国已经是最重要与最领先的国家之一。在植物领域主要期刊及重要综合期刊上发表的本领域高水平论文，我国已名列前茅。在植物免疫诱抗剂产品研发领域，我国现有产品类型、数量在国际上都还具有一定优势，尤其是糖类植物免疫诱抗剂具有显著的优势。但在新产品创制及制备技术上，近年来进展稍缓，在蛋白高效表达等技术上与国际相比还有待加强。在实际应用上，目前我国已经涌现了以氨基寡糖素、寡糖链蛋白等为代表的大宗产品，在产品使用量、应用作物、应用面积等方面也国际领先。

性信息素在酵母和植物中的生物合成及其产业化方面，国际上已有显著突破并逐步成熟，一些企业实现产业化生物合成，而国内企业还没有开展类似工作。在国家循环经济和绿色产业发展趋势下，国内企业必须迎头赶上。性诱测报特别是自动智能化测报的技术水平、推广数量及其范围，我国明显走在前面，但在数学模型的构建和预测预报的实际应用上需要进一步加强。

四、学科发展趋势与对策建议

农业有害生物的绿色防控是我国绿色发展的重大战略需求，是加快建设农业强国的必然选择。生物防治是一种生态安全的防控措施，是绿色防控的核心要素和手段。因此，加强生物防治是我国未来绿色可持续发展的必然趋势，必须针对我国生物防治领域亟待解决的共性科学难题和技术瓶颈，持续推进我国生物防治的理论创新和技术研发。

一是系统开展有益生物的资源挖掘及开发，包括天敌昆虫、病原微生物等，加强现代生物学技术在资源发掘中的应用。二是加强农业生态系统研究，以植物—有害生物—有益生物—环境为研究体系，解析不同营养层次间的互作关系，创新生物防治的系统理论。三是有益生物资源的高效利用与产业化研发，致力于生防新产品的创制和技术创新，建立质量评价和标准体系。开展基因编辑在有益生物研究中的应用，同通过基因组、转录组和蛋白质组等大数据分析手段，发现有益生物高效利用的关键基因，揭示其分子作用机理，为有益生物遗传改良提供理论和技术储备。四是生物防治控害效用提升的技术创新和高效应用。如何利用农业生态系统的多样性，造就更加稳定和有利于发挥有益生物生态效能的栖境，进而提高有益生物的防控效果。开展以复合型实用技术为目的的田间应用和技术推广，明确单项技术之间的互作效应，从而增加生物防治多技术融合的边际效益。五是加强学科交叉和互融互促，特别是发挥生物信息学、合成生物学、人工智能等学科在生物防治领域的重要作用，通过组织国家重点研发计划等重大项目，协同攻关，形成优势和学科新增长点。六是加强生物防治学科的人才队伍建设，形成一支具有国际竞争力的生物防治科研队伍。七是加大宣传、培训和科普力度，提高公众认知水平，促进生物防治技术的大面积推广和应用。

参考文献

［1］王竹红，李鹏雷，葛均青，等. 柑橘木虱寄生性天敌调查及一新种记述［J］. 中国生物防治学报，2019（4）：14.

［2］任少鹏，谌江华，史骏，等. 混合果园果蝇的发生情况及其寄生性天敌调查研究［J］. 湖南文理学院学报（自然科学版），2022，34（03）：66-69.

［3］唐璞，王知知，吴琼，等. 草地贪夜蛾的天敌资源及其生物防治中的应用［J］. 应用昆虫学报，2019，56（3）：370-381.

［4］李志刚，吕欣，押玉柯，等. 粤港两地田间发现夜蛾黑卵蜂与螟黄赤眼蜂寄生草地贪夜蛾［J］. 环境昆虫学报，2019，41（4）：760-765.

［5］覃江梅，覃武，陈红松，等. 广西田间发现2种草地贪夜蛾幼虫寄生蜂［J］. 植物保护，2021，47（5）：292-296.

［6］邢秉琳，古丽奴尔·阿哈买江，吴少英，等. 海南首次发现一种新的三叶草斑潜蝇寄生蜂——斑潜蝇亮蝇茧蜂［J］. 中国生物防治学报，2023，39（3）：740-746.

［7］杨忠岐，王小艺，钟欣，等. 寄生青海草原毛虫的金小蜂一新种（膜翅目：金小蜂科）［J］. 林业科学，2020，56（2）：99-105.

［8］Li Z, Huang L, Zhao W, et al. A new species of the genus *Coccophagus*（Hymenoptera：Aphelinidae）associated with *Sphaerolecanium prunastri*（Hemiptera：Coccoidea）from the Tianshan Mountains, Xinjiang［J］. Entomotaxonomia，2022，44（3）：228-239.

［9］何佳春，胡阳，张明，等. 中国南方稻区半翅目害虫寄生蜂物种多样性及群落结构分析［J］. 应用昆虫学报，2022，59（5）：1096-1108.

［10］姜海平，何桂春，蔡超，等. 稻田不同防控模式下寄生蜂群落结构及多样性［J］. 中国植保导刊，2022，59（5）：1096-1108.

［11］黄孝龙，吴珍平，江婷，等. 寄生蜂对水稻二化螟生态控害功能的研究与应用［J］. 中国生物防治学报，2018，34（1）：148-155.

［12］邵越，钟宇巍，李刚，等. 大棚微生境下两种烟粉虱寄生蜂的竞争作用［J］. 环境昆虫学报，2019，41（2）：253-258.

［13］王卓，刘林州，臧连生，等. 适度饥饿浅黄恩蚜小蜂对烟粉虱和温室白粉虱的寄生和取食选择［J］. 植物保护学报，2018，045（004）：745-750.

［14］潘明真，张毅，曹贺贺，等. 我国主要农作物蚜虫生物防治的研究进展［J］. 植物保护学报，2022，49（1）：146-172.

［15］ Pan M, Wei Y, Wang F, et al. Influence of plant species on biological control effectiveness of *Myzus persicae* by *Aphidius gifuensis*［J］. Crop Protection, 2020, 135: 105223.

［16］ 何宁. CO$_2$ 升高对 "麦长管蚜—烟蚜茧蜂" 互作关系的影响［D］. 沈阳农业大学, 2019.

［17］ Yan H, Guo H, Sun Y, et al. Plant phenolics mediated bottom-up effects of elevated CO$_2$ on *Acyrthosiphon pisum* and its parasitoid *Aphidius avenae*［J］. Insect Science, 2020, 27（1）: 170-184.

［18］ Wang Z, Ye X, Shi M, et al. Parasitic insect-derived miRNAs modulate host development［J］. Nature Communications, 2018, 9（1）: 2205.

［19］ Wang Z, Zhou Y, Ye X, et al. CLP gene family, a new gene family of *Cotesia vestalis* bracovirus inhibits melanization of *Plutella xylostella* hemolymph［J］. Insect Science, 2021, 28（6）: 1567-1581.

［20］ Wu X, Wu Z, Ye X, et al. The dual function of a bracovirus C-type lectin in caterpillar immune response manipulation［J］. Frontiers in Immunology, 2022, 13: 877027.

［21］ Ye, FY, Zhu, CD, Yefremova Z, et al. Life history and biocontrol potential of the first female-producing parthenogenetic species of *Diglyphus*（Hymenoptera: Eulophidae）against agromyzid leafminers［J］. Scientific Reports, 2018, 8（1）: 3222.

［22］ 贺静, 杜素洁, 程鑫斐, 等. 甘肃白银地区潜叶蝇及其寄生蜂的组成和发生调查［J］. 昆虫学报, 2022（004）: 065.

［23］ Ou-Yang YY, Zhao YP, Hopkins RJ, et al. Parasitism of two *Spodoptera* spp. by *Microplitis prodeniae*（Hymenoptera: Braconidae）［J］. Journal of Economic Entomology, 2018, 111（3）: 1131-1136.

［24］ 李贤, 朱俊洪, 叶政培, 等. 蓝色长盾金小蜂对橡副珠蜡蚧的控制作用［J］. 生态学报, 2022, 42（20）: 8483-8491.

［25］ 吴晓霜, 牛黎明, 符悦冠, 等. 日本食蚧蚜小蜂对橡副珠蜡蚧的控制作用研究［J］. 应用昆虫学报, 2019,（2）: 6.

［26］ 刘吉敏, 黄其椿, 邓铁军, 等. 人工释放前裂长管茧蜂对橘小实蝇的田间控制作用［J］. 广东农业科学, 2021, 48（5）: 6.

［27］ 李磊, 韩冬银, 张方平, 等. 瓜实蝇2种蛹寄生蜂生防潜能比较［J］. 生物安全学报, 2020, 29（3）: 191-194, 208.

［28］ 曾宪儒, 覃江梅, 龙秀珍, 等. 我国主要瓜类实蝇的生物防治研究进展［J］. 应用昆虫学报, 2019, 56（3）: 10.

［29］ 徐正. 瓜实蝇对葫芦科植物选择性偏好研究［D］. 福建农林大学, 2019.

［30］ 杨丽元, 刘仁军, 赵筱菲, 等. 油松蛀干害虫及其寄生蜂在树干上的垂直分布［J］. 中国生物防治学报, 2021, 37（04）: 701-708.

［31］ Sun JW, Hu HY, Nkunika, PO, et al. Performance of two trichogrammatid species from Zambia on fall armyworm, *Spodoptera frugiperda*（JE Smith）（Lepidoptera: Noctuidae）［J］. Insects, 2021, 12（10）: 859.

［32］ Guo X, Di N, Chen X, et al. Performance of *Trichogramma pintoi* when parasitizing eggs of the oriental fruit moth *Grapholita molesta*［J］. Entomologia Generalis, 2019, 39（3-4）: 239-249.

［33］ 田春雨, 侯洋旸, 臧连生, 等. 利用松毛虫赤眼蜂共寄生柞蚕卵繁育玉米螟赤眼蜂［J］. 植物保护学报, 2019, 46（2）: 7.

［34］ Lü X, Han S, Li J, et al. Effects of cold storage on the quality of *Trichogramma dendrolimi* Matsumura（Hymenoptera: Trichogrammatidae）reared on artificial medium［J］. Pest Management Science, 2019, 75（5）: 1328-1338.

［35］ Wang Y, Iqbal A, Mu M, et al. Effect of carbohydrate nutrition on egg load and population parameters of four *Trichogramma* species［J］. Agronomy, 2022, 12（12）: 3143.

［36］ Yang L, Qiu LM, Fang Q, et al. A venom protein, Kazal-type serine protease inhibitor, of ectoparasitoid *Pachycrepoideus vindemiae* inhibits the hemolymph melanization of host *Drosophila melanogaster*［J］. Archives of Insect Biochemistry and Physiology, 2020, 105（3）: e21736.

［37］ Wang JL, Jin HX, Schlenke T, et al. Lipidomics reveals how the endoparasitoid wasp *Pteromalus puparum* manipulates host energy stores for its young［J］. Biochimica Et Biophysica Acta-Molecular and Cell Biology of Lipids, 2020, 1865（9）: 158736.

［38］ Gu QJ, Zhou SM, Zhou YN, et al. A trypsin inhibitor-like protein secreted by *Cotesia vestalis* teratocytes inhibits hemolymph prophenoloxidase activation of *Plutella xylostella*［J］. Journal of Insect Physiology, 2019, 116: 41-48.

［39］ Wang ZH, Ye XQ, Zhou YN, et al. Bracoviruses recruit host integrases for their integration into caterpillar's genome［J］. PLoS Genetics, 2021, 17（9）: 1009751.

［40］ Wang Y, Wu X, Wang Z, et al. Symbiotic bracovirus of a parasite manipulates host lipid metabolism via tachykinin signaling［J］. PLoS Pathogens, 2021, 17（3）: e1009365.

［41］ Huang JH, Chen JN, Fang GQ et al. Two novel venom proteins underlie divergent parasitic strategies between a generalist and a specialist parasite［J］. Nature Communications, 2021, 12（1）: 234.

［42］ Zhou SC, Lu YQ, Chen JN, et al. Parasite reliance on its host gut microbiota for nutrition and survival［J］. The ISME Journal, 2022, 16（11）: 2574-2586.

［43］ 陈壮美, 赵琳超, 刘航, 等. 斯氏侧沟茧蜂对草地贪夜蛾幼虫的寄生行为及寄生效应［J］. 植物保护, 2019, 45（5）: 5.

［44］ Chen J, Fang G, Pang L, et al. Neofunctionalization of an ancient domain allows parasites to avoid intraspecific competition by manipulating host behaviour［J］. Nature Communications, 2021, 12: 5489.

［45］ Chen LL, Yuan P, Gabor P, et al. The impact of cover crops on the predatory mite *Anystis baccarum*（Acari, Anystidae）and the leafhopper pest *Empoasca onukii*（Hemiptera, Cicadellidae）in a tea plantation［J］. Pest Management Science, 2019, 75（12）: 3371-3380.

［46］ Li JH, Wei P, Qin J, et al. Molecular basis for the selectivity of the succinate dehydrogenase inhibitor *Cyflumetofen* between pest and predatory mites［J］. Journal of Agricultural and Food Chemistry, 2023, 71（8）: 3658-3669.

［47］ 许若男, 刘晨曦, 苗少明, 等. 新型蠋蝽若虫液体人工饲料效果评价［J］. 中国生物防治学报, 2019, 35（1）: 9-14.

［48］ Zou D, Coudron TA, Wu H, et al. Differential proteomics analysis unraveled mechanisms of arma chinensis responding to improved artificial diet［J］. Insects, 2022, 13（7）, 605.

［49］ 唐艺婷, 李玉艳, 刘晨曦, 等. 蠋蝽对草地贪夜蛾的捕食能力评价和捕食行为观察［J］. 植物保护, 2019, 45（4）: 4.

［50］ 唐艺婷, 王孟卿, 李玉艳, 等. 蠋蝽对斜纹夜蛾幼虫的捕食作用［J］. 中国烟草科学, 2020, 41（1）: 5.

［51］ 唐艺婷, 郭义, 潘明真, 等. 蠋蝽对小菜蛾幼虫的捕食作用［J］. 植物保护, 2020, 46（4）: 6.

［52］ Di N, Zhu Z, Harwood JD, et al. Fitness of *Frankliniella occidentalis* and *Bemisia tabaci* on three plant species pre-inoculated by *Orius sauteri*［J］. Journal of Pest Science, 2022, 95（4）: 1531-1541.

［53］ Lin Q, Chen H, Babendreier D, et al. Improved control of *Frankliniella occidentalis* on greenhouse pepper through the integration of *Orius sauteri* and neonicotinoid insecticides［J］. Journal of Pest Science, 2021, 94, 101-109.

［54］ 王亚南, 李萍, 贺玮玮, 等. 丽草蛉三龄幼虫对斜纹夜蛾卵及低龄幼虫的捕食作用［J］. 中国生物防治学报, 2022, （2）: 38.

［55］ 李玉艳, 王孟卿, 张莹莹, 等. 丽草蛉幼虫对草地贪夜蛾卵及低龄幼虫的捕食能力评价［J］. 植物保护,

2021，47（5）：178-184，197.

［56］ 南俊科，宋丽文，左彤彤，等. 丽草蛉和异色瓢虫对美国白蛾的捕食作用研究［J］. 沈阳农业大学学报，2019，50（2）：6.

［57］ Zang LS，Wang S，Zhang F，et al. Biological control with *Trichogramma* in China：history，present status，and perspectives［J］. Annual Review of Entomology，2021，66：463-484.

［58］ 张艳璇，利用捕食螨携菌多靶标控制害虫害螨的研究与应用［Z］. 福建省，福建省农业科学院植物保护研究所，2018-11-22.

［59］ 李志强，吴晓云，胡尊瑞. 天敌昆虫在蔬菜上的应用［J］. 安徽农业科学，2022，50（15）：14-15，21.

［60］ Yang Q，Men X，Zhao W，et al. Flower strips as a bridge habitat facilitate the movement of predatory beetles from wheat to maize crops［J］. Pest Management Science，2021; 77：1839-1850.

［61］ Li S，Jaworski CC，Hatt S，et al. Flower strips adjacent to greenhouses help reduce pest populations and insecticide applications inside organic commercial greenhouses［J］. Journal of Pest Science，2021，94（3）：679-689.

［62］ 李金玉，尤民生，尤士骏. 茶园生物多样性控害的研究进展［J］. 应用昆虫学报，2022，59（04）：710-725.

［63］ Zhang AX，Mouhoumed AZ，Tong SM，et al. BrlA and AbaA govern virulence-required dimorphic switch，conidiation，and pathogenicity in a fungal insect pathogen［J］. mSystems，2019，4：e00140-19.

［64］ Qiu L，Zhang J，Song JZ，et al. Involvement of BbTpc1，an important Zn（Ⅱ）2 Cys6 transcriptional regulator，in chitin biosynthesis，fungal development and virulence of an insect *mycopathogen*［J］. International Journal of Biological Macromolecules，2021，166：1162-1172.

［65］ Lin Y，Wang J，Yang K，et al. Regulation of conidiation，polarity growth，and pathogenicity by MrSte12 transcription factor in entomopathogenic fungus，*Metarhizium rileyi*［J］. Fungal Genetics and Biology，2021，155：103612.

［66］ Xin C，Yang J，Mao Y，et al. GATA-type transcription factor MrNsdD regulates dimorphic transition，conidiation，virulence and microsclerotium formation in the entomopathogenic fungus *Metarhizium rileyi*［J］. Microbial Biotechnology，2020，13（5）：1489-1501.

［67］ Xin CY，Xing XR，Wang F，et al. *MrMid2*，encoding a cell wall stress sensor protein，is required for conidium production，stress tolerance，microsclerotium formation and virulence in the entomopathogenic fungus *Metarhizium rileyi*［J］. Fungal Genetics and Biology，2020，134：103278.

［68］ Yang W，Wu H，Wang Z，et al. The APSES gene *MrStuA* regulates sporulation in *Metarhizium robertsii*［J］. Frontiers in Microbiology，2018，9：1208.

［69］ Tong Y，Wu H，Liu Z，et al. G-protein subunit Gαi in mitochondria，MrGPA1，affects conidiation，stress resistance，and virulence of entomopathogenic fungus［J］. Frontiers in Microbiology，2020，11：1251.

［70］ Wang Z，Jiang Y，Li Y，et al. MrArk1，an actin-regulating kinase gene，is required for endocytosis and involved in sustaining conidiation capacity and virulence in *Metarhizium robertsii*［J］. Applied Microbiology and Biotechnology，2019，103：4859-4868.

［71］ Wang Z，Zhu H，Cheng Y，et al. The polyubiquitin gene *MrUBI4* is required for conidiation，conidial germination，and stress tolerance in the filamentous fungus *Metarhizium robertsii*［J］. Genes，2019，10（6）：412.

［72］ Song D，Shi Y，Ji H，et al. The *MaCreA* gene regulates normal conidiation and microcycle conidiation in *Metarhizium acridum*［J］. Frontiers in Microbiology，2019 10：1946.

［73］ Su X，Liu H，Xia Y，et al. Transcription factor Mavib-1 negatively regulates conidiation by affecting utilization of carbon and nitrogen source in *Metarhizium acridum*［J］. Journal of Fungi，2022，8（6）：594.

［74］ Zhang MG，Wei QL，Xia Y，et al. MaPacC，a pH-responsive transcription factor，negatively regulates thermotolerance and contributes to conidiation and virulence in *Metarhizium acridum* [J]. Current Genetics, 2020, 66: 397–408.

[75] Guo HY, Wang HJ, Keyhani NO, et al. Disruption of an adenylate–forming reductase required for conidiation, increases virulence of the insect pathogenic fungus *Metarhizium acridum* by enhancing cuticle invasion [J]. Pest Management Science, 2020, 76 (2): 758–768.

[76] Zou Y, Li C, Wang S, et al. MaCts1, an endochitinase, is involved in conidial germination, conidial yield, stress tolerances and microcycle conidiation in *Metarhizium acridum* [J]. Biology, 2022, 11 (12): 1730.

[77] Li C, Xia Y, & Jin K. The C2H2 zinc finger protein MaNCP1 contributes to conidiation through governing the nitrate assimilation pathway in the entomopathogenic fungus *Metarhizium acridum* [J]. Journal of Fungi, 2022, 8 (9): 942.

[78] Li C, Zhang Q. Xia Y, et al. MaNmrA, a negative transcription regulator in nitrogen catabolite repression pathway, contributes to nutrient utilization, stress resistance, and virulence in entomopathogenic fungus *Metarhizium acridum* [J]. Biology, 2021, 10 (11): 1167.

[79] Wen Z, Fan Y, Xia Y, et al. MaOpy2, a transmembrane protein, is involved in stress tolerances and pathogenicity and negatively regulates conidial yield by shifting the conidiation pattern in *Metarhizium acridum* [J]. Journal of Fungi, 2022, 8 (6): 587.

[80] Wen Z, Xia Y, & Jin K. MaSln1, a conserved histidine protein kinase, contributes to conidiation pattern shift independent of the MAPK pathway in *Metarhizium acridum*. Microbiology Spectrum, 2022, 10 (2): e02051–21.

[81] Su X, LiuH, Xia Y, et al. Transcription factor Mavib–1 negatively regulates conidiation by affecting utilization of carbon and nitrogen source in *Metarhizium acridum* [J]. Journal of Fungi, 2022, 8 (6): 594.

[82] Du Y, XiaY, & Jin K. (2022). Enhancing the biocontrol potential of the entomopathogenic fungus in multiple respects via the overexpression of a transcription factor gene *MaSom1* [J]. Journal of Fungi, 2022, 8 (2): 105.

[83] Li C, Zhang Q, Xia Y, et al. MaAreB, a GATA transcription factor, is involved in nitrogen source utilization, stress tolerances and virulence in *Metarhizium acridum* [J]. Journal of Fungi, 2021, 7 (7): 512.

[84] Cai Q, Tian L, Xie JT, et al. Contributions of a histone deacetylase (SirT2/hst2) to *Beauveria bassiana* growth, development, and virulence [J]. Journal of Fungi, 2022, 8 (3): 236.

[85] Chen JF, Tan JJ, Wang JY, et al. The zinc finger transcription factor. BbCmr1 regulates conidium maturation in *Beauveria bassiana* [J]. Microbiology Spectrum, 2022, 10 (1): e02066–21.

[86] Wang J, Chen JW, Hu Y, et al. Roles of six Hsp70 genes in virulence, cell wall integrity, antioxidant activity and multiple stress tolerance of *Beauveria bassiana* [J]. Fungal Genetics and Biology, 2020, 144: 103437.

[87] Mouhoumed AZ, Mou YN, Tong S, et al. Three proline rotamases involved in calcium homeostasis play differential roles in stress tolerance, virulence and calcineurin regulation of *Beauveria bassiana* [J]. Cellular Microbiology, 2020, 22 (10): e13239.

[88] Qiu L, Wei XY, Wang SJ, et al. (2020). Characterization of trehalose–6–phosphate phosphatase in trehalose biosynthesis, asexual development, stress resistance and virulence of an insect mycopathogen [J]. Pesticide Biochemistry and Physiology, 2020, 163: 185–192.

[89] Guan Y, Wang DH, Lin XF, et al. Unveiling a novel role of Cdc42 in pyruvate metabolism pathway to mediate insecticidal activity of *Beauveria bassiana* [J]. Journal of Fungi, 2022, 8 (4): 394.

[90] Su X, Yan X, Chen X, et al. Calcofluor white hypersensitive proteins contribute to stress tolerance and pathogenicity in entomopathogenic fungus, *Metarhizium acridum* [J]. Pest Management Science, 2021, 77 (4): 1915–1924.

[91] Chen X, Liu Y, Keyhani NO, et al. The regulatory role of the transcription factor Crz1 in stress tolerance,

pathogenicity, and its target gene expression in *Metarhizium acridum* [J]. Applied Microbiology and Biotechnology. 2017, 101: 5033-5043

[92] Lai Y, Cao X, Chen J, et al. (2020). Coordinated regulation of infection-related morphogenesis by the KMT2-Cre1-Hyd4 regulatory pathway to facilitate fungal infection [J]. Science Advances, 2020, 6 (13): eaaz1659.

[93] Zhang J, Jiang H, Du Y, et al. (2019). Members of chitin synthase family in *Metarhizium acridum* differentially affect fungal growth, stress tolerances, cell wall integrity and virulence [J]. PLoS Pathogens, 2019, 15 (8): e1007964.

[94] Wang W, Wang Y, Dong G, et al. Development of *Cordyceps javanica* BE01 with enhanced virulence against *Hyphantria cunea* using polyethylene glycol-mediated protoplast transformation [J]. Frontiers in Microbiology, 2022, 13: 972425.

[95] 夏玉先, 彭国雄, 周林. 金龟子绿僵菌菌株在制备防治灰霉病的药剂中的应用 [P]. 国家发明专利, CN201910763542.7. 2021.

[96] 夏玉先, 彭国雄, 周林. 金龟子绿僵菌在制备防治马铃薯晚疫病的药剂中的应用 [P]. 国家发明专利, CN201910763526.8. 2021.

[97] 王洪山, 李少龙, 王宾, 等. 新型微生物农药厚孢轮枝菌微粒剂对温室黄瓜根结线虫的防治效果 [J]. 中国蔬菜, 2019 (12): 88-89.

[98] ResminC, SantosER, Sosa-Gómez DR, et al. (2022). Characterization and genomic analyses of a novel alphabaculovirus isolated from the black armyworm, *Spodoptera cosmioides* (Lepidoptera: Noctuidae). Virus Research, 2022, 316: 198797.

[99] Niz JM, SalvadorR, Ferrelli ML, et al. Genetic variants in Argentinean isolates of *Spodoptera frugiperda* multiple nucleopolyhedrovirus. Virus Genes, 2020, 56 (3): 401-405.

[100] Wennmann JT, Tepa-Yotto GT, Jehle JA, et al. Genome sequence of a *Spodoptera frugiperda* multiple nucleopolyhedrovirus isolated from fall armyworm (*Spodoptera frugiperda*) in Nigeria, west Africa [J]. Microbiology Resource Announcements, 2021, 10 (34): 0056521.

[101] Lei CF, Yang J, Wang J, et al. Molecular and biological characterization of *Spodoptera frugiperda* multiple nucleopolyhedrovirus field isolate and genotypes from China [J]. Insects, 2020, 11 (11): 777.

[102] Wang X, Shang Y, Chen C, et al. Baculovirus *per os* infectivity factor complex: components and assembly [J]. Journal of Virology, 2019, 93 (6): e02053-18.

[103] Li ZQ, Zhang HY, Li ZR, et al. Structural characterization of *per os* infectivity factor 5 (PIF5) reveals the essential role of intramolecular interactions in baculoviral oral infectivity [J]. Journal of Virology, 2022, 96 (14): e0080622.

[104] Su XL, Liu H, Xia YuX, et al. Transcriptomic analysis of interactions between *Hyphantria cunealarvae* and nucleopolyhedrovirus [J]. Pest Management Science, 2019, 75 (4): 1024-1033.

[105] Hou D, Kuang W, Luo S, et al. (2019). Baculovirus ODV-E66 degrades larval peritrophic membrane to facilitate baculovirus oral infection [J]. Virology, 2019, 537: 157-164.

[106] Zhang XX, Mei Y, Li H, et al. Larval-transcriptome dynamics of *Ectropis grisescensreveals* differences in virulence mechanism between two ecobnpv strains [J]. Insects, 2022, 13 (12): 1088.

[107] Han G, Zhang N, Jiang H, et al. Diversity of short interspersed nuclear elements (SINEs) in lepidopteran insects and evidence of horizontal SINE transfer between baculovirus and lepidopteran hosts [J]. BMC Genomics, 2021, 22: 1-16.

[108] Luo M, Lin JT, Zhou XH, et al. Study on physical properties of four pH responsive Spodoptera exigua multiple nucleopolyhedrovirus (SeMNPV) microcapsules as controlled release carriers [J]. Scientific Reports, 2022, 12 (1): 13.

[109] Yan GY, Wang HM, Lü JJ, et al. Surface modification of nucleopolyhedrovirus with polydopamine to improve its properties [J]. Pest Management Science, 2022, 78（2）: 456-466.

[110] Lei C, Yang S, Lei W, et al. Displaying enhancing factors on the surface of occlusion bodies improves the insecticidal efficacy of a baculovirus [J]. Pest Management Science, 2020, 76（4）: 1363-1370.

[111] Ran Z, Shi X, Han F, et al.（2018）. Expressing microRNA bantam sponge drastically improves the insecticidal activity of baculovirus via increasing the level of ecdysteroid hormone in *Spodoptera exigua* larvae [J]. Frontiers in Microbiology, 2018, 9: 1824.

[112] Wei L, Liang A, & Fu Y. Expression of Ac-PK2 protein from AcMNPV improved the progeny virus production via regulation of energy metabolism and protein synthesis [J]. RSC Advances, 2018, 8（54）: 31071-31080.

[113] Jiao R, & Fu Y. Recombinant AcMNPV-gp64-EGFP and synergist triphenyl phosphate, an effective combination against *Spodoptera frugiperda*. Biotechnology Letters, 2022, 44（9）: 1081-1096.

[114] Lin L, Zhou M, Shen D, et al. A non-flagellated biocontrol bacterium employs a PilZ-PilB complex to provoke twitching motility associated with its predation behavior [J]. Phytopathology Research, 2020, 2: 12.

[115] Xu K, Shen D, Han S, et al. A non-flagellated, predatory soil bacterium reprograms a chemosensory system to control antifungal antibiotic production via cyclic di-GMP signalling [J]. Environmental Microbiology, 2021, 23: 878-892.

[116] Wu Q, Ni M, Liu W, et al. Omics for understanding the mechanisms of *Streptomyces lydicus* A01 promoting the growth of tomato seedlings [J]. Plant and Soil, 2018a, 431: 129-141.

[117] Yang M, Ren S, Shen D, et al. An intrinsic mechanism for coordinated production of the contact-dependent and contact-independent weapon systems in a soil bacterium [J]. PLoS Pathogens, 2020, 16（10）: e1008967.

[118] Wang ZS, Li JS, Liu J, et al. Management of blue mold（*Penicillium italicum*）on mandarin fruit with a combination of the yeast, *Meyerozyma guilliermondii* and an alginate oligosaccharide [J]. Biological Control, 2021, 152: 104451.

[119] Wang ZS, Sui Y, Li JS, et al. Biological control of postharvest fungal decays in citrus: a review [J]. Critical Reviews in Food Science and Nutrition 2022, 62: 861-870.

[120] Biessy A, Filion M. Biological control of potato common scab by plant-beneficial bacteria [J]. Biological Control, 2022, 165: 104808.

[121] Fira D, Dimkic I, Beric T, et al. Biological control of plant pathogens by *Bacillus* species [J]. Journal of Biotechnology, 2018, 285: 44-55.

[122] Gao TT, Ding MZ, Wang Q. The recA gene is crucial to mediate colonization of *Bacillus cereus* 905 on wheat roots [J]. Applied Microbiology and Biotechnology, 2020, 104: 9251-9265.

[123] Blake C, Christensen MN, Kovacs AT. Molecular aspects of plant growth promotion and protection by *Bacillus subtilis* [J]. Molecular Plant-microbe Interactions 2021, 34: 15-25.

[124] Harwood C R, Mouillon J M, Pohl S, et al. Secondary metabolite production and the safety of industrially important members of the *Bacillus subtilis* group [J]. FEMS Microbiology Reviews, 2018, 42（6）: 721-738.

[125] Pohl S, Arnau J. Secondary metabolite production and the safety of industrially important members of the *Bacillus subtilis* group [J]. FEMS Microbiology Reviews, 2018, 42: 721-738.

[126] Wu G, Liu Y, Xu Y, et al. Exploring elicitors of the beneficial rhizobacterium *Bacillus amyloliquefaciens* SQR9 to induce plant systemic resistance and their interactions with plant signaling pathways [J]. Molecular Plant-Microbe Interactions, 2018b, 31: 560-567.

[127] Li Y, Heloir MC, Zhang X, et al. Surfactin and fengycin contribute to the protection of a *Bacillus subtilis* strain against grape downy mildew by both direct effect and defence stimulation [J]. Molecular Plant Pathology, 2019, 20: 1037-1050.

［128］ Xiong Q, Liu D, Zhang H, et al. Quorum sensing signal autoinducer-2 promotes root colonization of *Bacillus velezensis* SQR9 by affecting biofilm formation and motility ［J］. Applied Microbiology and Biotechnology, 2020, 104: 7177-7185.

［129］ Steinke K, Mohite OS, Weber T, et al. Phylogenetic distribution of secondary metabolites in the *Bacillus subtilis* species complex ［J］. mSystems, 2021, 6: e00057-00021.

［130］ Bruijns B, Tiggelaar R, Gardeniers H. Massively parallel sequencing techniques for forensics: A review ［J］. Electrophoresis, 2018, 39: 2642-2654.

［131］ Fan B, Wang C, Song X, et al. *Bacillus velezensis* FZB42 in 2018: the gram-positive model strain for plant growth promotion and biocontrol ［J］. Frontiers in Microbiology, 2018, 9: 2491.

［132］ Xu Z, Liu Y, Zhang N, et al. Chemical communication in plant-microbe beneficial interactions: a toolbox for precise management of beneficial microbes ［J］. Current Opinion in Microbiology, 2023, 72: 102269.

［133］ Feng H, Zhang N, Du W, et al. Identification of chemotaxis compounds in root exudates and their sensing chemoreceptors in plant-growth-promoting rhizobacteria *Bacillus amyloliquefaciens* SQR9 ［J］. Molecular Plant-Microbe Interactions, 2018, 31 (10): 995-1005.

［134］ Feng H, Zhang N, Fu R, et al. Recognition of dominant attractants by key chemoreceptors mediates recruitment of plant growth-promoting rhizobacteria ［J］. Environmental Microbiology, 2019, 21 (1): 402-415.

［135］ Feng H, Lv Y, Krell T, et al. Signal binding at both modules of its dCache domain enables the McpA chemoreceptor of *Bacillus velezensis* to sense different ligands ［J］. Proceedings of the National Academy of Sciences of United States, 2022, 119 (29): e2201747119.

［136］ Liu Y, Feng H, Chen L, et al. Root-secreted spermine binds to *Bacillus amyloliquefaciens* SQR9 histidine kinase KinD and modulates biofilm formation ［J］. Molecular Plant-Microbe Interactions, 2020a, 33 (3): 423-432.

［137］ Liu Y, Feng H, Fu R, et al. Induced root-secreted D-galactose functions as a chemoattractant and enhances the biofilm formation of *Bacillus velezensis* SQR9 in an McpA-dependent manner ［J］. Applied Microbiology and Biotechnology, 2020b, 104 (2): 785-797.

［138］ Tian T, Sun B, Shi H, et al. Sucrose triggers a novel signaling cascade promoting *Bacillus subtilis* rhizosphere colonization ［J］. The ISME Journal, 2021, 15: 2723-2737.

［139］ Gu S, Yang T, Shao Z, et al. Siderophore-mediated interactions adetermine the disease suppressiveness of microbial consortia ［J］. mSystems, 2020a, 5: e00811-19.

［140］ Gu S, Wei Z, Shao Z, et al. Competition for iron drives phytopathogen control by natural rhizosphere microbiomes ［J］. Nature Microbiology, 2020b, 5 (8): 1002-1010.

［141］ 向文胜, 张继, 王相晶, 等. 一种以谷维菌素为有效成分的植物生长调节剂 ［P］. 国家发明专利, CN111685126B, 2022.

［142］ 周沁莹, 朱曼, 黄辉, 等. 植物寄生线虫的化学感受系统研究进展 ［J］. 中国科学: 生命科学, 2019, 49 (7): 828-838.

［143］ Eilenberg J, Hajek A, Lomer C. Suggestions for unifying the terminology in biological control ［J］. BioControl, 2001, 46: 387-400.

［144］ Li G and Zhang K. Natural nematicidal metabolites and advances in their biocontrol capacity on plant parasitic nematodes ［J］. Natural Product Reports, 2023, 40 (3): 646-675.

［145］ Feng Y, Yu Z, Zhang S, et al. Isolation and characterization of new 16-membered macrolides from the avea3 gene replacement mutant strain *Streptomyces avermitilis* TM24 with acaricidal and nematicidal activities ［J］. Journal of Agricultural and Food Chemistry, 2019, 67 (17): 4782-4792.

［146］ Wang J, Qi H, Zhang J, et al. Two new 13-hydroxylated milbemycin metabolites from the genetically engineered strain *Streptomyces avermitilis* AVE-H39 [J]. Journal of Asian Natural Products Research, 2021, 23 (9): 837-843.

[147] Zhang J, Wu H, E Y, et al. A new sesquiterpene with nematocidal activity from *Artemisia dubia* [J]. Chemistry of Natural Compounds, 2019, 55 (6): 1073-1075.

[148] Wang Q, Mei W, Dai H, et al. Sesquiterpene glycoside diversities with anti-nematodal activities from *Pulicaria insignis* [J]. Phytochemistry Letters, 2020, 38: 161-165.

[149] Zhou YM, Ju GL, Xiao L, et al. Cyclodepsipeptides and sesquiterpenes from marine-derived fungus *Trichothecium roseum* and their biological functions [J]. Marrine Drugs, 2018, 16: 519.

[150] Du FY, Ju GL, Xiao L, et al. Sesquiterpenes and cyclodepsipeptides from marine-derived fungus *Trichoderma longibrachiatum* and their antagonistic activities against soil-borne pathogens [J]. Marine Drugs, 2020, 18: 165.

[151] Sun X, Zhang R, Ding M, et al. Biocontrol of the root-knot nematode *Meloidogyne incognita* by a nematicidal bacterium *Pseudomonas simiae* MB751 with cyclic dipeptide [J]. Pest Management Science, 2021, 77: 4365-4374.

[152] Bi Y, Gao C, Yu ZJ. Rhabdopeptides from *Xenorhabdus budapestensis* SN84 and their nematicidal activities against *Meloidogyne incognita* [J]. Journal of Agricultural and Food Chemistry, 2018, 66: 3833-3839.

[153] Zhao SM, B. Kuang GZ, Zeng Z, et al. Nematicidalquinone derivatives from three Rubiaplants [J]. Tetrahedron, 2018, 74: 2115-2120.

[154] He ZQ, Wang LJ, Zhang KQ, et al. Polyketide synthase-terpenoid synthase hybrid pathway regulation of trap formation through ammonia metabolism controls soil colonization of predominant nematode-trapping fungus [J]. Journal of Agricultural and Food Chemistry, 2021, 69: 4464-4479.

[155] Wang BL, Chen YH, Zhang KQ, et al. Integrated metabolomics and morphogenesis reveal volatile signaling of the nematode-trapping fungus *Arthrobotrys oligospora* [J]. Applied and Environmental Microbiology, 2018, 84 (9): e02749-17.

[156] Chen YH, Liu X, Zhang KQ, et al. Novel polyketide-terpenoid hybrid metabolites and increased fungal nematocidal ability by disruption of genes 277 and 279in nematode-trapping fungus *Arthrobotrys oligospora* [J]. Journal of Agricultural and Food Chemistry, 2020, 68: 7870-7879.

[157] He ZQ, Tan JL, Zhang KQ, et al. Sesquiterpenyl epoxy-cyclohexenoids and their signaling functions in nematode-trapping fungus *Arthrobotrys oligospora* [J]. Journal of Agricultural and Food Chemistry, 2019, 67: 13061-13072.

[158] Teng LL, Song TY, Zhang KQ, et al. Novel polyketide-terpenoid hybrid metabolites from a potent nematicidal *Arthrobotrys oligospora* mutant AOL_s00215g278 [J]. Journal of Agricultural and Food Chemistry, 2020, 68: 11449-11458.

[159] Li S, Li Z, Pang S, et al. Coordinating precursor supply for pharmaceutical polyketide production in *Streptomyces* [J]. Current Opinion in Biotechnology, 2021, 69: 26-34.

[160] Hao Y, You Y, Chen Z, et al. Avermectin B1a production in *Streptomyces avermitilis* is enhanced by engineering aveC and precursor supply genes [J]. Applied Microbiology and Biotechnology, 2022, 106: 2191-2205.

[161] Li SS, Li ZL Pang S, et al. Coordinating precursor supply for pharmaceutical polyketide production in *Streptomyces* [J]. Current Opinion in Biotechnology, 2021, 69: 26-34.

[162] Guo J, Xuan Z, Lu X, et al. SAV4189, a marR-family regulator in *Streptomyces avermitilis*, activates avermectin biosynthesis [J]. Frontiers in Microbiology, 2018, 9: 1358.

[163] Wang Q, Lu X, Yang H, et al. Redox-sensitive transcriptional regulator SoxR directly controls antibiotic production, development and thiol-oxidative stress response in *Streptomyces avermitilis* [J]. Microbial

Biotechnology, 2021, 15: 561–576.

［164］Lyu M, Cheng Y, Dai Y, et al. Zinc–responsive regulator Zur regulates zinc homeostasis, secondary metabolism, and morphological differentiation in *Streptomyces avermitilis*［J］. Applied and Environmental Microbiology, 2022, 88: e0027822.

［165］Sun M, Mengya L, Ying W., et al. Organic peroxide–sensing repressor OhrR regulates organic hydroperoxide stress resistance and avermectin production in *Streptomyces avermitilis*［J］. Frontiers in Microbiology, 2018, 9: 1398.

［166］Lu X, Wang Q, Yang M, et al. Heat shock repressor HspR directly controls avermectin production, morphological development, and H_2O_2 stress response in *Streptomyces avermitilis*［J］. Applied and Environmental Microbiology, 2021, 87（17）: e0047321.

［167］Zhu MC, Li XM, Zhang KQ, et al. Regulatory mechanism of trap formation in the nematode–trapping fungi ［J］. Journal of Fungi. 2022a, 8（4）: 406.

［168］Ma N, Zhao Y, Zhang KQ et al. Functional analysis of seven regulators of G protein signaling（RGSs）in the nematode–trapping fungus *Arthrobotrys oligospora*［J］. Virulence, 2021, 12（1）: 1825–1840.

［169］Bai N, Zhang G, Wang W, et al. Ric8 acts as a regulator of G–protein signalling required for nematode–trapping lifecycle of *Arthrobotrys oligospora*［J］. Environmental Microbiology, 2022, 24（4）: 1714–1730.

［170］Zhu MC, Zhao N, Zhang KQ, et al. The cAMP–PKA signalling pathway regulates hyphal growth, conidiation, trap morphogenesis, stress tolerance, and autophagy in *Arthrobotrys oligospora*［J］. Environmental Microbiology, 2022b, 24（12）: 6524–6538.

［171］Zhen Z, Xing X, Zhang KQ, et al. MAP kinase Slt2 orthologs play similar roles in conidiation, trap formation, and pathogenicity in two nematode–trapping fungi［J］. Fungal Genetics and Biology, 2018, 116: 42–50.

［172］Xie M, Ma N, Zhang KQ, et al. PKC–SWI6 signaling regulates asexual development, cell wall integrity, stress response, and lifestyle transition in the nematode–trapping fungus *Arthrobotrys oligospora*［J］. Science China–Life Sciences, 2022, 65（12）: 2455–2471.

［173］Yang X, Ma N, Y Zhang KQ, et al. Two Rab GTPases play different roles in conidiation, trap formation, stress resistance, and virulence in the nematode–trapping fungus *Arthrobotrys oligospora*［J］. Applied and Environmental Microbiology, 2018, 102（10）: 4601–4613.

［174］Yang L, Li X, Zhang KQ, et al. Pleiotropic roles of Ras GTPases in the nematode–trapping fungus *Arthrobotrys oligospora* identified through multi–omics analyses［J］. iScience, 2021, 24（8）: 102820.

［175］Yang L, Li X, Zhang KQ, et al. Transcriptomic analysis reveals that Rho GTPases regulate trap development and lifestyle transition of the nematode–trapping fungus *Arthrobotrys oligospora*［J］. Microbiology Spectrum, 2022, 10（1）: e0175921.

［176］Zhou D, Zhu Y, Zhang KQ, et al. AoATG5 plays pleiotropic roles in vegetative growth, cell nucleus development, conidiation, and virulence in the nematode–trapping fungus *Arthrobotrys oligospora*［J］. Science China–Life Sciences. 2022, 65（2）: 412–425.

［177］Liu Q, Li D, Jiang K, et al. AoPEX1 and AoPEX6 are required for mycelial growth, conidiation, stress response, fatty acid utilization, and trap formation in *Arthrobotrys oligospora*［J］. Microbiology Spectrum, 2022, 10（2）: e0027522.

［178］Zhang J, Dong S, Wang W, et al. Plant immunity and sustainable control of pests in China: advances, opportunities and challenges［J］. Scientia Sinica Vitae, 2019, 49（11）: 1479–1507.

［179］Bi G, Su M, Li N, et al. The ZAR1 resistosome is a calcium–permeable channel triggering plant immune signaling ［J］. Cell, 2021, 184（13）: 3528–3541.

［180］Ngou BPM, Ding P and Jones JDG. Channeling plant immunity［J］. Cell, 2021, 184（13）: 3358–3360.

［181］ Chen J, Li M, Liu L, et al. ZAR1 resistosome and helper NLRs：Bringing in calcium and inducing cell death ［J］. Molecular Plant, 2021, 14（8）: 1234-1236.

［182］ Chen J, Zhao Y, Luo X, et al. NLR surveillance of pathogen interference with hormone receptors induces immunity ［J］. Nature, 2023, 613（7942）: 145-152.

［183］ Chen R, Sun P, Zhong G, et al. The receptor-like protein53 immune complex associates with LLG1 to positively regulate plant immunity ［J］. Journal of Integrative Plant Biology, 2022, 64（9）: 1833-1846.

［184］ Chen X, Zhu M, Jiang L, et al. A multilayered regulatory mechanism for the autoinhibition and activation of a plant CC-NB-LRR resistance protein with an extra N-terminal domain ［J］. New Phytologist, 2016, 212（1）: 161-175.

［185］ Deng Y, Zhai K, Xie Z, et al. Epigenetic regulation of antagonistic receptors confers rice blast resistance with yield balance ［J］. Science, 2017, 355（6328）: 962-965.

［186］ Gao F, Zhang B-S, Zhao J-H, et al. Deacetylation of chitin oligomers increases virulence in soil-borne fungal pathogens ［J］. Nature Plants, 2019, 5（11）: 1167-1176.

［187］ Guo L, Cesari S, De Guillen K, et al. Specific recognition of two MAX effectors by integrated HMA domains in plant immune receptors involves distinct binding surfaces ［J］. Proceedings of the National Academy of Sciences of the United States of America, 2018, 115（45）: 11637-11642.

［188］ Jacob P, Kim NH, Wu F, et al. Plant "helper" immune receptors are Ca^{2+}-permeable nonselective cation channels ［J］. Science, 2021, 373（6553）: 420-425.

［189］ Li J, Huang H, Zhu M, et al. A plant immune receptor adopts a two-step recognition mechanism to enhance viral effector perception ［J］. Molecular Plant, 2019, 12（2）: 248-262.

［190］ Liu J, Liu B, Chen S, et al. A tyrosine phosphorylation cycle regulates fungal activation of a plant receptor Ser/Thr kinase ［J］. Cell Host & Microbe, 2018, 23（2）: 241-253.

［191］ Liu L, Song W, Huang S, et al. Extracellular pH sensing by plant cell-surface peptide-receptor complexes ［J］. Cell, 2022, 185（18）: 3341-3355.

［192］ Chen Z, Liu F, Zeng M, et al. Convergent evolution of immune receptors underpins distinct elicitin recognition in closely related *Solanaceous plants* ［J］. Plant Cell, 2023, 35（4）: 1186-1201.

［193］ Ma S, Lapin D, Liu L, et al. Direct pathogen-induced assembly of an NLR immune receptor complex to form a holoenzyme ［J］. Science, 2020, 370（6521）: eabe3069.

［194］ Nie J, Zhou W, Liu J, et al. A receptor-like protein from *Nicotiana benthamiana* mediates VmE02 PAMP-triggered immunity ［J］. New Phytologist, 2021, 229（4）: 2260-2272.

［195］ Sun Y, Wang Y, Zhang X, et al. Plant receptor-like protein activation by a microbial glycoside hydrolase ［J］. Nature, 2022, 610（7931）: 335-342.

［196］ Wang D, Liang X, Bao Y, et al. A malectin-like receptor kinase regulates cell death and pattern-triggered immunity in soybean ［J］. EMBO Reports, 2020, 21（11）: e50442.

［197］ Wang J, Hu M, Wang J, et al. Reconstitution and structure of a plant NLR resistosome conferring immunity ［J］. Science, 2019, 364（6435）: eaav5870.

［198］ Wang J, Wang J, Hu M, et al. Ligand-triggered allosteric ADP release primes a plant NLR complex ［J］. Science, 2019, 364（6435）: eaav5868.

［199］ Wang Y, Xu Y, Sun Y, et al. Leucine-rich repeat receptor-like gene screen reveals that Nicotiana RXEG1 regulates glycoside hydrolase 12 MAMP detection ［J］. Nature Communications, 2018, 9: 594.

［200］ Wu Y, Gao Y, Zhan Y, et al. Loss of the common immune coreceptor BAK1 leads to NLR-dependent cell death ［J］. Proceedings of the National Academy of Sciences of the United States of America, 2020, 117（43）: 27044-27053.

［201］ Xia S, Liu X and Zhang Y. Calcium channels at the center of nucleotide-binding leucine-rich repeat receptor-mediated plant immunity ［J］. Journal of Genetics and Genomics, 2021, 48（6）: 429-432.

［202］ Xiao Y, Martin S, Han Z, et al. Mechanisms of RALF peptide perception by a heterotypic receptor complex ［J］. Nature, 2019, 572（7768）: 270-274.

［203］ Xu N, Luo X, Wu W, et al. A plant lectin receptor-like kinase phosphorylates the bacterial effector AvrPtoB to dampen its virulence in *Arabidopsis* ［J］. Molecular Plant, 2020, 13（10）: 1499-1512.

［204］ Yu D, Song W, Tan EYJ, et al. TIR domains of plant immune receptors are 2′,3′-cAMP/cGMP synthetases mediating cell death ［J］. Cell, 2022, 185（13）: 2370-2386.

［205］ Yuan M, Jiang Z, Bi G, et al. Pattern-recognition receptors are required for NLR-mediated plant immunity ［J］. Nature, 2021, 592（7852）: 105-109.

［206］ Zhai K, Deng Y, Liang D, et al. RRM transcription factors interact with nlrs and regulate broad-spectrum blast resistance in rice ［J］. Molecular Cell, 2019, 74（5）: 996-1009.

［207］ Zhai K, Liang D, Li H, et al. NLRs guard metabolism to coordinate pattern- and effector-triggered immunity ［J］. Nature, 2022, 601（7892）: 245-251.

［208］ Zhang Y, Yin Z, Pi L, et al. A *Nicotiana benthamiana* receptor-like kinase regulates Phytophthora resistance by coupling with BAK1 to enhance elicitin-triggered immunity ［J］. Journal of Integrative Plant Biology, 2023, 65（6）: 1553-1565.

［209］ Zhu M, Jiang L, Bai B, et al. The intracellular immune receptor Sw-5b confers broad-spectrum resistance to tospoviruses through recognition of a conserved 21-amino acid viral effector epitope ［J］. Plant Cell, 2017, 9: 2214-2232.

［210］ Yang C, Liu R, Pang J, et al. Poaceae-specific cell wall-derived oligosaccharides activate plant immunity via OsCERK1 during *Magnaporthe oryzae* infection in rice ［J］. Nature Communications, 2021, 12（1）: 2178.

［211］ Zang H, Xie S, Zhu B, et al. Mannan oligosaccharides trigger multiple defence responses in rice and tobacco as a novel danger-associated molecular pattern ［J］. Molecular Plant Pathology, 2019, 20（8）: 1067-1079.

［212］ Sun Y, Wu H, Xu S, et al. Roles of the EPS66A polysaccharide from *Streptomyces* sp. in inducing tobacco resistance to tobacco mosaic virus ［J］. International Journal of Biological Macromolecules, 2022, 209（Pt A）: 885-894.

［213］ Ye W, Munemasa S, Shinya T, et al. Stomatal immunity against fungal invasion comprises not only chitin-induced stomatal closure but also chitosan-induced guard cell death ［J］. Proceedings of the National Academy of Sciences of the United States of America, 2020, 117（34）: 20932-20942.

［214］ Zhang C, Howlader P, Liu T, et al. Alginate oligosaccharide（AOS）induced resistance to Pst DC3000 via salicylic acid-mediated signaling pathway in *Arabidopsis thaliana* ［J］. Carbohydrate Polymers, 2019, 225: 115221.

［215］ Jia X, Zeng H, Bose SK, et al. Chitosan oligosaccharide induces resistance to Pst DC3000 in *Arabidopsis* via a non-canonical N-glycosylation regulation pattern ［J］. Carbohydrate Polymers, 2020, 250: 116939.

［216］ Xu Y, Zhang Y, Zhu J, et al. Phytophthora sojae apoplastic effector AEP1 mediates sugar uptake by mutarotation of extracellular aldose and is recognized as a MAMP ［J］. Plant Physiology, 2021, 187（1）: 321-335.

［217］ Yang Y, Zhang Y, Li B, et al. A verticillium dahliae pectate lyase induces plant immune responses and contributes to virulence ［J］. Frontiers in Plant Science, 2018, 9: 1271.

［218］ Nie J, Yin Z, Li Z, et al. A small cysteine-rich protein from two kingdoms of microbes is recognized as a novel pathogen-associated molecular pattern ［J］. New Phytologist, 2019, 222（2）: 995-1011.

［219］ Song T, Zhang Y, Zhang Q, et al. The N-terminus of an ustilaginoidea virens Ser-Thr-rich glycosylphosphatidylinositol-anchored protein elicits plant immunity as a MAMP ［J］. Nature Communications,

2021, 12（1）：2451.

［220］ Wei C, Zhang J, Shi J, et al. Synthesis, antiviral activity, and induction of plant resistance of indole analogues bearing dithioacetal moiety［J］. Journal of Agricultural and Food Chemistry, 2019, 67（50）：13882-13891.

［221］ Lu C, Liu H, Jiang D, et al. *Paecilomyces variotii* extracts（ZNC）enhance plant immunity and promote plant growth［J］. Plant and Soil, 2019, 441（1-2）：383-397.

［222］ Cao J, Liu B, Xu X, et al. Plant endophytic fungus extract ZNC improved potato immunity, yield, and quality ［J］. Frontiers in Plant Science, 2021, 12：707256.

［223］ Li Z, Zhang S, Xue J, et al. Exogenous melatonin treatment induces disease resistance against botrytis cinerea on post-harvest grapes by activating defence responses［J］. Foods, 2022, 11（15）：2231.

［224］ Muhammad A, Tumbeh Lamin-Samu A, Muhammad I, et al. Melatonin mitigates the infection of *Colletotrichum gloeosporioides* via modulation of the chitinase gene and antioxidant activity in *Capsicum annuum* L［J］. Antioxidants, 2021, 10（1）：7.

［225］ Wang Y, Shen C, Jiang Q, et al. Seed priming with calcium chloride enhances stress tolerance in rice seedlings ［J］. Plant Science, 2022, 323：111381.

［226］ Figueredo MS, Ibanez F, Rodriguez J, et al. Simultaneous inoculation with beneficial and pathogenic microorganisms modifies peanut plant responses triggered by each microorganism［J］. Plant and Soil, 2018, 433（1-2）：353-361.

［227］ Yang X, Huang X, Zhang L, et al. The NDT80-like transcription factor CmNdt80a affects the conidial formation and germination, mycoparasitism, and cell wall integrity of *Coniothyrium minitans*［J］. Journal of Applied Microbiology, 2022, 133（2）：808-818.

［228］ Bose SK, Howlader P, Jia X, et al. Alginate oligosaccharide postharvest treatment preserve fruit quality and increase storage life via abscisic acid signaling in strawberry［J］. Food Chemistry, 2019, 283：665-674.

［229］ Zhuo R, Li B and Tian S. Alginate oligosaccharide improves resistance to postharvest decay and quality in kiwifruit （Actinidia deliciosa cv. Bruno）［J］. Horticultural Plant Journal, 2022, 8（1）：44-52.

［230］ 吴玉星, 王亚娇, 韩森, 等. 氨基寡糖素与吡唑醚菌酯混用防治小麦白粉病的减施增效作用［J］. 农药, 2022, 61（06）：449-452+464.

［231］ 余璐和田英. 5% 氨基寡糖素防治红枣黑斑病应用技术研究［J］. 农业科技通讯, 2019,（08）：244-248.

［232］ 冯燕青, 梁增文, 胡永军, 等. 不同抗病毒药剂防控辣椒病毒病田间试验［J］. 现代农业科技, 2019,（24）：81-82.

［233］ 阎淑滑, 张瑞花, 郝晓昭, 等. 不同药剂防治朝天椒病毒病的田间药效试验［J］. 农业科技通讯, 2022,（04）：193-195.

［234］ 杨森, 李向阳, 杨远平, 等. 4 种药剂对马铃薯 Y 病毒病防治效果评价分析［J］. 农药, 2022, 61（02）：136-139+156.

［235］ 赵继艳和郝建国. 实施不同用药方案防治马铃薯黑痣病的效果［J］. 中国植保导刊, 2022, 42（05）：52-53+51.

［236］ 骆雪梅和严凯. 氨基寡糖素与 4 种化学杀菌剂复配对大白菜霜霉病的田间防效［J］. 现代农药, 2022, 21（04）：66-69.

［237］ 神兴明, 王娜, 任士伟, 等. 氨基寡糖素对番茄根结线虫病的防效及其促生效果研究［J］. 现代农业科技, 2023,（03）：109-112.

［238］ 蔡明. 寡聚酸碘和氨基寡糖素对冰葡萄霜霉病的田间防治效果［J］. 农药, 2020, 59（07）：525-527.

［239］ 张武鸣, 赵庆阳, 梁载林, 等. 海岛素（5% 氨基寡糖素 AS）对促进柑橘抗病、抗逆及增产效果示范 ［J］. 广西植保, 2020, 33（02）：10-13.

［240］ 杨帅，徐淑兵，金岩，等. 5 种生物农药对芦笋茎枯病的防治效果［J］. 中国蔬菜，2021，（07）：83-87.

［241］ 公义，胡海燕和武海斌. 氨基寡糖素防治樱桃叶斑病的效果及产量效益［J］. 中国植保导刊，2022，42（05）：65-67.

［242］ 扶利军. 3 种药剂防治罗汉果病毒病田间药效试验的总结［J］. 农业灾害研究，2021，11（08）：3-4.

［243］ 漆艳香，谢艺贤，彭军，等. 5% 氨基寡糖素水剂与 25% 丙环唑乳油混配对香蕉褐缘灰斑病的防效研究［J］. 现代农业科技，2020，（19）：100-102+105.

［244］ 李春曦，熊帅，沈晋楠，等. 几种药剂对设施桃树花叶病的防治效果试验简报［J］. 上海农业科技，2021，（02）：120+122.

［245］ 周开云，刘惠芳，陈瑶，等. 氨基寡糖素对碾茶茶饼病的防效及茶叶产量的影响［J］. 耕作与栽培，2021，41（04）：60-61+65.

［246］ 张强，刘祥臣，余贵龙，等. 不同浓度阿泰灵对再生稻两优 6326 秧苗素质和纹枯病抗性及产量的影响［J］. 江苏农业科学，2019，47（15）：130-133.

［247］ 闻建波和李山东. 蛋白制剂维大利（VDAL）不同施用方式对小麦抗病性及产量的影响［J］. 农业科技通讯，2022，（02）：64-67.

［248］ 王俊文，李振乾，张付强，等. 维大力（VDAL）在河北鸡泽小麦上功效试验研究［J］. 农业科技通讯，2020，（12）：60-61+269.

［249］ 郑果，王立，李继平，等. 9 种叶面处理剂对春油菜产量的影响及对其病害的防效［J］. 西北农业学报，2019，28（07）：1093-1099.

［250］ 柳建伟，韩菊红，史广亮，等. 桶混添加天达 -2116、阿泰灵和迈丝对防治苹果叶部病害药剂的减量效应［J］. 西北农业学报，2021，30（10）：1581-1587.

［251］ 赵怡红，杨玉萍和令娟丽. 阿泰灵不同浓度防治番茄 TY 病毒病试验［J］. 基层农技推广，2019，7（11）：36-40.

［252］ 宋亚武，李春琴，龙小莉，等. 10 种药剂对红灯大樱桃皱叶病钝化效果对比试验［J］. 西北园艺（综合），2020，（06）：52-53.

［253］ 张凯东，强遥，邹曼飞，等. 6 种诱抗剂对奉新猕猴桃 2 种真菌病害的田间防效试验［J］. 中国南方果树，2020，49（04）：130-132.

［254］ 郝建宇，王伟军，陈文朝，等. 生物农药阿泰灵对"玫瑰香"葡萄产量和品质的影响［J］. 中外葡萄与葡萄酒，2020，（01）：56-59.

［255］ 郝建宇，王伟军，陈文朝，等. 生物药剂阿泰灵结合化学农药减施在"脆光"葡萄中的应用［J］. 中国果树，2018，（04）：66-68.

［256］ 郝建宇，王伟军，陈文朝，等. 不同药剂对峰光葡萄霜霉病防控效果及果实性状的影响［J］. 山西农业科学，2021，49（10）：1229-1237.

［257］ 岳瑾，杨建国，张金良，等. 甘薯病毒病生物药剂防治效果试验研究［J］. 科学种养，2018，（05）：37-38.

［258］ 韦洁玲，高亚楠，李现玲，等. 毒氟磷在秧田及大田期施用防控水稻橙叶病的效果评价［J］. 植物医生，2019，32（05）：32-35.

［259］ 韦洁玲，李现玲，高亚楠，等. 毒氟磷药剂防控南方水稻黑条矮缩病药效试验［J］. 农药科学与管理，2019，40（09）：52-54.

［260］ 韦洁玲，许哲，李凤芳，等. 25% 吡唑醚菌酯·毒氟磷悬浮剂对火龙果溃疡病的防治效果研究［J］. 植物医生，2021，34（03）：29-35.

［261］ 李凤芳，韦洁玲，黄磊，等. 利用 32% 毒氟磷·氰霜唑悬浮剂防治瓜类霜霉病［J］. 中国蔬菜，2021，（12）：115-116.

［262］ 杨生华，张芸，李龙，等. 5 种药剂对蚕豆病毒病的防治效果［J］. 植物保护，2020，46（01）：276-

278.

［263］ Gabriela CV, Cedric B, Jeremy G, et al. Reverse chemical ecology in a moth: machine learning on odorant receptors identifies new behaviorally active agonists ［J］. Cellular and Molecular Life Sciences, 2021, 78（19-20）: 6593-6603.

［264］ Cheng J, Chen Q, Guo Q, et al. Moth sex pheromones affect interspecific competition among sympatric species and possibly population distribution by modulating pre-mating behavior ［J］. Insect Science, 2023, 30（2）: 501-516.

［265］ Shan S, Song X, Khashaveh A, et al. A female-biased odorant receptor tuned to the lepidopteran sex pheromone in parasitoid *Microplitis mediator* guiding habitat of host insects ［J］. Journal of Advanced Research, 2023, 43: 1-12.

［266］ Guo H, Mo B, Li G, et al. Sex pheromone communication in an insect parasitoid, *Campoletis chlorideae* Uchida ［J］. Proceedings of the National Academy of Sciences of the United States of America, 2022, 119（49）: e2215442119.

［267］ Ding B, Xia Y, Wang H, et al. Biosynthesis of the sex pheromone component（E, Z）-7,9-Dodecadienyl acetate in the european grapevine moth, *Lobesia botrana*, involving increment 11 desaturation and an elusive increment 7 desaturase ［J］. Journal of Chemical Ecology, 2021, 47（3）: 248-264.

［268］ 刘天伟, 陈运康, 许春梅, 等. 田间二化螟雄蛾对不同配比性信息素的嗅觉反应及性信息素识别相关基因表达水平差异［J］. 昆虫学报, 2021, 64（05）: 585-596.

［269］ 刘万才, 刘振东, 朱晓明, 等. 我国昆虫性信息素技术的研发与应用进展［J］. 中国生物防治学报, 2022, 38（04）: 803-811.

［270］ Zhao Y, Huang G and Zhang WQ. Mutations in NlInR1 affect normal growth and lifespan in the brown planthopper *Nilaparvata lugens* ［J］. Insect Biochemistry and Molecular Biology, 2019, 115: 1-12.

［271］ Chen K, Yu Y, Yang D, et al. Gtsf1 is essential for proper female sex determination and transposon silencing in the silkworm, *Bombyx mori* ［J］. PLoS Genetics, 2020, 16（11）: e1009194.

［272］ Zhang R, Zhang Z, Huang Y, et al. A single ortholog of teashirt and tiptop regulates larval pigmentation and adult appendage patterning in Bombyx mori ［J］. Insect Biochemistry and Molecular Biology, 2020, 121: 103369.

［273］ Guo H, Chen F, Zhou M, et al. CRISPR-Cas9-Mediated mutation of methyltransferase METTL4 results in embryonic defects in silkworm *Bombyx mori* ［J］. International Journal of Molecular Sciences, 2023, 24（4）: 3468.

［274］ Liu Z, Xu J, Ling L, et al. CRISPR disruption of TCTP gene impaired normal development in the silkworm *Bombyx mori* ［J］. Insect Science, 2019, 26（6）: 973-982.

［275］ Zhang B, Li C, Luan Y, et al. The role of chitooligosaccharidolytic beta-N-acetylglucosamindase in the molting and wing development of the silkworm *Bombyx mori* ［J］. International Journal of Molecular Sciences, 2022, 23（7）: 3850.

［276］ Cao S, Huang T, Shen J, et al. An orphan pheromone receptor affects the mating behavior of *Helicoverpa armigera* ［J］. Frontiers in Physiology, 2020, 11: 413.

［277］ Fan X, Mo B, Li G, et al. Mutagenesis of the odorant receptor co-receptor（Orco）reveals severe olfactory defects in the crop pest moth *Helicoverpa armigera* ［J］. BMC Biology, 2022, 20（1）: 214.

［278］ Yang D, Xu J, Chen K, et al. BmPMFBP1 regulates the development of eupyrene sperm in the silkworm, *Bombyx mori* ［J］. PLoS Genetics, 2022, 18（3）: e1010131.

［279］ Dong Z, Huang L, Dong F, et al. Establishment of a baculovirus-inducible CRISPR/Cas9 system for antiviral research in transgenic silkworms ［J］. Applied Microbiology and Biotechnology, 2018, 102（21）: 9255-9265.

［280］ Liu Y, Chen D, Zhang X, et al. Construction of baculovirus-inducible CRISPR/Cas9 antiviral system targeting BmNPV in *Bombyx mori*［J］. Viruses-Basel, 2022, 14（1）: 59.

［281］ Wang H, Shi Y, Wang L, et al. CYP6AE gene cluster knockout in *Helicoverpa armigera* reveals role in detoxification of phytochemicals and insecticides［J］. Nature Communications, 2018, 9（1）: 4820.

［282］ Wang J, Ma H, Zuo Y, et al. CRISPR-mediated gene knockout reveals nicotinic acetylcholine receptor（nAChR）subunit α6 as a target of spinosyns in *Helicoverpa armigera*［J］. Pest Management Science, 2020, 76（9）: 2925-2931.

［283］ Muhammad A, Liu D, Li J, et al. Development of CRISPR/Cas9-mediated gene-drive construct targeting the phenotypic gene in *Plutella xylostella*［J］. Frontiers in Physiology, 2022, 13: 938621.

［284］ Yan S, Yin M-Z and Shen J. Nanoparticle-based nontransformative RNA insecticides for sustainable pest control: mechanisms, current status and challenges［J］. Entomologia Generalis, 2023, 43: 21-30.

［285］ 张文庆, 王桂荣等著. RNA 干扰——从基因功能到生物农药［C］. 北京: 科学出版社, 2021.

［286］ Cooper AMW, Silver K, Zhang J, et al. Molecular mechanisms influencing efficiency of RNA interference in insects. Pest Management Science, 2018, 75: 18-28.

［287］ Chhavi C, Meghwanshi KK, Shukla N, et al. Innate and adaptive resistance to RNAi: a major challenge and hurdle to the development of double stranded RNA-based pesticides［J］. 3 Biotech, 2021, 11（12）: 498.

［288］ Zhou J, Liu G, Guo Z, et al. Stimuli-responsive pesticide carriers based on porous nanomaterials: a review［J］. Chemical Engineering Journal, 2023, 455: 140167.

［289］ Wang Z, Li Y, Zhang B, et al. Functionalized carbon dot-delivered RNA nano fungicides as superior tools to control phytophthora pathogens through plant RdRP1 mediated spray-induced gene silencing［J］. Advanced Functional Materials, 2023, 33（22）: 13143.

［290］ Wang K, Peng Y, Chen J, et al. Comparison of efficacy of RNAi mediated by various nanoparticles in the rice striped stem borer（*Chilo suppressalis*）［J］. Pesticide Biochemistry and Physiology, 2020, 165: 104467.

［291］ Yan S, Qian J, Cai C, et al. Spray method application of transdermal dsRNA delivery system for efficient gene silencing and pest control on soybean aphid *Aphis glycines*［J］. Journal of Pest Science, 2020, 93449-459.

［292］ Lyu Z, Xiong M, Mao J, et al. A dsRNA delivery system based on the rosin-modified polyethylene glycol and chitosan induces gene silencing and mortality in *Nilaparvata lugens*［J］. Pest Management Science, 2023, 79（4）: 1518-1527.

撰稿人: 陈学新　杜永均　黄健华　李　姝　姜道宏　莫明和
　　　　庞　虹　孙修炼　王　琦　王　甦　王知知　夏玉先
　　　　徐学农　臧连生　张　杰　张礼生　张文庆　尹　恒

入侵生物学学科研究进展

一、引言

外来生物入侵已成为当前国际社会共同面临的严峻挑战。经济全球化、区域经济一体化的快速发展，加剧了外来有害生物在全球范围内的扩散蔓延和暴发成灾。我国正遭受严重的生物入侵危害，已确认的入侵物种664种，每年造成的直接经济损失逾两千亿元[1, 2]。本世纪以来，番茄潜叶蛾、草地贪夜蛾、番茄褐色皱纹果病毒、小火蚁等新发外来入侵物种累计达103种。国家高度关注外来物种入侵风险防范和治理。2018年以来，在国家重点研发计划、国家自然科学基金等项目的资助下，以重大农业外来入侵物种为对象，围绕入侵物种"治早、治小、治了、治好"和"风险防范、关口前移、源头治理"的防控目标，针对入侵物种的种群特征与成灾机理、风险研判与灾变预警、靶向灭除与绿色减灾等科学问题，开展了入侵物种入侵扩散规律和成灾机制研究、入侵物种关键防控技术产品研发应用与全程风险管理。2021年，《中华人民共和国生物安全法》正式实施，强化了防范外来物种入侵在国家生物安全治理体系中的重要地位。为落实生物安全法规定，联合制定《重点管理外来入侵物种名录》，农业农村部会同自然资源部、生态环境部、海关总署出台了《外来入侵物种管理办法》，从源头预防、监测预警、治理修复等方面建立健全了防控制度。近五年，通过理论研究与技术产品的应用示范，以及全国外来入侵物种普查行动实施，基本摸清了我国外来入侵物种发生分布与危害情况，提出了重点管理外来入侵物种应对措施，保障了我国粮食安全、生态安全和人民健康。

二、学科发展现状

近年来，本学科认真贯彻落实国家决策部署，聚焦农业生物安全防控重点领域和关键环节，坚持底线思维、源头预防、综合治理、全民参与，强化遏增量、清存量，不断完善外来入侵物种防控政策体系与管理机制，在全面开展外来入侵物种重大治理行动同时，不断创新外来入侵物种入侵扩散基础理论、创制研发防控技术与产品。牵头全国外来入侵物种普查工作，外来入侵物种群防群控态势基本形成，智能精准检测监测、靶向阻截灭除、绿色防控技术与产品得到全面示范与推广应用，形成了斑潜蝇、番茄潜叶蛾、苹果蠹蛾、马铃薯甲虫、互花米草等重大入侵物种综合防控技术体系。

（一）基础与应用研究

随着学科交叉融合不断发展，基础科学研究范式发生深刻变革，我国科学家瞄准国际科技竞争前沿，通过化学生态学、分子生物学、多组学等多学科交叉技术手段，揭示了苹果蠹蛾[3]、桔小实蝇[4-7]、马铃薯甲虫[8, 9]、薇甘菊[10]、互花米草[11]、加拿大一枝黄花[12]等重大农业入侵物种的内在优势、竞争力增强、新式武器等入侵机制[13, 14]。近五年，入侵生物学学科基础研究成绩斐然，丰富并发展了入侵生物学相关理论与假说，为发展针对入侵物种的绿色防控技术提供了新思路和新方法。

1. 入侵昆虫入侵扩散机制

全面解析了入侵害虫苹果蠹蛾的化学生态适应性与抗药性分子机制。解析了入侵害虫苹果蠹蛾的基因组等多组学数据图谱。构建了高质量的染色体水平的苹果蠹蛾基因组，证实了在梨酯识别和梨酯对性信息素增效中具有功能互补和协同增效作用的关键因子，揭示了苹果蠹蛾全球扩散过程中的寄主适应性进化机制；鉴定了保幼激素酯酶、气味结合蛋白等多个与苹果蠹蛾发育、繁殖、抗药性相关基因功能，进而研究阐明了谷胱甘肽巯基转移酶通过"封存作用"介导苹果蠹蛾对高效氯氟氰菊酯代谢抗性新机制[3, 15]，为多年来关于谷胱甘肽巯基转移酶可能通过与拟除虫菊酯杀虫剂的非催化被动结合进而介导抗性形成这一推断和科学难题提供了有力的证据；开展了苹果蠹蛾全基因组水平 lncRNA 图谱研究，为研究 lncRNA 调控苹果蠹蛾各种生理活动分子机制提供了数据支撑[16]；获得了苹果蠹蛾中全长转录本的图谱，为揭示转录组的复杂性提供了更深入的认识，为后续功能研究奠定了基础；苹果蠹蛾杆状病毒被广泛应用于苹果蠹蛾的防治中，针对苹果蠹蛾与杆状病毒互作的分子机制目前尚不清楚的现状，阐明了在病毒侵染的整个过程中，病毒粒子的复制是一个极为重要的内容，为理解病毒侵染过程和抗性机制提供支持[17]；全面分析了全球防治苹果蠹蛾的杀虫剂使用情况和抗药性现状，从靶标抗性和代谢抗性两个方面系统阐述了苹果蠹蛾对杀虫剂抗性形成的机制，并指出未来抗药性治理策略和该领域发展方向[15]。在生产上不仅为合理地选择苹果蠹蛾防治药剂提供了参考，还为抗性苹果蠹蛾综合治理、创制新型绿色苹果蠹蛾防控药剂提供新思路。

揭示了红棕象甲肠道菌群调节宿主营养代谢和生长发育的机制。红棕象甲是入侵我国南方棕榈科植物种植区的毁灭性害虫，目前已入侵扩散到海南、福建、台湾、广东、广西等十三地，致使大量棕榈科植物死亡，给当地棕榈产业和园林景观的发展造成重大影响，造成重大的经济损失[18]。肠道菌群在入侵昆虫的生长发育、营养、繁殖和免疫等关键生理过程密切相关，筛选发现了红棕象甲肠道内七种具有水解植物纤维素等多糖能力的细菌，证实肠道菌群具有调节宿主营养代谢和生长发育的功能[19-21]。研究发现红棕象甲三种不同类型的肽聚糖识别蛋白通过降解肽聚糖而避免肠道免疫的过度激活来调控该害虫的肠道菌群稳态，证实了肠道菌群稳态失衡核转录因子 *Relish* 介导的 IMD-like pathway 和 *Spätzle* 介导的 Toll-like pathway 在红棕象甲肠道菌群稳态调控中具有重要意义[22]。研究结果为阐明促进外来入侵种成功定殖、扩散的影响因素及其作用机理的科学问题奠定了基础。此外，研究调查了红棕象甲对十一个不同品种枣椰树的取食偏好以及不同寄主植物应对红棕象甲取食的免疫应激反应。结果发现，红棕象甲取食会诱导寄主免疫抗性提高，诱导抗氧化酶活性、可溶性蛋白和糖类含量提高；红棕象甲喜食海枣（*Phoenix dactylifera*），其中对 Hillawi 和 Mozawati 两品系具有明显取食偏好性，相比于其他品系，取食这两品系的红棕象甲表现出更高的取食率、繁殖力和孵化率。研究结果阐明了红棕象甲对寄主抗性的影响以及红棕象甲与棕榈树的协同共生关系，结果有助于进一步解释红棕象甲的入侵机理[23]。

揭示了伴生微生物在红脂大小蠹 – 伴生真菌共生入侵复合体的作用机制。以我国外来入侵物种红脂大小蠹为研究对象，从寄主适应的角度进一步揭示了伴生微生物在红脂大小蠹 – 伴生真菌 *Leptographium procerum* 这一共生入侵复合体入侵成灾中的作用机制。在对红脂大小蠹入侵机制的探究中，我国科学家提出了虫菌共入侵假说与返入侵假说，揭示了伴生细菌 – 伴生真菌 – 红脂大小蠹 – 寄主植物跨四界互作在红脂大小蠹入侵爆发成灾中的重要作用。研究表明，红脂大小蠹主要取食于寄主油松的韧皮部，油松韧皮富含 D- 松醇。而在许多昆虫的研究中发现，D- 松醇对昆虫的生长发育具有拮抗作用。红脂大小蠹 – 伴生真菌 *L. procerum* 互惠共生入侵体的维持作用的影响以及该共生体代谢 D- 松醇的机制尚不明确。最新研究发现 D- 松醇对红脂大小蠹具有拒食效应，不利于其生长发育；但对其伴生真菌和细菌的生长发育具有促进作用。研究发现红脂大小蠹主要依赖来自坑道的伴生真菌 *L. procerum* 和沙雷氏属、欧文氏属细菌来降解 D- 松醇，从而揭示了红脂大小蠹伴生微生物可以作为其体外降解系统帮助其降解寄主油松中具有拒食效应的碳源 D- 松醇，协助红脂大小蠹入侵与暴发成灾，丰富和完善了虫菌共生入侵理论[24]。

揭示了实蝇类入侵害虫发育、能量代谢、繁殖、环境适应性、杀虫剂抗性等方面的分子调控机制。阐明了 miRNA 调控橘小实蝇能量代谢稳态的分子机制。揭示了差异表达miRNA 分别与参与到碳降解和脂质代谢过程、保证正常的代谢生理，阐明了橘小实蝇响应不同饮食刺激代谢稳态调控的分子机制，为未来开发新的害虫防治策略提供了理论基础[5]。研究发现了橘小实蝇 miRNAs 类别的性别决定因子，并阐明其性别分化分子机制，揭示了其在橘小实蝇性别分化中的重要功能及其机制，为橘小实蝇不育防治技术提供新思路和靶标[4, 25]。揭示了肠道菌群促进宿主对低温胁迫的抵抗能力的生理途径,筛选到一株可显著修复不育雄虫生态适应力的肠道细菌 *Klebsiella oxytoca*(BD177),证实了该菌株通过帮助宿主修复和维持线粒体功能,可显著延长低温下的存活时间,为阐述橘小实蝇高环境适应性和扩张能力的入侵机制奠定了理论基础[26]。揭示了橘小实蝇肠道微生物群落稳态调控机制。研究鉴定了橘小实蝇 Imd 信号通路负调控基因及功能,发现肽聚糖识别受体(PGRPs)家族基因的沉默导致 Imd 信号通路系统免疫反应中出现免疫过激,降低宿主存活率。发现实蝇 Imd 免疫信号通路防御病原菌和保护共生菌的协调机制,橘小实蝇成虫肠道内有益共生菌存在肠道区域分布现象,而 Imd 信号通路免疫基因同样存在区域化表达现象,PGRPs 家族基因肠道区域化表达与肠道共生菌区域化分布相匹配。阐明了 Imd 免疫信号通路如何通过肠道区域化表达而实现有效防御外来病原菌的同时耐受肠道共生微生物的分子机制,揭示了免疫系统如何维持实蝇肠道微生物稳态平衡的机制[7, 27]。

2. 入侵植物入侵扩散机制

我国农业生态系统的外来入侵植物共计 52 科 187 属 331 种,其中菜地和果园入侵植物最多,分别达 83.33% 和 66.37%。我国科学家通过系统调查与分析,查明了豚草、紫茎泽兰、空心莲子草、薇甘菊、黄顶菊、刺萼龙葵、少花蒺藜草七种重大入侵杂草在我国大面积发生与危害的现状,综合分析国内入侵植物相关研究,通过组学、化学生态学、生态学等技术和手段,开展了入侵植物入侵对土壤养分含量、土壤微生物(真菌、细菌、线虫)群落结构的影响,入侵植物与本土植物共生、竞争关系的研究,为入侵植物的生物防治、替代修复和精准治理技术体系构建提供了理论基础。

揭示了入侵植物薇甘菊适应性入侵扩散机制。利用组学揭示了薇甘菊超强的生物学特性对其快速生长的作用机制。研究构建了染色体水平的高质量薇甘菊参考基因组,揭示了薇甘菊环境适应性进化与快速生长的分子机制。薇甘菊属 C3 植物,但其净光合速率显著高于其他 C3 植物,并接近于 C4 植物。研究表明,薇甘菊在白天和夜晚利用不同的光合途径进行 CO_2 的固定,从而为其快速生长提供了充足的碳水化合物。分析了薇甘菊入侵对土壤氮循环的作用,解析了化感物质促进土壤养分循环的作用机制[28, 29]。薇甘菊可能通过叶片和花的掉落,在土壤中释放大量的化感物质,并通过化感物质加速了根际土壤的养分循环,为其快速地生长提供了充足的养分,为进一步研究生物化肥提供了新的研究思路,也为阐明该物种的环境适应性与快速生长机理提供了基础。薇甘菊还具有较高的植物氮吸收能力和土壤氮矿化能力,通过富集根际土壤氮循环功能菌加速了土壤氮循环过程,证实薇甘菊生长所需的土壤有效氮主要来自氨氧化古菌介导的硝化作用而非固氮作用。此外,还探索了土壤线虫介导微生物对入侵植物(薇甘菊)和本地植物(火炭母草)的反应潜力[28]。入侵物种的成功侵入可能与它们通过生物相互作用、根系深度和酶活性释放养分的能力有关,为微生物与微动物的互作在植物养分释放和养分获取方面提供了见解。

此外,通过细胞地理学分析,揭示了多倍体加拿大一枝黄花种群入侵性。对来自全球

471 个样点的 2062 份加拿大一枝黄花材料的细胞地理学分析，揭示了加拿大一枝黄花通过多倍化增强对亚热带气候的适应性扩张的动态。首次揭示目前入侵我国的加拿大一枝黄花全部是多倍体（主要是六倍体），而原产地则以二倍体为主，二倍体种群仅能入侵欧洲和东亚的温带地区。多倍体通过抗氧化酶高效清除活性氧，而二倍体则更多地依赖产生抗氧化剂应对热胁迫。这种倍性依赖的耐热性以及有性生殖特性的演化是预适应和入侵后迅速演化共同作用的结果[12]。不同地理位置的不同倍性的加拿大一枝黄花种群进行耐寒性测定发现耐寒性随倍性的增加而降低，多倍体的抗冻性弱于二倍体。这是植物对环境逆境平衡适应性演化的典型案例，首次用单一基因的实例验证了多倍化基因拷贝被表观遗传修饰的假说。此外，通过长期同质园试验还发现倍性和来源显著影响着加拿大一枝黄花种群的生长和伴生杂草群落的演替。因此，多倍化有利于在原产地（北美）加拿大一枝黄花竞争能力的预分化，并奠定了该物种入侵中国的基础[30]。

揭示了入侵植物通过改变土壤微生物群落结构促进其扩散的生态学机制。研究了入侵植物紫茎泽兰相关微生物在调节土壤生物地球化学循环中的作用和作用机制。发现入侵植物紫茎泽兰周围的土壤是一个自我强化的环境，入侵植物的凋落物和根际环境可能影响土壤微生物群落，从而促进了土壤自给过程。此外，被紫茎泽兰入侵的区域可能已经具有促进这些有益微生物群落的特性，使得外来物种更容易入侵。该研究为缓解植物入侵提供了重要的见解，并提供了对外来植物入侵机制的生态系统层面的理解[31]。研究与紫茎泽兰有关的真菌群落（内生真菌和叶斑病原真菌）以及入侵范围内的本地植物叶斑病原真菌，并进行了接种实验，发现本地植物病原真菌可以无症状感染紫茎泽兰。然而，紫茎泽兰内生真菌对本地植物有一定的毒力。紫茎泽兰是当地病原真菌的高效宿主，其无症状隐性病原真菌主要与本地邻近植物病原真菌共享。研究结果对评估紫茎泽兰共享真菌所介导的潜在疾病传播风险具有重要的生态学理论意义[32]。

证实了紫茎泽兰可以选择性富集梭状芽孢杆菌和肠杆菌，改变植物根系和根际土壤微生物的群落结构，促进入侵植物生长，抑制本地植物生长。紫茎泽兰入侵后显著改变了根际土壤微生态，如叶片淋溶液和根系分泌液可诱导有益菌增加，其中，根际蜡样芽孢杆菌显著增长，而蜡样芽孢杆菌被证实可有效降解紫茎泽兰根际两种主要化感物质以减轻其自毒效应。首次报道了入侵植物根系可以选择性地富集根际土壤微生物，深入分析了微生物在入侵植物和本地植物的生长中不同的作用，该研究可为入侵生物学领域提供重要研究思路[33]。

明确了土壤真菌群落对植物入侵的反应在时间序列，研究了互花米草入侵滨海盐沼土壤微生物群落的变化，揭示了互花米草入侵对滨海盐沼土壤理化特征和微生物群落的短期时间序列影响，为植物入侵与滨海盐沼土壤发育之间的联系提供了依据[34]。揭示了细菌和真菌在沿梯度的入侵过程中表现出明显的贡献。细菌群落主要由选择和扩散限制驱动，而真菌则由随机过程显著塑造。证明了微生物成分对微生物群落组装和功能的贡献，并阐明了植物入侵对沿海湿地微生物驱动生态系统过程的影响[35]。

揭示了入侵植物利用土壤微生物等增强入侵力的生态学驱动机制。富营养化被认为会促进植物入侵，使入侵植物具有较高的生长表现。因此，巨大的生长潜力加剧了入侵植物种内个体对光资源的竞争，但未能解释入侵植物在富营养化条件下如何维持其入侵性。研究发现互花米草对光的可塑性利用降低了种内竞争，增加了生物量。当互花米草不受氮营养限制时，这种可塑性效应增强。低矮个体对光的可塑性利用可作为入侵植物缓解种内竞争、增强入侵能力的一种新机制，挑战了目前普遍认为的外来植物入侵受到种内竞争制约的观点[36, 37]。证实了外来入侵植物假高粱在海南岛入侵扩散的土壤反馈机制。尽管假高粱与本地土壤微生物存在负反馈，假高粱仍能暴发增殖，且不同种群与土壤的相互作用差异不大。探明了加拿大一枝黄花对土壤微生物群落结构特别是参与土壤氮循环的关键微生物群落结构和功能特征的影响，以及成功入侵的微生物生态学驱动机理[38]。综合分析国内外 211 个关于入侵植物对土壤氮素含量影响的案例，发现 85% 以上的案例中土壤总氮、铵态氮、硝态氮等氮素含量随入侵显著增加。进一步深入分析发现，与本地植物相比，入侵植物通常拥有更多的地上和地下生物量、更高的叶绿素含量、更强的低氮容忍度和氮素利用效率，并且地上生物量高导致掉落物更多，给地下生物提供的养分就更多[39]。

揭示了入侵植物基于天敌逃逸假说的入侵后适应性机制。明确了三裂叶豚草释放倍半萜类物质调控根际变形菌门细菌群落提高入侵性。倍半萜类物质能招募并富集对三裂叶豚草生长有利的根际变形菌门细菌，抑制对其生长不利细菌的生长。首次从入侵植物、根际分泌物、微生物群落三者之间的作用关系探究了三裂叶豚草的入侵，揭示了该植物的入侵机制。此外，入侵植物还可通过释放化感物质影响土壤微生物群落，进而调节土壤养分循环。向土壤中添加微甘菊感物质改变了土壤微生物群落组成并增强 CO_2 呼吸作用，促进外来植物的入侵和危害，这为理解入侵植物通过化感作用影响土壤微生物群落提供了一个新的视角[40]。首次揭示了紫茎泽兰的化学防御物质及其形成机制，证实杜松烯类倍半萜是紫茎泽兰的主要组成型和诱导型防御物质，均表现出显著的昆虫拒食活性。这些工作验证了基于"天敌逃逸假说"的紫茎泽兰入侵后适应性机制。探索了多种入侵植物丛枝菌根真菌（AM）共生的根系分泌物诱导的变化，发现入侵植物的 AM 定殖率更高，生物量更大，它们的根分泌物中含有更高浓度的两种常见化学信号槲皮素和三萜内酯，已知它们能刺激 AM 真菌生长和根定殖。分泌物交换实验表明，来自入侵植物的根系分泌物比来自本地植物的分泌物更能增加 AM 定殖[41]。

揭示了土壤生物和植食性昆虫协同促进植物入侵新机制。研究揭示了昆虫取食改变了入侵植物空心莲子草根际微生物组，显著提高后入侵植株产生抗虫性。证实了地上食草动物可能通过增强其土壤介导的自我强化来促进空心莲子草的入侵，这为植物入侵机制提供了新的理解[29]。以入侵植物互花米草和土著植物芦苇为研究对象，发现富营养化下消费者作用和光的可塑性促进了互花米草的入侵，证实了在氮富集背景下，土著天敌对入侵和土著植物相反的作用可能是加剧植物入侵的新途径[37]。

揭示了入侵植物间协同促进入侵的新机制。以两种著名的外来入侵植物一年蓬和加拿大一枝黄花为研究对象，比较分析了东北地区植物分类学多样性、植物功能多样性、群落稳定性和群落可入侵性，入侵植物共生时，在功能上的相似性支持生境过滤、功能差异支持了生态位的分化、多样性显著降低。与独立入侵相比，在共同入侵条件下，一年蓬和加拿大一枝黄花对群落稳定性和可入侵性具有拮抗作用。此外，研究葱芥和本地竞争植物冷水花的关系，发现了植物共同进化可以促进两个竞争性物种的长期共存。由于减少了与本地物种的生态位重叠，入侵物种葱芥能够保持高性能，同时减少它们对本地群落的等效作用[14]。

揭示了表型可塑性差异影响外来植物成功入侵的生态学机制。表型可塑性与外来植物入侵性间的关系一直广受世界入侵生物学家关注，但物种的资源需求作用和环境资源可用性对入侵的影响常被忽略。研究发现高生长可塑性促进宽生态幅分布三裂叶豚草和瘤突苍耳（*Xanthium strumarium*）的入侵；而低可塑性亦利于窄生态幅物种刺萼龙葵（*Solanum rostratum*）的成功。明确了互花米草在原生境和引种生境中进化出的不同性状系，显示了表型可塑性和遗传控制在入侵过程中的重要性。表明引入的植物可以在新范围内迅速进化[11]。

3. 入侵病原物入侵扩散机制

通过研究入侵病原物致病因子鉴定、寄主植物抗病因子识别分析、与媒介昆虫互惠共生关系等，揭示了昆虫与植物病毒协同扩散分子、生理机制；发现了双生病毒调控植物对媒介昆虫和非媒介昆虫的抗性机制；揭示了多种植物双生病毒的复制机制。研究结果为防控虫媒病害提供新的靶点，也为实现绿色防控双生病毒病害提供理论依据。

媒介昆虫与病毒协同促进了入侵病原物传播。以双生病毒中的番茄黄曲叶病毒（TYLCV）及其传播介体烟粉虱为研究对象，揭示双生病毒在烟粉虱体内复制的机制[42-44]。在没有病毒寄主植物存在的情况下，TYLCV可以在带毒烟粉虱所产生的后代体内存留至少两代，并且后代成虫可以传播TYLCV使健康植物发病，揭示了TYLCV跨界在昆虫中复制的重要机制。同时，研究表明TYLCV在烟粉虱体内复制可能是其在全球扩散流行的原因。揭示了双生病毒在烟粉虱中肠细胞中的运输机制。研究发现了烟粉虱肠道的上皮细胞的双生病毒受体蛋白，在深入理解双生病毒跨越烟粉虱中肠细胞运输的机制方面迈出了重要一步，为探索阻断病毒传播提供了新的理论依据[45]。明确了TYLCV在昆虫介体中肠细胞内的转运通路。研究分析了囊泡转运在TYLCV运输中的作用，发现内体转运的早期步骤对于TYLCV在烟粉虱中肠胞内转运十分重要，其在细胞内的运输方式独立于内体、晚期内体、溶酶体、高尔基体和内质网的循环，可能直接从早期的内体转运到基底膜，并释放到血淋巴中，且管状内质网也可能参与了TYLCV的转运[45]。此外，系统发掘和评价了酚氧化酶原基因在烟粉虱获取和保持番茄褪绿病毒中的作用。发现酚氧化酶原基因在烟粉虱获取和保持番茄褪绿病毒的能力相关，在烟粉虱应对病毒粒子入侵的过程中扮演"防御者"的角色，对番茄褪绿病毒的传播具有不利影响。

双生病毒调控植物对媒介昆虫和非媒介昆虫的抗性促进了传播。研究表明双生病毒打破了双子叶植物中免疫平衡制约机制，显著减少植物维管束组织中抗虫化合物的积累，如芥子油苷等，促进传毒介体烟粉虱的种群增长。但是会提高植物脂肪族芥子油苷水平，抑制烟粉虱主要竞争对手的生长，进一步促进了与烟粉虱的互惠共生，加速了病毒在全球范围内的入侵[13]。研究解析了光和茉莉酸信号共同调节病毒、昆虫、植物三者互作的新机制，为防控虫媒病害提供新的靶点，也为实现利用单色 LED 灯绿色防控双生病毒病害提供理论依据[46]。明确了病毒调控植物免疫防御促进病毒宿主适应的作用机制。菜豆金色花叶病毒属病毒破坏植物泛素化以抑制植物对昆虫的防御，研究发现 TYLCV 等菜豆金色花叶病毒属病毒的 C2 蛋白通过与植物泛素蛋白相互作用损害了 JAZ1 蛋白的降解，抑制了茉莉酸介导的防御和 MYC2 调节的萜烯合酶基因的表达，从而抑制植物对烟粉虱的抗性。寄主植物 JAK/STAT 信号通路在介导 TYLCV 和烟粉虱的相互适应关系中发挥重要作用。表明 JAK/STAT 介导的 TYLCV 与烟粉虱的互作在维持烟粉虱存活和病毒传播的平衡关系中起重要作用[44]。

抗病毒因子突破寄主植物免疫体系。首次建立植物多分体负链 RNA 病毒的反向遗传学体系，证明抗病毒 RNA 诱导的沉默复合体靶向番茄斑萎病毒 mRNA 而不是基因组 RNA，筛选鉴定了大量抗病基因突变体，获得了对番茄斑萎病毒田间抗性突破株系具有良好抗病作用的 Sw-5b 抗病基因新材料。明确了抗病毒因子 Sw-5b 蛋白既独立又协同作用抵御番茄斑萎病毒的侵染机制，揭示了植物免疫受体蛋白 Sw-5b 通过两步识别机制监测番茄斑萎病毒入侵的识别新机制，植物免疫受体监控病毒靶向激素受体诱导抗病新机制，揭示了植物免疫受体监控病毒靶向激素受体诱导抗病的全新机制[47, 48]。

多种植物双生病毒在宿主体内转运、复制。植物 DNA 聚合酶 α 和 δ 与番茄黄曲叶病毒等双生病毒的复制增强蛋白 C3 互作，且 DNA 聚合酶 α 和 δ 亚基是双生病毒复制所必需的。研究发现 DNA 聚合酶 α 是形成双生病毒双链 DNA 中间体所必需的，而 δ 亚基介导了新的单链 DNA 的形成，且双生病毒的 C3 可能选择性招募这些亚基而促进病毒侵染[49]。番茄黄曲叶病毒编码的 V2 蛋白通过与 AGO4 在卡哈尔体中互作而抑制病毒基因组 DNA 的甲基化。番茄黄曲叶病毒的 V2 蛋白通过与宿主蛋白 AGO4 在卡哈尔体内相互作用抑制宿主依赖于 AGO4 的 DNA 甲基化进而提高病毒毒力。该研究揭示了抗病防御、RNA 介导的 DNA 甲基化（RdDM）途径和细胞核里的细胞器卡哈尔体三者之间的功能关系[50]。番茄黄曲叶病毒的 V3 蛋白促进病毒在细胞间移动。揭示了番茄黄曲叶病毒编码的新蛋白 V3 可以沿着细胞质内的微丝到达胞间连丝并促进病毒在细胞间的移动，拓展了对双生病毒运动机制的认知[51]。木尔坦棉花曲叶病毒 C4 通过与 SAMS 酶互作抑制转录基因沉默和转录后基因沉默。该研究发现木尔坦棉花曲叶病毒的 C4 蛋白与 S- 腺苷甲硫氨酸合成酶（SAMS）互作，并抑制 SAMS 酶活性来抑制转录水平基因沉默和转录后基因沉默，以增强对寄主的感染性[52]。双生病毒 V2 蛋白通过与 AGO4 互作抑制转录基因沉默。该研究发现木尔坦棉花曲叶病毒的 V2 蛋白通过与 NbAGO4 的相互作用进而抑制植物中 RNA 指导的 DNA 甲基化介导的转录基因沉默从而促进病毒侵染[53]。植物中连接细胞膜和叶绿体的抗病信号途径。揭示了植物中存在一条连接细胞膜和叶绿体的重要抗病信号途径，感知病原体威胁，从而诱导植物免疫防御开启。研究还发现，来自番茄黄曲叶病毒等植物病毒和病原细菌的蛋白质可以巧妙地模仿上述植物蛋白，劫持这种信息的传递途径，阻碍植物防御反应的激活，帮助病原体生存和繁殖[54]。

4. 水生入侵生物入侵扩散机制

针对水生入侵生物入侵扩散来源不清、检测监测技术落后、扩散机制不清楚等科学问题，采用宏基因组、基因组学技术和大数据分析方法，揭示了内在优势假说、竞争力增强假说、新式武器假说和互利助长假说，阐释了福寿螺入侵的分子机制。

解析了福寿螺和非洲大蜗牛基因组和入侵机制。入侵物种福寿螺在我国南方各省广泛分布，并且已经形成了具有不同适应能力的地理种群，具有生长速度快、抗环境压力能力强、产卵量大和适应生态幅宽的特征。利用三代 Pacbio 测序，成功拼接完成了 440Mb 的福寿螺染色体水平基因组，结合对基因家族、重复序列、转录组和肠道宏基因组的分析，从内在优势假说、竞争力增强假说、新式武器假说和互利助长假说，阐释了福寿螺入侵的分子机制[55]。利用三代测序和 HiC 技术，得到了非洲大蜗牛的染色体水平参考基因组，比较基因组研究，提示了全基因组复制可能是所有曲轮尿管亚目和直尿道亚目物种共有的一个共同事件，并且全基因组复制可能赋予了它们在 K-T 大灭绝中得以生存的生态适应性。尽管全基因组复制可能不是海洋 – 陆地转换的直接驱动力，但它为非洲大蜗牛的陆地适应提供了重要的贡献。此外，软体动物通过水陆过渡成功适应了非海洋领域。研究也证实了呼吸、夏眠和免疫防御相关基因家族通过基因组复制，提高了非洲大蜗牛对陆地生态系统的适应[10]。

（二）关键技术的研发与应用

1. 潜在农业入侵生物风险分析与预判预警平台和生物多组学数据库平台

基于大区域跨境农业入侵生物信息资源的多源异构特性，通过对多源异构数据来源及物种信息的判定、确证和数据整合分析，得到潜在农业入侵物种七千余种。进一步进行数据筛选，并结合生物学、生态学、适生性等评判，获得潜在农业有害入侵生物 1200 余种（包括植物 390 种、动物 570 种、病原物 270 种），构建了大区域跨境农业入侵生物信息库（http://www.chinaias.cn/wjPart/index.aspx）[56]。围绕潜在农业入侵生物的多源异构数据，研发数据重构分析和可视化分析技术，实现对跨境农业入侵生物信息数据时空分析的可视化展示。通过以物种的中文名或拉丁学名进行模糊查询，实现潜在农业入侵生物的累积截获批次、来源国家、涉及口岸等可视化信息展示。

基于入侵生物多组学大数据，构建了 130 多种入侵物种（包括植物 31 种、动物 100 种）基因组数据库 InvasionDB（http://www.inse-ct-genome.com/invasiondb/）[57]，开发了基因组分析软件，发现了入侵昆虫的基因组学特性，实现从基因组角度预测昆虫入侵性；挖掘了化感、解毒、发育、滞育、代谢等一批与入侵致害紧密相关的扩增基因家族[3]；鉴别出一批可用于防治和风险分析的生物学靶点和潜在靶标基因、信号化合物及信号传导通路，为入侵生物后基因组时代的共性关键技术开发提供了分子数据支持[44, 58]。

2. 重大新发农业入侵物种入侵、扩散、定殖的预测模型和定量风险评估技术

针对大区域跨境传播潜在农业入侵生物和重大新发、突发农业入侵生物，围绕发生、分布、危害等级、跨境传播扩散方式与途径，开展了入侵生物风险评估、智能监测、快速检测技术研究。

建立了新发外来入侵物种的风险预测评估模型。基于物种分布模型，利用虚拟物种构建二百余种应用场景，建立了一套评估入侵物种潜在适生区预测模型选用准确率的方法；通过比较分析最大熵模型、遗传算法、大理石算法、Bioclim、增强回归树、凸包算法、生态位因子分析、广义可加模型、广义线性模型、核密度估计、最小体积椭球体等 11 种物种分布地预测模型的准确性，明确了靶向不同入侵生物类群的模型选择策略，为新发外来入侵物种跨区域扩散的定殖风险预测提供了技术支撑；针对新发外来入侵物种的扩散风险驱动及其风险性，结合入侵物种跨区域扩散路径分析，利用项目调查获得的发生分布点，对重大物种的现有分布特征进行分析和建模，并针对不同物种类群设置和调整模型参数，实现了入侵物种跨区域扩散风险的定量评估。

开展了多种入侵物种预判预警与扩散风险评估。以我国潜在外来入侵物种美洲棉铃虫、海灰翅夜蛾、墨西哥棉铃象、白缘象甲、阿根廷蚂蚁、多年生豚草，新发外来入侵物种皱匕果芥、窄缘施夜蛾、小火蚁，以及已入侵的重大外来入侵物种豚草、三裂叶豚草、毒麦、紫茎泽兰、印加孔雀草、梨火疫病、稻水象甲等近 30 种入侵物种为研究对象，开展风险评估案例研究。揭示了我国新发外来入侵杂草皱匕果芥的生态位漂移现象[59]。研究根据皱匕果芥在世界范围内入侵地和原产地的分布记录结合环境因子构建模型，发现其在入侵过程中产生了生态位漂移，增强了在入侵地的气候适宜性，以及在我国扩散的风险；定量评估了潜在外来入侵昆虫白缘象甲[60]、海灰翅夜蛾[61]、美洲棉铃虫[62]、阿根廷蚂蚁和墨西哥棉铃象[63, 64]，新发害虫窄缘施夜蛾[65]、小火蚁[66]及重大入侵生物稻水象甲在我国的入侵风险区域，根据这些害虫在全世界范围内的分布记录结合相关环境因子，分别构建了生态位模型，预测了其在我国的入侵风险区域，并进一步分析其在我国的传入、定殖和扩散风险；定量评估人类活动和气候变化对三种豚草在世界范围的分布和扩散的影响，量化了其在入侵地和原产地的生态位动态变化度和"共同危害区域"的增加程度[67]，证实了紫茎泽兰自身生物学特性与环境因子间的多因素耦合互作是导致其快速扩散的关键因素[68]。

3. 基于信息化、数字化技术的入侵物种分子检测、智能识别技术与产品

针对现有外来入侵植物监测效率低、物种单一的问题，利用野外外来入侵植物的多光谱和高清图像，分别构建了基于机器学习的外来入侵植物智能识别模型，建立了图像识别的深度学习模型和深度卷积神经网络，构建了入侵植物图像快速智能识别应用平台系统和入侵植物的无人机图像监测技术[69]，并解析了尺度、季节等变化下入侵植物表型特征对识别模型的影响，从而提高智能识别模型对野外环境的适应性；基于识别结果开发了入侵植物关键植被参数预测模型，结合入侵植物生物学特性和环境因子，成功构建了薇甘菊、互花米草等百余种外来入侵植物的扩散及危害预警系统，为外来入侵植物的科学防治提供了客观数据；针对入侵生物的快速诊断鉴定，明确了靶标对象种特异性的快速分子识别靶标基因，建立了入侵生物的特异性分子检测技术，发展了六类昆虫的 DNA 条形码快速识别系统，研制小型入侵昆虫、入侵病原物快速分子检测试剂盒五套；通过分子识别主程序嵌入、图像识别算法更新与图像重训练等，建立了基于机器学习、信息化网络的入侵害虫斑潜蝇、草地贪夜蛾、实蝇类图像及分子数据的多模态识别系统，可实现对重大入侵生物的实时智能识别和口岸实时监控；利用种特异性 COI 标记、CAPs 技术等明确了 MEAM1 和 MED 烟粉虱在新疆的分布，阐明了 MED 逐渐取代 MEAM1 种群的趋势[70]；开展了基于 ISSR 分子标记的番茄潜叶蛾遗传多样性分析，明晰了新疆地理种群的遗传多样性结构与入侵溯源的问题；监测了十一个马铃薯甲虫田间种群对噻虫嗪的抗性水平，发掘了马铃薯甲虫基因组 SSR 位点 81937 个，为西北扩散前沿区马铃薯甲虫、番茄潜叶蛾种群扩散分布预测及绿色精准治理技术研发奠定了基础[71]。

4. 入侵杂草等生物防治技术与产品

在豚草的生物防治方面，丰富了豚草 – 广聚萤叶甲之间的化学通讯机制。利用气相色谱质谱（GC-MS）鉴定出十九种豚草的挥发物成分，并鉴别到对于广聚萤叶甲具有吸引及趋避性的活性物质。鉴定了广聚萤叶甲中 105 个候选化学感觉基因[72]，明确了化学感受物质对于其生殖的调控作用、气味受体分子对于其寄主识别和产卵中的重要作用[73, 74]，揭示了广聚萤叶甲中的化学感受相关分子识别豚草中的活性成分，从而使其成功定位寄主并产卵[75]。发现了培育高繁殖潜力广聚萤叶甲种群的制约因素。发现广聚萤叶甲雌性在择偶时趋向于选择大个体雄性，选择大个体作为配偶的雌性种群具有更高的种群适合度，该种高适合度与雄性的关键生殖因子息息相关。证实了低温驱动广聚萤叶甲耐寒物质积累和耐寒基因表达水平的增高，且该种耐寒性可以遗传给后代，将有益于向高纬度的豚草发生区释放广聚萤叶甲，同时为培育耐寒性的广聚萤叶甲种群奠定基础[76, 77]。

在空心莲子草生物防治方面，研究了专一性天敌昆虫莲草直胸跳甲对空心莲子草的防治效果。针对莲草直胸跳甲温度适应性较差这一现象，开展了莲草直胸跳甲生态适应性机制的研究。明确了莲草直胸跳甲不同地理种群的耐热性存在差异和夏季高温时期种群骤减

的主要原因。研究发现热激蛋白转录因子 *AhHsf* 调控 *AhHsp70* 表达、增强莲草直胸跳甲耐热性的作用机制[78, 79]，鉴定了调控莲草直胸跳甲卵巢发育以及产卵过程中发挥重要作用的关键基因及调控作用[80]。为了弥补空心莲子草在我国北移扩张形成的控制空缺，围绕"莲草直胸跳甲在亚适宜低温条件下的生存和繁殖策略"，进行莲草直胸跳甲冷驯化条件的筛选优化，通过连续多代冷驯化，培育耐寒性种群，为该跳甲的冷驯化奠定基础[81]。

在紫茎泽兰生物防治方面，基于泽兰实蝇和根际微生物互作的紫茎泽兰入侵前后种群适应性变化机制。比较了专一性寄生天敌泽兰实蝇对紫茎泽兰墨西哥原产地种群和我国入侵地种群植株的适合度，其中抗虫性物质方面，入侵地种群茎秆部位碳氮比明显低于原产地种群的，且单宁类和类黄酮物质含量亦是如此，尤其在泽兰实蝇喜寄生的芽尖部位；同时，紫茎泽兰入侵地种群较原产地种群对泽兰实蝇有利的营养物质含量明显增加，如游离氨基酸（甘氨酸、缬氨酸和 γ-氨基丁酸等），泽兰实蝇在紫茎泽兰入侵地种群植株上适合度更高，表现解毒酶如羧酸酯酶活性降低、而发育速率、卵巢蛋白质含量和产卵量的显著增加。

在薇甘菊生物防治方面，研究了薇甘菊专性生防菌（柄锈菌）抑制其生长的分子机制，研究评估了专性生防菌（*Puccinia spegazzinii*）对薇甘菊的生物防治效果。薇甘菊（*Mikania micrantha*）是一种生长极快的全球入侵杂草，对自然生态系统造成严重破坏，并对森林和作物生产造成非常大的经济损失。薇甘菊柄锈菌（*Puccinia spegazzinii*）隶属于锈菌目（Uredinales）柄锈菌属（Puccinia），是一种生活周期短、寄主专一性强的病原真菌，原产于美洲。薇甘菊柄锈菌能有效抑制薇甘菊的生长，在许多国家被用作生物防治菌株。结合表型、酶活性、转录组和代谢组学方法研究了薇甘菊感染薇甘菊柄锈菌后的变化。薇甘菊柄锈菌接种后，推测通过影响激素、碳氮代谢途径阻碍了薇甘菊的快速生长。对薇甘菊柄锈菌寄主专一性进行了测定，为薇甘菊柄锈菌的非靶标生物进行安全验证[82]。测试的 30 个科 63 种植物中除了薇甘菊正常发病外，其他植物均没有发病现象。薇甘菊柄锈菌防控薇甘菊的安全性得到有效验证。为了定量评估薇甘菊柄锈菌对薇甘菊的防控效果，研发一种基于图像识别技术的高效、准确的薇甘菊叶片相对病斑面积的计算方法。与传统的病斑面积计算方法相比，图像识别技术能够准确、快速地将病斑区域与健康区域分割，并准确地计算相对病斑面积，其准确率均值达到 98% 以上[83]。

此外，发现适于田间种植并能有效替代控制黄顶菊的作物高丹草、墨西哥玉米、甜高粱、油葵能对同处理种植的黄顶菊抑制率达 95% 以上，表现出较强的替代优势。通过不同的生物学生态学指标测定，筛选出适用于中国南方薇甘菊入侵地区生长的优良替代植物香茅和柱花草，为从替代植物筛选角度为薇甘菊的生态控制技术模式研究和应用提供了理论依据和技术支持。世界首次发现并阐述了原野菟丝子和我国土著日本菟丝子分别高效限制外来入侵宿主刺萼龙葵和三裂叶豚草的生理生态学机制。表现为"宿主生长越旺盛，寄生影响越严重"。该菟丝子种被鉴定为我国土著种——日本菟丝子，是控制有害入侵植物的有希望的生物手段。筛选获得了豚草与三裂叶豚草四种化学防治药剂 5% 苯嘧·草甘膦 WG 900g/hm²、30% 草甘膦 AS 5250g/hm²、48% 三氯吡氧乙酸 EC 4170g/hm²、21% 氯氨吡啶酸 AS 300g/hm²，提出了基于增效剂与除草剂协同作用的豚草与三裂叶豚草的防控技术。

5. 重大入侵生物的绿色防控技术体系

猕猴桃溃疡病绿色防控技术研发与应用。随着猕猴桃产业的发展，丁香假单胞杆菌猕猴桃致病变种（*Pseudomonassyringae* pv. *actinidiae*，Psa）引起的猕猴桃溃疡病在四川省成蔓延发生态势，对产业安全形成了严重威胁。本研究围绕四川猕猴桃溃疡病开展了病原菌特性、发生规律、关键防控技术研究，构建了四川猕猴桃溃疡病绿色防控技术体系。主要成果如下：①探明了四川省猕猴桃溃疡病发生规律及其影响因子。明确了猕猴桃溃疡病周年发生动态、传播途径、传播方式及发生流行影响因素。②研发了防控关键技术及产品。建立了针对四川 Psa 3 类群的荧光定量 PCR、双重 PCR、点免疫和免疫胶体金速测卡等高灵敏度的检测诊断体系。研制生产树干保温涂白剂——松尔膜，有效预防猕猴桃冻害、日灼；筛选并开发出 2% 噻霉酮·四霉素高效复配制剂、1% 溴菌腈涂抹剂以及注干液剂等。研发出保温避雨控病技术，有效阻断病害循环，农药施用量减少 50% 以上。③构建了猕猴桃溃疡病绿色防控技术体系，防治效果达 90% 以上。已在广元、雅安、成都等主产区推广应用，取得了显著的经济、社会和生态效益。获授权发明专利七件、实用新型专利七件、软件著作权两件，出版专著一部，发表论文十三篇。该成果创新性强，特色鲜明，整体达到国际先进水平。研究成果"四川省猕猴桃溃疡病绿色防控技术研发与应用"获得 2021 年四川省科技进步奖三等奖。

实蝇类入侵物种绿色防控技术研发与应用。我国科学家在国际上第一次在双翅目昆虫成功通过喂食法实现 RNAi 技术，建立 RNAi 和 CRISPR-Cas9 基因编辑技术平台，并研发基于 RNAi、CRISPR-Cas9/Gene driving，不依赖辐射的 SIT 等实蝇绿色灭除和防控技术。利用 CRISPR/Cas9 成功实现了橘小实蝇的靶标基因 *multiple edematous wings (mew)* 的敲除。该基因主要在胸部与蛹期高表达；通过体外合成并筛选出活性最高的 sgRNA 用于 *mew* 基因敲除；在 G0 中，未发现与对照组有明显差异的表型，但是通过 RED 方法检测到了基因突变，突变率达到 12.1% ~ 30.2%；在 G1 获得了 73.8% 的突变个体，包括有 20% 的蛹未能成功破壳羽化，53.8% 的个体不能正常飞行。在成功羽化且不能飞行的个体中，翅出现了明显褶皱，不能正常伸展的发育不正常的现象，长度只有野生型的 75% 左右。基因型检测发现主要有三种类型的突变，两个碱基缺失突变和一个综合型，包括碱基的删除、插入与替换；脱靶检测没有发现脱靶突变，说明 CRISPR/Cas9 技术在橘小实蝇中能成功实现较高效特异的基因编辑[84]。对橘小实蝇精子发育中相关基因和 miRNAs 进行了鉴定和功能分析，筛选获得能有效降低雄虫繁殖能力的靶标基因 *TF gaga*、*orb2*、*tektin1* 和 *tssk1*，并发现 *miR-125-3p* 和 *miR-276b-3p* 通过调控 *orb2* 基因的表达，影响精子发育，从而影响雄虫的繁殖力，这些基因的功能研究将有利于发展基于遗传改造的昆虫不育技术[85, 86]。上述研究结果为建立不依赖辐射、基于遗传改造的橘小实蝇不育技术提供靶标基因和 miRNAs，为防治提供新思路。

开展了番茄潜叶蛾发生规律、不同防控技术对番茄潜叶蛾防控效果的评价研究。入侵我国的番茄潜叶蛾分别以西北的新疆和西南的云南为核心向周边地区辐射，为提高番茄潜叶蛾的监测与防控效率，开展了栽培方式对番茄潜叶蛾化蛹场所的选择性研究，证实地砖托盘盆栽、地砖盆栽和地布盆栽等三种栽培方式下，番茄潜叶蛾偏好避光、遮挡处化蛹，研究结果对番茄潜叶蛾种群发生动态监测和有效防控具有重要指导意义；开展了不同波长蓝紫光的趋向性研究，蓝紫光诱捕器不仅可以诱集雄虫，还可诱集高比例的雌虫和抱卵雌虫，证实 380 nm 的紫外光灯光诱捕器对番茄潜叶蛾的诱集能力最强，杀虫效果最好；探究了诱捕器颜色和悬挂高度对番茄潜叶蛾诱捕效果的影响，发现在设施蔬菜生产中将蓝色性信息素诱捕器（平面式）直接放于地面对番茄潜叶蛾的诱捕效果最好；开展入侵昆虫新型 RNAi 绿色防控技术的研发，自主研发了 RNAi 和 CRISPR/Cas9 技术平台，筛选获得一批可作为番茄潜叶蛾 RNAi 绿色防治靶标基因；构建了番茄潜叶蛾靶基因 dsRNA/ 纳米复合物的 RNA 干扰系统，明确了纳米颗粒包裹 dsRNA 的最佳融合比例和纳米包裹可增强 dsRNA 的稳定性技术；创建了纳米载导靶标基因 dsRNA 防控番茄潜叶蛾的室内应用体系，为后续应用于温室 / 田间提供了前提条件[87]。测定了新型苏云金芽孢杆菌基因工程菌 G033A（Bt G033A）对该昆虫的室内毒力及田间防效，筛选了十九种番茄潜叶蛾田间化学防控药剂，筛选获得五种化学防控药剂用于生产[88]。

制定了番茄潜叶蛾的防控对策。高风险潜在发生区，在毗邻番茄潜叶蛾发生前沿的高风险潜在发生区，采用性信息素诱捕监测法，于茄科作物生长季节悬挂性信息素诱捕器，以及时发现番茄潜叶蛾。新发和突发区，在其新发或突发的点片发生区域和时期，采取应急处置措施，具体包括高密度悬挂性信息素诱捕器进行诱集诱捕（诱捕器间距 15～20m），高强度喷施化学药剂或生物制剂进行灭杀灭除，以及药后就地熏杀处置等措施。常年发生区，对于难以彻底灭除的番茄潜叶蛾已发生区域，基于其生物生态学习性和发生为害特点，在专家参指导下，落实区域联防联控、群防群控和统防统治的各项措施，实现持续高效控制新发重大农业外来入侵害虫番茄潜叶蛾的目的。

研发新疆稻水象甲绿色防控技术并应用。研究提出了适宜新疆稻水象甲发生区生产实际、操作性强的与环境相容的化学防治、生物防治、物理防治、生态调控等关键技术组成的稻水象甲持续防控和应急防控技术。近年来，在新疆稻水象甲发生区伊犁河谷地区、阿克苏地区和乌鲁木齐市等地推广了稻水象甲持续防控技术。一是在育秧期"隔离"，即利用无纺布覆盖育秧田与外界隔离，阻止了稻水象甲成虫的取食活动。二是实施秧苗适时"早移栽"，即利用稻水象甲的成虫取食趋嫩性，适当提早移栽，使水稻叶片表皮角质层增厚程度提高，恶化稻水象甲成虫营养条件。三是在育秧移栽缓苗后实施"晒田"，即在插秧后秧苗缓苗 7 月上中旬，可通过适时排水晒田和重晒田，恶化稻水象甲幼虫种群的生存环境，大幅度降低虫口密度，在新疆荒漠绿洲水稻种植区，通过上述生态调控措施有效降低了稻水象甲的危害[89, 90]，该技术在新疆水稻主产区大面积推广应用达 226.10 万亩次，总体防效达 90% 以上，直接挽回产量损失一亿三千万千克，取得直接经济效益三亿八千万元，累计节约用药成本二千六百万元，累计新增效益四亿元。2018 年通过研究监测了新疆主要稻区两个稻水象甲地理种群对六种常用杀虫剂抗药性，发现稻水象甲对氯虫苯甲酰胺出现低抗水平。提出了稻水象甲小型植保无人机超低量喷雾防控技术。综述了我国稻水象甲生物学、生态学及综合防控技术研究进展。同时，2018 年取得的成果"新疆荒漠绿洲稻区重大有害生物绿色综合防控技术研究与示范"获得省级科技进步奖二等奖一项。

（三）其他方面

外来入侵物种防控与管理咨询建议获得政府和行业部门采纳和充分肯定。外来生物入侵是国家生物安全的重要威胁因子。面向国家生物入侵防控科技需求，围绕外来入侵物种"治早、治小、治了、治好"的防控目标，在开展智库咨询方面取得如下主要成绩。①参与国家生物入侵防控的管理与决策，为国家政府和行业部门牵头撰写生物入侵相关系列咨询管理建议和重大疫情报告近三十份，其中十一份获国级、省部级批示，如 2020 年以来，外来生物入侵对我国粮食生产和食品安全造成的危害、农业农村部针对苹果蠹蛾防控的对策研究、加强外来入侵防控工作 2022 工作要点、中国农科院专报"关于加强外来入侵物种早期防控能力建设的建议"等，促进了全社会对生物入侵防控的高度关注和重视。②围绕落实《中华人民共和国生物安全法》和国家、行业部门针对外来入侵物种防控管理需要，从技术层面牵头起草了《外来入侵物种管理办法》《重点管理外来入侵物种名录》《关于进一步加强外来入侵物种防控工作的意见》等。③为首次全国外来入侵物种普查和重点调查提供技术支撑和咨询，牵头编制了入侵物种生物词典，制定入侵虫害相关普查工作方案、技术方案，以及《全国外来入侵物种清单》及其风险等级评估，提出其面上调查清单和重点调查清单以及制定《重点管理外来入侵物种名录》等。

（四）学科发展存在问题

1. 风险评估与监测预警能力薄弱

虽然我国已经开展了针对部分入侵生物的监测点建设，但外来入侵物种监测工作基础还是相对薄弱，监测点数量少，布局不尽合理，监测"盲点"较多，且监测预警装备和技术不完善，疫情信息搜集能力弱，极大地影响了监测预警和防治决策的准确性与时效性。

2. 综合治理与应急控制储备不足

目前，外来入侵物种的防治多以单一的化学防治为主，过程费工费力，以生态调控为主的生物综合治理和无害化防控技术尚处于研发起步阶段。大多数基层农业部门应急处置能力不足，专业工作人员缺乏，专业技能培训有待加强，应急基础设施落后，防控措施难以落实，严重影响防控效果。

（五）制约学科发展的深层次原因

1. 缺乏稳定的研究队伍

与植物保护学科其他二级（分支）学科相比，国内高校和研究所设有入侵生物学二级学科或研究方向的单位少，缺乏稳定的研究队伍。学科队伍体量小，高端人才人数偏少。学科人才队伍体量小，后备人才储备明显不足。

2. 长效投入机制有待建立

相对于发达国家在入侵物种防控工作的财政预算，我国目前外来入侵生物防控领域资金投入规模小，与防控需求相比缺口巨大。在入侵物种普查、监测预警网络构建、综合防控工程建设、应急物资储备、技术装备研发等方面缺乏长效稳定的投入，严重制约防控工作。

三、国内外学科发展比较

发达国家在生物入侵国家法规建设、国家防控能力体系建设、前瞻性防卫和主动应对技术研发等方面具有优势，主要体现在以下几个方面。①针对入侵物种风险研判，开发了基于入侵物种特性和特征的风险分析模型和新方法；②围绕入侵物种甄别和监测技术的早期性、精准性、快速性、高通量、智能化、轻简化、远程化等，开发了一系列基于生物技术的检测和监测方法；③建立了一系列区域性和全球性外来入侵物种数据库，注重全程入侵风险预警定量化、智能化、可视化和平台化发展；④应急处置关键防控技术和产品研发突出靶向性、实时高效性、储备性、环境友好性；⑤跨境、区域防控技术突出全程化、集成性、协调性和联动性，集成了雄性不育、天敌释放、生态恢复等一系列入侵治理技术体系。我国新发、突发和潜在外来入侵物种的主动应对能力亟需提升。

我国外来入侵物种早期预警和主动应对面临的挑战和技术瓶颈主要体现如下几个方面。①早期风险研判预警的主动应对能力不足，潜在和新发入侵物种的信息来源不明、扩散路径与动态不清，缺乏有效的风险预警信息和预警技术支撑；②检测监测和溯源追踪技术相对落后和储备不足，检测时间长、敏感性差，监测成本高、周期长、"盲点"多，精准性、智能化、远程化程度有待提升；③扩散阻截的前瞻性、储备性和靶向技术创新创制明显滞后，导致新发疫情的应急处置和早期根除与防扩散难度大；④跨境、区域的联动全程防控技术的集成创新有待增强。因此，我国入侵物种防控研究总体上侧重于"被动性"与"应急性"、"单项技术"和"传统技术"，在早期风险预判、早期监测预警、实时阻止拦截和实时应急处置方面仍存在诸多难点和技术瓶颈，不能及时满足和应对外来入侵物种不断突发和频发的新形势。

四、学科发展趋势与对策

入侵生物学研究本身具有多学科交叉的属性，随着理论与技术的变革，学科研究范式持续发生快速转换，未来仍需瞄准国际科技竞争前沿，不断吸收借鉴相关学科新技术、新理论和新装备，创新入侵物种基础理论，揭示潜在、新发和重大外来入侵物种在全球气候变化、种植格局变化、人类活动改变等影响下的生态适应性进化机制、物种竞争替代机制、抗药性机制；研发风险评估技术、智能监测技术、快速检测技术产品，提升风险防范能力与水平；针对新发或重大外来入侵物种扩散阻截、快速灭除、绿色防控的科技需求，依托"十四五"重点研发计划、重点实验室建设等，研究摸清重大危害物种发生扩散机理，集中攻克一批快速鉴定、高效诱捕、生物天敌等实用技术产品开展生态控制、生物防治、理化诱控等技术试验示范。此外，仍需利用专家团队的专业优势，持续加强科普知识宣传与技术培训。配合国家、行业部门开展外来入侵物种普查和防控技术系列培训，提升基层人员技术能力。制作发放挂图、明白纸等通俗易懂的宣传材料，利用国家安全日等节点开展系列科普活动，普及外来物种入侵防控知识，提升公众防控意识。

参考文献

［1］王瑞，黄宏坤，张宏斌，等. 中国外来入侵物种防控法规和管理机制空缺分析［J］. 植物保护，2022，48（4）：2-9.

［2］冼晓青，王瑞，陈宝雄，等. "世界百种恶性外来入侵物种"在我国大陆的入侵现状［J］. 生物安全学报，2022，31（1）：9-16.

［3］Wan F, Yin C, Tang R, et al. A chromosome-level genome assembly of *Cydia pomonella* provides insights into chemical ecology and insecticide resistance［J］. Nat. Commun., 2019, 10（1）：4237.

［4］Peng W, Yu S N, Alfred M H, et al. miRNA-1-3p is an early embryonic male sex-determining factor in the Oriental fruit fly *Bactrocera dorsalis*［J］. Nat Commun, 2020, 11（1）：932.

［5］Xie J, Chen H, Zheng W, et al. miR-275/305 cluster is essential for maintaining energy metabolic homeostasis by the insulin signaling pathway in *Bactrocera dorsalis*［J］. PLoS Genet, 2022, 18（10）：e1010418.

［6］Xu L, Jiang H B, Yu J L, et al. Two odorant receptors regulate 1-octen-3-ol induced oviposition behavior in the oriental fruit fly［J］. Commun Biol, 2023, 6（1）：176.

［7］ Yao Z，Cai Z，Ma Q，et al. Compartmentalized PGRP expression along the dipteran *Bactrocera dorsalis* gut forms a zone of protection for symbiotic bacteria［J］. Cell Rep. 2022，41（3）：111523.

［8］ 李爱梅，付开赟，丁新华，等. 新疆地区番茄潜叶蛾遗传多样性的 ISSR 分析［J］. 生物安全学报，2022，31（2）：121-127.

［9］ 王钿，付开赟，丁新华，等. 基于 ISSR 的豚草和三裂叶豚草遗传多样性研究［J］. 生物安全学报，2022，31（2）：128-134.

［10］ Liu C，Ren Y，Li Z，et al. Giant African snail genomes provide insights into molluscan whole-genome duplication and aquatic-terrestrial transition［J］. Mol. Ecol. Resour.，2021，21（2）：478-494.

［11］ Liu W，Zhang Y，Chen X，et al. Contrasting plant adaptation strategies to latitude in the native and invasive range of *Spartina alterniflora*［J］. New Phytol.，2020，226（2）：623-634.

［12］ Cheng J，Li J，Zhang Z，et al. Autopolyploidy-driven range expansion of a temperate-originated plant to pan-tropic under global change［J］. Ecol. Monogr.，2021，91.

［13］ Zhao P，Yao X，Cai C，et al. Viruses mobilize plant immunity to deter nonvector insect herbivores［J］. Sci. Adv.，2019，5（8）：eaav9801.

［14］ Wang C，Wei M，Wang S，et al. Erigeron annuus（L.）Pers. and Solidago canadensis L. antagonistically affect community stability and community invasibility under the co-invasion condition［J］. Sci. Total Environ.，2020，716：137128.

［15］ Li P R，Shi Y，Ju D，et al. Metabolic functional redundancy of the CYP9A subfamily members leads to P450-mediated lambda-cyhalothrin resistance in *Cydia pomonella*［J］. Pest Manag. Sci.，2023，79（4）：1452-1466.

［16］ Xing L，Xi Y，Qiao X，et al. The landscape of lncRNAs in *Cydia pomonella* provides insights into their signatures and potential roles in transcriptional regulation［J］. BMC Genomics.，2021，22（1）：4.

［17］ Xi Y，Xing L，Wennmann J T，et al. Gene expression patterns of *Cydia pomonella* granulovirus in codling moth larvae revealed by RNAseq analysis［J］. Virology. 2021，558：110-118.

［18］ 鲁盛平，刘惠惠，苏治平，等. C- 型凝集素 RfCTL-S1 在红棕象甲幼虫免疫防御中的作用［J］. 昆虫学报，2021，64（12）：1388-1397.

［19］ Muhammad A，Habineza P，Hou Y，et al. Preparation of Red Palm Weevil *Rhynchophorus Ferrugineus*（Olivier）（Coleoptera：Dryophthoridae）Germ-free Larvae for Host-gut Microbes Interaction Studies［J］. Bio Protoc，2019，9（24）：e3456.

［20］ Muhammad A，Habineza P，Ji T，et al. Intestinal Microbiota Confer Protection by Priming the Immune System of Red Palm Weevil *Rhynchophorus ferrugineus* Olivier（Coleoptera：Dryophthoridae）［J］. Front Physiol.，2019，10：1303.

［21］ Hebineza P，Muhammad A，Ji T L，et al. The promoting effect of gut microbiota on growth and development of red palm weevil，*Rhynchophorus ferrugineus* Olivier（Coleoptera：Dryophthoridae）by modulating nutritional metabolism［J］. Front. Microbiol.，2019. 10：1212.

［22］ Xiao R，Wang X，Xie E，et al. An IMD-like pathway mediates the intestinal immunity to modulate the homeostasis of gut microbiota in *Rhynchophorus ferrugineus* Olivier（Coleoptera：Dryophthoridae）［J］. Dev. Comp. Immunol.，2019，97：20-27.

［23］ 肖蓉，王兴红，李雄伟，等. 胞质型肽聚糖识别蛋白 RfPGRP-L2 对红棕象甲肠道菌群的调控作用［J］. 昆虫学报，2021，64（3）：348-362.

［24］ Liu F，Ye F，Cheng C，et al. Symbiotic microbes aid host adaptation by metabolizing a deterrent host pine carbohydrate d-pinitol in a beetle-fungus invasive complex［J］. Sci. Adv.，2022，8（51）：eadd5051.

［25］ Peng W，Zheng W W，Tariq K，et al. MicroRNA Let-7 targets the ecdysone signaling pathway E75 gene to control larval-pupal development in *Bactrocera dorsalis*［J］. Insect Sci., 2019, 26（2）: 229-239.

［26］ Yao Z, Ma Q, Cai Z, et al. Similar Shift Patterns in Gut Bacterial and Fungal Communities Across the Life Stages of *Bactrocera minax* Larvae From Two Field Populations［J］. Front. Microbiol., 2019, 10: 2262.

［27］ Zhang P, Yao Z, Bai S, et al. The Negative Regulative Roles of BdPGRPs in the Imd Signaling Pathway of *Bactrocera dorsalis*［J］. Cells. 2022, 11（1）: 152.

［28］ Liu B, Yan J, Li W H, et al. *Mikania micrantha* genome provides insights into the molecular mechanism of rapid growth［J］. Nat. Commun., 2020, 11: 340.

［29］ Gao L, Wei C, He Y, et al. Aboveground herbivory can promote exotic plant invasion through intra- and interspecific aboveground-belowground interactions［J］. New Phytol., 2023, 237（6）: 2347-2359.

［30］ Lu H, Xue L, Cheng J, et al. Polyploidization-driven differentiation of freezing tolerance in *Solidago canadensis*［J］. Plant Cell Environ., 2020, 43（6）: 1394-1403.

［31］ Zhao M, Lu X, Zhao H, et al. *Ageratina adenophora* invasions are associated with microbially mediated differences in biogeochemical cycles［J］. Sci. Total Environ., 2019, 677: 47-56.

［32］ Chen L, Zhou J, Zeng T, et al. Quantifying the sharing of foliar fungal pathogens by the invasive plant *Ageratina adenophora* and its neighbours［J］. New Phytol., 2020, 227（5）: 1493-1504.

［33］ Chen L, Fang K, Zhou J, et al. Enrichment of soil rare bacteria in root by an invasive plant *Ageratina adenophora*［J］. Sci. Total Environ., 2019, 683: 202-209.

［34］ Zhang G, Bai J, Jia J, et al. Shifts of soil microbial community composition along a short-term invasion chronosequence of *Spartina alterniflora* in a Chinese estuary［J］. Sci. Total Environ., 2019, 657: 222-233.

［35］ Zhang G, Bai J, Tebbe C C, et al. Plant invasion reconstructs soil microbial assembly and functionality in coastal salt marshes［J］. Mol. Ecol., 2022, 31（17）: 4478-4494.

［36］ Xu X, Zhang Y, Li S, et al. Native herbivores indirectly facilitate the growth of invasive Spartina in a eutrophic saltmarsh［J］. Ecology, 2022, 103（3）: e3610.

［37］ Xu X, Zhou C, He Q, et al. Phenotypic plasticity of light use favors a plant invader in nitrogen-enriched ecosystems［J］. Ecology, 2022, 103（5）: e3665.

［38］ Wang C, Jiang K, Zhou J, et al. Solidago canadensis invasion affects soil N-fixing bacterial communities in heterogeneous landscapes in urban ecosystems in East China［J］. Sci. Total Environ., 2018, 631-632: 702-713.

［39］ 张涵, 李伟华, 赵海霞, 等. 菊科植物改变土壤氮素的可利用性［J］. 草业科学, 2023, 40（7）: 1766-1778.

［40］ Li H, Kang Z, Hua J, et al. Root exudate sesquiterpenoids from the invasive weed *Ambrosia trifida* regulate rhizospheric Proteobacteria［J］. Sci. Total Environ., 2022, 834: 155263.

［41］ Yu H, He Y, Zhang W, et al. Greater chemical signaling in root exudates enhances soil mutualistic associations in invasive plants compared to natives［J］. New Phytol., 2022, 236（3）: 1140-1153.

［42］ He Y Z, Wang Y M, Yin T Y, et al. A plant DNA virus replicates in the salivary glands of its insect vector via recruitment of host DNA synthesis machinery［J］. Proc. Natl. Acad. Sci. U. S. A., 2020, 117（29）: 16928-16937.

［43］ Wang X W, Blanc S. Insect Transmission of Plant Single-Stranded DNA Viruses［J］. Annu. Rev. Entomol., 2021, 66: 389-405.

［44］ Wang Y M, He Y Z, Ye X T, et al. A balance between vector survival and virus transmission is achieved through JAK/STAT signaling inhibition by a plant virus［J］. Proc. Natl. Acad. Sci. U. S. A., 2022, 19（41）: e2122099119.

［45］ Zhao J, Lei T, Zhang X J, et al. A vector whitefly endocytic receptor facilitates the entry of begomoviruses into its midgut cells via binding to virion capsid proteins［J］. PLoS Pathog., 2020, 16（12）: e1009053.

［46］ Zhao P, Zhang X, Gong Y, et al. Red-light is an environmental effector for mutualism between begomovirus and its vector whitefly ［J］. PLoS Pathog., 2021, 17（1）: e1008770.

［47］ Chen H, Qian X, Chen X, et al. Cytoplasmic and nuclear Sw-5b NLR act both independently and synergistically to confer full host defense against tospovirus infection ［J］. New Phytol., 2021, 231（6）: 2262-2281.

［48］ Huang H, Zuo C, Zhao Y, et al. Determination of key residues in tospoviral NSm required for Sw-5b recognition, their potential ability to overcome resistance, and the effective resistance provided by improved Sw-5b mutants ［J］. Mol Plant Pathol, 2022, 23（5）: 622-633.

［49］ Wu M, Wei H, Tan H, et al. Plant DNA polymerases α and δ mediate replication of geminiviruses ［J］. Nat. Commun., 2021, 12（1）: 2780.

［50］ Wang L, Ding Y, He L, et al. A virus-encoded protein suppresses methylation of the viral genome through its interaction with AGO4 in the Cajal body ［J］. Elife, 2020, 9: e55542.

［51］ Gong P, Zhao S, Liu H, et al. Tomato yellow leaf curl virus V3 protein traffics along microfilaments to plasmodesmata to promote virus cell-to-cell movement ［J］. Sci China Life Sci, 2022, 65（5）: 1046-1049.

［52］ Ismayil A, Haxim Y, Wang Y, et al. Cotton Leaf Curl Multan virus C4 protein suppresses both transcriptional and post-transcriptional gene silencing by interacting with SAM synthetase ［J］. PLoS Pathog, 2018, 14（8）: e1007282.

［53］ Wang Y, Wu Y, Gong Q, et al. Geminiviral V2 Protein Suppresses Transcriptional Gene Silencing through Interaction with AGO4 ［J］. J Virol, 2019, 93（6）: e01675-18.

［54］ Medina-Puche L, Tan H, Dogra V, et al. A defense pathway linking plasma membrane and chloroplasts and co-opted by pathogens ［J］. Cell, 2020, 182（5）: 1109-1124.e25.

［55］ Liu C, Zhang Y, Ren Y, et al. The genome of the golden apple snail *Pomacea canaliculata* provides insight into stress tolerance and invasive adaptation ［J］. Gigascience, 2018, 7（9）: giy101.

［56］ 冼晓青, 王瑞, 郭建英, 等. 我国农林生态系统近 20 年新入侵物种名录分析 ［J］. 植物保护, 2018, 44（5）: 168-175.

［57］ Huang C, Lang K, Qian W, et al. InvasionDB: A genome and gene database of invasive alien species ［J］. J. Integr. Agric., 2021, 20（1）: 191-200.

［58］ Wu M, Dong Y, Zhang Q, et al. Efficient control of western flower thrips by plastid-mediated RNA interference ［J］. Proc. Natl. Acad. Sci. U. S. A., 2022, 119（15）: e2120081119.

［59］ Xian X, Zhao H, Wang R, et al. Ecological Niche Shifts Affect the Potential Invasive Risk of *Rapistrum rugosum* (L.) All. in China ［J］. Front. Plant Sci., 2022, 13: 827497.

［60］ 梁莉, 冼晓青, 赵浩翔, 等. 基于 MaxEnt 模型的白缘象甲潜在地理分布风险区识别 ［J］. 昆虫学报, 2022, 10: 1-9.

［61］ 赵浩翔, 冼晓青, 郭建洋, 等. 基于优化的 MaxEnt 模型预测海灰翅夜蛾潜在地理分布区 ［J］. 植物保护, 2022, 48（6）, 16-22.

［62］ Zhao H, Xian X, Zhao Z, et al. Climate Change Increases the Expansion Risk of *Helicoverpa zea* in China According to Potential Geographical Distribution Estimation ［J］. Insects, 2022, 13（1）: 79.

［63］ Li M, Xian X Q, Zhao H X, et al. Predicting the potential suitable area of *Linepithema humile* in China under future climatic scenarios based on optimal MaxEnt model ［J］. Diversity, 2022, 14: 921.

［64］ Jin Z, Yu W, Zhao H, et al. Potential Global Distribution of *Anthonomus grandis* Boheman under Current and Future Climate using Optimal MaxEnt Model ［J］. Agriculture, 2022, 12: 1759.

［65］ Xian X Q, Zhao H X, Guo J Y, et al. Estimation of the potential geographical distribution of a new potato pest (*Schrankia costaestrigalis*) in China under climate change ［J］. J. Integr. Agr., 2023, 22（8）: 2441-2455.

［66］ Zhao H, Xian X, Guo J, et al. Monitoring the little fire ant, *Wasmannia auropunctata* (Roger 1863), in the early stage of its invasion in China：predicting its geographical distribution pattern under climate change［J］. J Integr Agr，2022，DOI:10.1016/j.jia.2022.12.004.

［67］Xian X，Zhao H，Wang R，et al. Climate change has increased the global threats posed by three ragweeds（Ambrosia L.）in the Anthropocene［J］. Sci. Total Environ.，2023，859（Pt 2）：160252.

［68］Xian X，Zhao H，Wang R，et al. Predicting the potential geographical distribution of *Ageratina Adenophora* in China using equilibrium occurrence data and ensemble model［J］. Front. Ecol. Evol.，2022，10，973371.

［69］Qiao X，Liu X H，Wang F K，et al. Field invasive plant identification method based on hyperspectral analysis［J］. Agronomy-Basel，2022，12：2825.

［70］Jia Z，Fu K，Guo W，et al. CAP Analysis of the Distribution of the Introduced *Bemisia tabaci*（Hemiptera：Aleyrodidae）Species Complex in Xinjiang，China and the Southerly Expansion of the Mediterranean Species［J］. J. Insect Sci.，2021，21（2）：14.

［71］刘旸，付开赟，吐尔逊，等. 马铃薯甲虫基因组 SSR 位点分析及引物效率的验证［J］. 环境昆虫学报，2018，40（3）：633-644.

［72］Ma C，Zhao C，Cui S，et al. Identification of candidate chemosensory genes of *Ophraella communa* LeSage（Coleoptera：Chrysomelidae）based on antennal transcriptome analysis［J］. Sci. Rep.，2019，9（1）：15551.

［73］Ma C，Cui S，Tian Z，et al. OcomCSP12，a Chemosensory Protein Expressed Specifically by Ovary，Mediates Reproduction in *Ophraella communa*（Coleoptera：Chrysomelidae）［J］. Front Physiol.，2019，10：1290.

［74］Ma C，Cui S，Bai Q，et al. Olfactory co-receptor is involved in host recognition and oviposition in *Ophraella communa*（Coleoptera：Chrysomelidae）［J］. Insect Mol. Biol.，2020，29（4）：381-390.

［75］Yue Y，Ma C，Zhang Y，et al. Characterization and Functional Analysis of OcomOBP7 in *Ophraella communa* Lesage［J］. Insects. 2023，14（2）：190.

［76］Zhang Y，Zhao C，Ma W，et al. Larger males facilitate population expansion in *Ophraella communa*［J］. J. Anim. Ecol.，2021，90（12）：2782-2792.

［77］Zhang Y，Ma W，Ma C，et al. The hsp70 new functions as a regulator of reproduction both female and male in *Ophraella communa*［J］. Front Mol Biosci，2022，9：931525.

［78］Jin J S，Li Y Z，Zhou Z S，et al. Heat shock factor is involved in regulating the transcriptional expression of two potential hsps（AhHsp70 and AhsHsp21）and its role in heat shock response of *Agasicles hygrophila*［J］. Front Physio，2020，11：562204.

［79］Jin J S，Liu Y R，Liang X C，et al. Regulatory mechanism of transcription factor AhHsf modulates AhHsp70 transcriptional expression enhancing heat tolerance in *Agasicles hygrophila*（Coleoptera：Chrysomelidae）［J］. Int J Mol Sci，2022，23（6）：3210.

［80］Zhang H，Wang Y，Liu Y，et al. Identification and Expression Patterns of Three Vitellogenin Genes and Their Roles in Reproduction of the Alligatorweed Flea Beetle *Agasicles hygrophila*（Coleoptera：Chrysomelidae）［J］. Front. Physiol.，2019，10：368.

［81］Pei Y，Jin J，Wu Q，et al. Cold Acclimation and Supercooling Capacity of Agasicles hygrophila Adults［J］. Insects，2023，14（1）：58.

［82］Zhang G，Wang C，Ren X，et al. Inhibition of invasive plant Mikania micrantha rapid growth by host-specific rust（*Puccinia spegazzinii*）［J］. Plant Physiol.，2023，192（2）：1204-1220.

［83］任行海，刘博，乔曦，等. 利用图像识别技术计算薇甘菊锈病的相对病斑面积［J］. 生物安全学报，2021，30（01）：72-77.

［84］Zheng W，Li Q，Sun H，et al. Clustered regularly interspaced short palindromic repeats（CRISPR）/CRISPR-associated 9-mediated mutagenesis of the multiple edematous wings gene induces muscle weakness and flightlessness in *Bactrocera dorsalis*（Diptera：Tephritidae）［J］. Insect Mol. Biol.，2019，28（2）：222-234.

［85］Sohail S，Tariq K，Sajid M，et al. miR-125-3p and miR-276b-3p Regulate the Spermatogenesis of *Bactrocera dorsalis* by Targeting the orb2 Gene［J］. Genes，2022，13（10）：1861.

［86］Sohail S，Tariq K，Zheng W，et al. RNAi-Mediated Knockdown of Tssk1 and Tektin1 Genes Impair Male Fertility in *Bactrocera dorsalis*［J］. Insects. 2019，10（6）：164.

［87］王晓迪，冀顺霞，申晓娜，等. 碱基编辑技术及其在昆虫中的应用和展望［J］. 中国生物防治学报，2021，37（03）：609-619.

［88］张桂芬，张毅波，张杰，等. 苏云金芽孢杆菌 G033A 对新发南美番茄潜叶蛾的室内毒力及田间防效［J］. 中国生物防治学报，2020，36（02）：175-183.

［89］陈宝雄，孙玉芳，韩智华，等. 我国外来入侵生物防控现状、问题和对策［J］. 生物安全学报. 2020，29（03）：157-163.

［90］何江，王小武，郭文超，等. 我国稻水象甲生物学、生态学及综合防控技术研究进展［J］. 新疆农业科学，2020，57（12）：2260-2269.

撰稿人：刘万学　万方浩　郭建洋　孙江华　钱万强　王晓伟　张宏宇
　　　　刘凤权　郭建英　杨秀玲　蒋红波　侯有明　石章红　赵丽蔺
　　　　乔　曦　刘　博　黄　聪　张桂芬　周忠实　赵梦欣　吕志创
　　　　郭文超　杨念婉　杨雪清　鞠瑞亭　赵延存　潘　浪　杨国庆
　　　　李　博　王小艺　褚　栋　黄文坤　站爱斌　刘聪辉　陆永跃
　　　　许益镌　张付斗　龚　治　卢新民　蒋明星　张毅波　王　瑞
　　　　冼晓青　张　江　杨春平　靳继苏　张　燕　赵浩翔　杜素洁
　　　　　　　　　　　　　　　　　　　　　　　　　　　　王晓迪

农作物病虫害监测预警学科发展研究

一、引言

农作物病虫害监测预警学是研究农作物病虫害发生危害动态、监测预警原理和方法的科学，是植物保护学的分支学科。我国的作物病虫害监测预警工作始于二十世纪五十年代。1955年，农业部颁布了《农作物病虫害预测预报方案》，从二十世纪六十年代起，农业部组织专业人员整理印发全国主要病虫害基本测报资料汇编，供全国农技人员使用。1987年至1990年，农业部对十五种重大病虫害按照国家标准编制测报调查规范，并于1995年在全国范围内实施，成为新中国成立以来首批植物病虫害测报调查规范国家标准[1]。2009年以来，在农业部的高度重视和大力支持下，我国农作物重大病虫害监测预警信息化建设快速发展，初步建成了国家农作物重大病虫害数字化监测预警系统平台[2]。

经过多年的努力，我国在测报的标准化、信息化、网络化、规范化等方面成效显著，并形成了电视、广播、手机、网络和报纸等多种媒体发布农作物病虫害测报结果的新模式[3]。近年来，随着计算机、互联网、物联网、人工智能、遥感、地理信息系统、卫星定位系统、大气环流分析等技术的快速发展与在农作物病虫害监测预警中的广泛应用，智能虫情测报灯、智能性诱捕器、昆虫雷达、低空遥感、卫星遥感、智能识别应用等现代智能病虫监测装备以及重大病虫害实时监测预警系统建设方面取得了比较明显的进步，大幅度提高了对病虫害监测和预测的时效性和准确度[4, 5]。

2020年5月1日正式实施的《农作物病虫害防治条例》，在农业部1993年发布的《农作物病虫预报管理暂行办法》基础上，单章专门对农作物病虫害监测与预报工作提出了规范化的具体要求，在职责分工、体系建设、工作标准、预报权限和保障措施等方面进一步细化和明确[6]，为我国农作物病虫害监测与预报提供了新的指南。

近年来，中国农业科学院植物保护研究所吴孔明院士团队和北京理工大学龙腾院士团队联合将最先进的雷达技术引入昆虫雷达研究领域，研制出新一代高分辨多维协同雷达测量仪，使昆虫雷达技术实现了新的突破。河南省农业科学院封洪强研究员团队与无锡立洋电子科技有限公司合作，不断完善旋转极化垂直昆虫雷达软硬件技术，实现了国产昆虫雷达的出口。南京农业大学、新疆师范大学、北京植保站、吉林农科院植保所等单位也开展了各有特色的雷达昆虫学研究。中国科学院空天信息创新研究院黄文江团队，开展了作物病虫害遥感监测和预测技术研发、作物病虫害遥感监测与预测系统构建，并定期生产和发布全球、全国、重点区域的多尺度主要作物重大病虫害遥感监测和预测专题图与报告产品。经过长期的不断探索以及卫星遥感技术的快速发展，利用卫星大面积监测农作物病虫害的能力取得重大突破，基本实现了业务的持续运行。

随着深度学习技术的不断发展，尤其是 ResNet、YOLO、MobileNet、PPLCNet 等网络的提出，实现了图像识别技术的重大突破，病虫拍照识别应用及相关产品大量涌现。在陈剑平院士和众多植保专家支持下，睿坤科技有限公司自主开发的搭载核心人工智能病虫害手机拍照识别的应用和微信小程序植小保（原慧植农当家）的用户总数突破二百万人。鹤壁佳多科工贸有限公司、河南云飞科技发展公司、浙江托普云农科技股份有限公司、成都比昂科技有限公司等企业的智能虫情测报灯识别能力大幅提高。宁波纽康生物技术有限公司、深圳百乐宝生物农业科技有限公司、中捷四方生物科技股份有限公司等企业开发的性诱剂、食诱剂及性诱自动监测装置在生产中得到了广泛应用。

西北农林科技大学胡小平教授团队重点围绕小麦条锈病、赤霉病等作物病害开展监测预警应用基础及关键技术研究，建立了基于大数据和物联网技术的小麦赤霉病自动监测预警系统，已在陕西、江苏、安徽等多个省份安装运行。中国农业科学院植物保护研究所周益林研究员团队重点围绕小麦白粉病等作物病害开展监测预警技术研究，建立了基于分子定量检测技术、病菌孢子捕捉技术、无人机遥感技术的小麦白粉病的监测预警技术体系，开发出了小麦白粉病远程智能测报器，在全国十多个省份试运行。中国农业大学马占鸿教授团队重点围绕农作物重大流行性病害，如小麦条锈病、稻瘟病、玉米南方锈病开展分子流行学和遥感监测等宏观病理学研究，建立了病害早期分子检测技术体系，明确了病害监测的特征光谱，提出了病害宏观严重度和宏观病情指数的概念，构建了监测预警模型，实现了病害的遥感监测。

二、学科发展现状

（一）光谱遥感监测技术

农作物病虫害的光谱遥感监测技术是利用卫星、无人机或其他平台上的传感器，根据不同波段范围内光学信号在辐射传输过程中与物体相互作用后发生的速率、强度等重要属性发生改变的原理，来探测农作物病虫害的技术[7]。太阳光谱的能量分布特点决定了可见光和近红外波段的传感器数据信噪比较高。在该谱段，病虫害的各种特征和生理变化表现明显[8-10]。此外，短波红外（SWIR）区域的一些波段对植物或土壤中的水分含量敏感，它们是传统可见光和近红外传感器的适当补充。荧光和热红外遥感系统能够跟踪植物的呼吸和光合过程，从而对农作物病虫害进行早期探测。然而荧光信号相对较弱，容易与自然光混淆，这限制了它们在大尺度区域研究中的应用；将它们与其他遥感系统（如高光谱系统）耦合可有效利用该系统[11, 12]。

确定高专一性的特征是光谱遥感监测技术的关键。在可见光和近红外光谱特征中，波谱反射率是最简单的形式，很多研究明确了主要农作物病虫害响应的敏感光谱区间[13, 14]。同时，反射光谱可以进行不同形式的变换，如连续统去除、分数阶微分和连续小波变换等，通过这些变换可以更加深入挖掘反射光谱蕴含的信息[15]。此外，各种形式的植被指数也被广泛用于病害监测中[16-18]。近二十年来，目标地物的荧光和热特性也越来越广泛地被用于作物遥感监测[19]。利用 400～600nm 和 650～800nm 荧光诱导波段的植被荧光特性，可以有效地对胁迫状态及生境因素进行监测[20, 21]。与上述特征不同，基于图像分析的颜色共生矩阵（color co-occurrence matrix，CCM）提取的纹理特征（均匀性、平均强度、方差、逆差、熵、对比度等）对于小尺度水平上的病虫害监测十分重要[22]。此外，还可以基于遥感影像提取空间度量（景观特征），用于识别农作物病虫害的空间分布模式[23]。

不同类型的传感器可以获得不同类型的数据，适于搭载的平台、经费投入、数据获取途径、分析方法也各不相同，应根据不同的需求选用不同的传感器。采用较低成本的可见光成像遥感可以方便快捷地对农作物病虫害胁迫进行监测，可以取得不错的识别效果。多光谱成像遥感能获取更多的光谱信息，使监测结果更为准确有效[24]。高光谱成像遥感具有连续光谱、更多波段和更大数据量等特点，能获得更好的农作物病虫害遥感监测效果[25, 26]。

卫星遥感监测技术是指利用搭载在人造地球卫星上的各类传感器对地监测数据进行农作物病虫害监测的一种技术。国内外学者针对农作物病虫害的卫星遥感监测问题，基于不同类型的算法，建立了农作物病虫害识别及发生严重度诊断模型，并应用在不同作物上。

一是经典统计模型，具有形式简单、机制明确的优点，被广泛应用在一些农作物病虫害的监测研究中。如竞霞等[27]基于三波段夫琅和费暗线和反射率荧光指数两种方法提取冠层日光诱导叶绿素荧光（solar-induced chlorophyll fluorescence，SIF）数据，结合对小麦条锈病敏感的光谱指数，利用偏最小二乘算法构建的冬小麦条锈病早期光谱探测模型。Ye 等[28]采用二元逻辑回归评估香蕉枯萎病染疫区和未染疫区之间植被指数关系的研究表明，同等条件下包含红边的植被指数更有助于识别病害。

二是机器学习模型，利用机器学习方法提取多种特征，构建农作物病虫害遥感监测模型。Ma 等[29]基于两幅 Landsat-8 影像，提取作物在不同时期的生长和环境参数，使用合成少数过采样技术和反向传播神经网络在区域尺度上取得了较高准确度的小麦病虫害分布图。Xu 等[30]基于 MODIS 影像数据，应用空间、时间递归神经网络对陇南市的小麦条锈病进行了监测预警，取得了较好的监测效果。

经过长期的不断探索以及卫星遥感技术的快速发展，我国利用卫星大面积监测农作物病虫害的能力取得重大突破，构建了农作物病虫害遥感监测与预测系统，定期生产和发布全球、全国、重点区域的多尺度主要农作物重大病虫害遥感监测和预测专题图与报告产品，基本实现了业务的持续运行[31]。

随着无人机技术的快速发展，无人机具备了搭载可见光、多光谱和高光谱等多种传感器的能力，通过建立病虫害光谱特征和图像关系模型，并将其反演到图像上，可为病虫害监测预警提供技术支撑。无人机能快速、实时、宏观获取高分辨率图像数据，弥补了卫星遥感重访周期长、覆盖角度小以及时空分辨率低的不足，在农作物病虫害监测方面有着良好的应用前景。

研究者利用无人机搭载传感器，对棉花蚜虫、叶螨和小麦白粉病、条锈病、全蚀病等病虫害进行了研究[32-34]。Liu et al.[35]采用连续五年于小麦白粉病盛发期从距地面不同高度处获取的无人机可见光图像，分析发现图像参数红值参数的对数（lgR）与病情指数或者产量在不同年度、不同高度间均存在较高的相关性，表明利用该图像数字参数监测白粉病和预测产量是可行的，但同时也发现 lgR 与病情指数或者产量之间的关系模型其稳定性在不同年度和高度间均存在一定差异。无人机遥感监测农作物病虫害的研究方法主要包括利用光谱角映射（spectral angle mapping，SAM）、K- 邻近（K-nearest neighbor，KNN）、支持向量机（support vector machine，SVM）、随机系数混合回归模型（random coefficient regression models）、深度学习等。从研究结果上看，利用无人机识别病虫害的精度均可达 85% 以上，关键在于病虫害敏感光谱特征的选择和病虫情指标关系建立。

（二）昆虫雷达监测技术

昆虫雷达监测技术是利用电磁波探测空中自由飞行昆虫的一种技术，这种技术具有对昆虫无干扰、监测距离远、采样空间大、监测速度快、获得的信息丰富等特点[36]。旋转极化设计的垂直昆虫雷达由于可以监测到中大型昆虫的体型参数、质量大小和振翅频率，对昆虫种类有更好的鉴别能力，自二十世纪末以来正逐渐取代传统扫描昆虫雷达，成为昆虫雷达的主流机型[4, 36]。近年来随着数字技术的进步，昆虫雷达的性能得以大幅提升、制式更加丰富[37-40]。目前，我国昆虫雷达 AD 采样频率达到了 120MHz，采样精度达到了十六位，相应的昆虫雷达的距离采样能力由原来的 50m 提高至 1.25m，昆虫雷达盲区由原来 200m 左右降低至 80m，极大地改善了昆虫雷达对低空飞行昆虫的探测能力。近年来，为了进一步降低旋转极化垂直昆虫雷达盲区，我国将旋转极化垂直昆虫雷达与扫描雷达相结合，建成了双模式昆虫雷达，即利用一套收发、信号采集处理及终端系统实现两种雷达所有探测功能的新型昆虫雷达[40]。

2017 年 6 月 20 日至 7 月 5 日河南省农业科学院将英国洛桑研究院昆虫雷达运至河南现代农业研究开发基地与我国昆虫雷达进行联合观测，结果表明我国昆虫雷达的性能更优秀。2018 年 8 月 26 至 29 日在郑州举办了首期昆虫雷达应用技术培训，培训农业技术人员达 50 人。2019 年 9 月 21 至 23 日中国植保学会和河南省科协主办了第二届雷达空中生态学国际会议，来自我国、英国、荷兰、澳大利亚、美国、法国、德国、比利时、日本等十一个国家的雷达空中生态学学者百余人参加了会议[41]。此次会议向国际同行展示了我国昆虫雷达技术方面的优势，以色列海法大学 2020 年订购了我国生产的昆虫雷达，英国利兹大学于 2022 年也采购了我国生产的昆虫雷达，实现了国产昆虫雷达出口零的突破[42, 43]。

利用雷达回波信号进行昆虫种类的自动识别一直是困扰昆虫雷达技术进一步发展应用的难题，采用了人工智能技术的高分辨全极化昆虫雷达和高分辨多维协同雷达测量仪的研制成功为突破这一难题带来了新的希望。随着现代雷达技术的发展，全相参、高分辨、全极化等新技术越来越多地被用于雷达探测。为了进一步提高昆虫雷达测量能力，北京理工大学雷达技术研究所研发了相参体制高分辨全极化昆虫雷达。该雷达工作在 Ku 波段，兼具扫描模式和波束垂直对天观测模式[44, 45]。该雷达为相参体制，可测量目标的相位信息；采用调频步进频波形，实现 0.2m 的高距离分辨率[46]。雷达采用同时全极化体制，天线为双极化天线，可同时发射、接收 H 和 V 极化信号；发射机和接收机均有 H 和 V 两个极化通道。在发射信号时，H 和 V 极化信号同时发射，通过正交的相位编码隔离；在接收信号时，H 和 V 极化信号同时接收，其中 H 极化接收的信号包括 HH 和 HV（两种信号的相位编码正交），V 极化接收的信号包括 VV 和 VH（两种信号的相位编码正交），通过相位解码可得到目标的极化散射矩阵。依托高分辨全极化昆虫雷达对目标幅度、相位、极化等信息的获取能力，一系列精度更高的体轴朝向[47, 48]、体重体长[49, 50]、振翅频率[51]等生物参数反演方法被提出。2018 年在云南对该雷达开展了外场观测实验，成功验证了雷达测量昆虫体轴朝向、振翅频率、速度和上升下降率等参数的能力[52-54]。自 2019 年起，该型雷达先后在云南澜沧、江城、寻甸和山东东营，广东深圳等地进行部署，开展了长期自动化业务监测运行，在草地贪夜蛾（*Spodoptera frugiperda*）、黄脊竹蝗（*Ceracris kiangsu*）、苹梢鹰夜蛾（*Hypocala subsatura*）等境内外重大害虫迁飞监测中发挥了重要作用[55]。

此外，自 2018 年起，在国家自然科学基金委员会国家重大科研仪器研制项目的资助下，北京理工大学雷达技术研究所还研制了新一代昆虫雷达使昆虫雷达技术实现了新的突破。它主要由一台高分辨相控阵雷达和三台多频段全极化雷达组成。其中，高分辨相控阵雷达是一台 Ku 波段扫描雷达，其方位向机械扫描、俯仰向相位电扫描，负责搜索空中迁飞昆虫并分离感兴趣的昆虫个体，将目标位置引导信息发送给三部多频段全极化雷达；三部多频段全极化雷达可同时工作在 X、Ku 和 Ka 三个波段，距离分辨率 0.2m，具备全极化测量和单脉冲跟踪能力，根据高分辨相控阵雷达提供的位置引导信息，协同搜索跟踪昆虫个体，实现精细跟踪测量。同时，多频段全极化雷达也具备静止波束垂直对天监测、单部雷达跟踪测量等工作模式。基于额外的多频段、多基站协同测量，高分辨多维协同雷达测量仪将进一步提高昆虫雷达生物学参数反演精度和三维朝向测量能力[56-58]。目前，该仪器部署在山东东营黄河三角洲现代农业示范基地。

天气雷达也可以观测到昆虫迁飞，且具有网络覆盖广的优势。通过对比同期高空探照灯诱虫量与多普勒天气雷达回波证实，多普勒天气雷达可以提取到黏虫的飞行方向、飞行速度等空中迁飞参数，在迁飞性害虫监测预警中具有重大的潜在应用价值[59, 60]。2018 年起，我国还利用高分辨多维协同雷达测量仪，开展了与天气雷达的长期联合观测试验，提出了基于我国天气雷达网的大尺度空中生物监测新方法[61]：利用天气雷达多仰角、多特征数据，深度挖掘气象与生物回波轮廓和纹理特征差异，依靠 2008 年至 2019 年间二百余部天气雷达的历史观测数据构建训练与测试数据集，提出了基于多通道、多尺度空间特征的空中生物回波识别模型，该模型空中生物回波识别准确率高于 90%[62, 63]；提出了基于高度分层模型与正则估计的生物回波反射率垂直廓线反演方法，实现了聚集成层迁飞生物垂直分布的准确估计，并采用联合观测试验中仪器获得的精确生物数量、密度作为参考真值，建立了天气雷达生物回波强度与生物数量、密度的映射关系[64-66]；提出了基于联合观测的低分辨天气雷达空中生物精确定量方法，利用高分辨昆虫雷达和探鸟雷达验证了天气雷达对于迁飞昆虫和鸟类的定量误差均小于 20%[63]。

（三）图像识别监测技术

图像识别监测技术是利用图像传感器采集农作物病虫害图像，通过图像识别算法进行病虫害的自动识别与诊断，从而达到病虫害智能监测的目的。目前该技术已被应用于虫情测报灯、性诱捕器、手机应用、虚拟视频眼镜等。近几年，随着人工智能的发展，深度学习方法在图像识别任务中表现出色。许多研究者建立卷积神经网络模型对病虫害图像进行识别，获得了较好的结果。

传统（第一代）虫情测报灯，是由黑光灯、高压汞灯、双波系列灯等光源诱集配以氰化钾、敌敌畏等毒瓶杀死害虫并人工分类计数的简易型测报装置。二十世纪八十年代到 2015 年前后市场上出现了第二代利用现代光、电、数控技术的虫情测报灯，实现了自动开关灯、虫体远红外杀死、接虫袋自动转换、虫体按天存放和整灯自动运行等功能。前两代虫情测报灯均需要测报专业技术人员到田间进行人工取虫、识虫、数虫和记虫，存在专业技能要求高、任务重、效率低、数据非实时、客观性差和难以追溯等问题[67, 68]。

随着网络、图像识别和人工智能的发展，2016 年开始出现了第三代虫情测报灯，即智能虫情测报灯，它由灯光诱虫、远红外杀虫、虫体传输平台、虫体分散装置、自动清理装置、高清拍照设备、图像实时传输、靶标昆虫智能识别与计数、PC 和手机的客户端远程监控平台等模块组成，集成了自动化、互联网、图像处理和深度学习等多项前沿科技，可进行害虫信息实时采集、传输、识别、分析和预警，并可实现远程实时监控、预警和管理。近年来，相关植保企业致力于智能虫情测报灯的改进，使其识别害虫的能力不断提高，有效缓解了我国基层植保人员不足的困境，减轻了植保人员工作量，提升了农作物害虫监测预警能力[69-73]。

随着智能手机的普及，农作物病虫害拍照识别应用得到了快速发展。一款基于图像大数据、卷积神经网络（CNN）模型，以 TensorFlow 为学习框架，搭载在移动终端的植物病虫害手机拍照识病虫应用"植保家"，可识别 39 种作物上的 212 种重要病虫；自上线以来，植保家已有近十万免费用户[74]。搭载核心人工智能病虫害手机拍照识别的应用和微信小程序植小保目前可识别粮食作物（水稻、小麦、玉米）、蔬菜（白菜、番茄、黄光、茄子等）、果树（柑橘、桃、梨、葡萄、苹果等）、茶叶、烟草等 52 种作物 675 种病害（含生理性病害与药害）、639 种害虫及危害状、39 种杂草、15 种天敌，平均识别准确率达94.57%[75]。

中国水稻研究所与浙江理工大学联合研发了一种可穿戴设备农作物病虫害虚拟视频智能测报仪[76]，包括虚拟视频智能眼镜、人工智能识别模型和多终端监测预警平台。该设备以第一视角和语音控制采集病虫害图像和视频，对害虫和病斑进行智能识别诊断，解放双手，实现病虫害测报调查简单、高效、精准及数据可追溯，让"测报简单有效，测报不再辛苦"。目前该设备可以准确识别基于盘拍法的三种飞虱（白背飞虱、褐飞虱和灰飞虱）的成虫种类、翅型和高龄若虫，以及稻飞虱低龄若虫共十个指标。除了稻飞虱田间测报调查，该设备还可应用于以"人工目测法"为主要测报调查手段的病虫害种类，如红蜘蛛、蚜虫、烟粉虱、钻蛀性害虫为害状和各种病害病斑等。

吸虫塔是用来监测空中飞行的蚜虫和其他小型风媒昆虫的装置，一般都是用电动风机来吸一定数量的空气，这样空气中的昆虫就会通过涡流沉积到容器中。这种吸虫塔一般是在固定位置连续工作，吸虫口距离地面的高度由 7.5m 到 40m 不等。在乔格侠研究员带领下，我国自 2009 年至 2015 年共计安装了 35 台塔高 8.3m 的吸虫塔，但这些吸虫塔均需要人工对昆虫标本进行鉴定[77-79]，需要投入大量的人力、物力，大大限制了吸虫塔在基层测报站的推广应用。云飞科技发展公司利用物联网、大数据及人工智能技术，赋能传统吸虫塔，研发了智能型吸虫塔。通过升级硬件结构、集成超高清工业相机，实现吸虫塔下蚜虫图像的自动采集、智能识别计数、数据分析。大大降低了麦蚜测报的工作强度，提升了测报效率和数字化水平。

（四）害虫性诱自动监测技术

害虫性诱监测技术是利用人工合成含有害虫性信息素成分的性诱剂来诱集害虫，实现害虫监测的技术。由于性诱剂具有很强的灵敏性和专一性，环境友好，成本低，已被广泛应用于田间农业害虫的监测，特别是鳞翅目害虫[4]。目前用于田间的性诱捕器，根据其害虫捕获方式和计数方法的不同，可分为三类。①简易型性诱捕器，利用黏虫板桶等加害虫人工鉴定法，在装置上灵活更换色板及配用不同昆虫性信息素，实现了多种害虫监测[80-82]，效果直观，价格便宜，在基层监测点得到了应用广泛，但装置易损坏且无法重复利用，需要测报人员定期下田查看诱虫量，费时费工、数据不能实时传输。②光电型智能性诱捕器，利用害虫捕获装置加光电计数器自动计数害虫法[83]；由于其实现了自动计数获得了广泛应用。但由于人工合成的性诱剂无法保证高度的专一性，一种害虫不同地区性信息素成分比例可能存在差异，利用一种性诱剂在不同地区常引诱到多种相似非目标害虫，或误入诱捕器的非目标害虫而导致光电计数器对目标害虫计数不准确[84]。③基于机器视觉的智能性诱捕器，利用黏虫板加机器视觉系统采集性诱害虫图像加害虫图像自动识别计数法解决了性诱剂不专一导致计数不准的问题[85]。

基于深度学习和滑动窗的害虫自动检测方法被提出用于检测黏虫板图像上的苹果蠹蛾（Cydia pomonella），获得了较好的害虫识别计数效果[86]。利用工业相机搭建的机器视觉系统被用于定时采集黏虫板上的梨小食心虫飞蛾图像，并利用图像处理和机器学习方法实现了梨小食心虫的自动识别计数，平均准确率达到94%[85]。成都比昂科技有限公司生产的远程昆虫性诱测报仪，通过选配安装不同性诱芯，实现二化螟、草地贪夜蛾、斜纹夜蛾、甜菜夜蛾、亚洲玉米螟、大螟等多种害虫的远程实时可视化监测，通过自动识别或人工识图双向计数，提高了监测精准性，二化螟自动识别准确率达83.59%，人工识图计数准确率达97.50%~98.44%，预测准确性高[80-82]。

（五）农作物病虫害监测预警技术体系构建与应用

1. 草地贪夜蛾一体化监测预警技术体系

联合国粮农组织（FAO）全球预警的洲际迁飞性害虫—草地贪夜蛾于2018年底入侵我国以来，已在全国27个省份1700多个县发生，建立了周年繁殖区，并形成夏季发生区，成为我国又一个北迁南回、周年为害的重大害虫，对玉米等粮食作物生产构成的重大威胁，两次位列农业农村部一类农作物病虫害名录首位[87]。2020年至2023年中央一号文件均要求"抓好草地贪夜蛾等重大病虫害防控"，农业农村部2021年至2023年《"两增两减"虫口夺粮促丰收行动方案》中，草地贪夜蛾是重要的防控对象。

由于草地贪夜蛾境内外虫源的不确定性和东亚迁飞场的推动力增加了草地贪夜蛾的迁飞危害规律的复杂性，及时有效的监测预警是草地贪夜蛾防控成败的关键。针对草地贪夜蛾对黑光灯趋性较弱、性诱剂产品种类多专一性不强且缺乏田间标准化应用技术等监测预警难题，全国农技推广中心联合国内优势单位从草地贪夜蛾迁飞生物学和风场规律入手，分类突破其单项监测预警技术研发和集成应用的瓶颈。在昆虫雷达监测技术示范上，收集了草地贪夜蛾体重、体长、体宽、振翅频率等生物学信息，利用预测模型，实现实时风场和迁飞轨迹的精准预测，并将以上功能接入"全国草地贪夜蛾发生防治信息平台"，雷达技术由多年的散点试验，跨入针对具体目标和区域的、有组织的实际应用。在高空测报灯监测技术上，利用草地贪夜蛾成虫趋光习性和嗜好光谱，研发了适用草地贪夜蛾监测的高空测报灯。在地面测报灯和性诱捕器监测技术上，利用机器视觉、人工智能和基于深度学习的图像识别技术，提高地面测报灯和性诱捕器对草地贪夜蛾的识别精度和效率，实现其自动化、可视化的远程监测。在全国从南至北进行了地面测报灯和性诱捕器广泛试验，及时收集诱集效果信息，促使灯诱、性诱产品在半年内达到可用的效果[82]。在上述草地贪夜蛾自动识别技术、昆虫雷达联网监测所需单项关键核心技术实现突破基础上，集成创新了以昆虫雷达监测为核心、以灯诱和性诱为基础的全国草地贪夜蛾一体化智能监测预警技术，为全国草地贪夜蛾监测部署、实时预警提供了技术支撑[87, 88]。

2. 沙漠蝗灾情遥感监测预警技术体系

自 2018 年起，异常天气致使沙漠蝗在阿拉伯半岛南部沙漠边缘不断繁殖，并逐步蔓延席卷东非及西南亚多国，肯尼亚蝗灾危害程度达七十年之最，埃塞俄比亚和索马里达二十五年之最。联合国粮食及农业组织（Food and Agriculture Organization of the United Nations，FAO）向全球发出预警，希望全球高度戒备蝗灾，采取多国联合防控措施防止沙漠蝗入侵国家出现粮食危机。由于沙漠蝗多发生于偏远地区，其繁殖区、迁飞动态和危害区域的监测技术一直是困扰各国、导致防治被动的瓶颈问题。当前，传统人工监测方法和基于气象站点的预测方法只能获取"点"上的虫害信息，不能满足"面"上对虫害的大尺度监测预警和实时防治防控的需求[89, 90]。遥感技术能够高效客观地实现大面积、时空连续的虫害发生发展状况监测预警，对于虫害的高效监测、快速预警及绿色、科学防控具有重要的实用价值[91]。

沙漠蝗潜在繁殖区预警主要通过研究多生境因子对蝗虫发生的适宜性来确定[92]，应用 SMAP 卫星的表面温度、叶面积指数 LAI（leaf area index）和根区土壤水分等生境因子来识别沙漠蝗的存在，进而确定其潜在繁殖区。基于气温、降水、土壤含沙量、土壤湿度以及植被绿度五类因子，运用 MaxEnt 模型实现了肯尼亚、苏丹和乌干达东北部的沙漠蝗繁殖区预测。在蝗卵孵化动态预警研究方面，部分学者利用遥感影像数据对土壤水分、温度等生境条件进行反演，分析虫卵孵化与土壤水热的关系，对蝗卵孵化动态进行预警[93-95]。对于蝗虫发生风险及等级预警研究，主要通过蝗虫生境适宜度分析来实现。

中国科学院空天信息创新研究院黄文江团队结合蝗虫地面调查和区域普查数据、多源遥感数据及产品、地理空间辅助数据等数据基础，基于蝗虫生物生态学机理及蝗虫遥感监测预警机理，提取了生物气候、土壤条件和寄主植被等密切关联了蝗虫发生发展的生态环境要素；采用层次分析等方法提取了典型蝗虫监测预警遥感指标，通过蝗虫发育模型和数据挖掘方法分析了遥感指标的最优时序特征，通过移动窗算法和多尺度分割算法对遥感指标进行了景观结构空间化；最终构建了基于多元对地观测数据、结合气象差异、考虑时间滞后效应的蝗虫监测预警指标体系[96]。在此基础上建立了蝗虫遥感监测预警模型，构建了基于云平台技术的亚非沙漠蝗虫灾情遥感监测系统，为用户提供亚非区域的也门、埃塞俄比亚、索马里、巴基斯坦、肯尼亚、印度、尼泊尔、阿富汗和伊朗的沙漠蝗灾情遥感监测预警结果，包括迁飞路径预测数据、灾情监测数据、科学报告等内容。

3. 主要粮食作物病害监测预警技术体系

围绕小麦条锈病、赤霉病、白粉病、玉米大斑病、水稻稻瘟病等作物病害开展监测预警应用基础及关键技术研究[5, 97, 98]，建立了病害早期分子检测技术体系，明确了病害监测的特征光谱，提出了病害宏观严重度和宏观病情指数的概念，构建了多种作物病害预测模型，研发出了作物病害预报器和孢子捕捉仪，实现了在一台作物病害预报器中安装多个作物病害预测模型。小麦赤霉病智能化监测预警系统，已在陕西、江苏、安徽等十九个省份安装了近四百套，科学精准指导小麦赤霉病的防控工作。多年多点测试表明，我国小麦玉米连作区小麦赤霉病 BP 神经网络预测模型的平均预测准确度可达 80% 以上[99]。利用田间稻桩带菌率和关键气象因子数据，构建的基于人工神经网络算法（artificial neural networks，ANN）和支持向量机（support vector machine，SVM）的小麦 - 水稻轮作区小麦赤霉病发生流行程度预测模型，对江苏太仓小麦赤霉病发生流行程度的预测准确度均达到了 100%[100]。小麦条锈病智能化监测预警技术已在我国小麦条锈病流行区域的十九个监测点进行了试验示范，并入选了 2023 年农业农村部十大农业重大引领性技术[101]。玉米大斑病智能化监测预警系统，已在内蒙古、陕西、河南、山东四地安装了近四十台，开展试验示范工作。稻瘟病智能化监测预警系统已在黑龙江、安徽、江苏、浙江、四川、陕西六个省安装了近三十台，开始试验示范工作。基于分子定量检测技术、病菌孢子捕捉技术、无人机遥感技术的小麦白粉病监测预警技术体系，在全国十个省份试验示范。

三、国内外发展比较

（一）光谱遥感监测技术

作物的反射率是植株生理生化、结构形态的综合反映，这是遥感能够监测作物胁迫的重要依据[102]。无论是卫星遥感还是无人机遥感，农作物病虫害的光谱遥感监测技术的关键是高度专一且稳定的光谱特征。国内外学者利用多光高光谱非成像、成像数据通过光谱分析对胁迫机理展开一系列基础研究，筛选出小麦白粉病、条锈病、全蚀病、赤霉病、黏虫、玉米大小斑病，水稻颖枯病、稻飞虱、番茄叶斑病和晚疫病等病虫害类型的光谱敏感波段[103]。然而这些特征波段的专一性、稳定性仍是需要进一步攻克的难题。乔红波等[104]利用高光谱遥感技术在小麦灌浆期监测田间小麦冠层光谱反射率与白粉病病情指数的相关关系时发现，近红外波段与病情的相关性高于绿光波段。发现红边面积（Σdr680~760nm）与田间病情相关性最好，大部分情况下但模型的截距在不同年份、不同品种和不同种植密度情况下差异显著[105, 106]。通过四年连续监测发现在不同氮肥施用条件下Σdr680~760nm是用来监测小麦白粉病病情和估测产量最好的植被指数，但同样也发现基于Σdr680~760nm所建病害监测模型在年度间存在差异[107]。因此，光谱遥感监测农作物病虫害模型的稳定性就成为重要科学问题，这直接关系到其在生产上的应用性。在今后的研究中，分析和探究基于光谱参数的农作物病虫害田间发生程度模型的稳定性，以及影响稳定性的因子，明确这些因子对模型稳定性的影响程度，由此建立稳定性好、适用范围广的主要农作物病虫害光谱监测模型，是该技术的难点和未来研究的重点。目前国内外利用无人机搭载各种传感器研究活跃，采用较低成本的可见光成像遥感可以方便快捷地对作物病虫害胁迫进行监测，并且也能取得不错的识别效果。与可见光成像遥感相比，多光谱成像遥感能获取更多的光谱信息，当使用这些更多的信息时会使得监测结果更为准确有效。与可见光成像遥感和多光谱成像遥感相比，高光谱成像遥感具有连续光谱、更多波段和数据量更大等特点，因此很多研究人员能实现更好的作物病虫害遥感监测效果[25, 26]。总体而言，国内外在无人机遥感监测病虫害研究方面齐头并进，在各自地区优势作物病虫害监测方面均开展有效工作。

（二）昆虫雷达监测技术

在昆虫雷达技术研究方面，无论是昆虫雷达软硬件技术水平还是昆虫雷达网络（或昆虫雷达数量）规模，我国均超越了英国、美国、澳大利亚等发达国家，并且实现了技术和产品输出。英国是传统的昆虫雷达研究优势国家，以 Joe Riley、Don Reynolds、Alan Smith 为代表的第一代英国雷达昆虫学家，自上世纪六十年代末开始一直引领全球昆虫雷达技术的发展，研制出扫描昆虫雷达、旋转极化垂直昆虫雷达和谐波昆虫雷达。上世纪末本世纪初，英国第一代雷达昆虫学家相继退休，Jason Chapman 和 Jason Lim 继续利用旋转极化垂直昆虫雷达开展研究，但仅限于对历史数据的分析和生物学规律的认识，虽然也曾试图改进垂直昆虫雷达，但并未得到理想的效果。Jason Chapman 和 Jason Lim 分别于 2016 和 2019 年离开洛桑试验站，英国在昆虫雷达技术方面的创新止步不前。在我国昆虫雷达技术反超英国，2022 年英国利兹大学向我国订购昆虫雷达。澳大利亚也是传统昆虫雷达技术研究的优势国家，本世纪初 Alistair Drake 退休，退休后与 Don Reynolds 合著了一本专著[108]。他培养的两位学生先后到澳大利亚农业部工作，仍然在使用他当年建造的两部昆虫雷达监测澳洲疫蝗，最近进行了数字化升级，提高了传统昆虫雷达的采样精度[37, 38]并研发了一套适用于旋转极化垂直昆虫雷达确定昆虫头向并反演风场的方法[39]。

气象雷达也可以观测到昆虫迁飞，且具有网络覆盖广的优势。近年来中国农业科学院植物保护研究所和北京理工大学尝试利用气象雷达网监测空中生物，取得了一些进展，但与欧美较为成熟的技术和装备相比还有一定差距。然而如何利用气象雷达准确区分昆虫与鸟或蝙蝠仍存在技术困难，国外对天气雷达的利用也仅局限于鸟类和蝙蝠对物候变化的响应、宏观生态规律研究，对昆虫监测的研究甚少[109-112]。激光雷达把辐射源的频率提高到光频段，能够探测更微小的昆虫目标，获得距离、大小和振翅频率等信息，且可以利用谱率和光泽度等特征来区分昆虫种类。瑞典的科学家设计出一种利用两个波长近红外线的长期自动监测昆虫的小型设备，与传统方法监测到的结果一致[113]。瑞典的 Sune Svanberg 和 Mikkel Brydegaard 曾在华南师范大学建立研究团队，培养了一批学生，开展了激光昆虫雷达探测昆虫的野外试验[114]，但由于新冠疫情影响，国际合作受阻，我国在这方面的研究还需加强。旋转极化垂直昆虫雷达造价低，自动化程度高，性能好且稳定，目前已成为国内植保科研单位的新装备，数量快速增加，实现数据实时共享、建成覆盖全国的昆虫雷达网是未来几年的努力方向。

（三）图像自动识别技术

随着 ResNet、MobileNet、PPLCNet、FasterRCNN、YOLOV3、PP-Picodet 等深度学习网络模型的提出，农作物病虫害图像识别准确率大大提高，只要有足够大量的准确标定的数据，就可以建立农作物病虫害自动识别的各类应用软件。目前，限制这项技术应用的瓶颈是大量准确标定的数据[115]、模型的轻量化以及搭载模型的芯片。目前尽管不同的研究者建立了自己的病虫害图像数据库，但许多图像未经专业人员正确标注，数据的标准化和共享共用尚未实现。害虫虫态多样性、虫体残缺、环境光照、虫体叠积等因素也增加了害虫识别和计数的难度。手机应用不需要单独采购设备就可以实现农作物病虫害的拍照识别，一经出现便受到广大用户的喜爱，但由于其监测不具有连续性，而且受人为干扰与影响，不适合用于长期监测工作。固定式拍照识别或无人机载拍照识别设备虽然需要额外投资，但可以进行快速、长期稳定监测，有可能替代手机成为未来的图像识别监测技术的主要载体。目前限制智能虫测报灯应用的不是图像识别技术，而是因其设计结构造成的虫体堆积粘连以及破损带来的识别困难，通过机械振动和循环传输或圆盘旋转从机械结构上部分解决了灯诱昆虫粘连堆叠的问题，但因红外杀死过程中由于昆虫挣扎造成的虫体破损仍难以避免。图像识别技术目前也被用于性诱监测设备以克服性诱不专一的缺陷，基于机器视觉的智能性诱捕器可采用筒式黏虫带，自动根据图像中昆虫密度实现黏虫带自动更新，将测报人员从下田查虫、数虫和更换黏虫板的工作中解脱出来，实现了农业害虫性诱监测的智能化、实时性和数据可追溯性。

国际上已有不同类型的商业化的性诱拍照自动监测设备，如 Trapview、iSCOUT、SightTrap、Z-Trap 和 DTN 智能诱捕器[116, 117]。同时大量的此类产品还在研发中，Suto[116]将九种此类产品的原型机与 Trapview 和 iSCOUT 进行了比较。在商业化的性诱拍照自动监测设备中，最受欢迎的可能是 2013 年上市的 Trapview 有害生物管理系统，该系统配备有两块锂离子电池（3.7V 电压和 2.2Ah 容量）、一块 4W 太阳能电池板和四个五百万像素的相机。四个相机拍摄的图片被拼接成一张图片进行分析。该系统每天最多允许拍摄三张照片，每月需要 100~200MB 的存储空间。iSCOUT 高分辨率摄像系统是针对包括蛾类在内的不同昆虫类型而设计的。该系统配备了一个十万像素的摄像头，可以提供关于黏性板的高质量图像。捕获的图像通过 LTE 网络发送到服务器端，由基于人工智能的软件进行分析。它的电源由一个容量为 12Ah 的 6V 可充电铅酸电池提供。Z-Trap 与 Trapview 不同，它自动检测陷阱捕获的昆虫数量，并将数据无线发送到种植者的手机或网络界面。它由磷酸锂电池供电，在普通监测条件下可以运行长达六个月。然而，许多种植者对商业其成本和可扩展性并不满意[116]。国内虽然也有企业在尝试开发性诱自动拍照识别设备，但性能稳定、经济有效的产品还未见上市。

（四）传感器技术

传感器技术、计算机技术、通信技术被称为信息技术的三大支柱。从物联网与智慧植保的角度来看，传感器技术是衡量行业智慧化、信息化程度的重要标志。传感器有物理量、化学量、生物量、温度传感器、湿度传感器、位移传感器、压力传感器、流量传感器等不同的类型，例如以昆虫信息素为核心的化学量传感器、以气象因子为核心的各种温湿度及光照强度等传感器等。在植物保护领域应用比较成功的案例有安装在高塔或者桅杆上的光学传感器探测地物光谱信息[118]、搭载在无人机上的多光谱相机实现了对田间小麦条锈病不同发生程度的监测[24]、采用叶片表面湿润时间为核心的小麦赤霉病病穗率自动监测预警系统等[5]。传感器是数据采集过程实现自动化的关键基础设备，是未来植物保护实现自动化和智能化的关键核心技术，特别是与病原菌、害虫化学传感器、生物量传感器的研究仍然是空白，急需加强这个方向的多学科基础交叉研究。

四、存在的主要问题、发展趋势与对策建议

近年来，随着智能虫情测报灯、性诱计数装置、昆虫雷达、低空遥感、卫星遥感、智能识别应用等现代智能病虫监测装备的不断发展和应用，农作物病虫害及其生境的多种来源监测数据（即多源数据）呈井喷式增长。然而，海量的多源数据只流于病虫害发生信息的可视化展示，未实现开放共享和深度挖掘，未在农作物病虫害预报中发挥应有作用，植保技术人员仍凭借多年经验对农作物病虫害发生趋势进行模糊预报。这一问题产生的原因来自以下几个方面。

一是缺乏基于多源数据的农作物病虫害预报模型。近年来农作物病虫害监测预警学科发展的成就主要集中在病虫监测技术和装备方面，在预测模型研究几乎没有新进展。由于农作物病虫害发生与发展受自身生物学特性以及寄主、生境、耕作栽培措施等多种因素影

响，因素之间互作机制极其复杂，加之重监测轻预报、重数据积累轻数据挖掘、研究者协同创新不够等问题，导致目前没有可在生产上推广应用的基于多源数据的不同时空尺度的农作物病虫害预报模型。

二是病虫监测数据的准确及时获取仍然存在很多技术问题。大量正确标识的训练样本是获得高鲁棒性和强泛化能力的病虫自动识别卷积神经网络模型的前提[115]。目前尽管不同的研究者建立了自己的病虫害图像数据库，但许多图像未经专业人员正确标注，数据的标准化和共享共用尚未实现。害虫虫态多样性、虫体残缺、环境光照、虫体叠积等因素也增加了害虫识别和计数的难度。种类自动识别和滞后性分别限制着昆虫雷达和光谱遥感监测技术的广泛应用。因此，农作物病虫害智能监测设备自动采集数据的可靠性、有效性和兼容性还未得到广泛认可。

三是农作物病虫害的监测预警人才短缺。受"唯论文"不良导向影响，科技人员不得不转向易出论文的分子生物学研究，监测预警这一公益性、基础性领域的人才队伍面临"青黄不接"和"梯队断层"问题，一些基层测报体系出现"线断、网破、人散"现象。

四是财政投入显不足，企业创新难持久。农作物病虫害的监测预警是一项基础性工作，难以取得立竿见影的直接经济效益。长期以来我国财政对农作物病虫害监测预警技术研发投入明显不足，科技创新能力受限，一些智能化的农作物病虫害监测预警技术和产品多由企业自主研发，受市场波动、利益驱动等影响，难以突破关键技术及其规范化、标准化应用。

当前研究表明，融合更多源的遥感监测数据将能实现优势互补，为作物病虫害胁迫监测提供更全面信息，从而实现更好的监测效果。研发农作物病虫害智能监测设备和技术，建立病虫害多源数据库和精准预报模型，是构建高效、精准、绿色防控体系的基础与前提，是农作物病虫害监测预警学科未来的发展方向。因此，"如何利用多源数据实现农作物病虫害精准预报"入选 2022 年中国科学技术协会十大产业技术问题[119]。为了尽快解决这一问题，推动农作物病虫害监测预警学科高质量发展，我们提出以下对策建议。

一是加强农作物病虫害预报领域基础研究和集成创新。建议加强对农作物病虫害暴发成灾机理解析、智能化精准预报理论与技术探索，尤其是加快农作物病虫害智能监测关键技术与装备研发。

二是建立跨部门合作协调机制，加快统一标准及共享平台建设。建议农业农村部牵头联合中国气象局、自然资源部、工信部、国家林草局等部门以及相关企业，借鉴新冠疫情防控成功经验，建立农作物病虫害精准预报合作协调机制和跨部门大数据共享平台；会同工信部、国家市场监督管理总局等部门，广泛验证现有智能监测技术与设备的准确性和稳定性，加快制定并实施一批农作物病虫害智能监测设备与技术的相关规范和标准，建立天空地一体化自动监测为主体、精细人工监测校样点相协同的农作物病虫害智能监测体系，联合出台政策支持鼓励企业从事农作物病虫精准预测技术开发与市场化服务。

三是强化队伍建设和人才培养。建议农业农村部在国家现代农业产业技术体系设立农作物病虫害监测预警岗位，聘请专家长期从事农作物病虫害监测和精准预测技术集成创新与示范工作。高等院校以植物保护学科为基础，与人工智能、计算机、自动化、气象、数学等学科进一步交叉融合，设立智慧植保专业，加强农作物病虫害精准预报领域专业人才培养。

四是加大财政支持，推动资金投入多元化。中央财政和各级地方财政应加大农作物病虫精准预报科技创新研究、平台系统建设（升级改造）、应用效果验证与业务运行等方面的资金投入，保障各类科技计划和行业专项的实施，并将农作物病虫害智能监测设备纳入农机装备补贴，引导企业、风险投资等社会资本投入研发，革新农作物病虫害精准预报技术，促进智慧植保学科发展，更好地为粮食生产保驾护航。

参考文献

［1］刘万才，姜玉英，张跃进，等. 我国农业有害生物监测预警30年发展成就［J］. 中国植保导刊，2010，30（9）：35-39.

［2］刘万才，黄冲. 我国农作物病虫测报信息化建设进展与发展建议［J］. 中国植保导刊，2015，35（3）：90-92.

［3］胡小平. 作物病害监测预警技术研究进展［C］. 第十一届全国青年植保科技创新学术研讨会论文集. 南京：中国植物保护学会，2016.

［4］封洪强，姚青. 农业害虫自动识别与监测技术［J］. 植物保护，2018，44（5）：127-133.

［5］胡小平，户雪敏，马丽杰，等. 作物病害监测预警研究进展［J］. 植物保护学报，2022，49（1）：298-315.

［6］刘杰，王福祥，曾娟，等. 贯彻《农作物病虫害防治条例》走好依法植保道路［J］. 中国植保导刊，2020，40（7）：5-9.

［7］ZHANG Jingcheng, HUANG Yanbo, PU Ruiliang, et al. Monitoring plant diseases and pests through remote sensing technology：A review［J/OL］. Computers and Electronics in Agriculture, 2019, 165：104943. DOI:10.1016/j.compag.2019.104943.

［8］SU Jinya, LIU Cunjia, HU Xiaoping, et al. Spatio-temporal monitoring of wheat yellow rust using UAV multispectral imagery［J/OL］. Computers and Electronics in Agriculture, 2019, 167：105035. DOI:10.1016/j.compag.2019.105035.

［9］ZHANG Hansu, HUANG Linsheng, HUANG Wenjiang, et al. Detection of wheat Fusarium head blight using UAV-based spectral and image feature fusion［J］. Frontiers in Plant Science, 2022, 13.DOI:10.3389/fpls.2022.1004427.

［10］ZHANG Jie, JING Xia, SONG Xiaoyu, et al. Hyperspectral estimation of wheat stripe rust using fractional order differential equations and Gaussian process methods［J/OL］. Computers and Electronics in Agriculture, 2023, 206：107671. DOI:10.1016/j.compag.2023.107671.

［11］ZHAO Feng, GUO Yiqing, VERHOEF W, et al. A method to reconstruct the solar-induced canopy fluorescence spectrum from hyperspectral measurements［J］. Remote sensing, 2014, 6（10）：10171-10192.

［12］HU Jiaochan, LIU Xinjie, LIU Liangyun, et al. Evaluating the performance of the SCOPE model in simulating canopy solar-induced chlorophyll fluorescence ［J/OL］. Remote Sensing, 2018a, 10（2）: 250. DOI:10.3390/rs10020250.

［13］SHI Yue, HUANG Wenjiang, LUO Juhua, et al. Detection and discrimination of pests and diseases in winter wheat based on spectral indices and kernel discriminant analysis ［J］. Computers and Electronics in Agriculture, 2017, 141: 171-180.

［14］YUAN L, YAN P, HAN W, et al. Detection of anthracnose in tea plants based on hyperspectral imaging ［J］. Computers and Electronics in Agriculture, 2019, 167: 105039.

［15］SHI Yue, HUANG Wenjiang, GONZÁLEZ-MORENO P, et al. Wavelet-based rust spectral feature set（WRSFs）: A novel spectral feature set based on continuous wavelet transformation for tracking progressive host-pathogen interaction of yellow rust on wheat ［J/OL］. Remote sensing, 2018, 10（4）: 525. DOI:10.3390/rs10040525.

［16］CHEN Dongmei, SHI Yeyin, HUANG Wenjiang, et al. Mapping wheat rust based on high spatial resolution satellite imagery ［J］. Computers and Electronics in Agriculture, 2018, 152: 109-116.

［17］REN Yu, HUANG Wenjiang, YE Huichun, et al. Quantitative identification of yellow rust in winter wheat with a new spectral index: Development and validation using simulated and experimental data ［J/OL］. International Journal of Applied Earth Observation and Geoinformation, 2021, 102: 102384. DOI:10.1016/j.jag.2021.102384.

［18］TIAN Long, WANG Ziyi, XUE Bowen, et al. A disease-specific spectral index tracks *Magnaporthe oryzae* infection in paddy rice from ground to space ［J/OL］. Remote Sensing of Environment, 2023, 285: 113384. DOI:10.1016/j.rse.2022.113384.

［19］竞霞, 邹琴, 白宗, 等. 基于反射光谱和叶绿素荧光数据的作物病害遥感监测研究进展 ［J］. 作物学报, 2021, 47（11）: 2067-2079.

［20］JING Xia, ZOU Qin, YAN Jumei, et al. Remote sensing monitoring of winter wheat stripe rust based on mRMR-XGBoost algorithm ［J/OL］. Remote Sensing, 2022, 14（3）: 756. DOI:10.3390/rs14030756.

［21］DU Kaiqi, JING Xia, ZENG Yelu, et al. An improved approach to monitoring wheat stripe rust with sun-induced chlorophyll fluorescence ［J/OL］. Remote Sensing, 2023, 15（3）: 693. DOI:10.3390/rs15030693.

［22］GUO Anting, HUANG Wenjiang, YE Huichun, et al. Identification of wheat yellow rust using spectral and texture features of hyperspectral images ［J/OL］. Remote Sensing, 2020, 12（9）: 1419.DOI:10.3390/rs12091419.

［23］GENG Yun, ZHAO Longlong, HUANG Wenjiang, et al. A landscape-based habitat suitability model（LHS Model）for oriental migratory locust area extraction at large scales: a case study along the middle and lower reaches of the Yellow River ［J/OL］. Remote Sensing, 2022, 14（5）: 1058. DOI:10.3390/rs14051058.

［24］SU Jinya, YI Dewei, SU Baofeng, et al. Aerial visual perception in smart farming: field study of wheat stripe rust monitoring ［J］. IEEE Transactions on Industrial Informatics, 2021, 17（3）: 2242-2249.

［25］AIRES P, GAMBARRA-NETO F, COUTINHO W, et al. Near infrared hyperspectral images and pattern recognition techniques used to identify etiological agents of cotton anthracnose and ramulosis ［J/OL］. Journal of Spectral Imaging, 2018, 7: a8. DOI:10.1255/jsi.2018.a8.

［26］SUSIČ N, ŽIBRAT U, ŠIRCA S, et al. Discrimination between abiotic and biotic drought stress in tomatoes using hyperspectral imaging ［J/OL］. Sensors and Actuators B: Chemical, 2018: S0925400518312267. DOI:10.1016/j.snb.2018.06.121.

［27］竞霞, 吕小艳, 张超, 等. 基于 SIF-PLS 模型的冬小麦条锈病早期光谱探测 ［J］. 农业机械学报, 2020, 51（6）: 191-197.

［28］YE Huichun, HUANG Wenjiang, HUANG Shanyu, et al. Recognition of banana fusarium wilt based on UAV remote sensing ［J/OL］. Remote Sensing, 2020, 12（6）: 938. DOI:10.3390/rs12060938.

［29］MA Huiqin, HUANG Wenjiang, JING Yuanshu, et al. Integrating growth and environmental parameters to discriminate powdery mildew and aphid of winter wheat using bi-temporal Landsat-8 imagery［J］. Remote Sensing, 2019, 11（7）: 846.DOI:10.3390/rs11070846.

［30］ XU Wei, WANG Qili, CHEN Runyu. Spatio-temporal prediction of crop disease severity for agricultural emergency management based on recurrent neural networks［J］. Geoinformatica, 2018, 22: 363-381.

［31］ DONG Yinging, XU Fang, LIU Linyi, et al. Automatic system for crop pest and disease dynamic monitoring and early forecasting［J］. IEEE Journal of Selected Topics in Applied Earth Observations and Remote Sensing, 2020, 13: 4410-4418.

［32］ 郭伟, 朱耀辉, 王慧芳, 等. 基于无人机高光谱影像的冬小麦全蚀病监测模型研究［J］. 农业机械学报, 2019, 50（9）: 162-169.

［33］ 郭伟, 李成伟, 王锦翔, 等. 基于无人机成像高光谱的棉叶螨为害等级估测模型构建［J］. 植物保护学报, 2021, 48（05）: 1096-1103.

［34］ 郭伟, 乔红波, 赵恒谦, 等. 基于比值导数法的棉花蚜害无人机成像光谱监测模型研究［J］. 光谱学与光谱分析, 2021, 41（5）: 1543-1550.

［35］ LIU Wei, CAO Xueren, FAN Jieru, et al. Detecting wheat powdery mildew and predicting grain yield using unmanned aerial photography［J］. Plant Disease, 2018, 102（10）: 1981-1988.

［36］ 封洪强. 雷达在昆虫学研究中的应用［J］. 植物保护, 2011, 37（5）: 1-13.

［37］ DRAKE V A, WANG H. Ascent and descent rates of high-flying insect migrants determined with a non-coherent vertical beam entomological radar［J］. International Journal of Remote Sensing, 2019, 40（3）: 883-904.

［38］ DRAKE VA, HATTY S, SYMONS C. et al. Insect Monitoring Radar: maximizing performance and utility［J］. Remote Sensing, 2020, 12: 596. DOI:10.3390/rs12040596.

［39］ DRAKE V A, HAO Z, WARRANT E. Heading variations resolve the heading-direction ambiguity in vertical-beam radar observations of insect migration［J］. International Journal of Remote Sensing, 2021, 42（10）: 3873-3898.

［40］ 张鹿平, 张智, 季荣, 等. 昆虫雷达建制技术的发展方向［J］. 应用昆虫学报, 2018, 55（2）: 153-159.

［41］ 中国植物保护学会. 第二届国际雷达空中生态学大会在郑州召开［EB/OL］.（2019-09-30）［2023-8-28］. http://www.ipmchina.net/a/xhdt/xuehuidongtai/2019/0930/1046.html.

［42］ 中国植物保护学会. 2020年昆虫雷达技术发展研讨会在无锡举办［EB/OL］.（2020-12-21）［2023-8-28］. http://ipmchina.net/a/xhdt/xuehuidongtai/2020/1221/1151.html.

［43］ 芦晓春. 昆虫雷达技术发展研讨会在无锡召开——护航粮食安全 让虫情预警更精准更高效［N］. 农民日报, 2020-12-22（5）.

［44］ 胡程, 李卫东, 王锐. 基于全极化的相参雷达迁飞昆虫观测［J］. 信号处理, 2019a, 35（6）: 951-957.

［45］ 于腾, 王锐, 李沐阳, 等. 宽带全极化垂直昆虫雷达设计及校准关键技术研究［J］. 信号处理, 2021, 37（2）: 222-233.

［46］ WANG Rui, ZHANG Tianran, CUI Kai, et al. High-resolution and low blind range waveform for migratory insects' taking-off and landing behavior observation［J/OL］. Remote Sensing, 2022a, 14（13）: 3034. DOI:10.3390/rs14133034.

［47］ HU Cheng, LI Weidong, WANG Rui, et al. Accurate insect orientation extraction based on polarization scattering matrix estimation［J］. IEEE Geoscience and Remote Sensing Letters, 2017, 14（10）: 1755-1759.

［48］ HU Cheng, LI Weidong, WANG Rui, et al. Discrimination of parallel and perpendicular insects based on relative phase of scattering matrix eigenvalues［J］. IEEE Transactions on Geoscience and Remote Sensing, 2020, 58（6）: 3927-3940.

［49］ HU Cheng, LI Weidong, WANG Rui, et al. Insect biological parameter estimation based on the invariant target parameters of the scattering matrix [J]. IEEE Transactions on Geoscience and Remote Sensing, 2019, 57 (8): 6212-6225.

[50] LI Weidong, HU Cheng, WANG Rui, et al. Comprehensive analysis of polarimetric radar cross-section parameters for insect body width and length estimation [J]. Science China Information Sciences, 2021, 64: 122302. DOI:10.1007/s11432-020-3010-6.

[51] WANG Rui, HU Cheng, FU Xiaowei, et al. Micro-doppler measurement of insect wing-beat frequencies with W-band coherent radar [J]. Scientific Reports, 2017, 7: 1396.

[52] HU Cheng, LI Wenqing, WANG Rui, et al. Insect flight speed estimation analysis based on a full-polarization radar [J]. Science China Information Sciences, 2018b, 61 (10): 109306.

[53] 胡程, 张天然, 王锐. 基于 Radon 变换的昆虫上升下降率提取算法及实验验证 [J]. 信号处理, 2019b, 35 (6): 1072-1078.

[54] 王锐, 李卫东, 胡程, 等. 全极化昆虫雷达生物参数反演方法与外场定量试验验证 [J]. 信号处理, 2021, 37 (2): 199-208.

[55] LIU Dazhong, ZHAO Shengyuan, YANG Xianming, et al. Radar monitoring unveils migration dynamics of the yellow-spined bamboo locust (Orthoptera: Arcypteridae) [J]. Computers and Electronics in Agriculture, 2021, 187: 106306.

[56] WANG Rui, HU Cheng, LIU Changjiang, et al. Migratory insect multifrequency radar cross sections for morphological parameter estimation [J]. IEEE Transactions on Geoscience and Remote Sensing, 2019: 3450-3461.

[57] LI Weidong, WANG Rui, ZHANG Fan, et al. Insect 3-D orientation estimation based on cooperative observation from two views of entomological radars [J]. IEEE Geoscience and Remote Sensing Letters, 2022, 19: 4026705. DOI:10.1109/LGRS.2022.3204205.

[58] 蔡炯, 王锐, 胡程, 等. 基于新型扫描昆虫雷达的迁飞昆虫目标检测及密度反演 [J]. 信号处理, 2022, 38 (7): 1333-1352.

[59] 焦热光, 张智, 石广玉, 等, 北京多普勒天气雷达上的昆虫回波分析 [J]. 应用昆虫学报, 2018, 55 (2): 177-185.

[60] 柳凡, 张智, 林培炯, 等. 2013 年北京一代黏虫迁飞峰期的多普勒天气雷达观测 [J] 应用昆虫学报, 2023, 60 (1): 233-244.

[61] LONG Teng, HU Cheng, WANG Rui, et al. Entomological radar overview: System and signal processing [J]. IEEE Aerospace and Electronic Systems Magazine, 2020, 35 (1): 20-32.

[62] CUI Kai, HU Cheng, WANG Rui, et al. Deep-learning-based extraction of the animal migration patterns from weather radar images [J/OL]. Science China Information Sciences, 2020, 63 (4): 140304. https://doi.org/10.1007/s11432-019-2800-0.

[63] WANG Shuaihang, HU Cheng, CUI Kai, et al. Animal migration patterns extraction based on atrous-gated CNN deep learning model [J]. Remote Sensing, 2021, 13 (24): 4998. DOI:10.3390/rs13244998.

[64] CUI Kai, HU Cheng, WANG Rui, et al. Extracting vertical distribution of aerial migratory animals using weather radar [C]. 2019 International Applied Computational Electromagnetics Society Symposium-China (ACES), Nanjing, China, 2019. DOI:2019.10.23919/ACES48530.2019.9060648.

[65] HU Cheng, CUI Kai, WANG Rui, et al. A retrieval method of vertical profiles of reflectivity for migratory animals using weather radar [J]. IEEE Transactions on Geoscience and Remote Sensing, 2020b, 58 (2): 1030-1040.

[66] WANG Rui, KOU Xiao, CUI Kai, et al. Insect-equivalent radar cross-section model based on field experimental results of body length and orientation extraction [J/OL]. Remote Sensing, 2022, 14 (3): 508.DOI:10.3390/rs14030508.

［67］杨荣明，朱先敏，朱凤. 我国农作物病虫害测报调查工具研发应用历程与发展建议［J］. 中国植保导刊，2017，37（1）：51-55.

［68］刘万才，陆明红，黄冲，等. 水稻重大病虫害跨境跨区域监测预警体系的构建与应用［J］. 植物保护，2020，46（1）：87-92，100.

［69］JIAO Lin, DONG Shifeng, ZHANG Shengyu, et al. AF-RCNN：An anchor-free convolutional neural network for multi-categories agricultural pest detection［J/OL］. Computers and Electronics in Agriculture，2020，174：105522. DOI:10.1016/j.compag.2020.105522.

［70］WANG Qijin, ZHANG Shengyu, DONG S F, et al. Pest24：A large-scale very small object data set of agricultural pests for multi-target detection［J/OL］. Computers and Electronics in Agriculture，2020，175：105585. DOI:10.1016/j.compag.2020.105585.

［71］姚青，吴叔珍，蒯乃阳，等. 基于改进 CornerNet 的水稻灯诱飞虱自动检测方法构建与验证［J］. 农业工程学报，2021，37（7）：183-189.

［72］LIU Liu, WANG Rujing, XIE Chengjun, et al. PestNet：An end-to-end deep learning approach for large-scale multi-class pest detection and classification［J］. IEEE Access，2019，7：45301-45312.

［73］YAO Qing, FENG Jin, TANG Jian, et al. Development of an automatic monitoring system for rice light-trap pests based on machine vision［J］. Journal of Integrative Agriculture，2020，19（10）：2500-2513.

［74］马文龙，杨秭乾，马玥，等. "植保家"——手机拍照识病虫 App［C］// 陈万权. 病虫防护与生物安全——中国植物保护学会 2021 年学术年会论文集. 中国农业科学技术出版社，2021：1.DOI:10.26914/c.cnkihy.2021.048445.

［75］睿坤科技. AI 智慧种植服务平台 - 植小保 APP［OL］.［2023-8-23］. https://www.cleverplanting.cn/#/ndj.

［76］新华社. "5G+AR" 数智技术赋能农业高质量发展［OL］.（2023-8-9）［2023-8-28］. https://h.xinhuaxmt.com/vh512/share/11631093?d=134b299&channel=weixin.

［77］侯艳红，范志业，陈琦等. 吸虫塔监测蚜虫及其天敌的初步研究［J］. 中国植保导刊. 2018，38（10）：43-48.

［78］韩瑞华，刘顺通，张自启，等. 洛阳地区吸虫塔监测中有翅蚜和中华通草蛉种群动态简报［J］. 陕西农业科学，2022，68（06）33-37.

［79］Li T, Yang G, Li Qian, et al. Population dynamics of migrant wheat aphids in China's main wheat production region and their interactions with bacterial symbionts［J］. Frontiers of Plant Science，2023，14：1103236. DOI:10.3389/fpls.2023.1103236.

［80］曾伟，陈庆华，蒋春先，等. 嫩绿板与性信息素的组合装置对水稻 "两迁" 害虫同步监测效果评价［J］. 中国植保导刊，2023b，43（6）：26-30.

［81］曾伟，何忠勤，赵其江，等. 远程昆虫性诱测报仪对水稻二化螟监测预测效果研究［J］. 中国植保导刊，2021，41（3）：30-35.

［82］曾伟，张梅，封传红，等. 远程昆虫性诱测报仪对草地贪夜蛾成虫监测效果的研究［J］. 生物灾害科学，2021，44（2）：199-205.

［83］周爱萍. 害虫远程实时监测系统在草地贪夜蛾监测中的应用［J］. 安徽农学通报，2020，26（Z1）：88-89.

［84］罗金燕，陈磊，路风琴，等. 性诱电子测报系统在斜纹夜蛾监测中的应用［J］. 中国植保导刊，2016，36（10）：50-53.

［85］陈梅香，郭继英，许建平，等. 梨小食心虫自动监测识别计数系统研制［J］. 环境昆虫学报，2018，40（5）：1164-1174.

［86］DING Weiguang, TAYLOR G. Automatic moth detection from trap images for pest management［J/OL］. Computer and Electronics in Agriculture，2016，123：17-28.DOI:10.1016/j.compag.2016.02.003.

［87］ZHOU Yan, WU Qiulin, ZHANG Haowen, et al. Spread of invasive migratory pest *Spodoptera frugiperda* and management practices throughout China［J］. Journal of Integrative Agriculture 2021，20（3）：637-645.

［88］ 周燕，张浩文，吴孔明. 农业害虫跨越渤海的迁飞规律与控制策略［J］. 应用昆虫学报，2020，57（2）：233-243.

［89］ LATCHININSKY A V, SIVANPILLAI R. Locust habitat monitoring and risk assessment using remote sensing and GIS technologies // CIANCIO A，MUKERJI K. Integrated Management of Arthropod Pests and Insect Borne Diseases. Dordrecht：Springer：2010，163-188.

［90］ CRESSMAN K. Role of remote sensing in desert locust early warning［J］. Journal of Applied Remote Sensing，2013，7（1）：75-98.

［91］ 谢小燕，邓雪华，杜臻嘉. 沙漠蝗虫发生动态与防治进展［J］. 中国农业文摘·农业工程，2020，32（5）：66-67.

［92］ GÓMEZ D，SALVADOR P，SANZ J，et al. Desert locust detection using earth observation satellite data in Mauritania［J］. Journal of Arid Environments，2019，164：29-37.

［93］ KIMATHI E，TONNANG H E Z，SUBRAMANIAN S，et al. Prediction of breeding regions for the desert locust *Schistocerca gregaria* in East Africa［J］. Scientific Reports，2020，10（1）：1-10.

［94］ ESCORIHUELA M J，MERLIN O，STEFAN V，et al. SMOS based high resolution soil moisture estimates for desert locust preventive management［J］. Remote Sensing Applications：Society and Environment，2018，11：140-150.

［95］ PIOU C，GAY P E，BENAHI A S，et al. Soil moisture from remote sensing to forecast desert locust presence［J］. Journal of Applied Ecology，2019，56（4）：966-975.

［96］ 董莹莹，赵龙龙，黄文江. 亚非沙漠蝗虫灾情遥感监测［M］. 北京：科学出版社，2021.

［97］ 聂晓，黄冲，刘伟，等. 小麦白粉病预测模型的有效性评价［J］. 植物保护，2020，46（5）：38-41.

［98］ 袁冬贞，崔章静，杨桦，等. 基于物联网的小麦赤霉病自动监测预警系统应用效果［J］. 中国植保导刊，2017，37（1）：46-51.

［99］ 黄冲，刘万才，姜玉英，等. 小麦赤霉病物联网实时监测预警技术试验评估［J］. 中国植保导刊，2020，40（9）：28-32.

［100］ 邢瑜琪. 稻麦轮作区小麦赤霉病的监测与预警［D］. 杨凌：西北农林科技大学，2021.

［101］ 农业农村部. 农业农村部办公厅关于推介发布 2023 年农业主导品种主推技术的通知［OL］.（2023-6-9）［2023-8-28］. http://www.moa.gov.cn/govpublic/KJJYS/202306/t20230609_6429776.htm.

［102］ 黄文江，张竞成，罗菊花，等. 作物病虫害遥感监测与预测［M］. 北京：科学出版社，2015.

［103］ 鲁军景，孙雷刚，黄文江. 作物病虫害遥感监测和预测预警研究进展［J］. 遥感技术与应用，2019，34（1）：21-32.

［104］ 乔红波，周益林，白由路，等. 地面高光谱和低空遥感监测小麦白粉病初探［J］. 植物保护学报，2006，（4）：341-344.

［105］ CAO Xueren，LUO Yong，ZHOU Yilin，et al. Detection of powdery mildew in two winter wheat cultivars using canopy hyperspectral reflectance［J］. Crop Protection，2013，45：124-131.

［106］ CAO Xueren，LUO Yong，ZHOU Yilin，et al. Detection of powdery mildew in two winter wheat plant densities and prediction of grain yield using canopy hyperspectral reflectance［J/OL］. PLoS ONE，2015，10，e0121462. DOI:10.1371/journal.pone.0121462.

［107］ LIU Wei，SUN Chaofei，ZHAO Yanyan，et al. Monitoring of wheat powdery mildew under different nitrogen input levels using hyperspectral remote sensing［J/OL］. Remote Sensing. 2021b，13：3753.DOI:10.3390/rs13183753.

［108］ Drake，VA，Reynolds，DR 2012 *Radar Entomology. Observing Insect Flight and Migration*. CABI：Wallingford，UK. 489 pp.

［109］ VAN DOREN B M，HORTON K G. A continental system for forecasting bird migration［J］. Science，2018，

361（6407）：1115-1118.

[110] ROSENBERG KV, DOKTER AM, BLANCHER PJ, et al. Decline of the North American avifauna［J］. Science, 2019, 366（6461）：120-124.

[111] STEPANIAN P M, ENTREKIN S A, WAINWRIGHT C E, et al. Declines in an abundant aquatic insect, the burrowing mayfly, across major North American waterways［J］. Proceedings of the National Academy of Sciences of the United States of America, 2020, 117（6）：2987-2992.

[112] STEPANIAN P, WAINWRIGHT C. Ongoing changes in migration phenology and winter residency at Bracken Bat Cave［J］. Global Change Biology, 2018.DOI:10.1111/gcb.14051.

[113] RYDHMER K, BICK E, STILL L, et al. Automating insect monitoring using unsupervised near infrared sensors［J/OL］. Scientific Reports, 2022, 12：2603.DOI:10.1038/s41598-022-06439-6.

[114] Song Z, Zhang B, Feng H, et al. Application of lidar remote sensing of insects in agricultural entomology on the Chinese scene［J］. Journal of Applied Entomology, 2020, 144（3）：151-169.

[115] 邵泽中, 姚青, 唐健, 等. 面向移动终端的农业害虫图像智能识别系统的研究与开发［J］. 中国农业科学, 2020, 53（16）：3257-3268.

[116] SUTO J. Codling moth monitoring with camera-equipped automated traps：a review［J］. Agriculture, 2022, 12：1721. DOI:10.3390/ agriculture12101721.

[117] PRETI M, FAVARO R, KNIGHT A L, et al. Remote monitoring of *Cydia pomonella* adults among an assemblage of nontargets in sex pheromone-kairomone-baited smart traps［J］. Pest Management Science, 2021, 77：4084-4090.

[118] RICHARDSON AD, KLOSTERMAN S, TOOMEY M. Near-surface sensor-derived phenology. // Schwartz M D. Phenology：an integrative environmental science. Dordrecht：Springer：2013, 413-430.

[119] 封洪强, 姚青, 黄文江, 等. 如何利用多源数据实现农作物病虫害精准预报［M］// 中国科学技术协会. 2022 重大科学问题、工程技术难题和产业与技术问题. 北京：中国科学技术出版社, 2022.

撰稿人：封洪强　张云慧　刘　杰　张　智　胡　程

黄文江　胡小平　姚　青　乔红波　胡　高

ABSTRACTS

Comprehensive Report

Report on Advances in Plant Protection

The discipline of plant protection is an important scientific and technological support for controlling crop biological disasters, protecting agricultural ecosystems, controllingenvironmental pollution and foreign biological invasion, curbing the continuous loss of biodiversity, and protecting national agricultural production safety, ensuring agricultural product quality and safety, reducing environmental pollution, safeguarding people's health, and promoting sustainable agricultural development.In recent years, with the global climate change and the adjustment of cropping structure, destructive crop diseases and pests have frequently occurred, and dangerous foreign organisms have continuously invaded, resulting in agricultural economic losses and ecological environmental destruction, aggravating and highlighting the problem of agricultural biological disasters.In the past 10 years, China's annual average crop diseases and pests occurred in 6.75 billion mu of areas, with more than 140 kinds of recurrence, posing a serious threat to national food security and biological security.

In order to summarize and review the development and progress of plant protection discipline in the past two years, the Chinese Society of Plant Protection organized experts and scholars to compile the "2022–2023 Report on the Development of the Discipline of Plant Protection Studies". The content includes two parts: a comprehensive report and a special topic based on the disciplines of plant pathology, agricultural entomology, weed science, rodent science, green pesticide creation and application, biological control, invasive biology and crop pest monitoring and early-warning, which summarizes the current situation and important achievements of plant protection in China in the past two years and compares the research level with that of foreign countries, and puts forward the development trend of the next 5 to 10 years and discussed the development strategy.

The discipline of plant protection is a two-way force in the fields of basic and applied sciences. Adhering to the four orientations, the discipline of plant protection is constantly innovating and enriching the micro analytical methods and theories of major biological disasters in agriculture, innovating and developing green prevention and control technologies and products for plant protection, and constantly developing and improving the prevention and control technology system of major biological disasters in agriculture, which has made a practical contribution to promoting the high-quality development of agriculture and rural areas and rural revitalization.

In the field of basic research, a large number of important papers have been published in internationally renowned scientific journals such as *Nature, Science, Cell, PNAS*, which have attracted widespread attention from international media, including pathogen pathogenicity, plant disease resistance, pest metamorphosis and diapause regulation mechanisms, pest migration mechanism and law, pest resistance mechanism to pesticides, chemical communication mechanism between pests and host plants, weed biology and ecology, weed drug resistance mechanism, rodent pest control ecological threshold research, molecular targets and mechanisms of crop diseases, pests and weeds, pesticide resistance and control and management of the research, and major agricultural invasive biological invasion and disaster mechanism.

In the field of applied technology research, some new pest control technologies, monitoring and forecasting strategies and core technologies have been proposed.Important pest monitoring and control systems for major crops such as rice, wheat, corn, cotton, vegetables and fruit trees have been established.Significant breakthroughs have been made in the research and development of high-tech such as insect radar, information technology, biological control, chemical pesticides and biological pesticide synthesis and production.A number of new varieties of biological pesticides and chemical pesticides have been developed, and a large number of international and domestic invention patents have been obtained.A number of original varieties have been registered and put into commercial production, most of which have the characteristics of high efficiency, low toxicity and good environmental compatibility.

However, compared with developed countries such as Europe and the United States, there is still a large gap in the system aticity, continuity and depth of China's basic research. The discipline of plant protection lacks unified development goals, layout and strategic planning, and the establishment and implementation of sustainable pest control mechanism in China needs to be improved. Therefore, in the next five years and beyond, we should consolidate the theoretical innovation system of major plant protection,prioritize the development of forward-looking green plant protection technology, improve the promotion system of green plant protection technology, make up for the shortcomings of platform construction,further enhance the ability and level of major epidemic prevention and control, so as to make greater contributions to China's food security, biosecurity and ecological security.

Written by Chen Jianping, Lu Yanhui, Zheng Chuanlin, Zou Yafei,
Chen Jieyin, Guo Jianyang, Liu Yang, Feng Lingyun

Report on Special Topics

Report on Advances in Plant Pathology

The advancement and breakthrough of pertinent theories and technologies of plant pathology are pivotal for achieving environmentally-friendly prevention and control of plant diseases. Moreover, plant pathology served as a crucial means to ensure food security, ecological stability, biosecurity, and agricultural product quality assurance in China. In recent years, numerous scientific research institutions and scientific professionals have conducted extensive and meticulous investigations into the primary diseases affecting crops, resulting in significant advancements. This report presents a comprehensive overview of the significant theoretical advancements achieved mainly by Chinese scholars in understanding the pathogenic and resistance mechanisms of fungi, oomycetes, bacteria, viruses, and nematodes affecting crucial crops over the past five years. Additionally, various emerging monitoring and early warning methods and core control technologies and products are summarized. Simultaneously, an analysis is conducted on the disparity between domestic and international plant pathology research, while highlighting the primary challenges faced by our country. Ultimately, future developmental trends and corresponding strategies are proposed.

Written by Liu Wende, Liu Taiguo, Chen Jieyin, Qian Guoliang, Peng Huan, Chen Huamin, Liu Wenwen, Zhang Hao, Zhang Dandan, Li Zhiqiang, Jin Huaibing, Shao Xiaolong

Report on Advances in Agricultural Entomology

In the past five years, a series of significant progresses have been made in analyzing new rules and mechanisms of agricultural pest occurrence, including pest metamorphosis and reproductive regulation, control of pest dormaney, pest migration, interactions between pests and symbiotic microorganisms, pest resistance to pesticides, chemical communication between pests and host plants, pest adaptation to plant resistance, pest response to adjustment of crop planting structure, and pest response to global climate change in China. At the same time, new technologies and products for pest prevention and management, such as pest-resistant crops, RNA pesticides, behavioral control, and ecological control, have been developed. New green pest control models and systems, such as zonal management of migratory fall armyworm Spodoptera frugiperda, regional control of polyphagous mirid bugs, green control of underground pest leek maggots, and precise chemical control of resistant wheat aphids have also been proposed. According to the development trend of IPM technology in agriculture at home and abroad and the realistic needs of high-quality agricultural development in China, it is necessary to pay further attention to the interdisciplinary frontiers and emerging technology for agricultural insects. It is essential to strengthen the innovation of the theoretical foundation of pest control and create new intelligent monitoring and early warning systems, green pest control technologies and products, innovative integrated regional green pest control and cross-regional cooperative management technology systems, in order to provide strong technical support for plant protection to ensure national food security and help rural revitalization.

Written by Lu Yanhui, Liu Yang, Yang Xianming, Jing Yupu, Hu Gao, Luan Junbo,
Guo Zhaojiang, Ma Gang, Yan Shuo, Liang Pei, Liu Jie, Xiao Haijun

Report on Advances in Weed Science

From 2018 to 2022, China has made a series of important progress in weed scientific research. In weed biology, we obtained high quality genome of *Echinochloa crusgalli*, *Leptochloa chinensis*, *Oryza sativa* and *Eleusine indica*. The key role of SvSTL1 in chloroplast development was elucidated. The mechanism of lodging differentiation of weedy rice was revealed. The important utilization value of the anti-stripe rust gene YrAS2388 was revealed. The molecular mechanism of response to cadmium stress was elucidated.The adaptation mechanism of cold tolerance in weedy rice was revealed. It is found that PAPH1 in weedy rice can confer strong drought resistance on rice.In the mechanism of weed resistance, a new mechanism of target resistance to ALS inhibitor, glyphosate and PPO inhibitor was elaborated. The new mechanism of weed non-target resistance mediated by cytochrome P450, aldo ketone reductase and ABCC transporter was analyzed. The new mechanism of endophytic bacteria mediated weed resistance to herbicide was reported for the first time.In the mechanism of herbicide safener, a series of detoxification enzyme genes were identified to protect crops from herbicide damage, and a new mechanism of exogenous gibberellin in removing herbicide damage was revealed.In weed control technology, we independently developed new herbicide patent compounds such as tripyrasulfone; The field application techniques of several new herbicides were established. A new intelligent weeding machine based on Beidou navigation was developed. It was found that fulvic acid had obvious inhibitory effect on barnyard grass under flooding condition. It was found that short-term rice-shrimp culture had more obvious inhibition effect on weeds in paddy field. It was found that the integrated cultivation mode had more significant weed control effect on paddy field after 1 ~ 3 years. It was found that SYNJC-2-2 had the potential to be developed as a biological herbicide. High herbicidal activity compounds based on natural product toxin TeA were developed. An accurate ecological grass control technology system based on weed community reduction in rice-wheat continuous cropping field was established.

Written by Bai Lianyang, Pan Lang, Huang Zhaofeng, Liu Weitang, Liu Min,
Li Jun, Zhang Zheng, Xu Hongle, Qi Long

Report on Advances in Rodent Damage

Abstract As important agricultural biological pests, rodents have caused severe threats to national food security, ecological security, and human health in China. Guided by the new philosophy of rodent management, new requirements and goals have been put forward for rodent pest management. We briefly introduced the achievements and shortcomings in rodent pest management and related fields in China in the past five years and proposed several key development directions for rodent science and technology in the future, including biological characteristics of rodent community structure, damage evaluation, population outbreak mechanisms, intelligent monitoring techniques, the ecological threshold of rodent pest management, and environment-friendly control strategies and techniques.

Written by Wang Yong, Liu Xiaohui, Wang Deng, Liu Shaoying

Report on Advances in Green Pesticide Innovation and Application

The chapter on the creation and application of green pesticides in the discipline of agricultural science focuses on the molecular targets and mechanisms of action in the research progress of crop disease and pest control. It explores advancements in the discovery of new molecular structures for pesticides, the creation and application of novel pesticides, and research progress in pesticide resistance and management. The objective is to promote the continuous development of interdisciplinary integration, engage in cutting-edge research in pesticide fundamentals, enhance the original innovation capability of pesticides, and facilitate the establishment of a new development pattern. The aim is to achieve rapid and high-quality development in the discipline of creating and applying green pesticides.

Written by Song Baoan, Li Xiangyang, Wu Jian, Chen Zhuo, Hao Gefei, Song Runjiang,
Zhong Guohua, Yang Wenchao, Gan Xiuhai, Jin Zhichao, Li Shengkun, Wu Zhibing,
Jiang Yaojia, Zhang Yuping, Chen Moxian, Zhang Jian, Zhou Xiang, Li Tingting

Report on Advances in Biological Control

Biological control is an important part of the integrated pest management system, which usually includes the biological control of crop pests, diseases and nematodes. The establishment and development of biological control provides strong support for the sustainable development of agricultural production in China. The important achievements of biological control in China, the development status, existing problems, development trend and countermeasures of the subjcct at home and abroad were discussed here. In recent years, Chinese scientists have made a series of original and major scientific research achievements in crop pests, plant diseases, plant nematodes, plant immunity, insect sex pheromones, etc., developed the technical process of large-scale production of natural enemies, natural enemy application technology and promotion demonstration, developed microbial insecticides and plant immune inducers, and established an intelligent measurement and reporting system for sex induction. The research and application of new methods and technologies, such as gene editing and gene drive, nanomaterials and RNAi technology, have made important contributions to the reduction of chemical pesticides and biological prevention and control of crop pests and diseases in China. Although research in China on insect pathogenic viruses, plant nematodes, biocontrol bacteria, plant immunity, sex induction and other research is in the leading position in the world, there is still a significant gap between China and foreign countries in the research on predacious mites, basic science of bacterial insecticides,biocontrol bacteria for plant disease, and plant immunity. To better promote the progress of the discipline direction that conforms to the national development strategy, and make greater contributions in the field of biological control and even plant protection, our country still needs to make greater efforts in the innovation of the source technology, the breakthrough of existing technology, and the establishment of relevant standards.

Written by Chen Xuexin, Du Yongjun, Huang Jianhua, Li Shu, Jiang Daohong, Mo Minghe,
Pang Hong, Sun Xiulian, Wang Qi, Wang Su, Wang Zhizhi, Xia Yuxian,
Xu Xuenong, Zang Liansheng, Zhang Jie, Zhang Lisheng,
Zhang Wenqing, Yin Heng

Report on Advances in Invasion Biology

The prevention and monitoring of invasive alien species is an important link to ensure national food security, biosecurity and ecological security. China is one of the countries most affected by invasive alien species. In the past five years, with major agricultural invasive species as the target, China has analyzed the invasion and spread mechanism of more than 10 major agricultural invasive species, as well as the interaction between various invasive pathogens and host vectors, focusing on the prevention and control goals of "early treatment, small treatment, treatment and cure" and "risk prevention, gateway advance and source control". A risk assessment, monitoring and early warning system for potential/emerging agricultural invasive organisms has been established, including accurate identification and intelligent monitoring and early warning technology for more than 120 invasive species, genome database for more than 130 invasive species, and spread interception technology and emergency response technology system for more than 20 important invasive species. The continuous management technology of agricultural invasive organisms was integrated and demonstrated. Support the national invasive species census and control management. In the past five years, China's overall level of research on alien biological invasions is comparable to that of international counterparts in invasion biology. China's laws and regulations on preventing and responding to alien invasive species, ensuring sustainable development of agriculture, forestry, animal husbandry and fishery, and protecting biodiversity are becoming increasingly perfect. The level of alien species invasion prevention and control management, the scientific and technological support ability to cope with the prevention and control needs of alien invasive species, and the international influence in the field of biological invasion have been significantly improved. In the context of global change, the situation of alien species invasion is becoming increasingly complex, and it is more necessary to innovate and break through the key core theories and technologies of alien species invasion prevention and control.

Written by Liu Wanxue, Wan Fanghao, Guo Jianyang, Sun Jianghua, Qian Wanqiang, Wang Xiaowei, Zhang Hongyu, Liu Fengquan, Guo Jianying, Yang Xiuling, Jiang Hongbo, Hou Youming, Shi Zhanghong, Zhao Lilin, Qiao Xi, Liu Bo, Huang Cong, Zhang Guifen, Zhou Zhongshi, Zhao Mengxin, Lü Zhichuang, Guo Wenchao, Yang Nianwan, Yang Xueqing, Ju Ruiting, Zhao Yancun, Pan Lang, Yang Guoqing, Li Bo, Wang Xiaoyi, Chu Dong, Huang Wenkun, Zhan Aibin, Liu Conghui, Lu Yongyue, Xu Yijuan, Zhang Fudou, Gong Zhi, Lu Xinmin, Jiang Mingxing, Zhang Yibo, Wang Rui, Xian Xiaoqing, Zhang Jiang, Yang Chunping, Jin Jisu, Zhang Yan, Zhao Haoxiang, Du Sujie, Wang Xiaodi

Report on Advances in Monitoring and Warning for Crop Diseases and Insect Pests

Crop pest and disease monitoring and early warning is a science that studies the dynamics of crop pest and disease occurrence, monitoring and early warning principles and methods, which is a branch of plant protection that has developed in modern times. With the rapid development of computers, internet, internet of things, artificial intelligence, sensor, remote sensing and other technologies, as well as their widespread application in crop pest monitoring and early warning, the timeliness and accuracy of pest monitoring and prediction have been greatly improved. The significant progress has been made as follows: the successful development of a new generation entomological radar system has improved the automation of data collection and software processing, and improved the ability to recognize targets. The construction of a national entomological radar network has enabled entomological radar to transform from research to application; The development of image recognition technology has improved the intelligence level of field monitoring equipment, and intelligent light-trap, intelligent pheromone traps, intelligent identification apps, and field intelligent equipments have been promoted and applied in production; The internet technology has promoted the development, promotion, and application of real-time disease early warning systems, achieving automation of major pest and disease monitoring, intelligent forecasting, and information-based services. The key difficulties and challenges facing the future mainly include: 1) calibration, standardization, and open sharing of multi-source data; 2) Analysis of the complex impact mechanisms of biological and abiotic factors on crop diseases and pests; 3) Establishment and effectiveness verification of a multi temporal and spatial scale accurate prediction model for crop diseases and pests. Suggestions are proposed to address the above issues: strengthen basic research on the mechanism of crop pest and disease outbreaks, explore the theory and technology of intelligent and accurate forecasting, and accelerate the development of key technologies and equipment for intelligent monitoring; Establish a multi departmental cooperation and coordination mechanism, widely verify the accuracy and stability of existing intelligent monitoring technologies and equipment, formulate and implement a batch of relevant specifications and standards for intelligent monitoring equipment and technology, and build a multi-source data acquisition, transmission, storage, analysis, and intelligent and accurate prediction platform, with sky and ground integrated automatic monitoring as the main body and fine manual monitoring and calibration points coordinated, In order to provide guidance for achieving accurate prediction of crop diseases and pests by fully utilizing multi-source data from space, space, and space.

Written by Feng Hongqiang, Zhang Yunhui, Liu Jie, Zhang Zhi, Hu Cheng,
Huang Wenjiang, Hu Xiaoping, Yao Qing, Qiao Hongbo, Hu Gao

索　引